의약품 분석을 위한

기기 분석 실무

이 준 걸 편저

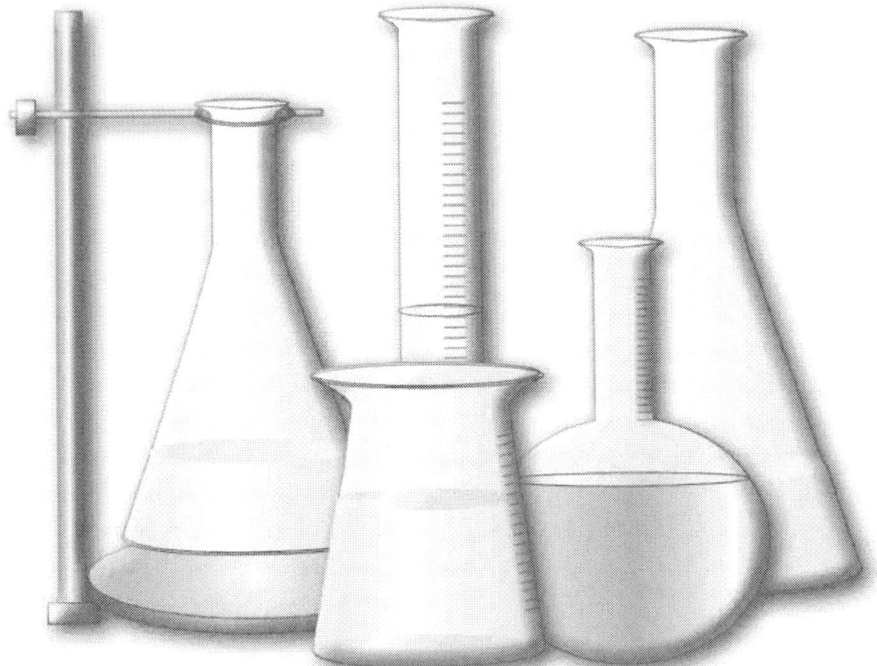

오성미디어

Preface 머리말

우리나라 제약산업은 1960년대 이후, 무에서 유를 창조한 순수 민족자생 제조산업의 하나이다. 60년대 초부터 80년대 초까지 연평균 26%의 고도성장을 지속하여왔던 제약산업은 오늘날 의약품 등 제조업소 634개 업소(완제의약품 제조업소 217개 업소, 2000. 10. 31 현재, 식품의약품안전청 통계), 제조품목허가 의약품 31,434개 품목, 의약외품 157개 품목, 의료용구 473개 품목, 연간(1999년) 생산실적 의약품 7조5천49원(세계 10위권)으로 성장하였다. 우리의 현대 제약산업의 발자취를 살펴보면, 현재의 제약산업계의 기반구축은 1960년대 이후의 것이므로, 약 50년 동안에 쌓아올린 것이라 하겠다. 그러나 연생산고가 7조원을 넘고, 세계 10위권의 의약품 생산국으로 도약하게 된 것은 사실이지만 우리나라 제약산업은 내실화로 질적인 성장을 추구해야 할 시점에 이르고 있다.

분석화학은 화학의 가장 기본적인 학문분야로, 화학 외에도 식품, 생물, 의학, 약학 및 기타 모든 분야에서 중요한 역할을 하고 있는데, 분석 목적에 따라서 물질의 성분을 동정하는 정성분석과 구성 성분의 양적 비율을 결정하는 정량분석으로 나누어지고, 다시 정량분석은 천칭이나 그 밖의 기기로 무게를 직접 측정하는 무게분석, 적정에 의한 부피분석, 그리고 각종 분석기기를 이용하여 분석하는 기기분석 등으로 나누어진다. 현대 과학기술의 발전에 의해 분석화학의 역할이 크게 높아짐에 따라 그 대상이 다변화되고 동시에 미량화되고 있기 때문에 각 산업현장에서 고도의 계측기술이 요구되고 있으며, 이와 같은 요구에 부응하기 위하여 각종 분석기기들이 눈부시게 발달하고 있다.

현재 기기분석의 응용범위는 매우 폭이 넓어 기초화학 연구 분야 뿐 아니라 화학공업, 금속공업, 최근 들어 세계적으로 심각한 사회문제로 대두되고 있는 환경오염물질의 분석 등 그 영역이 확대되고 있다. 특히 신약 개발, 원료 의약품의 제조 및 품질관리, 제제의약품의 정확한 투약에 이르기까지 약학과 관련된 연구를 수행함에 있어 기반 지식을 제공하는 기기분석은 매우 중요한 자리를 차지하고 있다. 따라서 이런 사회의 시대적 요구와 학문의 발전에 부응하기 위해서는 특정기기에 대한 전문지식 뿐만 아니라, 현재 여러 분야에서 널리 사용되고 있는 분석기기들에 대한 개괄적인 지식이 필요하다고 할 수 있다.

이 책은 여러종류의 기기를 접할 수 없는 대학생들에게 실제 의약품의 품질관리에 관련된, 특히 실험실에서 이루어지는 분석관련 업무를 진행하는데 있어서 조금이나마 실무에 도움을 주고자 화학분석을 위한 기초개념과 의약분석실험의 기초등을 분석일반에서 다루었으며, 기기분석기초는 현장에서 사용빈도가 높은 기기들의 특징과 원리, 그리고 장치에 대한 지식을 가능한 한 이해가 쉽도록 개론적이고 도식적으로 설명하고자 하였다. 기기분석실무에서는 실제 원료실험에 사용되는 항목을 중심으로 편하였다. 그러나 짧은 시일 내에 엮어진 것이기에 미비한 점이 있을까 염려되나 독자 여러분의 너그럽고 아낌없는 지도로 보완되기를 바란다. 이 책의 출판에 있어 수고하신 여러분과 이 책이 제작되기까지 수고를 아끼지 않으신 오성출판사 오성걸사장님과 관계자 여러분께 감사의 말씀을 전한다.

2007년 12월

편저자

Contents 목 차

1장 분석일반

4장 연습문제 풀이

부 록

제1장
분석 일반

A. 화학분석을 위한 기초개념
B. 의약분석실험의 기초
C. 대한약전
D. 화합물의 분석

A 화학분석을 위한 기초개념

1 단위와 통계처리

(1) 오차

과학적인 표기를 위해서는 반드시 '수'로 표기 해야만 한다. 그래야 그것이 큰 것인지 작은 것인지 또는 많은 것인지 적은 것인지를 구분 할 수 있는데, 이것이 과학이 갖는 특징이다. 모든 과학적인 측정은 어느 정도의 불확실성을 갖는다. 과학적인 측정을 할 때 측정 기구를 사용하게 되는데 이때 어쩔 수 없는 몇 가지 오차를 유발하게 된다. 이러한 불확실성의 크기는 측정 기구의 정확성과 측정하는 사람의 기술에 따라 달라진다.

1) 계통적 오차

측정할 수 있는 오차를 계통적인 오차(systematic error)라고도 하며, 이것은 원칙적으로 보정이 가능한 오차이다. 화학분석에서 측정할 수 있거나 예측이 가능한 오차의 원인을 살펴보면 다음과 같은 것이 있다.

① 기기오차(Instrument error)

Vol. flask, 피펫, 뷰렛 등의 눈금이 잘못되었거나, 잘못 보정된 pH meter를 사용하여 측정하는 경우, 수평이 잡히지 않은 저울을 사용하는 경우 등 기기를 보정하지 않았을 경우 측정의 오차를 가져오는 중요한 원인이 된다.

② 개인오차(personal error)

측정자의 부주의, 계기판을 보는 위치와 방법의 차이 등에 의해서 발생하는 오차로 눈금이 있는 기기에서 두 눈금사이에 있는 바늘의 위치, 적정에서 종말점의 색깔, 피펫이나 뷰렛에서 수면의 위치(meniscus)와 같이 개인 판단이 요구되는 실험에서 주로 발생한다.

③ 방법오차

실험에 있어서 일어나는 비정상적인 물리적, 화학적 거동 (외부로 부터의 압력과 온도의 차이 등)으로 야기되는 오차로 분석방법 자체에 원인이 있는 것으로 가장 보정하기 어려운 오차이다. 이 오차를 줄이기 위해서는 다른 분석방법이나 반응을 이용하는 것이 좋다.

2) 우발적인 오차

측정값에 나타나는 오차 중에서도 그 원인을 알 수 없는 것으로 같은 분석자가 같은 조건하에서 같은 방법을 사용하여 연속적으로 측정하였을 때 항상 같은 측정값을 얻을 수 없으며, 반드시 조금씩 서로 다른 값을 얻게 된다. 이와 같이 원인을 분명히 파악하기 힘들고 양을 측정할 수 없는 오차를 우발오차라고도 하며 경우에 따라 크기도 다르고 부호도 정(+) 또는 부(-)로 나타난다. 측정 환경에서 오는 오차로 조명, 진동에 의해 오차가 발생할 수 있다.

어떤 학생이 아래와 같은 자로 물건의 길이를 측정하여 다음 그림과 같은 결과를 얻었다고 하자.

측정을 하여 얻은 값은 항상 불확실성이 따르기 때문에 참값(truth value)은 하나도 없다. 그러므로 이 학생도 5.3cm 보다 5.2cm가 가까우므로 5.2cm라고 읽을 것이다. 이와 같이 보통의 측정값은 참값이 아니고 참값에 가까운 값인데 이를 **근사값**이라 한다.

여기서 측정값을 5.2cm라고 하고 참값은 Acm라고 하면 참값 A는 5.15cm보다 크거나 같고 5.25cm보다는 작다.

즉, $5.15 \leq A < 5.25$ 의 관계가 성립한다.

이때, **근사값(측정값) - 참값 = 오차** 의 식이 성립한다.

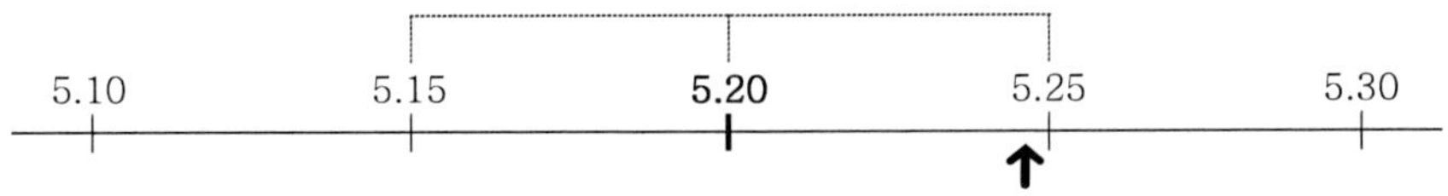

또 이 측정에서 오차의 절대값은 0.05cm 보다 작거나 같다.

왜냐하면 0.1 미만을 반올림해서 읽은 것이므로 참값은 5.15이상과 5.25미만 사이에 있는 것이다. 반올림한 측정값의 경우에서 오차의 절대값은 최소눈금의 반올림을 넘기지 못한다.

즉, 오차의 한계는 최소 눈금의 반이다.

(2) 정확도와 정밀도

정확도(accuracy)란 측정값과 참값이 얼마나 접근하였는가를 나타내는 것이며, 정밀도(precision)는 같은 양을 반복하여 측정하였을 때 측정값 사이의 일치하는 정도 즉, 재현성(reproducibility)을 나타낸다.

만약 실험결과는 매우 재현성이 있더라도 정확성이 낮은 경우가 있다. 예를 들어 적정용액을 제조할 때 오차가 생기면 그 용액은 원하는 농도에서 벗어나게 된다. 따라서 매우 재현성 있는 적정을 반복 실시하더라도 부정확한 결과를 얻게 되지만 반대로 비교적 참값에 근접되지만 재현성이 불량한 측정을 할 수도 있으므로 이상적인 조작은 정밀도와 정확도가 모두 높아야 한다.

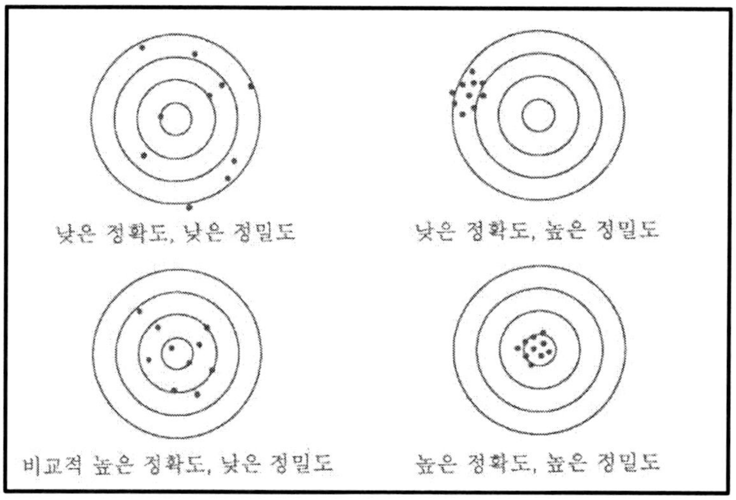

그림 A-1. 정확도와 정밀도

1) 정확도의 표현방법

참값이 실제적으로 존재한다면 측정의 정확도를 나타내는 방법은 여러 가지가 있다. 그 중에서 절대오차와 상대오차가 주로 사용된다.

① 절대오차

참값과 측정값과의 사이에서 나타나는 차이는 부호가 정이든지 또는 부이든지 모두 절대오차(absolute error)라고 하며, 단위는 측정값과 같은 단위를 사용한다. 50.32g의 참값을 갖는 시료가 50.22g 으로 측정되었을 때 절대오차는 -0.1g 이 된다. 몇 개의 측정값을 평균하였을 때는 그 오차를 평균오차(mean error)라고 한다.

② 상대오차

절대오차나 평균오차를 참값에 대한 백분율로 나타낸 것이 상대오차(relative error)이다.
위의 측정에서 상대오차는 (-0.1/50.32) × 100 = -0.2% 이다.

여기에 비하여 측정값이나 평균값을 참값에 대한 백분율로 나타낸 것을 상대정확도(relative accuracy)라고 한다.
위의 경우 상대정확도는 (50.22/50.32) × 100 = 99.8% 이다.

2) 정밀도의 표현방법

측정값을 얻었을 경우 그 측정에 대한 정밀도를 구할 수 있으며, 정밀도를 나타내는 방법은 여러 가지가 있는데 표준편차를 일반적으로 많이 사용한다. 무한개 측정값의 표준편차(standard deviation) δ 는 이론적으로 다음과 같이 나타낸다.

$$\sigma = \sqrt{\frac{\sum_{i=1}^{N}(x_i - \mu)^2}{N}}$$

여기서, Xi 는 개개의 측정값, μ는 무한개 측정값의 평균값이며, N은 측정횟수이다. 이 식은 엄밀하게는 N → ∞ 의 경우에만 성립한다. 실제로는 유한개의 측정값의 평균 $\bar{x}$ 에서 개개의 편차를 계산하지 않으면 안 된다. 이때 정확한 증거는 없으나 $\bar{x} \to \mu$ 로 계산한다.

다만 $\bar{x}$ 는 $\sum(\frac{x_i}{N})$ 으로 구할 수 있다.

따라서 보통 측정에서는 3 ~ 5회 정도 측정하므로 이런 경우에는 다음과 같이 표준편차를 구할 수 있다.

$$\sigma = \sqrt{\frac{\sum_{i=1}^{N}(x_i - \bar{x})^2}{N-1}}$$

여기서, N-1 은 자유도(degree of freedom)라고 하며, s 의 값은 σ 의 추정 값이므로 실험 횟수를 증가시키면 σ 에 가까워진다.

지금까지의 표준편차의 계산은 1회 측정에서 생긴 오차의 평가이다. 무한개의 모집단서 얻은 1회의 측정값의 산술평균은 개개의 측정에서 얻은 것보다 참값에 가까워진다. N이 매우 커지면 측정평균은 모집단 평균 μ에 가까운 값이 된다. 1회의 측정값에서 얻은 산술평균은 1회의 측정값보다 $\sqrt{N}$배 신뢰성이 높아진다. 그러므로 일련의 4회 측정에서 평균값의 우연오차는 1회 측정하였을 때의 절반이 된다. 즉, N회 측정의 평균값의 정밀도는 개개의 측정값이 편차의 N배에 반비례한다.

$$\text{평균표준편차} = s\ (\text{평균}) = \frac{s}{\sqrt{N}}$$

평균표준편차를 표준오차(standard error)라고도 하며, 표준편차를 평균값에 대한 백분율인 상대표준편차(relative standard deviation)로 나타내기도 한다.

예제 1.

다음은 어떤 물체의 무게를 측정한 결과이다. 평균값 및 표준편차를 구하라.
5.67g, 5.69g, 6.03g

풀이

$$\bar{x} = \frac{5.67 + 5.69 + 6.03}{3} = 5.80$$

sample	x_i	$x_i - \bar{x}$	$(x_i - \bar{x})^2$
1	5.67	− 0.13	0.0169
2	5.69	− 0.11	0.0121
3	6.03	+ 0.23	0.0529
$\sum$	17.39		0.0819

$$\sigma = \sqrt{\frac{\sum_{i=1}^{N}(x_i - \bar{x})^2}{N-1}} = \sqrt{\frac{0.0169 + 0.0121 + 0.0529}{3-1}} = 0.20$$

(3) 최소제곱법

4개의 x값에 대해서 측정한 y값을 y대 x의 그래프 상에 plot하여, 그 점들을 지나는 어떤 직선을 긋는다고 가정하자.

만일, 그 직선이 y = ax + b 이라면 어떤 횡축좌표 X_i (i = 1, 2, 3, 4)에 대응하는 측정치 y는 y_i 이고, 그 직선상에 일치하는 y는 aX_i + b가 될 것이다. 그러므로 i 번째 데이터 점으로부터 그 직선까지의 직선거리 d_i (i 번째 편차)는 $d_i = y_i - (ax_i + b),\quad i = 1, 2, 3, 4$ 가 된다.

d_i가 양수이면 I 번째 데이터 점은 그 직선의 위쪽에, 음수이면 아래쪽에, 그리고 0이면 직선이 그 점을 통과하게 되는데, 이 편차가 0에 가까울 때 어떤 선에 데이터 점이 잘 일치한다.

일련의 데이터들이 잘 일치하게 되는, 최적 직선의 정의가 서로 다른, 몇 가지의 최적 직선 결정법이 있는데, 그 중 가장 일반적인 방법은 최소제곱법(least square method) 이다.

n 개의 플롯점 $(x_1,\ y_1)$, $(x_2,\ y_2)$, ……, $(x_n,\ y_n)$이 있는데, 이 점들을 지나는 어떤 직선 y = ax + b를 그어 n 개의 편차 d_1, d_2, ……, d_n을 얻어냈다고 하자. 최소제곱법에 따르면 n 개의 데이터 점들을 지나는 최적의 직선은 편차를 제곱한 항들의 합이 최소가 되는 것이다.

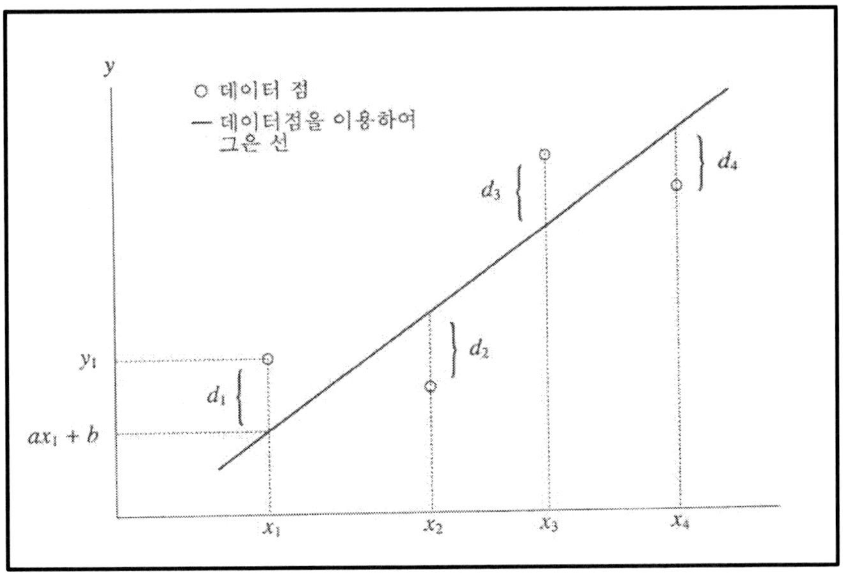

그림 A-2. 최소제곱법에 의한 직선

그러므로 주어진 과제는 다음 식을 최소로 하는 a와 b값을 구하는 것이다.

$$\varphi(a, b) = \sum_{i=1}^{n} d_i^2 = \sum_{i=1}^{n} (y_i - ax_i - b)^2$$

a와 b의 함수인 ϕ에 대한 상기 식을 미분하여, 그것을 0으로 놓고 a, b에 대한 대수방정식을 풀면, 알려진 양의 항으로 된 a, b의 최대값에 관한 다음의 식을 얻을 수 있다.

회귀직선 : $Y = aX + b$

$$a = \frac{n\sum(X \cdot Y) - \sum X \cdot \sum Y}{n\sum X^2 - (\sum X)^2}, \qquad b = \frac{(\sum X^2) \cdot \sum Y - \sum X \cdot \sum(X \cdot Y)}{n\sum X^2 - (\sum X)^2}$$

한편, x, y 두 변수 사이의 상관의 척도로 상관계수(corelation coefficient : R)를 사용한다. 두 변수 x, y 가 함수관계가 아닌 상관관계에 있을 때 x값에 대응하는 y값의 최적 값은 구할 수 없으나 가장 가능성이 높은 y값을 얻을 수 있다. 상관관계의 계산에는 가장 편리한 것이 Pearson의 상관계수이며 다음식과 같이 표현된다.

$$R = \frac{n\sum(X \cdot Y) - \sum X \cdot \sum Y}{\sqrt{[n\sum X^2 - (\sum X)^2] \cdot [n\sum Y^2 - (\sum Y)^2]}}$$

예제 2.

인산을 측정하기 위해 표준용액에 몰리브덴산암모늄과 염화주석용액을 넣어 잘 혼합한 다음 실온에서 15분간 방치하고 이 용액을 700nm에서 흡광도를 측정한 결과 다음과 같았다. calibration curve의 기울기와 절편을 구하여 회귀직선을 완성하고 상관계수를 구하라.

표준용액농도(mg/L)	0.01	0.02	0.03	0.04
흡광도	0.151	0.229	0.452	0.599

풀이

먼저 기울기(a), 절편(b), 상관계수(R)를 구하기 위해 다음 표를 작성한다.

Sample	농도, X	흡광도, Y	X·Y	X^2	Y^2
1	0.01	0.151	0.00151	0.0001	0.022801
2	0.02	0.229	0.00458	0.0004	0.052441
3	0.03	0.452	0.01356	0.0009	0.204304
4	0.04	0.599	0.02396	0.0016	0.358801
$\sum$	0.1	1.431	0.04361	0.003	0.638347

$$a = \frac{n\sum(X\cdot Y) - \sum X \cdot \sum Y}{n\sum X^2 - (\sum X)^2} = \frac{(4\times 0.04361) - (0.1\times 1.431)}{(4\times 0.003) - (0.1)^2} = \frac{0.03134}{0.002} = 15.67$$

$$b = \frac{(\sum X^2)\cdot \sum Y - \sum X \cdot \sum(XY)}{n\sum X^2 - (\sum X)^2} = \frac{(0.003\times 1.431) - (0.1\times 0.04361)}{(4\times 0.003) - (0.1)^2} = \frac{-0.000068}{0.002} = -0.034$$

회귀직선식은 **Y = 15.67 X − 0.034** 가 되며 상관계수 R은 아래와 같다.

$$R = \frac{n\sum(X\cdot Y) - \sum X\cdot \sum Y}{\sqrt{[n\sum X^2 - (\sum X)^2]\cdot [n\sum Y^2 - (\sum Y)^2]}}$$

$$= \frac{(4\times 0.04361) - (0.1\times 1.431)}{\sqrt{[(4\times 0.003) - (0.1)^2]\cdot [(4\times 0.638347) - (1.431)^2]}} = \frac{0.03134}{\sqrt{0.001011254}}$$

$$= 0.9855$$

예제 3.

암모니아성 질소를 측정하기 위하여 나트륨 페놀라이트 용액과 니트로프루싯 나트륨 용액을 가하여 섞은 다음, 차아염소산 나트륨을 넣어 실온에서 약 30 분간 방치하고 이 용액을 630nm에서 흡광도를 측정하여 다음과 같은 결과를 얻었다.

표준용액농도(mg/L)	0.01	0.02	0.03	0.04	0.05
흡광도	0.082	0.167	0.247	0.331	0.410

calibration curve의 기울기와 절편을 구하여 회귀직선을 완성하고 상관계수를 구하라.

풀이

먼저 기울기(a), 절편(b), 상관계수(R)를 구하기 위해 다음 표를 작성한다.

Sample	농도, X	흡광도, Y	X·Y	X^2	Y^2
1	0.01	0.082	0.0008	0.0001	0.0067
2	0.02	0.167	0.0033	0.0004	0.0279
3	0.03	0.247	0.0074	0.0009	0.0610
4	0.04	0.331	0.0132	0.0016	0.1096
5	0.05	0.410	0.0205	0.0025	0.1681
$\sum$	0.15	1.237	0.0452	0.0055	0.3733

$$a = \frac{n\sum(X\cdot\ Y) - \sum X\cdot \sum Y}{n\sum X^2 - (\sum X)^2} = \frac{(5\times 0.0453) - (0.1\times 1.237)}{(5\times 0.0055) - (0.15)^2}$$

$$= \frac{0.04095}{0.005} = 8.19$$

$$b = \frac{(\sum X^2)\cdot \sum Y - \sum X\cdot \sum(XY)}{n\sum X^2 - (\sum X)^2} = \frac{(0.0055\times 1.237) - (0.15\times 0.0452)}{(5\times 0.0055) - (0.15)^2}$$

$$= \frac{0.0000235}{0.005} = 0.047$$

회귀직선식은 **Y = 8.19 X + 0.047** 이 되며 상관계수 R은 아래와 같다.

$$R = \frac{n\sum(X\cdot\ Y) - \sum X\cdot \sum Y}{\sqrt{[n\sum X^2 - (\sum X)^2]\cdot\ [n\sum Y^2 - (\sum Y)^2]}}$$

$$= \frac{(5\times 0.0452) - (0.15\times 1.237)}{\sqrt{[(5\times 0.0055) - (0.15)^2]\cdot\ [(5\times 0.3733) - (1.237)^2]}} = \frac{0.04045}{\sqrt{0.001681655}} = 0.9865$$

(4) 유효숫자

10g 단위로 되어 있는 저울로 물건을 달아 1.23kg이라는 측정값을 얻었다고 하면, 이때 측정값에 들어 있는 숫자 1, 2, 3은 눈금을 읽어서 얻은 것이다. 이러한 숫자를 유효숫자라고 한다.

이 측정값을 g 단위로 고치면 1230g이 되는데 이때 끝자리에 있는 0은 눈금을 읽어서 얻은 것이 아니므로 유효숫자가 아니다.

그러나 정확하게 바늘이 1230g에 있을 경우 0은 유효숫자이다. 이것을 kg 단위로 고쳐 쓸 때에는 1.230kg과 같이 마지막에 0을 붙여야한다.

유효숫자(Significant figure)란 모든 숫자를 포함한 것을 의미한다.

ex) 2.3 : 2개의 유효숫자를 가진다. 2.2405 : 5개의 유효숫자를 가진다.

ex) 4.0g 과 4.00g의 차이점은?

4.0g : 유효숫자 2개 → 실제 질량(참값)이 3.95g과 4.05g 사이에 있으며 3.9g 이나 4.1g 보다 4.0g에 가깝다.

4.00g : 유효숫자 3개 → 실제 질량(참값)이 3.995g과 4.005g 사이에 있으며 3.99g 이나 4.01g 보다 4.00g에 가깝다.

유효숫자를 결정하는 규칙

① 0이 아닌 모든 숫자는 유효하다.
457cm(유효숫자 3개), 0.25g(유효숫자 2개)

② 0이 아닌 숫자사이의 0은 유효하다.
1005kg(유효숫자 4개), 1.03cm(유효숫자 3개)

③ 어떤 수에서 첫 번째 0이 아닌 숫자의 왼쪽에 있는 0은 유효하지 않다.
0.02g(유효숫자 1개), 0.0026cm(유효숫자 2개) : 단순히 자리수를 의미

④ 어떤 수가 소수점 오른쪽에 있는 0으로 끝날 때 그 0은 유효하다.
0.0200g(유효숫자 3개), 3.0cm(유효숫자 2개)

⑤ 어떤 수가 소수점 오른쪽에 있지 않는 0으로 끝날 때(정수인 경우) 그 0들은 반드시 유효한 것은 아니다.
130cm(유효숫자 2, 3개), 10300g(유효숫자 3, 4 또는 5개) : 애매함

해결방법 : 표준지수표기법을 이용한다.
지수를 사용하여 어떤 숫자의 끝에 있는 0이 유효한지를 나타냄

10300g (3, 4, 5개의 유효숫자를 가질 수 있다)
→ 1.03×10^4 g(유효숫자 3개), 1.030×10^4 g(유효숫자 4개), …….

1) 유효숫자의 계산법

수치를 계산할 때, 결과의 정확성은 정확성이 작은 측정을 기준하여야 한다. 즉 곱셈과 나눗셈에 있어서 그 결과는 가장 작은 유효숫자를 가진 측정보다 더 많은 유효숫자를 가지지 못한다.(가장 작은 유효숫자를 따른다.) 그 결과가 정확한 수 보다 더 많은 자리수를 가질 때에는 반올림해야 한다.

예를 들면 두변의 길이가 각각 6.221cm와 5.2cm인 직사각형의 넓이는 32cm로 기록되어야 한다.

넓이 = (6.221cm)·(5.2cm) = 32.3492cm^2 → 32cm^2 (반올림)

5,2cm가 2개의 유효숫자를 가졌기 때문에 결과치가 2개의 유효숫자가 되도록 반올림한다.

덧셈과 빼셈에 있어서 그 결과는 소숫점 아래 최소자리의 숫자를 가지는 수와 같은 소숫점 아래의 수를 가진다.

```
   20.4    ← 소숫점 이하 1자리
    1.332  ← 소숫점 이하 3자리
+  83.     ← 소숫점 이하 0자리
-------------------------------
  104.722  → 105로 반올림 한다.
```

이 예제는 유효숫자의 중요한 점을 예시한다. 유효숫자는 어떤 것을 산정하거나 측정하는 능력의 불확실성과 관련된다. 실험할 때나 실험결과를 cud가할 때 측정값의 불확실성은 숫자 그 자체만큼이나 중요하다.

계산기는 대개 유효한 것 보다 더 많은 숫자를 나타내주므로 계산기를 사용할 때는 유효숫자를 염두에 두는 것이 중요하다.

숫자를 반올림할 때 아래의 규칙이 적용된다.

(a) 제거할 가장 왼쪽의 숫자가 5보다 클 때에는 그 앞의 숫자는 1이 증가된다. **즉, 2.376은 2.4로 반올림된다.**

(b) 제거할 가장 왼쪽의 숫자가 5보다 작은 때에는 그 앞의 숫자는 변하지 않는다. **즉, 7.24는 7.2로 기록한다.**

(c) 제거할 가장 왼쪽의 숫자가 5일 때 그 앞의 숫자가 짝수일 때에는 변하지 않고 홀수일 때는 1이 증가된다. **즉, 2.25는 2.2로 되며, 4.35는 4.4로 반올림한다.**

2) 표준지수 표기법(Standard Exponential Notation)

과학적 측정에서는 흔히 대단히 크거나 작은 수 들이 나타난다. 예를 들어서 진공 중에서의 빛의 속도는 29,979,000,000 cm/sec, 사염화탄소에서 탄소원자의 중심과 염소원자의 중심 사이의 거리는 0.0000000176 cm 로 표시 할 수 있다. 이 들 숫자는 대단히 크거나 대단히 작은 수로 보다 간단하게 표시해야 할 필요가 있으며, 또한 모든 과학적인 측정의 불확실성에 의하여 유효숫자가 어디까지인가를 알고 있어야 한다. 이러한 필요성에 의하여 위의 숫자를 표준 지수표기법으로 나타내면 2.9979×10^{10} cm/sec 및 1.76×10^{-8} cm 등으로 표시할 수 있다.

상기 한 바와 같이 과학적인 측정에서 나타나는 수는 표준 지수표기법에 의하여 일반화 시킬 수 있는데 지수표기법으로 쓰인 숫자의 일반적인 형태는 다음과 같다.

$N \times 10^{\text{지수}}$

여기서 N은 1과 9사이의 숫자이고 지수는 정수이다.

지수(exponent)란 숫자 위에 쓰인 거듭제곱이다. 예로써 1,000,000은 10^6으로 표시되며 10은 밑수 이고 6은 지수이다.

만일 지수가 양의 수일 때, 그것은 계수가 숫자 10에 의해 곱해진 회수가 몇 번인가를 표시한다. 예를 들면,

$10^3 = 1 \times 10^3 = 1 \times 10 \times 10 \times 10 = 1{,}000$

$3.5 \times 10^6 = 3.5 \times 10 \times 10 \times 10 \times 10 \times 10 \times 10 = 3{,}500{,}000$

만일 지수가 음의 수일 때, 그것은 계수가 숫자 10에 의해 몇 번이 나누어졌는가를 말한다. 예를 들면,

$$10^{-3} = 1 \times 10^{-3} = \frac{1}{10 \times 10 \times 10} = 0.001$$

$$3.5 \times 10^{-6} = \frac{3.5}{10 \times 10 \times 10 \times 10 \times 10 \times 10} = 0.0000035$$

2 단위환산 및 명명법

(1) 단위계

어떤 수치를 나타낼 때 단위는 측정량의 일부분이나 마찬가지이다. 예를 들어 두 점 사이의 거리가 3이라고 할 때 측정의 단위(cm, m, km)가 수와 함께 표시되지 않으면 아무런 뜻도 없다. 그런데 종래에 쓰이던 단위는 나라마다 그 척도가 달랐기 때문에 1875년 전 세계에서 공통으로 사용할 단위계를 제정하였다. 현재에는 국제단위계(international system of unit, SI단위계)가 공용되고 있다. SI 단위는 7개의 기본단위와 2개의 보조단위로 구성되어 있다. 이 7개의 기본단위를 적절히 조합하여 사용하면 모든 측정의 단위를 나타낼 수 있다.

표 A-1. 국제단위계의 기본단위 및 보조단위

구분	측정	단위	기호
기본단위	길이	meter	m
	질량	kilogram	kg
	시간	second	s
	전류	ampere	A
	온도	kelvin	K
	물질의 량	mole	mol
	광도	candela	cd
보조단위	평면각	radian	rad
	입체각	steradian	sr

각 기본단위의 크기는 당시의 관습적인 양을 기준으로 하였다. 표준물질이 필요한 단위(길이, 질량 등)는 정밀 제작하여 프랑스의 국제도량형국(international bureau of weight and measures)에 보관하였으나 현재에는 특정 물질의 기본성질을 이용하여 정의한다. 예를 들면, 길이의 표준인 '1m' 는 온도에 의한 변형을 최소화한 백금-이리듐 합금 막대 위의 두 선 사이의 길이로 정했었으나, 지금은 크립톤(^{86}Kr) 원자에서 방출되는 주황색 복사선 파자의 1,650,763.73배로 규정하여 사용한다.

표 A-1의 기본단위는 가장 기초가 되는 물리량만을 규정하며, 실제 과학에서 쓰이는 여러 단위들(속도, 압력, 힘, 에너지, 전위차 등)은 기본단위를 조합하여 유도할 수 있다. 이를 유도단위라 부른다.

국제도량형국에서는 모든 단위를 SI 단위로 사용하기를 권장하지만 아직까지는 관습적인 단위도 많이 사용된다. 질량의 SI 단위는 kg이지만 구미에서는 lb(pound), 우리나라에서는 관(貫)

이나 근(斤)을 아직도 쓰고 있다.

측정값을 이들 단위로 나타내면 경우에 따라서는 대단히 크거나 또는 작은 수인 경우가 있다. 이런 경우에는 다음 표2 에 나타낸 바와 같이 적당한 접두사를 사용하여 표시한다. 한 예로 거리 1,000m를 1,000의 뜻을 지니는 kilo(k)라는 접두어를 사용해 간단히 1km로 나타내거나, 수소 원자의 직경을 약 0.0000000001m라고 하기보다는 0.1nm(1nm=10^{-9})로 표시한다.

표 A-2. SI 접두사

Multiple	prefix	symbol	Multiple	prefix	symbol
10^{12}	tera	T	10^{-1}	deci	d
10^{9}	giga	G	10^{-2}	centi	c
10^{6}	mega	M	10^{-3}	mili	m
10^{3}	kilo	k	10^{-6}	micro	μ
10^{2}	hecto	h	10^{-9}	nano	n
10^{1}	deca	da	10^{-12}	pico	p

(2) 단위환산

측정 단위계에는 영국 단위계와 미터계의 두 가지가 있다. 영국 단위계는 피트(feet), 파운드(pound), 갤런(gallons)의 단위를 이용한다. 서로 다른 단위계의 사용으로 혼란이 일어나 최근에는 국제측정단위계 혹은 SI단위계라고 불리는 국제표준미터단위계가 전 세계적으로 사용되고 있다.

SI 단위계는 새로운 측정 단위계가 아니라 과거의 미터 단위계를 간편하게 현대화하여 만든 것이다. SI 단위계는 10진법을 기초로 하고 있고, 길이의 기본적 단위는 m이다.

어떤 단위를 사용하거나 물리량의 상관관계를 계산할 때는 단위를 일률적으로 나타내도록 주의하여야 한다. 단위를 같은 의미의 다른 단위로 바꾸어 주는 것을 단위의 환산이라 하며, 이들 사이의 크기 관계를 알아야 한다. 모든 형태의 단위 환산은 **환산인자**(conversion factor)라는 것을 사용하여 이루어진다.

만일 3주일이 며칠이냐고 묻는다면 즉시 21일이라고 대답하는데, 여기에 이미 환산인자를 사용하고 있는 것이다.

1주일 = 7일 이므로 $3주일 = \frac{7일}{1주일} = 21일$ 이 된다.

가령 다음 식들은 어떻게 계산하여야 할 것인가?

12 kg + 42 lb = ?, 6.7 m + 18 ft = ?

kg과 lb의 환산계수는 다음과 같다. 1 lb = 0.45359237 kg = 0.454 kg
이 관계로부터

$$\frac{1\ lb}{0.454\ kg}=1, \quad 또는 \quad \frac{0.454\ kg}{1\ lb}=1$$

따라서 위 문제의 답을 kg 단위로 구하고자 하면 42 lb가 몇 kg인지 알면 된다. 이 계산은 다음과 같이 할 수 있다.

$$12\ kg+42\ lb=12\ kg+42\ lb\times(\frac{0.454\ kg}{1\ lb})\ =12\ kg+19\ kg\ =31\ kg$$

(3) 화합물의 명명법

원소 및 화합물의 이름을 명명하고 화학식으로 나타내는 것을 명명법(nomenclature)이라 한다. 화합물의 명명에는 합리적인 체계 없이는 상호전달이 불가능하므로 이를 위하여 세계 각국의 과학자들로 구성된 국제 순수 및 응용화학협회(IUPAC)에서 명명법의 기본원칙을 제정하여 널리 사용하고 있다. 국내에서는 대한화학회에서 IUPAC 명명법을 토대로 한 우리말 명명법을 제정하여 사용하고 있다. 지금까지 알려진 대부분의 화합물은 유기화합물이지만 여기서는 이온성 화합물과 분자성(공유성) 화합물로 나눌 수 있는 무기화합물에 대해서만 언급하기로 한다. 무엇보다도 화합물을 명명하는 기본 원리를 아는 것이 중요하므로 이 책에서는 이성분 화합물을 예로 설명하고자 한다. 두 가지의 원소로 이루어져 있는 화합물을 이성분(binary)화합물이라 하며, 특히 두 가지 원소중 하나는 금속이고 다른 하나는 비금속으로 구성되어 있는 경우가 흔하다.

1) 이성분 이온결합 화합물의 명명법

이성분 이온결합 화합물에 대한 분자식은 항상 금속을 비금속 앞에 쓴다. 따라서 염화나트륨에 대한 화학식은 NaCl로 쓴다. 이를 명명할 때, 금속은 양이온으로, 비금속은 음이온으로 생각해서 음이온을 먼저 부르고 양이온을 마지막으로 부른다. 양이온은 원소의 이름으로 그대로 사용하고 음이온은 원소의 이름에 접미사로 '-화'를 붙인다. 예를 들면 LiF를 플루오르화리튬으로 부른다.

이때 이온결합 화합물은 전체 전하가 중성이어야 하므로 화합물 내 양이온과 음이온의 존재비율은 전하 중성의 원리를 적용하여 예측한다. 그러나 전이금속은 주족(전형)원소와는 달리 2개 이상의 전하를 가질 수 있으므로 이런 단순한 명명체계가 적용되지 않는다.

① 양이온을 먼저 명명하고 이어서 음이온을 명명한다. (우리말 표현은 역순으로 표현한다. : 음이온을 먼저 부르며 음이온의 원소명에 -화(-ide)를 붙이고 양이온의 원소명을 부른다.) 예를 들어 K+ 양이온과 Cl- 음이온이 결합된 화합물의 명명은 potassium chloride(염화칼륨)이 된다.

	양이온	음이온	영문명	국문명
NaCl	Na^{+}	Cl^{-}	sodium chloride	염화나트륨
Al_2O_3	Al_2^{+3}	O_3^{-2}	aluminum oxide	산화알루미늄
H_2S	H_2^{+}	S^{-2}	hydrogen sulfide	황화수소
Na_2S	Na_2^{+}	S^{-2}	sodium sulfide	황화나트륨
$MgCl_2$	Mg^{+2}	Cl_2^{-}	magnesium chloride	염화마그네슘

② 전이금속 양이온은 여러 가지 전하를 띨 수 있어 산화수도 여러 가지 값을 가질 수 있다 이때의 산화수를 로마숫자로 양이온 뒤에 괄호로 나타낸다. 화합물 내에서 철은 Fe2+ 또는 Fe3+로 존재한다. 따라서 염화철이 FeCl2 또는 FeCl3일 수 있다. 이처럼 전이금속의 양이온 전하가 다를 경우 양이온의 양전하 세기를 괄호 안에 로마숫자로 써서 양이온 이름 뒤에 나타낸다. 예를 들면 염화철(II)은 Fe2+를 의미하므로 FeCl2의 분자식을 갖고, 염화철(III)은 FeCl3임을 뜻한다.

③ 2가지 산화수를 갖는 금속에 포함된 2성분 이온성 화합물을 영어로 명명하는 데는 금속의 산화수가 낮을 경우에는 어근에 -ous를 붙이고 산화수가 높은 경우에는 -ic를 쓴다.

염화물	이온	영문명	관용명	IUPAC 명명
Cu_2O	Cu^{+}	copper(I) oxide	산화제1구리	산화구리(I)
CuO	Cu^{2+}	copper(II) oxide	산화제2구리	산화구리(II)
CuCl	Cu^{+}	copper(I) chloride	염화제1구리	염화구리(I)
$CuCl_2$	Cu^{2+}	copper(II) chloride	염화제2구리	염화구리(II)
FeO	Fe^{2+}	ferrous(II) oxide	산화제1철	산화철(II)
Fe_2O_3	Fe^{3+}	ferric(III) oxide	산화제2철	산화철(III)
$FeCl_2$	Fe^{2+}	ferrous(II) chloride	염화제1철	염화철(II)
$FeCl_3$	Fe^{3+}	ferric(III) chloride	염화제2철	염화철(III)
$CoCl_2$	Co^{2+}	cobaltous(II) chloride	염화제1코발트	염화코발트(II)
$CoCl_3$	Co^{3+}	cobaltic(III) chloride	염화제2코발트	염화코발트(III)
HgCl	Hg^{+}	mercurous(I) chloride	염화제1수은	염화수은(I)
$HgCl_2$	Hg^{2+}	mercuric(II) chloride	염화제2수은	염화수은(II)
$SnCl_2$	Sn^{2+}	stannous(II) chloride	염화제1주석	염화주석(II)
$SnCl_4$	Sn^{4+}	stannic(IV) chloride	염화제2주석	염화주석(IV)

2) 이성분 공유결합 화합물의 명명법

이성분 공유결합(분자성) 화합물의 명명법은 다소 차이는 있지만 이성분 이온결합화합물과 같은 방법으로 명명한다. 단지 차이점은 이성분 공유결합 화합물은 2개의 비금속원소가 결합하므로 분자식에 얼마나 많은 원소가 포함되는지 나타내기 위해서 이름에 그리스 접두사를 삽입한다. 공유결합 화합물의 원소 두 개 모두 비금속이기 때문에 화학식을 나타낼 때에는 전기음성도가 작은 원소를 금속인 것처럼 취급하여 먼저 쓰고, 전기음성도가 큰 원소는 나중에 나타낸다. 명명할 때에는 산소를 포함하지 않은 원소는 원소의 이름에 '-화'(-ide)를 붙이고 산소를 포함하는 원소는 '-산' 이라는 접미사를 붙인 후에 전기음성도가 작은 원소의 이름은 그대로 붙인다. 예를 들면 NaClO4는 염소산나트륨, HCl은 염화수소라 부른다. CO와 CO2로부터 알 수 있듯이 이들 화합물을 일산화탄소와 이산화탄소라 부른다. 화합물 내에 존재하는 산소의 개수가 1개 또는 2개임을 지시하기 위해서 접두사 '일-' 과 '이-'를 이용한다. 다른 예로 NO2와 N2O3는 각각 이산화질소와 삼산화이질소라 명명된다. 이때 NO2를 이산화일질소라 부르지는 않는다. 전기음성도가 작은 원소가 1개만 있다면 접미사 '일-' 은 일반적으로 생략하는데 CO(일산화탄소)는 예외이다.

NO_2	이산화질소	nitrogen oxide
NCl_3	삼염화질소	nitrogen trichloride
N_2O_4	사산화이질소	dinitrogen tetroxide
N_2O_5	오산화이질소	dinitrogen pentoxide
PCl_5	오염화인	phosphorus pentachloride
SF_6	육플루오르화황	sulfur hexafluoride

3) 다원자 이온들의 명명법

여러 개의 원자가 결합하더라도 전하를 가질 수 있는데 이들을 다원자 이온이라 부른다. 이들의 이름, 화학식과 전하 등을 알아두어야 한다.

이온식	이온명	이온식	이온명
NH_4^+	암모늄	MnO_4^-	과망간산
CH_3COO^-	아세트산	PO_3^{3-}	인산
CN^-	시안산	HPO_3^{2-}	인산수소
NO^-	아질산	$H_2PO_3^-$	인산이수소
NO_3^-	질산	ClO^-	하이포아염소산
CO_3^{2-}	탄산	ClO_2^-	아염소산
HCO_3^-	탄산수소(또는 중탄산)	ClO_3^-	염소산
SO_3^{2-}	아황산	ClO_4^-	과염소산
SO_4^{2-}	황산	CrO_4^{2-}	크롬산
HSO_4^-	황산수소	$Cr_2O_7^{2-}$	중크롬산

다원자 이온들 중에 유일한 양이온인 암모늄(NH4+)이온이 있다. 산소 원자를 포함한 다원자 이온을 산소산 음이온이라 부르며, 비금속원자에 결합된 산소 원자의 수에 따라 여러 가지 이온으로 존재한다. 2가지가 있다면 산소의 수가 적은 것은 '아-', 산소의 수가 많은 것은 그대로 붙인다. 예를 들면 SO32- 는 아황산, SO42- 는 황산으로 명명한다.

2개 이상의 산소산 음이온이 존재할 때에는 가장 산소 원자의 수가 작은 것에는 '하이포아-', 가장 산소의 수가 많은 것에는 '과-' 라는 접두사를 사용한다. 예를 들면 ClO- 는 하이포아염소산, ClO2- 는 아염소산, ClO3-는 염소산, ClO4-는 과염소산이라 명명한다.

전하 중성의 원리를 적용하기 위해 여러 원자가 화학식에 포함될 경우 다원자이온의 식을 괄호로 묶는다. 예를 들면 질산구리(II) 또는 질산 제2구리를 표기할 때는 Cu(NO3)2 로 한다.

4) 산의 명명법

산의 명명법은 먼저 산소를 포함하지 않는 산의 예로 HBr이 있다. 여기서 명명은 앞에서의 이성분 이온화합물과 유사하고 끝에 접미사로 '-산' 을 붙여준다. 따라서 HBr은 브롬화수소산이다. 이와 같은 예로서 HF는 플루오르화수소산, HCl은 염화수소산, HI는 요오드화수소산, HCN 은 시안화수소산, H2S는 황화수소산이라 명한다.

그러나 이들이 물에 녹지 않았을 때 산성을 나타내지 않는 화합물의 규칙에 따라서 산이 물에 녹았을 경우에 사용한다. 따라서 HCl 기체의 수용액을 염화수소산(염산)이라 부르는 반면, 순수한 HCl 기체를 염화수소라 부른다. 물에 녹지 않았을 때, 이런 형태의 산은 이성분 화합물이거나 다원자 이온결합성 화합물이며 적절한 규칙에 의해 명명한다.

만일 산이 1개 이상의 산소를 포함하면 이를 산소산이라 부르며 명명법이 다르다. 다원자 음이온 이름의 끈을 '-산' 으로 바꾼다.

산의 화학식	이온의 화학식	이온의 명명	산의 명명
H_2SO_4	SO_4^{2-}	황산이온	황산
HNO_3	NO_3^-	질산이온	질산
$HClO_4$	ClO_4^-	과염소산이온	과염소산
CH_3COOH	CH_3COO^-	아세트산이온	아세트산
H_2SO_3	SO_3^{2-}	아황산이온	아황산
HNO_2	NO_2^-	아질산이온	아질산
$HClO$	ClO^-	하이포아염소산이온	하이포아염소산

몇 가지 화합물은 여전히 관용명으로 사용한다. 예를 들면 NH3는 삼수소화질소가 아니라 암모니아로 H2O는 일산화이수소가 아니고 물이라고 한다.

3 화학분석

(1) 개요

화학반응을 이용하여 물질의 정성과 정량을 행하는 방법을 화학분석(chemical analysis)이라고 한다. 어떤 물질을 분석하려면 여러 가지 분석방법과 그들의 원리에 대하여 이해하고 있어야 한다. 또한 분석시료를 요구하는 정밀도로 가장 효율적으로 분석하는 방법을 알아야 한다. 이와 같은 것들에 대하여 연구하는 학문을 분석화학(analytical chemistry)이라 한다.

화학분석에서는 정밀도(또는 정확도)가 높고, 가급적 빠르고 간단하고 경제적인 방법일수록 좋은 분석법이라 할 수 있고, 이들은 실제 화학분석에서 필수적으로 요구된다.

화학분석법은 물질의 성분을 검출하고, 확인하는 정성분석(qualitative analysis)과 시료중의 분석하고자 하는 성분 물질의 양을 알아내는 정량분석(quantitative analysis)으로 나눌 수 있다. 정량분석의 경우 보통은 시료의 성분을 알고 있다. 그렇지 않다면 먼저 정성분석을 하여야 한다. 정성분석을 하는 과정에서 생성된 침전의 양이나 용액의 색깔 정도 등으로 성분물질의 양적 관계를 대략 아는 수도 있다. 반면에 오늘날의 기기사용과 이용 가능한 여러 가지 화학적 측정으로 인하여 고유성과 충분한 선택성을 얻을 수 있으므로 정량분석을 함으로써 정성분석도 이루어지는 경우가 있다.

화학분석은 분석 물질의 대상에 따라 무기분석과 유기분석으로 구분하기도 한다. 이 책에서는 주로 무기 및 유기물의 정량분석에 대하여 다룬다. 분석화학의 응용범위는 매우 광범위하다. 분석화학은 제약학, 의학, 환경공학, 금속학, 농학, 재료과학 및 전자공학 등 각종 응용 및 산업과학 분야에 서 널리 응용된다.

어떤 시료의 분석결과를 얻기 위한 실질적인 작업수행절차를 분석법(analysis method)이라 부른다. 분석법에는 각기 다른 화학적 원리들-침전, 증류, 적정 등을 채택하고 있는데 이 경우 이러한 원리를 기법(technique)이라 부른다. 그러나 아무리 분석적 기법이 완벽하다 하더라도 연구대상에 따른 적절하고 신뢰성이 있는 정보를 얻어내기 위해서는 분석법 이외의 다른 요소들도 함께 고려하여야 한다.

이와 같은 전 과정을 몇 단계로 분류하면 다음과 같다.

(a). 연구 또는 조사목적에 대한 명확한 정의

(b). 적절한 분석법의 선택과 개발

(c). 시료 채취계획의 수립, 시료채취, 시료의 취급 및 전처리 기법의 확립

(d). 분석성분의 분리

(e). 분석성분 측정
(f). 분석법에 대한 유효성 검증
(g). 분석결과에 대한 평가와 해석
(h). 안전성 문제

(2) 분류

분석법에는 여러 가지 측면에서 분류된 명칭이 있다.

화학분석법의 분류 - 화학분석법에는 20세기 전반까지 널리 이용되어 왔고, 현재까지도 자주 이용되는 무게 분석법과 부피분석법이 있다. 오늘날에는 각종 화학분석기기를 이용하는 기기분석법이 중요한 위치를 차지하게 되었다.

분석법은 시료중의 모든 성분을 완전히 분석하는 완전분석법과 몇 가지 선택된 성분만을 분석하는 부분분석법으로 분류하는 경우도 있다.

1) 목적에 의한 분류

정성분석(quantitative analysis)이란 화학종의 종류 또는 성질을 명확히 하기 위한 분석법이다. 정량분석(qualitative analysis)이란 화학종의 양 또는 비율을 결정함을 목적으로 하는 분석법이다. 분리분석, 원소분석 등도 목적에 따라 저마다의 명칭이 있다.

2) 방법에 의한 분류

화학분석 중에서 무게분석(gravimetric analysis)은 화학종의, 또는 이것과 일정한 양적관계를 가진 물질의 질량을 측정하는 정량법이며 부피분석(volumetric analysis)은 화학종과 일정한 양적 관계로 반응하는 시약의 표준용액의 용량을 측정하는 정량법이다. 기기분석(instrumental analysis)은 물리학적 수단을 이용하는 방법의 총칭으로 물리분석(physical analysis)이라고도 한다. 기기분석의 주된 내용으로는 주로 전기분석법과 전자파(電磁波)분석법(광분석법)을 들 수 있으나 분리분석법, 질량분석법, 방사능분석법, 열분석법도 기기분석법에 포함된다. 그러나 기기분석과 화학분석 사이에 엄밀한 구별은 없다. 이와 달리 생물학적 분석법(bioassay)도 방법에 의한 명칭이다.

무게분석(gravimetric analysis)은 시료용액에 적당한 침전제를 가하여 구하고자 하는 성분을 침전시키고 이 침전을 걸러서 씻고, 말리거나 강열하여 일정한 화학적 조성을 갖는 화합물로 만들어 그 무게를 달고, 최후에 얻은 물질의 화학식과 그 무게로부터 구하고자 하는 성분의 양을 계산하는 분석방법이다. 무게분석법은 일반적으로 부피분석법에 비해 초보자에게는 정확한 결과를 얻기 어렵고, 시간이 많이 걸리는 방법이다. 그러나 경험과 정밀한 저울만 있으면 부피분석보다 더 높은 분석을 할 수 있다.

부피분석(volumetric analysis)은 기체 또는 용액의 부피를 측정하여 분석하는 방법이다. 가장 중요하고 널리 이용되는 부피분석법에는 적정법이 있다. 적정법(titration)은 시료물질과 화학량론 적으로 반응하는 적당한 시약의 표준용액을 시료용액에 적가하여 반응이 끝날 때까지 소비된 표준용액의 부피는 측정하고, 이 표준용액의 농도와 부피로부터 미지물질의 양을 계산하는 분석방법이다.

기기분석(instrumental analysis)은 여러 가지의 화학분석 기기를 사용하여 분석하는 방법이다. 기기분석법에는 전자기 복사선의 상호작용에 대한물리적 성질을 이용하는 광학적 분석법과 물질의 전기적 성질을 이용하는 전기화학적 분석법이 있다. 또 원자의 방사성을 이용하는 방사화학 분석법, 물질의 분리분석에 기초를 두는 크로마토그래피법 등이 있다. 기기분석법은 종전에는 할 수 없었던 화학분석도 가능하게 하고, 시료의 수가 많을 때도 대단히 짧은 시간에 연속하여 분석할 수 있는 이점을 지닌다. 현대적인 기기분석법에 비하여 무게분석이나 부피분석법을 고전적 분석법이라고도 부른다.

한 가지 물질을 분석하는 데는 여러 가지 분석법이 있을 수 있고, 그 중 어느 방법을 이용할 것인가는 그 때 요구하는 정밀도와 실험실의 사정과 장치에 따라 다를 것이다. 또한 분석을 할 때 요구하는 성분을 시료 중에서 분리하여 정량하는 것이 원칙이지만 시료 중에 다른 물질이 공존해도 선택적으로 요구하는 성분만을 정확히 분석할 수 있는 편리한 분석법도 많이 있다.

참고

1. 무게분석 : 무기침전제, 유기침전제, 전기분해에 의한 방법.
2. 부피분석 : 침전법 적정, 산-염기 적정, 착화법 적정, 산화-환원 적정.
3. 복사선 에너지흡수 : 가시선 분광광도법(비색법), 자외선 분광광도법, 적외선 분광광도법, X-선 흡수법, 핵자기공명분광법.
4. 복사선 에너지방출 : 발광분광법, 불꽃광도법, X-선 형광법.
5. 전기화학적 분석 : 폴라로그래피법, 전기량법, 전위차법, 전도도법.
6. 크로마토그래피 : 기체, 액체, 이온교환, 크기 배체, 종이, 얇은 막.
7. 기타 : 편광법, 굴절법, 질량분석법, 열전도도법, 용매추출법.

3) 분석 감도에 의한 분류

보통량분석(macro analysis)은 0.1g 이상, 반미량분석(semi-micro analysis)은 100~10㎎, 미량

분석(micro analysis)은 1㎎~10㎍, 극미량분석(ultra-micro analysis)은 1㎍ 이하의 시료 량에 대해서 측정한다. 그러나 이러한 분류는 편의적인 것이다.

4) 시료의 종류에 의한 분류

무기분석, 유기분석, 공업분석, 약품분석, 식품분석 등으로 구분되어 있다.

(3) 화학분석의 일반적 단계

분석화학에서는 여러 가지 분석방법의 기초 원리와 이론을 배우게 된다. 실제로 어떤 물질을 화학분석 하는 데는 분석과정에 있어서 몇 가지 논리적인 단계를 거쳐야 한다. 일반적인 화학분석의 단계에 대하여 간단히 설명한다.

1) 분석계획

한 시료를 분석하려면 맨 먼저 세밀하고, 충분한 분석계획을 세워야 한다. 분석계획에는 다음과 같은 사항들이 고려되어야 한다.

필요한 분석정보의 수집, 사용하고자 하는 분석방법의 감도와 정확도 및 정밀도, 방해물질의 존재여부와 분리방법, 시료 량과 시료 수, 사용 가능한 분석장치, 분석비용, 분석결과의 이용면 등을 고려하여야 한다. 분석방법은 일반적으로 실험실에 있는 장치와 화학약품의 이용도 및 분석자의 경험에 따라 결정된다. 또 분석자는 분석방법의 현명한 선택을 위해 분석화학에 관한 각종 참고문헌에 대한 정보와 지식을 갖추어야 한다.

2) 시료의 채취

화학분석에서 시료의 채취는 대단히 중요한 단계이다. 분석하기 위해 채취된 시료는 시료 전체를 대표하여야 한다. 시료를 잘못 채취하였다면 그 시료에 대하여 아무리 정확히 분석하였다고 해도 그 분석결과는 쓸모가 없다.

일반적으로 기체나 액체시료는 균일하기 때문에 전체를 대표할 수 있는 시료의 채취가 쉬운 편이다 그러나 고체시료는 입자의 크기, 화학적 조성이 균일하지 않기 때문에 시료의 채취법이 어렵다. 예를 들면 석탄의 열량분석, 광석 중의 유용성분을 분석하는 경우 등이다.

기체나 액체의 경우도 대기, 바닷물, 호수 및 강물과 같이 대상이 클 때는 국부적으로는 균일하지만 위치에 따라 다소 농도의 차이를 가지고 있다. 호수의 용존산소의 양은 깊이가 1~2m 달라도 1,000배 정도의 차이를 나타낼 수가 있다. 사람의 혈액의 경우에는 식사 전후에 그 조성이 상당히 달라지므로 보통 아침식사 전에 혈액시료를 채취하여 분석한다.

광석 같은 고체의 경우는 덩어리가 클수록 균일성이 적어진다. 따라서 통계적으로 볼 때 시료는 분석 대상물의 여러 위치에서 여러 크기의 시료를 마구잡이로 많이 취할수록 좋을 것이다. 그러나 취하는 시료가 너무 많아도 곤란하기 때문에, 예를 들면 직경이 2~3 cm의 광석인 경우에는 0.5kg 정도를 1차 시료로 취하는 것이 좋고, 균일성이 좋고 덩어리가 작을수록 1차 시료는 적게 취해도 좋다.

1차 시료는 분쇄기 또는 막자사발을 이용하여 시료덩어리를 작게 만들면서 시료의 양을 줄인다. 보통 다음과 같은 사등분법(quartering)을 이용한다. 이 방법은 빻은 시료를 원뿔모양으로 쌓고, 서로 마주보는 부분을 취해가는 과정을 연속적으로 행하는 방법이다. 이와 같이 시료를 분쇄하고 또 사등분하는 과정을 되풀이 하여 취한 최후의 시료 5~10g 정도를 단단한 마노막자사발에 넣고 시료를 고운 가루로 만들어 분석용 시료로 사용한다. 시료를 채취할 때는 마구잡이 방법으로 최대한 전체를 대표할 수 있도록 하며, 시료 채취 중에도 불순물의 오염, 휘발성 물질의 손실, 시료의 변질 등에 조심하여야 하고 일단 채취한 시료는 빨리 분석하도록 하고, 보관하였다가 분석할 필요가 있을 때는 보관하는 동안에 용기, 공기, 수분, 광선 및 열에 의해 변질하는 수가 있기 때문에 보관에 주의를 기울여야 한다.

특히 혈액, 소변과 같은 생화학적 시료와 변질이 빠른 시료는 변질 억제제를 가하여 사전처리하는 것이 좋고 냉장고와 같은 적당한 환경에 보관하여야 한다. 또 변질 속도가 아주 빠르거나 억제제가 없을 경우는 시료채취 후 즉시 분석하도록 한다.

3) 시료의 건조

시료는 수분을 포함하는 경우가 많고, 이 때 수분은 화학적으로 결합되어 있는 결정수이거나 내포 또는 표면에 흡착된 부착수로서 존재한다. 물질의 종류에 따라 수분함량은 다르다. 금속시료의 표면에 흡착된 수분의 양은 보통 수 ppm정도이다. 불행히도 대부분의 시료에서 수분의 함량은 일정하지 않고 대기 중의 습도에 따라 변한다. 수분의 흡착은 입자의 크기에 따라 다르고 작은 입자는 표면적이 크기 때문에 더 많은 수분을 흡착한다. 분석결과의 재현성을 위하여 수분은 보통 분석하기 전에 건조시킨다. 그리고 시료의 백분율 조성은 건조된 시료 량에 기준을 두고 계산한다.

건조의 목적은 시료를 무수물로 만들거나 흡착된 수분을 제거하는 것이고 화학적으로 결합된 수분은 남게 된다. 대개 시료를 전기건조기에서 100~110℃로 1~2시간 건조한다. 그러나 어떤 시료는 이런 조건에서 분해된다. 따라서 더 낮은 온도에서 건조해야 하거나 건조하지 못하는 경우가 있다. 표면에 흡수된 수분은 보통 낮은 온도에서 쉽게 날아간다. 건조 조건이 어려운 시료에 대해서는 열저울에 의해 온도증가에 따른 무게변화 곡선을 얻는다. 이 무게-온도 곡선을 보면 적합한 건조조건을 결정할 수 있다. 수분이 제거되는 온도가 일정한 물질에 대해서는 그 온도에서 건조시키면 되지만 어떤 물질은 수분이 제거되는 온도가 넓은 범위인 것이 있다. 그러한 경우는 임의의 일정 온도에서 건조하기는 어렵고 재현성 있는 결과를 얻기 위한 다른 방법을 고려해야 한다. 열에 민감한 시료에 대해서는 건조제를 넣은 데시케이터 또는 진공데시케이터에서 건조한다.

실리카겔 같은 건조제는 흡수된 수분의 양에 따라서 색깔이 변화하기 때문에 사용이 편리하다. 오산화인은 가장 강한 건조제이나 점차 표면에 인산의 막이 생겨 효율이 떨어지는 단점이 있다. 염화칼슘은 흡수력은 약하지만 값이 싸고 사용이 편리하여 흔히 데시케이터의 거조제로 쓰인다. 또 진한 황산도 흡수 능력이 크므로 건조제로 사용된다.

데시케이터를 사용할 때는 고온으로 가열한 것을 그대로 넣지 말고 일단 밖에서 100℃ 이하로 식혀서 여기에 놓도록 한다. 갈아 맞춘 뚜껑에는 바세린 또는 그리스를 고루 엷게 발라 공기가 새지 않게 하고 건조제 위에는 사기로 된 판대를 얹고 그 위에 보관할 물건을 놓는다.

이온교환 수지의 분배계수를 측정할 때 건조된 수지의 무게를 달 필요성이 있다. 이때는 건조기에서 건조하여 수분의 함량을 계산할 수 있다. 그러나 건조된 수지를 그대로 실험에 사용해서는 안 된다. 그 이유는 이온교환 수지는 건조하면 이온교환 능력이 떨어지기 때문이다.

분석결과의 계산 시에는 반드시 건조된 무게를 기준으로 하여 성분 함량을 계산하고 건조 시 무게감량 백분율을 기록해 두는 것이 좋다.

4) 시료의 측량

정량분석에서 분석결과는 보통 시료 100g중에 분석성분의 g수인 무게백분율로 보고된다. 그러나 부피백분율(시료 100㎖당 분석성분의 ㎖수), 몰 퍼센트(시료 100몰당 분석성분의 몰수) 또는 다른 상대적인 표현법을 사용하기도 한다.

정량분석에서 무게를 단 후의 모든 단계의 목적은 측정된 시료의 무게(또는 부피)에 대한 성분들의 상대적인 양을 결정하는 것이다. 분석저울에서 시료를 다는 것은 보통 아주 정확한 조작이다. 피펫이나 뷰렛에 의해 시료용액의 부피를 측정하는 것은 무게 다는 것보다는 약간 덜 정확하지만 매우 빠르고 간편하다. 분석하기 위해서 시료용액의 일정량을 피펫으로 취한 후에는 항상 달고, 녹이고 또 일정부피로 묽혀진다. 이 방법은 보통의 분석저울로 정확하게 무게 달기에 너무 가벼운 시료일 때 사용된다.

5) 시료의 용해

고체시료는 분석하기 전에 항상 완전히 녹여서 용액으로 만들어야 한다. 정량분석에서 용해하는 과정은 대단히 시간이 걸리는 단계이다. 고체시료의 용해 및 유기물시료의 분해와 같은 시료의 전처리는 2장에서 더 자세히 언급하기로 하고 여기서는 분석시료를 용해하는데 사용되는 두 가지 좋은 방법에 대하여 기술하기로 한다.

① 가압 하에서 분해

가압상태에서 고온으로 가열할 때는 보통 용해과정이 빠르다. 예를 들면 시료와 용매를 단단한 유리관에 넣어 이 관을 밀폐된 강철실린더 속에 장치한 다음 300℃ 이상의 온도와 100기압의 압력으로 올리는 경우이다. 다른 한 가지 장치는 작은 강철압력솥(autoclave)으로서 테프론으로 표면처리된 것이다. 이때는 보통 HF와 같은 부식성 산이 사용될 수 있고, 150℃가 대략적인 한계온도이다.

② 대기압에서 분해

이 방법은 더 일반적으로 사용되는 용해방법이다. 시료를 적당한 용매와 함께 용기에 넣고 빨리 녹도록 천천히 가열시키는 방법이다. 사용된 용매는 가능한 짧은 시간에 시료를 완전히 녹이는 것이어야 한다. 용매는 분석과정에서 방해하지 않는 것을 택해야 된다.

대부분의 시료를 용해하기 위해 사용되는 용매는 다음과 같이 분류된다.

(a) **물** - 여러 가지 무기염과 유기화합물들은 보통 증류수에 쉽게 녹는다. 물에 녹일 때 는 보통 가수분해가 일어나는 것과 특정한 금속 양이온이 부분 침전되는 현상을 방지하기 위해서 소량의 산을 가한다.

(b) **유기용매** - 알코올, 염화탄화수소, 케톤 등의 용매가 있다. 이들 용매들은 분석하기 전에 유기화합물을 녹이는데 사용된다.

(c) **무기산** - 대부분의 금속, 금속합금, 산화물, 탄산화물, 황화물 등의 용해에 진한 산이나 약간의 묽은 산이 사용된다. 질산, 염산, 황산 또는 왕수(질산+염산)가 아주 일반적으로 사용되고 어떤 경우는 과염소산이나 인산도 사용된다. 불산(HF)은 다른 산과 혼합하여 사용하거나 단독으로 사용할 때 수용액에서 불소 착물을 만들면서 금속을 쉽게 녹인다. 이들 금속의 어떤 것들(Nb, Ta등)은 실제 보통 용매에 불용성이다.

(d) **용융(fusion)** - 산처리로서 녹지 않는 고체시료는 융제(flux)를 섞어 가열 용융하여 녹인다. 금속 산화물과 같은 염기성 물질인 경우에는 피로황산칼륨과 같은 산성융제를 사용하고, 규산염과 같은 산성 물질의 경우에는 탄산나트륨과 같은 염기성 융제를 사용한다. 크롬광의 경우와 같이 산화작용이 필요한 경우에는 염기성 융제에 과산화나트륨과 같은 산화제를 섞어서 용융한다.

표 A-3. 무기물질을 녹이는 용매

금속원소	용 매	금속원소	용 매
Ag	HNO_3	Ni	산
Al	HCl , NaOH	Pb	HNO_3
As	HNO_3, 왕수 , H_2SO_4	희토류	HNO_3, HCl, $HClO_4$
Bi	HNO_3, 왕수 , H_2SO_4	Sb	H_2SO_4, HNO_3 + 타르타르산
Cd	HNO_3	Sn	HCl, 왕수
Co	산	Ta	HF + HNO_3
Cr	$HClO_4$,HCl,dil-H_2SO_4	Th	HNO_3, HCl
Cu	HNO_3, HCl + H_2O_2	Ti	HF, H_2SO_4
Fe	산	U	HNO_3
Hg	HNO_3, H_2SO_4	V	HNO_3, H_2SO_4
Mg	산	W	HF + HNO_3, H_3PO_4 + $HClO_4$
Mo	HNO_3	Zn	산 , NaOH
Nb	HF + HNO_3	Zr	HF

탄수화물, 산화물, 황화물: 보통 산에 가용성, 약간은 용융필요.
인산염: 약간은 산에 가용성, 많은 것은 알칼리 융제로 용융필요.
규산염: 대부분 HF에 용해, 실리카는 H_2SiF_6로 휘발, 용융법이 널리 이용됨

6) 유기물시료의 분해

동식물의 조직과 같은 유기물시료를 분해 용해시키는 데는 건식 회화법과 습식 산처리법의 두 가지가 있다.

건식 회화법은 일정량의 시료를 보통 사기도가니에 넣고 전기로에서 400~700℃로 가열하여 회화시킨다. 액체 시료의 경우에는 낮은 온도에서 서서히 가열하여 말린 다음에 세게 가열한다. 500℃ 이상에서는 납(Pb) 성분의 일부가 휘발하는 수가 있다. 이 경우에는 질산마그네슘과 같은 산화제를 시료에 첨가하면 시료 중의 거의 모든 금속성분과 염소, 비소 같은 성분이 회분에 남게 된다. 도가니에 남은 회분은 6M 염산으로 씻어서 옮긴다.

습식 산처리법은 Kjeldahl 플라스크에 시료를 넣고 소량의 황산 (5㎖)과 많은 양의 질산(20~30㎖)을 첨가하여 서서히 가열한다. 질산은 점차 증발되고 황산의 흰 연기를 내게 되면 온도는 340℃ 정도로 되고 시료는 분해하게 된다. 검은 유기물이 남아 있으면 질산을 더 첨가하여 계속 가열한다.

질산, 과염소산 및 황산을 3 : 1 : 1 비로 섞은 혼합산은 더 효과적인 분해제이다. 그러나 과염소산은 폭발 위험성이 있기 때문에 주의해야 한다. 그렇지만 황산이 남아 있는 경우에는 폭발하는 일이 없다.

7) 간섭물질의 분리

물질의 이상적인 정량법은 선택적이어야 한다. 즉, 다른 물질의 존재 하에서 분석하고자 하

는 물질만을 정확하게 분석할 수 있는 것을 말한다. 많은 방법들은 선택적이지만 불행하게도 몇 가지 분석법은 아주 선택성이 없는 것도 있다. 선택성이 좋은 방법은 특정한 다른 이온이나 화합물이 존재하여도 이들을 분리하여 제거하지 않고, 직접 분석하고자 하는 성분만을 분석할 수 있는 경우를 말한다. 어떤 물질을 분석할 때 방해작용을 하는 것을 간섭(interferences)이라 한다. 정량하고자 하는 화학종으로부터 간섭물질을 분리하는 것은 여러 가지 정량분석 과정에서 매우 중요한 단계이다. 간섭물질의 분리 방법으로는 일반적으로 분별침전법이 이용되고, 더 좋은 방법으로는 전기분해법, 이온교환법, 용매추출법 등이 있고, 매우 복잡한 혼합물의 경우도 쉽게 분리할 수 있는 크로마토그래피법이 있다.

8) 분석성분의 측정

이 단계는 분석성분의 양을 실제로 측정하는 단계이다. 이 책과 다른 분석화학 참고문헌에서는 정량분석의 측정에 대한 이론과 실제에 대하여 취급하고 있다. 여러 가지 분석방법이 개발되었다.

측정단계는 보통 여러 가지 조건을 조절할 필요성이 있다. 예를 들면 무게분석에서 성분을 침전시키기 전이나, 분광광도법에서 색을 발색시키기 전에 용액의 pH를 적당한 범위로 조절하는 것이 필요하다. 어떤 경우는 특정원소의 산화상태를 적정이나 정량적 측정 전에 조절되어야 하는 경우가 있다. 더 나아가서 시료용액을 묽혀서 측정하고자 하는 화학종의 농도범위가 적당하도록 해야 한다.

9) 분석결과의 계산

시료 중의 각 화학종의 양(보통 무게백분율)을 계산할 때 필요한 데이터는 측정(분석)에서 얻게 된다. 그 때 각 화학종의 함량 백분율은 분석된 각 성분의 무게를 시료무게로 나누어서 100을 곱한 것이다. 계산은 반드시 정확한 유효숫자 개념에 맞도록 하여야 한다. 분석은 보통 시료를 3개 이상 택해 동시에 분석해야 하며, 적어도 2회 이상은 분석해야 한다. 보통은(그러나 꼭 그렇지는 않음) 정밀도가 좋으면 분석의 정확도가 또한 좋다는 것을 의미한다. 분석결과가 계산되었을 때 그 결과의 신뢰도는 사용한 분석방법의 고유한 정밀도 및 실험값의 통계적 처리에 의해 평가되어야 한다.

(4) 부피분석

1) 부피분석(적정)의 특징

부피분석(volumetric analysis)은 정량분석의 목적물질에 그 물질과 반응하는 물질의 기지량(旣知量)을 함유한 용액, 즉 표준용액(standard solution)을 가하고 반응이 끝날 때까지 소비된 표준용액의 부피를 측정하여 목적물질의 양을 측정하는 방법이다. 보통 목적물질의 용액에 표준용액을 적가(滴加)하는 조작을 행하므로 적정이라고도 부른다. 정량분석법에는 무게분석, 부피분석, 기기분석 등이 있는데, 이중 무게분석이 가장 오래 전부터 행해져 왔으며, 부피분석도 19세기 이래 적당한 화학반응을 행하는 물질에 자주 사용되어 왔다. 근래 기기분석이 급속히 발달하여 미량의 분석이나 신속한 측정을 필요로 하는 영역에 널리 이용되게 되었는데, 부피분석은 제품의 품질관리나 검정 등의 정확성을 필요로 하는 영역에서는 중요한 위치를 차지하고 있다. 부피분석을 무게분석 및 기기분석과 비교한 경우의 장단점은 다음과 같다.

① 무게분석과의 비교

앞장에서 논했듯이 부피측정 조작의 정도는 무게측정의 그것보다도 떨어진다. 그러나 부피분석은 시료의 용액을 그대로 측정함에 대해 무게분석에서는 침전생성 등의 방법으로 목적물질을 분리하는 전처리를 행하는 수가 많고, 전처리 정도는 반드시 높지만은 않다. 이 경우 분석법으로서의 감도는 전처리에 따르므로 무게분석이 부피분석보다 항상 정밀도가 높다고 할 수는 없다.

무게분석법은 전처리에 의한 분리법의 고안에 의해 혼합물 중의 목적물질을 정량할 수 있음에 대해 부피분석은 분리하지 않고 행하는 경우가 많으며 반응도 특이성이 없으므로 복잡한 혼합물보다도 단일물질에 가까운 것의 분석에 사용되고 있다.

무게분석은 침전을 항량이 될 때까지 건조시키는 등 전처리에 수고와 시간이 필요한 경우가 많은데 반해 부피분석은 이러한 수고가 필요치 않을 뿐 아니라 신속성, 간편성에 있어서 매우 월등하다.

② 기기분석과의 비교

흡광도법, 형광분석법 등의 기기분석에 의한 정량은 부피분석에 비해 극히 미량의 목적물질의 분석이 가능하고 조작은 신속, 간편하며, 분리조작을 병행하면 복잡한 혼합물 중의 물질도 정량이 가능하다. 따라서 위생검사, 생체시료의 분석 등에는 기기분석을 사용하는 수가 많다. 부피분석은 비교적 많은 종의 시료 사용이 허용되는 분석에 적합하다.

한편 정밀도의 관점에서는 일반적으로 부피분석이 기기분석보다 뛰어나다. 후자는 기기의 성능에 따라 정도가 제한되어 있음에 반해 부피분석은 적정오차 등의 영향을 소비량을 늘림으로써 억제할 수가 있으며, 그 비율도 정확히 알 수 있기 때문이다.

부피분석은 유리기구만으로 행할 수 있으므로, 전자 기기 등을 필요로 하는 기기분석보다도 상당히 싸며 어디에서도 측정이 가능한 것이 장점이다. 사용하는 기구가 간편하고 고장이 작으며, 만약에 고장이 있더라도 기기와 달리 고장 부속을 바꾸기 쉬운 것이 장점이다.

기기분석은 이미 알고 있는 목적물질 (표준시료)에 의해 교정(校正)할 필요가 있는 경우가 많지만, 부피분석은 표준용액의 표정(標定) 이외에는 보통 표준시료를 필요로 하지 않으므로 (즉 절대 측정이다) 표준시료를 만들기 어려울 때에 편리하다. 요컨대 부피분석은 시료가 단일 물질에 가까우므로 비교적 많은 양을 사용할 수 있고 또한 높은 정확성이 요구되는 경우에 사용된다.

2) 부피분석에 이용되는 반응

화학 반응이 부피분석에 이용되기 위해서는 다음과 조건이 필요하다.

① 반응이 정량적으로 완전히 진행될 것.

이것은 반응에 의한 자유에너지의 감소가 크고, 역반응이 무시될 수 있음을 의미한다.

② 반응이 단일할 것.

복잡한 부반응을 일으키는 경우는 적당치 않다.

③ 반응속도가 클 것.

반응속도가 작으면 표준용액을 첨가할 때 반응의 완결까지 시간이 걸리므로 불편하다. 단, 반응이 느린 경우에도 완결 후 남아 있는 부분을 별도의 표준용액으로 적정하는 역적정에 의해 분석할 수가 있다.

④ 반응의 완결을 지시하는 방법이 있을 것.

반응의 완결에 따라 변색하는 지시약을 이용하는 경우가 많은데, 전위차, 전도도 등의 변화를 측정하는 전기 적정 방법도 있다.

⑤ 정확한 농도의 표준용액을 조제할 것.

불안정하거나 순도가 불분명한 물질의 표준용액으로 분석할 수 없다.

부피분석에 이용되는 중요한 반응은 다음과 같다.

(a) 중화 반응

산과 염기의 중화반응은 속도가 크고, 지시약에 의한 종말점의 인식도 쉬우므로 자주 이용된다. 중화반응을 이용한 적정을 중화적정(neutralization analysis) 또는 산염기적정(acid-base titration)이라고 한다.

$$HCl + NaOH \rightarrow NaCl + H_2O$$

(b) **착물생성 반응**

이 반응을 이용한 적정을 착적정(complexometric titration)이라고 하며, 이중에서 금속이 배위자와 두 곳 이상에서 결합한 킬레이트(chelate)를 생성하는 반응의 경우를 킬레이트 적정(chelatometry)이라고 한다. 적정법 중에서는 비교적 새로운 방법으로 금속염이나 금속수산화물의 정량에 이용된다.

$$Zn^{2+} + EDTA^{4-} \rightarrow Zn{\cdot}EDTA^{2-}$$

(c) **산화환원 반응**

산화 또는 환원작용이 있는 물질에 자주 이용되며 산화환원적정(redox titration)이라고 한다. 반응 속도가 느린 경우도 있기 때문에 종종 역적정이 행해진다.

$$5Na_2C_2O_4 + 2KMnO_4 + 8H_2SO_4 \rightarrow K_2SO_4 + 5Na_2SO_4 + 2MnSO_4 + 10CO_2 + 8H_2O$$

$$I_2 + 2Na_2S_2O_3 \rightarrow 2NaI + Na_2S_4O_4$$

(d) **침전 반응**

정량적으로 침전을 생성하는 반응도 적정에 이용되며 침전법적정(precipitation titration)이라고 한다.

$$NaCl + AgNO3 \rightarrow AgCl\downarrow + NaNO_3$$

3) 부피분석 조작

① 일반적 조작

보통의 조작법은 우선 뷰렛의 0㎖의 눈금까지 표준용액을 채우고, 시료용액 중에 떨어뜨린다. 시료용액의 용기(적정용 용기)로 가장 많이 사용되는 것은 코니칼 비이커(conical beaker, 그림 4-1(a))로써 입구는 넓지만 밑바닥보다는 약간 좁게 되어 있고, 입구의 가장자리는 바깥쪽으로 구부러져 있다. 적정할 때는 한 손으로 잡고 돌리면서 혼합시켜 내용물을 균일하게 한다. 입구가 넓으므로 흔들어서 섞을 때는 코크에 방해되는 일이 적고, 입구가 밑바닥보다 좁기 때문에 액체가 밖으로 나갈 위험도 적다. 용기로는 보통의 비이커를 사용할 수도 있으나, 요오드 등과 같이 기화할 염려가 있는 것을 포함하는 계통은 입구가 좁은 삼각 플라스크나 요오드병으로 지정되어 있는 것을 사용한다. 또한 물기 없는 상태에서 행하는 비수용액적정(non-aqueous titration)에서는 뷰렛, 적정용기 모두 건조제를 넣어 밀폐하여 수분과의 접촉을 중지시킨 후 분석한다.

혼합할 때는 외기 중에서 용기를 흔들어 섞는 것 외에 유리막대 또는 유리막대에 고무 캡(용기의 손상을 막기 위해)을 씌운 폴리스만을 사용해도 좋다. 구부린 유리막대로 온도계를 보호한 것을 이용하여 온도를 동시에 측정하는 것도 있다. 자석 젓게 등을 이용하여 기계적으로 교반하는 것도 가능하며, 전기적정 할 때는 특히 이 방법을 이용한다.

반응이 완결되는 점, 즉 당량점(equivalent point)인 판정은 보통의 적정에서는 당량점에서 변색하는 지시약(indicator)에 의한다. 지시약은 시료용액에 가해진 용액의 변색을 관찰하는 것이 보통인데 이것을 내부지시약(internal indicator)이라고 한다. 그러나 아질산나트륨에 의한 시안화 적정의 요오드화 아연전분종이 같이 시료용액에 가해지면 변화할 염려가 있는 것은 적정 중에 액체를 취하여 밖에서 반응시켜, 그 색의 변화로 반응의 완결을 판정하는 경우도 있다. 이것을 외부지시약(external indicator)이라고 한다.

지시약의 변색을 육안으로 관찰하는 방법을 시각적정(visual titration), 빛의 흡수를 광전광도계로 측정하여 인식하는 방법을 광전(光電)적정(photometric titration)이라고 한다.

과망간산칼륨 용액처럼 표준용액이 강하게 착색하고 있는 경우에는 이 색깔에 의해 반응의 완결을 판정할 수 있으므로 지시약이 필요하지 않다.

전기적정에서는 지시약을 사용하지 않고, 전도도, 전위차, 교류의 임피던스 등을 측정하여 반응의 종결을 판정한다.

지시약 또는 기타 방법에 의해 완결이 인식되는 점을 종말점(end point)이라 한다. 적정이 종말점에 가까울 때는 적정액을 서서히 가하고, 최후에는 한 방울을 나누어서 가하며, 가능한 한 정확히 종말점을 판정하여 읽는다. 용액의 전기적 성질 등을 측정하여 종말점에서 적정을 자동적으로 정지 시키는 장치도 있다. 측정의 횟수는 변화의 정도에 의하나 적어도 3회 정도 행하여 평균값을 산출한다.

종말점과 당량점은 일치하는 것이 이상적이지만, 양자 간에 차이가 있어서 계통오차가 생기는 수가 있다(지시오차). 이 오차는 목적물질을 함유하지 않는 점 이외에 시료와 똑같은 용매에 대하여 동일한 조작을 행하여(바탕시험 : blank test) 그 차이에 의해 보정을 할 수가 있다. 종말점 부근에서의 색깔의 변화를 식별하기 어려워 판정이 곤란한 경우가 있는데, 이 경우는 당량점에 달했을 때와 동일한 조성의 용액에 시료를 가하고 동량의 지시약을 첨가한 것과 비교하면 좋다.

시료 중에 표준용액을 떨어뜨려 반응이 완결될 때까지의 소비량을 측정하는 통상의 방법은 직접적정(direct titration)이라고 하는데 기타 제1 표준용액의 과량을 홀 피펫으로 일정하게 첨가한 후, 잠시 방치하여 반응을 완결시킨 후, 제1 표준용액 중의 성분과 반응하는 제2

표준용액을 적가하여 남은 제1 표준용액 중의 성분을 적정하고, 이것과 첨가된 양과의 차이로부터 목적물의 양을 아는 역적정(back titration, residual titration) 방법이 있다. 예를 들면 아황산나트륨(환원제)을 요오드(산화제)와의 반응에 의해 정량하는 경우, 시료를 과량의 요오드액에 첨가하여 5분간 방치시켜 반응이 종료한 후, 남아 있는 요오드를 티오황산나트륨(환원제)으로 적정하고, 최초의 요오드 량과 남아 있는 요오드 량과의 차이를 요오드의 소비량으로 한다.

목적물질과 표준용액과의 반응 속도가 더딘 경우에 적용되는 방법이 산화환원 적정에 많은데, 중화적정에서도 아스피린과 같이 염기를 첨가하면 부반응(이 경우 살리실산의 생성)이 생긴다. 이 경우 염기를 가한 후 방치해서 부반응을 완결시키고 남아 있는 염기를 산으로 적정하는 방법을 사용한다.

② 특수한 적정법

(a) 직접측정법

직접측정법(direct reading system)은 표준용액의 소비량(㎖)이 그대로 시료 중의 목적물 무게 %를 나타내도록 하는 조건하에서 적정을 행하는 방법으로, 계수무게방식(factor weight system)이라고도 한다.

표준용액 100㎖를 소비하는 목적물질의 무게와 같은 무게의 시료를 정확하게 달아서 취하면 좋다. 표준용액으로써 시료의 0.01000g이 1㎖에 대응하는 농도를 만들고, 시료는 항상 1.000g을 달아서 취하는 방식을 특히 「유니터리 시스템(unitary system)」이라고 한다. 계산이 불필요하므로 관리 분석 등에 편리하다. 이 방법을 택하는 경우에는 정해진 농도의 표준용액을 정확히 만들 필요가 있다.

(b) 무게 적정

무게 적정(gravimetric titration)은 부피분석이 아니고 일종의 무게분석이라고 생각된다. 그림 4-2에 보인 계량 뷰렛 또는 무게뷰렛(gravimetric buret, weighting buret)을 사용하여, 적정 전후에 표준용액을 넣은 채 뷰렛의 무게를 측정하고 그 차이로부터 소비량을 안다.(뷰렛에 그어져 있는 눈금은 단순한 기준눈금으로, 분석에는 사용하지 않는다.) 무게의 측정이 부피의 측정보다도 정밀도가 높은 것을 이용하여 정(밀)도의 향상을 기한다. 그러나 조작의 다른 부분, 즉 액체방울의 나눔이나 종말점 판정 등의 정도가 충분치 않으면 효과가 적다. 이러한 것은 0.01 ㎖ 정도로 읽을 수 있는 세밀한 것이 필요하다.

(c) 전기량 적정

전기적정 중 전기량 적정(coulometric titration)은 뷰렛을 이용하지 않고, 전류를 흐르게 하여 전해반응에 의해 목적물질을 생성시켜 반응완결까지 소요된 전기량을 측정하여 정량한다. 종말점은 전기적으로 인식하는 것이 많은데 지시약에 의한 것도 가능하다. 산화환원 또는 중화반응을 이용한다.

표준용액 중의 성분에 상당하는 것을 전기적으로 생성시키는 방식에 있어서는 표준용액의 조제나 표정에 노력이 들지 않고, 미세한 양의 목적물질의 정량도 가능하다는 이점이 있다.

③ 부피분석의 오차와 정도

(a) 온도의 영향

20℃ 이외의 온도에서 조작하면 표준용액과 유리와의 팽창수축에 의한 오차가 생긴다. 희박한 수용액이라면 물과 똑같이 생각해도 좋지만 농후한 것은 표준용액 특히 보정해야 할 값에 차이가 생긴다. 중화적정의 표준용액에 대한 보정치를 아래 표에 나타냈다.

이 표는 임의의 온도에서 조작한 경우 20℃에서 조작했을 때보다 1L당 표에 나타난 숫자의 ㎖만큼 가한 양에 상당하는 표준용액이 소비되고 있음을 나타낸다.

예를 들면 25℃에서 1N수산화나트륨 용액을 사용하여 적정한 소비량이 40.00㎖라 하면, 표의 수치는 −1.5이므로 보정치는 $-1.5 \times 40/1000 = -0.06$이고, 20℃에서 조작했을 때에 1N 수산화나트륨용액은 $40.00 - 0.06 = 39.94$㎖ 중에 포함된 수산화나트륨이 소비된 것이 된다.

이 보정은 표준용액에 따라 달라지고 보정하는 수고가 따르므로, 적정은 가능한 한 20℃에 가까운 온도에서 행해야 한다.

표 A-4. 온도보정표(1000㎖수)

온도 (℃)	물 및 0.1N 이하의 규정액	1N HCl	1N H_2SO_4	1N NaOH
10	+1.2	+1.7	+2.4	+2.4
11	+1.2	+1.6	+2.2	+2.3
12	+1.1	+1.5	+2.0	+2.1
13	+1.0	+1.3	+1.8	+1.8
14	+0.9	+1.1	+1.5	+1.6
15	+0.8	+1.0	+1.3	+1.3
16	+0.6	+0.8	+1.1	+1.1
17	+0.5	+0.6	+0.8	+0.8
18	+0.3	+0.4	+0.6	+0.6
19	+0.2	+0.2	+0.3	+0.3
20	0.0	0.0	0.0	0.0
21	−0.2	−0.2	−0.3	−0.3
22	−0.4	−0.4	−0.6	−0.6
23	−0.6	−0.7	−0.9	−0.9
24	−0.8	−0.9	−1.2	−1.2
25	−1.0	−1.2	−1.5	−1.5

(b) 적정오차

뷰렛으로부터 유출하는 액체는 연속적으로 유출하는 것이 아니고 방울을 형성하여 불연속적으로 떨어진다. 물의 경우 보통의 조건에서 한 방울은 0.05㎖이다. 적정 시 한 방울을 더욱 분할시킬 수 있지만 여기에도 한도가 있어서 적정의 눈금측정에 한계가 주어진다. 이론적으로는 종말점을 판정할 때 최후의 1 분할량 가운데 어느 곳에 종말점이 있으므로 1 분할량을 상한으로 하는 정(正)의 오차가 생기게 된다. 이것을 적정오차라고 한다.

뷰렛의 끝을 가늘게 하면 한 방울의 크기는 작아지지만, 다 열어도 유출속도가 느려지기 때문에 소비량이 많을 때는 불편하다.

(c) 지시오차

종말점이라고 판정되는 점과 당량점과의 차이를 지시오차라 한다. 지시약을 사용하는 경우에는 지시약 오차(indicator error)라고 한다. 지시약의 변색이 가장 크게 감지되는 점이 당량점과 벗어나고 있는 경우가 있다는 것, 점 불순물이나 공존성분의 영향, 시료용액이 묽은 경우에 지시약을 너무 많이 가한 경우의 영향 등이 원인이라고 생각된다. 당량점에서의 pH나 산화환원전위의 비약은 묽은 용액일수록 작으므로 표준용액이 묽을수록 커지게 되는 경향이 있다.

앞서 기술했듯이 바탕시험 또는 당량점에 도달한 때와 똑같은 조성의 액체와의 비교에 의해 작게 할 수가 있다.

(d) 적정의 정밀도와 측정조건의 결정

액적 오차(점적 오차)의 관점에서 말하면 표준용액의 소비량이 많을수록 1 방울량의 소비량에 대한 비율은 낮게 되고, 측정은 보다 정밀하게 된다.

그러나 이에 따라 시료나 표준용액 성분이 대량으로 필요하게 되고, 측정 시 시간이 걸리는 등의 문제가 생긴다. 시료 및 표준용액 성분의 소비량에 지시오차가 크게 되므로 동시에 균형의 안배를 고려해야 한다. 기타 시료, 표준용액, 지시약의 성질에 따라 측정에 적합한 조건이 좌우된다. 이러한 것을 모두 고려한 후 측정의 목적에 대하여 필요하고 충분한 정밀도를 주는 측정조건을 결정한다.

최소분할량을 0.05㎖라 하면 0.1%의 정밀도를 얻으려면 50㎖의 소비량을 필요로 한다. 품질관리나 검정 등의 경우에는 0.1~0.3% 정도의 정밀도를 요구하는 경우가 많고, 20~40㎖ 정도의 표준용액이 소비되는 조건에서 행하는 경우가 많다.

4) 산염기 적정

① 산염기 적정의 개요

산염기(acid-base titration)적정은 일정한 당량의 산과 염기에 의한 정량적인 중화반응을 이용한 적정이다. 보통 일정농도의 산 또는 염기의 용액(적정액)을 시료용액에 적가할 때, 그 소비량으로부터 시료의 농도를 구한다. 그러나 시료와 적정액과의 반응속도가 느려지거나, 적당한 종말점지시 방법이 없는 경우에는 후술하는 역적정법에 의해 미리 산 또는 염기의 표준용액과 시료를 반응시키는 것에서부터 과량의 산 또는 염기를 별도의 표준용액으로 적정하는 방법도 있다. 적정액, 시료액의 용매는 보통 물이지만 매우 약한 산, 염기를 적정하려면 비수용매을 이용하여 종말점지시를 쉽게 하는 비수적정법이 있다.

② 적정곡선

부피분석에 있어서, 표준용액을 첨가해 감으로써 시료용액 중의 목적성분의 농도가 어떻게 변화하는가 하는 것을 그래프로 나타낸 것을 적정곡선(titration curve)이라고 한다. 산염기 적정에서는 가로축에 표준용액의 첨가량을, 세로축에는 시료용액의 수소이온농도를 pH로 나타내는 것이 보통이다.

③ 종말점지시의 방법

이미 기술했듯이 시료에 대해서 당량의 적정용액을 가한 점을 당량점(equivalence point)

이라고 하는데, 시료 중의 물질량은 알려져 있지 않으므로 당량점 그 자체를 알 수는 없다. 이에 대해서 시료와 적정용액과의 반응이 완결되는 것이 관찰되는 점을 종말점(end point)이라고 한다. 적정 시에는 당량점과 종말점이 가능한 한 가까운 반응(정량적 반응)을 선택할 필요가 있다.

④ pH의 측정

적정의 각 단계에서 용액의 pH를 pH미터로 측정하여 적정곡선을 작성한다. pH 급변범위가 큰 경우에는 그림에 보인 것 같이, 곡선에 구배(구배) 45℃의 접선을 2개 그리고 이 두 개의 선에 평행하고, 2개의 선 사이의 거리를 2등분하는 직선과 적정곡선의 교점을 종말점으로 한다. 보다 정확하게는 적정용액의 일정용액 ΔV에 대한 전위차의 증가분(ΔmV/ΔV, ΔV는 예를 들면 0.1㎖ 등으로 한다)을 비롯하여 시차곡선(示差曲線)을 그리고 그 극대점의 표준용액의 소비량을 종말점으로 한다.

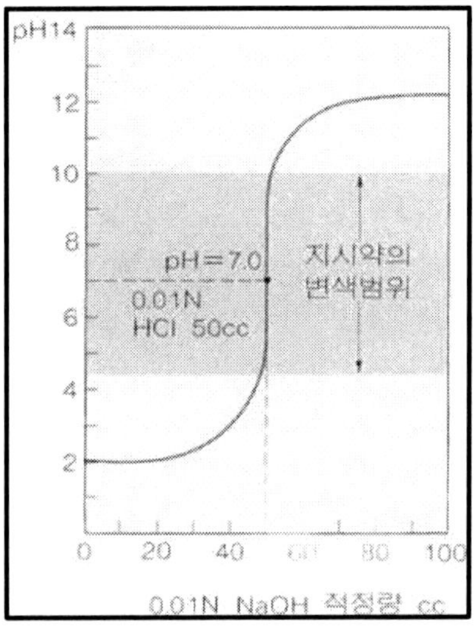

그림 A-3. 적정곡선

⑤ 지시약의 이용

산염기 적정이라고 하면 곧바로 페놀프탈레인이나 메틸오렌지 등을 상기하는 독자가 많은 것 같다. 페놀프탈레인은 산성 및 중성에 무색이지만, 알칼리성에서는 적색을 띄며, 이러한 지시액을 단색지시약이라고 한다. 이에 반해 메틸오렌지는 산성에서 적색, 중성 및 알칼리성에서 황색으로 되는데 이러한 지시약을 복색지시약이라고 한다.

적정 시에 산과 염기의 강약에 의해 당량점의 pH는 각각 다르게 되므로 그 부근의 pH로 변색하는 지시약을 선택해야 한다.

중요한 지시약 용액의 조제법과 변색범위를 다음 표에 보였다.

표 A-5. 산. 염기 중화적정 지시약 용액의 제법

지 시 약	조 제 법	변 색 범 위
메타닐옐로우	메타닐옐로우에 디메틸 포름 아마이드 200㎖를 첨가하여 녹인다.	1.2(적)~2.3(황)
메틸블루	티몰블루 0.1g에 에탄올 100㎖를 첨가하고 녹여, 필요하면 여과한다.	1.2(적)~2.8(황)
브롬페놀블루	브롬페놀블루 0.1g에 묽은 에탄올 100㎖를 첨가하여 녹인다. 사용시마다 조제한다.	3.0(황)~4.6(청자)
메틸오렌지	메틸오렌지 0.1g에 물 100㎖를 첨가하여 녹인다. 필요하면 여과.	3.1(적)~4.4(등황)
브롬크레졸그린	브롬크레졸그린 0.05g에 에탄올 100㎖를 첨가하여 녹인다. 필요하다면 여과한다.	3.8(황)~5.4(청)
메틸레드	메틸레드 0.1g에 에탄올 100㎖를 첨가하여 녹인다. 필요하면 여과.	4.2(적)~6.3(황)
브롬크레졸그린	브롬크레졸그린 0.15g 및 메틸레드 0.1g을 취하고, 무수에탄올 180㎖를 첨가하여 녹이고, 물을 가하여 200㎖로 한다.	5.0(적자)
메틸레드 메틸렌	메틸레드 0.1g 및 메틸렌블루 0.1g에 에탄올을 첨가하여 녹이고 100㎖로 한다. 필요하다면 여과한다. 차광하여 보존한다.	5.4(회청)
브롬티몰블루	브롬티몰블루 0.1g에 묽은 에탄올 100㎖을 첨가하여 녹인다. 필요하다면 여과한다.	6.0(황)~7.6(청)
페놀레드	페놀레드 0.1g에 에탄올 100㎖를 첨가하여 녹인다.	6.8(황)~8.4(적)
크레졸레드	크레졸레드 0.1g에 에탄올 100㎖를 첨가하여 녹이고, 필요하면 여과.	7.2(황)~8.8(적)
페놀프탈레인	페놀프탈레인 1g에 에탄올 100㎖를 첨가하여 녹인다.	8.3(무)~10.0(홍)
티몰트탈레인	티몰프탈레인 0.1g에 에탄올 100㎖를 첨가하여 녹이고, 필요하면 여과.	9.3(무)~10.5(청)
아리잘린옐로우	아리잘린 옐로우 GG 0.1g에 에탄올 100㎖를 첨가하여 녹이고, 필요하다면 여과한다.	10.2(황)~12.0 (갈황)

5) 산화환원 적정

① 산화환원 적정의 개요

산화환원 적정(redox titration)은 산화환원반응에 의한 적정법이다. 산화제를 적정시약으로 이용하는 산화적정(oxidimetry)과 환원제를 적정시약으로 이용하는 환원적정(reductimetry)으로 대별되며, 이용되는 시약이나 반응에 의해 분류된다. 다음 표에 중요한 산화환원 적정의 종류를 보였다.

표 A-6. 산화환원 적정의 종류

	적정법		표준용액에 이용되는 시약	당량수
산화적정법	요오드 적정	iodimetry	$I_2(I_2+KI)$	2
	요오드산염 적정	iodatimetry	KIO_3	4,5,6
	브롬 적정	bromometry	$Br_2(KBrO_3+KBr)$	2
	브롬산염 적정	bromatimetry	$KBrO_3$	6
	과망간산염 적정	permanganimetry	$KMnO_4$	5
	중크롬산염 적정	bichromatimetry	$K_2Cr_2O_7$	6
	제2세륨염 적정	cerimetry	$Ce(SO_4)_2 \cdot 2(NH_4)_2SO_4$	1
환원적정법	제1철염 적정	ferrousimetry, ferrometry	$Fe(SO_4)(NH4)_2SO_4 \cdot 6H_2O$	1
	옥살산염 적정	oxalimetry	$Na_2C_2O_4$	2
	티오황산염 적정	thiosulfatimetry	$Na_2S_2O_3$	1
	제1티타늄염 적정	titannousimetry	$TiCl_3$	1

산화제와 환원제의 강도는 Nerns식의 표준 산화환원전위에 의해 표시되며, 강한 산화제일수록 높은 산화환원전위를 가지고 있다. 산화환원적정의 표준용액으로서는 강한 산화제인 과망간산이온(E_0=1.51V)이나 중크롬산이온(E_0=1.33V)과 함께 약간 약한 산화제인 요오드(E_0=0.54V)도 이용되고 있다. 과산화수소(E_0=1.78V)는 과망간산 이온보다 높은 산화전위를 가진 강한 산화제이지만, 수용액 중에서 분해하기 때문에 표준용액으로서 이용할 수가 없다. 염소(E_0=136V)도 요오드보다 산화력이 강하지만, 수용액으로서는 보존하기 어렵기 때문에 사용할 수 없다. 요오드의 산화환원전위는 낮지만, 요오드-전분반응에 의해 예민하게 적정 종말점을 판정할 수가 있다.

한편 요오드화칼륨-티오황산나트륨의 조합에 의해 요오드보다 강한 산화제도 적정할 수 있다. 브롬산은 산화제로서의 성질과 함께 그 불포화결합에의 부가반응이나 치환반응도 분석에 이용되고 있다. 이렇게 산화환원 적정의 표준용액으로서 이용되는 시약은 단순히 산화환원성의 강도뿐만 아니고 시약으로서의 안정성, 부반응의 유무, 종말점 판정의 용이성 등에 의해 선정된다.

② 종말점지시의 방법

(a) 지시약을 이용하지 않는 방법

적정액의 색이 당량점의 전후에서 변화하면 이 현상을 이용하여 종말점을 알 수가 있다. 과망간산 칼륨 표준용액이나 비타민 C의 분석에 이용되는 2,6-디클로로페놀인도페놀 표준용액 등이 그것이다. 요오드 표준용액이나 요오드를 생성하는 피 적정용액 등은 요오드에 의한 착색이나 요오드의 탈색이 일어나는 점을 종말점으로 할 수도 있는데 요오드 전분반응에 의한 착색방법이 예민하고 관찰하기도 쉽다.

(b) **지시약을 이용하는 방법**

지시약을 이용하지 않는 방법은 용액의 전위와는 관계없이 예민하게 종말점을 지시하는 것이 특색인데 이용할 수 있는 반응의 범위가 협소하므로 통상의 산화환원 적정에는 산화환원 적정에는 산화환원 지시약이 이용되는 경우가 많다. 산화환원 지시약은 강한 색을 가진 약한 산화제 또는 환원제로서 산화형과 환원형에서 색깔이 달라지는 것이다. 이러한 종류의 지시약의 색깔은 그 산화상태에 의존하므로 곧바로 용액의 전위를 반영하는 것이다.

표 A-7. 산화환원 지시약

지시약	변색전위(V)	색깔		용매
		산화적정	환원적정	
니트로페로인	1.25	담청	적	1M H_2SO_4
페로인	1.14	담청	적	1M H_2SO_4
시아닌 B	1.02	황	등	1N 강산
디페닐아민설폰산	0.84	적자	무	1N 강산
디페닐아민	0.76	자	무	1M H_2SO_4
메틸렌블루	0.53	청	무	1N 강산
인디고-4-설폰산	0.34	청	무	1N 강산

전분

요오드 적정의 종말점 판정에는 요오드-전분 반응에 의한 무색에서 청색까지의 정색반응을 이용한다. 이 정색반응은 예민하여 2×10-5 N 정도의 저농도 요오드용액에서도 발색한다. 따라서 0.01N 요오드 용액을 적정하는데 이용할 수 있다,

6) 침전법적정

침전법적정(precipitation titration)은 목적물질과 작용하여 정량적으로 침전을 생성하는 물질의 용액을 표준용액으로 사용하는 부피분석의 방법이다. 표준용액중의 성분, 즉 침전제는 목적물질이 존재할 때는 침전에 소비되는 데 당량점에 달하면 용액중의 농도가 급속히 상승한다. 이러한 점을 침전제로 반응하는 지시약, 전기적 방법 등으로 인식하면 목적물질의 정량분석이 가능하다. 이 밖에 목적물질과 착이온을 형성하고 당량점에 달했을 때 침전이 생기기 시작한다. Ag^+와 CN^-과의 반응 같은 경우도 여기서 함께 고려한다.

침전의 생성에는 여러 가지 방법이 있지만, 보통 적정에 이용되는 것은 난용성 염의 형성반응으로 침전반응(precipitation reaction)이라고 한다. 가장 많이 이용되는 것은 착이온과 할로

겐, 시안, 티오시안산 등의 이온과의 반응으로서 은을 이용하므로 은법적정(argentimetry)이라고도 한다. 이 밖에 수은(Ⅰ)과 티오시안산이온, 아연과 페로시안이온, 바륨이온과 황산이온 등의 반응이 이용된다. 또한 수은(Ⅱ)과 할로겐 이온, 티오시안산이온과 같이 침전이 형성되지 않아도 이온화하지 않는 결합물을 정량적으로 생성하는 경우에는 계산상 똑같이 취급할 수 있으므로 침전법적정에 포함하여 고려하는 수가 있다.

침전법적정은 할로겐 또는 시안이온을 함유한 염의 정량에는 편리하므로 자주 이용된다. 그러나 적정법으로서는 (1) 침전형성의 속도가 늦다(묽은 용액이나 종말점부근에서 특히 현저하다), (2) 흡착, 공침전 등의 영향으로 정량성이 불완전할 수가 있다. (3) 적당한 지시약이 적다는 등의 결점이 있어서 침전반응의 종류가 많음에 비해 이용되는 경우가 적다. 근년에 전위차 적정, 전도도법 적정 등 전기적으로 종말점을 인식하는 방법이 적용되어 약간 영역이 확대되어 왔다.

할로겐 또는 시안염 이외에 할로겐을 포함한 유기화합물을 분해하여 할로겐이온을 형성시켜, 은법적정에 의해 정량하고 있다. 기타 환원작용에 의해 ClO_3^-로부터 Cl^-을 생성시켜 은법적정을 행하는 경우나(아질산아밀) 의약품의 은염의 침전을 이용하는 것(아미노훼린 중의 데오피린)도 있다. 산소플라스크 연소법에서는 산소중에서 시료를 연소시킨 후 할로겐을 질산은으로, 유황을 SO_4^{2-}로하여 과염소산바륨($Ba(ClO_4)_2$)으로 적정하고 있다.

B 의약분석실험의 기초

1 기초준비

(1) 기구와 시약

1) 기 구

정량분석에서 사용하는 기구는 분석의 정확도, 정밀도를 가지며 그것을 방해하는 인자, 예를 들면 불순물의 혼입 등을 초래하지 않는 것이어야 한다. 재료에 특히 주의를 요하므로 본 항에서는 재료를 중심으로 논한다.

① 유리기구

투명성과 화학적으로 강한 성질 때문에 널리 이용된다. 그러나 일상생활에 사용되는 소다유리(연질 또는 변질)는 화학약품이나 기계적인 충격에 약해서 정량분석용 기구로는 적합하지 않다. JIS에서는 R3502 이하에 화학분석용 유리기구의 규격을 규정하고 있는데, 3502에 시험법, 3503에 품질과 각종 기구의 형상, 3504에 화학용 체적계의 유리재료, 3505에는 화학적 체적계의 형상이 정해져 있다. 3503의 유리 품질의 규격을 표 B-1에 보였다. 정량분석용 기구에는 통상 경질 1급 또는 2급의 재료를 사용한다. 보통 사용되는 것은 규산유리인데 SiO_2와 B_2O_3를 주로 하고 Na_2O, Al_2O_3, CaO 등을 함유하고 있다.

표 B-1. 화학분석용 유리 기구의 재질(JIS R 3503)

종류 및 등급 항 목	경 질 1	경 질 2	병 질
내열온도(deg) 알칼리용출량(mg)	250이상 0.05이하	180이상 0.1이하	70이상 2.5이하
재 질	균일할 것		
형 상	바르고 홈이 없을 것		
기 능	사용목적을 충분히 달성할 것		
꼭 지	공기나 물이 투과하지 않을 것		
탄 성	탄성검사기에 의한 간섭권이 현저하게 나타나지 않을 것		

유리는 일반적으로 산에는 저항이 강한데 불화수소산 및 농인산에는 부식된다. 알칼리에는 약하고, 장기간 노출되면 부식되어 Na^+, K^+, 규산염 등이 용출한다. 산이나 알칼리 모두 고온인 경우에는 작용이 강하다.

표 B-2. 실험기구 제작에 쓰이는 재료의 성질

물 질	최대 작업온도(℃)	열 충격에 대한 예민도	화학적 내구성	비 고
붕규산 유리	200	150℃ 변화에 견딤	가열시 알칼리성에서 약간 부식됨	상표 Pyrex Kimax
연질유리		내구성이 약함	알칼리 용액에서 부식	
내알칼리 유리		붕규산유리 보다 더 예민		붕소가 없음 상표:Corning
용융석영	1050	아주 우수	대부분의 산과 할로겐에 견딤	용융에 사용되는 석영도가니
고 실리카 유리	1000	아주 우수	붕규산염보다 더 내 알칼리	용융석영과 유사 Vycor (Corning)
자제기구	1100(유약됨) 1400(유약안됨)	우수	아주 우수	
백금	약 1500		대부분의 산, 용융염에 견딤. 왕수, 용융질산염에 부식	Ir 이나 Rh과 합금은 경도 증가
니켈 및 철				과산화물 용융에 Ni과 Fe도가니 사용
스테인레스 스틸	400~500	아주 우수	진한 염산, 묽은 황산, 끓는 진한 질산 이외의 산, 염기에 부식되지 않음	
폴리에틸렌	115		알칼리나 HF에 부식되지 않음. 많은 유기용매에 부식	
폴리에스텔	70		HF에 부식되지 않음. 유기용매에 부식	약간 부서지는 성질
테프론	250		대부분의 화합물에 견딤	미량분석시약, 시약저장에 사용

② 석영유리기구

주로 SiO_2로 구성되며 팽창계수가 작기 때문에 온도의 급변에 견디는 힘이 강하며 연화(軟化)온도가 높고 (소다유리 700℃, 규산유리 820℃, 석영유리 1700℃), 연속사용에 견디는 온도는 규산유리 230℃에 대하여 1000℃의 고온에서도 사용할 수 있다. 그러나 충격에 대해서 약한 것이 결점이다. 투명품은 수정 또는 석영, 불투명품은 규사를 용해하여 만든 것으로서 전자는 대개 비싸고, 후자는 약간 싼데, 충격에 대해서는 전자가 보다 약하다.

또한 규산유리를 열처리하여 SiO_2 이외의 성분을 제외하고, SiO_2함량을 약 96%로 한 96% 실리카 유리가 있는데, 내열성은 석영유리에 가깝고 석영유리보다 싸다.

③ 자제(磁製)기구

불투명하지만 화학적, 기계적으로도 유리보다 튼튼하여 1200℃의 고온에서도 견딘다. 그러나 불화수소산, 알칼리 용융에서는 침식된다. 증발, 강열건조 등의 조작에 적합하다.

④ 플라스틱 기구

폴리에틸렌은 유리보다 기계적으로 강하고 알칼리에도 강하지만, 유기 용매에 녹으며 80℃에서 연화하고 끓이는 것에는 약하다. 투명도는 반투명으로 유리에 비해 떨어지는 점과 기체가 투과하기 쉽다는 것이 결점이다. 그러나 기체를 발생시키지 않고 작용이 약한 것의 저장에 사용된다. 비교적 값이 비싸다. 유리의 마개에도(꼭지 등) 사용된다.

⑤ 백금도가니

백금도가니는 시료의 알칼리 용융에 사용되는 중요한 기구이다. 백금의 녹는점은1774℃이고 고온에서도 화학변화를 잘 받지 않는다. 순수한 백금은 무르기 때문에 Ir이나 Rh과 합금을 만들어 사용한다. 백금은 1000℃ 이상에서 조금씩 휘발한다. 그러나 900℃이하에서는 전혀 휘발하지 않는다. 또 고온에서는 철과 합금이 생기기 때문에 백금도가니 집게는 끝을 백금으로 입힌 철제집게를 사용해야 하며, 탄소분이 많은 환원성 물질과 함께 가열하던지 거름종이에 불이 붙어 높은 온도에서 탄소분과 반응하게 되면 백금카바이드가 생겨서 변질된다. 그리고 백금도가니는 알칼리 금속의 산화물과 하께 가열하지 않도록 특별히 주의해야 한다.

2) 시 약

화학분석에 사용되는 시약은 불순물에 의해 분석에 방해를 받지 않도록 충분한 순도를 가져야 한다. 화학분석용 시약에 대해서는 JISK 8001에 규정되어 있고 JP XII도 시약류를 지정하는 경우 원칙적으로 이에 따른다. JIS 규격에서는 특급, 1급의 2단계가 정해져 있으며 기타 특수시약, 용량분석 표준시약량 분석용 표준액의 조제 및 규정에 사용되는 시약이다.

업자가 시험을 하여 합격한 것에 봉인하여 시판하는 것이 많은데 통상 상업성 공업품 영업소에서 업자의 의뢰에 의해 시험을 한 후 봉인한 관봉(官封)시약도 있다.

시약의 등급 - 시약에는 사용 목적이나 방법에 따라 여러 가지 순도가 필요하기 때문에 많은 나라에서 시약에 대한 규격이 정해져 있다. 우리나라에서도 한국공업규격(KS)에 의하여 시약의 등급을 특급시약, 일급시약, 특수시약의 3종으로 정하여 사용하고 있다.

이 중에서 일반적인 화학분석이나 정밀실험 등에 사용할 때 일단은 그대로 사용할 수 있을 순도를 가진 것이 특급시약이다. 그러나 특급시약이라 해도 순도가 100% 인 것은 아니고, 그 시약에 대해서 가장 순수한 것은 아니다. 일급시약은 보통의 화학실험에 사용할 수 있는 정도의 순도를 가진 것이며 그 이하의 것을 공업약품이라 한다.

표 B-3. 시약의 등급

등 급	순 도	비 고
공업용 시약	순도를 모름	세척액 준비에만 사용
CP급 시약	정제되었으나 순도를 모름	
USP급 시약	최소의 순도표준물	인체에 해로운 오염물에 대한 미국 약국방에 의해 허용한도가 확인된 것
ACS 시약	고순도	미국화학회의 화학시약 위원회에 의해 정해진 순도에 맞는 시약
1차표준시약	최고순도	정확한 부피분석에 쓰이는 시약 (표준용액 제조에 쓰임)

시판시약은 제조회사의 분석결과가 언제나 정확할 수 없고, 포장이나 수송하는 동안에 불순물이 들어갈 수 있다는 이유로 무조건 믿을 수는 없다. 따라서 정밀한 실험에서는 시약을 분석 검사하든지 정제할 필요가 있는 경우도 있다. 화학분석에는 제조회사에서 품질을 보증하고, 그 순도와 불순물의 함유량을 밝힌 분석용 시약을 사용해야 한다. 이 밖에 표준시약이라고 하는 것도 있는데 이들은 목적에 따라 순도가 엄밀히 규격화되어 있다. 미국에서 사용하고 있는 시약의 등급을 구분하는 예를 표B-3에 수록하였다.

여기서 1차 표준시약은 적어도 순도가 99.95% 이상으로써 시약의 분석결과가 기록되어 있는 시약이다. 특수 목적을 위한 크로마토그래피용 용매와 같은 특수용매 또는 특급시약도 있다.

미국표준국(NBS, National Bureau of Standards)에서는 일차 표준시약의 각종 표준물들을 공급한다. 이들은 합금과 같은 물질의 성분을 정확하게 분석하고 분석과정을 검토하거나 보정하는데 사용된다.

※ 시판되고 있는 시약의 농도

① 산

(a) 황산(Sulfuric acid, H_2SO_4) : 18M수용액(98 wt%)으로 판매되는 매우 센 산으로 물과 많은 열을 내면서 격렬하게 반응한다. 진한 황산을 묽힐 때에는 반드시 산을 물에 서서히 가하면서 잘 저어주어야 한다. 진한 황산은 강한 탈수력을 가지고 있다. 금속을 녹이기 위하여 황산을 사용하는 경우에는 과량을 사용하여서는 안 된다. 남은 황산을 증발시키기가 매우 어렵고, 가열하면 독성이 심한 기체가 발생한다.

(b) 질산(Nitric acid, HNO_3) : 15M수용액(70 wt%)으로 판매되는 센 산으로 매우 강한 산화력을 가지고 있기 때문에 금속을 녹이는 데 많이 사용된다. 금속과 산화반응을 일으키며, 갈색의 이산화질소 기체를 발생시킨다. 알루미늄, 크롬, 철 또는 주석의 경우에는 진한 질산에 의하여 산화되어 잘 녹지 않는 금속 산화물의 막을 만들기 때문에 진한 질산에 잘 녹지 않는다. 이러한 경우에는 진한 질산보다 묽은 질산이 더 유용한다.

(c) 염산(Hydrochloric acid, HCl) : 12M수용액(37 wt%)으로 판매되는 전형적인 센 산이다. 많은 금속과 반응하여 수소 기체와 금속 양이온을 생성시킨다. 휘발성이 크기 때문에 과량의 염산은 가열하여 쉽게 제거할 수 있다.

(d) 인산(Phosphric acid, H_3PO_4) : 15M수용액(85 wt%)으로 판매되는 약한산이다. 이온화하면 3개의 양성자를 내어놓는 3가 산이다. 인산은 휘발성이 없고 산화력이 약하다.

(e) 아세트산(Acetic acid, CH_3COOH) : 가장 많이 사용되는 유기산으로 빙초산이라고도 불리는 18M수용액(99.7 wt%)으로 판매된다. 아세트산은 가장 흔히 쓰이는 약한산이고, 산성의 완충용액을 만드는데 많이 사용된다. 진한 질산과 혼합되면 폭발성 물질을 만든다.

② 염 기

(a) 수산화나트륨(Sodium hydroxide, NaOH) : 물에 녹으면 매우 센 염기성을 나타낸다. 고체 NaOH를 물에 녹일 때 많은 열이 발생하므로 주의하여야 한다. 수용액은 염기성이 매우 크기 때문에 공기 중의 이산화탄소를 쉽게 흡수하여 탄산염을 만든다. 그러므로, 수산화나트륨 수용액은 항상 사용하기 직전에 조제하여야 한다.

(b) 암모니아 수용액(Aqueous ammonium solution, NH_4OH) : 진한 암모니아 수용액은 15M의 암모니아를 포함하고 있고, 전형적인 약염기로 사용된다. 염기성의 완충용액을 만드는데 많이 사용된다. 양성자와 반응하여 암모늄이온을 만들고 여러 가지 전이금속 이온들과

착이온을 형성한다. 과량의 암모니아 용액은 수산화나트륨 용액을 가하고 가열하면 쉽게 제거할 수 있다.

③ 기타 시약 및 지시약의 조제

(a) 과산화수소(Hydrogen peroxide, H_2O_2) : 보통 30%수용액으로 판매되는 강한 산화제이지만 약한 환원력도 가지고 있다. 진한 과산화수소 용액은 피부에 화상을 입힐 수 있으므로 주의하여야 하고, 과량의 과산화수소는 가열하면 쉽게 제거된다.

(b) 과망간산칼륨(Potassium permanganate, $KMnO_4$) : 매우 강한 산화제로 산성용액에서서는 $Mn2^+$이온을, 그리고 염기성 용액에서는 물에 녹지 않는 MnO_4를 생성한다. 진한 황산을 섞으면 매우 폭발성이 센 화합물을 형성한다.

(c) 중크롬산칼륨(Potassium dichromate, $K_2Cr_2O_7$) : 강한 산화제로 초록색의 Cr^{+3}이온을 생성한다. 산성용액에서는 오렌지색의 $Cr_2O_7^{2-}$이온으로 존재하고, 염기성 용액에서는 노란색의 CrO_4^{2-}이온으로 존재한다. 크롬이온은 독성이 강하기 때문에 실험 후에 회수하여 적절히 처리한 후 폐기 한다.

(d) 페놀프탈레인액 : 60% 메틸알콜 1L에 약 1g의 페놀프탈레인을 녹인다.

(e) 메틸오렌지액 : 소량의 온수에 메틸오렌지 1g을 녹이고 전체 부피가 1L가 되도록 물로 묽힌다.

(f) E.B.T.지시약 : 메틸알코올 100㎖에 Eriochrome Blaack T 1g을 녹이고 정성 여과지에 걸러서 점적병에 보관하며 물의 경도 측정에 사용한다.

(g) 전분용액(Starch Solution) : 가용성 녹말 1g을 100㎖의 물에 넣고 저어주면서 가열하여 녹인다.

(h) 요오드 액 : 요오드(I2) 약 14g과 요오드화칼륨(KI) 36g을 물 100㎖의 물에 넣고 저어주면서 가열하여 녹인다.

(i) 요오드화칼륨 전분종이 : 과산화수소, 오존 등 산화력이 큰 물질의 확인에 사용하며, 0.1% 요오드화칼륨 액 10㎖에 1% 전분액 1㎖를 가하여 섞은 다음 여기에 여과지를 담갔다가 꺼내어 사용한다.

(j) 네슬러 시약 : 이 시약은 암모니아 검출에 사용하는 것으로 요오드화칼륨 50g을 뜨거운 물 50㎖에 녹이고, 염화제1수은 25g을 뜨거운 물 100㎖에 녹인 용액을 저으면서 조금씩 넣어 생긴 침전의 일부가 녹지 않고 남아 있을 때 이 액을 냉각하여, 여기에 수산화칼륨 150g을 물 300㎖에 녹인 용액을 넣은 다음 다시 전체 부피가 1l되게 물을 가한다. 다시 염화제2수은 용액 5㎖를 넣고 방치한 다음 상징액을 쓴다.

(k) Thioaectamine용액 : 50g의 CH_3CSNH_2를 물에 용해시켜 1L용액으로 만든다. H_2S gas를 발생시킬 수 있는 편리한 시약으로 갈색병에 보관하며 정성분석에 쓰인다.

산과 암모니아의 농도 - 분석화학 실험에 자주 사용되는 산과 암모니아의 농도를 표 B-4에 수록하였다.

표 B-4. 산과 암모니아의 농도 (20℃)

wt %	산 및 암모니아	밀도(g/㎖)	몰농도 (M)
99.5	CH_3COOH	1.05	17.4
37	HCl	1.19	12
72	HNO_3	1.42	15.7
70-2	$HClO_4$	1.68	11.6
85	H_3PO_4	1.69	14.7
95	H_2SO_4	1.83	18
28	NH_3	0.90	14.8

(2) 무게(질량)의 측정

1) 무게와 질량

무게(weight)의 측정은 정량분석에 있어서 가장 기본적인 조작의 하나이다. 시료의 채취나 표준용액의 조제 시에 항상 올바로 측정할 필요가 있으며 무게분석에서는 마지막에 무게를 측정함으로써 분석 결과가 얻어진다. 중량과 관계가 깊은 말에는 질량(mass)이 있다.

무게가 물체에 작용하는 지구의 인력, 즉 중력을 의미함에 대해서 질량은 Newton의 운동의 제2법칙과 중력의 법칙에 의해 정의된 물질의 양으로서 양자는 본래 다른 개념이다. 그러나 지상에서는 일정한 질량의 물체에 작용하는 중력은 거의 일정하고, 중력의 법칙에 따라 물체의 질량과 무게는 비례하므로 통상 무게란 말은 질량과 똑같이 사용하고 있다. 단, 엄밀히 말하면 같은 질량에 작용하는 중력은 지구가 적도 방향으로 길게 된 회전 타원체인 점, 지구의 자전에 의한 원심력, 주위의 지형 및 고도 등의 영향을 받아서 장소에 따라 약간의 차이가 있으므로 동일한 질량 1g의 분동이라도 무게는 장소에 따라 약간 다르다. 우주 공간의 무중력상태에서는 1g 분동의 무게는 0이 되는데 질량은 여전히 1g 이 된다.

화학저울과 같이 분동을 조합하여 측정되는 것이 질량인데 전자저울, 용수철저울, 화학저울이라도 저울대의 경사도의 크기를 읽는 경우에는 무게를 측정하는 것이 된다. 그러나 후자의 경우에도 일정질량의 분동에 의해 눈금을 교정하면 측정과 일치한다.

2) 저 울

우리나라 계량법에 있어서는 무게(질량)를 측정하는 저울과 분동과 추를 합쳐서 질량계(質量

計)라고 하는데 정확한 것이 사용되도록 규제하고 있다.

질량계는 원칙상 공공기관의 검정을 받아야 한다. 실험실에서 비교적 개략적 평량을 할 때는 윗접시 저울, 윗접시 직시저울, 조제용 간이화학저울, 용수철식 계량 등이 이용되는데 정량분석에 있어서 정밀한 평량에 이용되는 것은 주로 화학저울(chemical balance), 직시저울(direct-reading balance) 및 전자저울이다.

화학저울 또는 이것과 동등한 이상의 정밀도를 가진 저울을 화학저울이라고 하며, 측정 자리수 한도가 0.1, 0.01, 0.001mg인 것을 각각 화학저울, 세미마이크로 저울, 마이크로 저울이라고 한다. 세미마이크로 또는 마이크로 저울은 반미량 또는 미량저울이라고도 불린다. 이러한 저울에서는 측정 한도가 최대 칭량의 10만~100만분의 1 정도로 되는데 통상 정량분석에 있어서 정밀한 칭량은 측정의 한도가 질량의 1/1000 정도인 조건에서 행해지는 경우가 많다.

무게를 "정확히 단다" 는 표시되어 있는 자리수까지 정확하게 측정할 것, "정밀하게 단다." 는 화학저울, 세미마이크로 저울 또는 미이크로 저울로 읽을 수 있는 정도까지의 눈금 또는 숫자를 읽는다는 것을 의미한다. "1000g을 정확히 단다" 고 하면 1mg의 자리수까지 정확하게 1000g을 계량할 것, "약 1.0g을 정밀히 단다" 고 하면 정량분석에 있어서 "약" 이란 말은 ±10%의 범위를 나타내므로 0.9g에서 1.1g까지 사이의 목적물을 읽을 수 있는 정도까지 눈금 또는 숫자를 읽어 측정하는 것이다.

3) 전자저울

① 전자저울의 원리

전자저울에는 저항 변형을 이용하는 「로드셀」과 무게에 대해 전자력으로 보상한 힘을 작용시키는 전자식 등이 있는데 후자가 정밀한 측정이 가능하며, 최근에 널리 보급되고 있다. 계량법의 "전자식 저울" 이 이에 해당한다.

전자식 전자저울의 원리는 영구자석이 양극 사이에 전선이 있고, 접시에 시료를 놓으면 이 전선이 내려뜨려지는 구조로 되어 있으며 이 전선에 전류를 통하여 플레밍의 왼손법칙에 의한 상향력을 생성시키고 평형이 될 때 전류의 강도를 시료의 무게로 환산하여 디지탈로 표시한다. 전선을 코일 상으로 잡아서 두 개의 영구자석에 통과시키면 힘이 강해진다. 평형상태로 되었을 때 이를 센서로 감지하고 펄스 전류의 펄스폭을 조절하는 펄스폭 변조방식을 이용하면 디지탈변환이 정확히 행해진다. 온도의 영향을 보상하기 위해, 온도 센서와 온도 보상회로를 구비하고 있는 것이 보통이다.

② 전자저울의 오차와 그 대책

(a) 고도의 영향 : 전자저울은 질량이 아니고 무게를 측정하는 장치이므로 설치된 장소에 따라 상이한 중력의 영향을 받는다. 중력은 지구의 중심으로부터의 거리의 제곱에 반비례

하므로 설치 장소의 고도를 h, 지구의 반경을 R이라 하면 중력은 h=0인 장소의 $\frac{R^2}{(R+h)^2}$ 가 된다.

(b) 위도의 영향 : 지구의 적도 방향의 반경은 극방향의 반경보다 크고 지구 자전에 의한 원심력은 위도가 낮을수록 크기 때문에 같은 질량의 물체라도 위도가 낮을수록 가볍게 된다. 이 영향은 0.5% 정도가 된다.

(c) 경년변화 : 영구자석은 시간의 경과와 함께 자성이 변화한다. 이 변화는 자석의 전처리에 의해 작게 할 수 있다.

(a) (b) (c)의 영향은 기준분동을 사용하여 저울을 교정함으로써 없앨 수가 있다. 기종에 따라서는 교정용 분동을 내장하고 있는 것도 있다.

(d) 온도의 영향 : 자속밀도, 기계부분과 함께 온도 변화의 영향을 받는다. 온도 보상 회로는 있지만, 그 결과가 반드시 완전하지 않은 경우도 있다. 정밀한 평량의 경우는 항온의 장소에 설치하고 스위치를 넣고 30~60분 후에 사용해야 한다.

※ 무게 달 때의 일반규칙

분석저울을 사용할 때는 많은 주의가 필요하다. 받침날의 보호, 공기 대류에 의한 오차방지, 먼지와 부식에 의한 보호, 시료에 의한 오염이나 변화에 대한 보호 등의 주의할 점이 있다.

※ 무게를 달 때의 일반적인 주의사항

(a) 가열된 시료는 무게 달기 전에 데시케이터에서 실온까지 식힌 후 무게를 단다. 이는 저울의 0점 변화나 공기의 대류현상을 막기 위함이다.

(b) 무게를 달 물체는 손으로 취급하지 말고 집게나 깨끗한 종잇조각으로 취급한다.

(c) 화합물은 무게 다는 병이나 무게 다는 종이(유산지) 위에 놓고 달며, 직접 접시 위에 화합물을 놓지 않는다. 접시에 시약이 떨어지면 즉시 부드러운 저울솔로 제거한다.

(d) 무게를 달 때는 반드시 저울의 유리문을 닫고 무게를 단다. 공기의 대류는 저울의 불안정을 가져온다.

(e) 반드시 0점을 확인한 후에 무게를 단다. 0점은 접시에 먼지가 붙어 있거나 온도변화 등으로 변하기 때문이다.

(f) 물체는 접시의 중앙에 놓고 무게를 단다.

(g) 저울로 단 무게의 기록은 반드시 실험노트에 직접 기록하고 쪽지에 적어서 옮기는 일이 없도록 한다.

(h) 무게를 달았으면 반드시 저울대를 고정시킨 후에 물체를 제거한다.

(i) 모든 추는 0점으로 원위치 시키고 접시에 떨어져 있는 먼지, 화학물질 등의 물질은 깨끗

이 제거하고, 유리문을 닫고 전기 스위치를 끈다.

액체시료와 흡수성 고체시료는 무게 다는 병에 넣어 마개를 닫고 달도록 하며 비흡수성 고체시료는 유산지 또는 무게 다는 접시에 시료를 놓고 단다.

분석화학에서 무게 달 때는 대략 다는 경우와 정확히 다는 두 가지 방법이 있다. 대략 다는 경우는 2~3 자리의 유효숫자까지 달아 녹인 후 이 용액을 표준용액으로 표정할 때와 대략적인 농도의 용액을 만들 때 등이며 이 때는 분석저울 대신에 어림저울(약저울)로 단다.

정확히 다는 경우는 시료의 무게, 무게분석에서 얻은 침전무게 또는 표준용액 제조를 위한 시약을 달 때 등이며 보통 0.1 mg 또는 그 이하까지 정확히 달아야 되므로 정확한 분석저울을 사용하여야 한다.

※ 화학저울 사용상의 주의

(a) 화학저울은 온도의 변화와 진동의 영향을 가능한 한 피해야 한다. 감도가 높은 것일수록 이러한 영향이 현저하다. 냉난방 시설 근처나 직사일광이 들어가는 장소는 피하여 안정한 돌바닥 또는 콘크리트 바닥에 놓는 것이 좋다. 그리고 항온항습으로 하는 것이 가장 바람직스럽다.(건조제를 넣는 것은 그다지 좋지 않다).

(b) 상의 내부, 특히 접시는 깨끗하게 유지해야 한다. 약품은 흔들리지 않도록 주의하고, 사용 전후에 깃털 또는 가벼운 브러쉬로 청소한다.

(c) 가동상태에 있을 때 시료나 분동을 움직여서는 안 된다.

(d) 최대 평량 이상으로 무거운 것을 달면 안 된다.

(3) 부피의 측정

1) 부 피

정량분석에 있어서 액체, 용액 또는 기체의 양을 측정할 때 부피(volume)의 측정이 자주 행해진다. 또한 화학분석 중에서 가장 널리 행해지는 부피분석에 있어서는 부피의 측정에 의해 분석결과가 얻어진다.

부피는 기본 물리량인 길이의 세제곱으로 표시되며 그 단위는 SI에서는 길이의 기본단위 1미터(meter, 약호 m)를 1변으로 하는 입방체의 부피, 즉 입방미터(m^3)가 유도단위로서 주어져 있다. 미터는 최초는 프랑스 국제도량형국에 보관된 백금 90-이리듐 10합금제의 국제 미터원기(原器)에 의해 정의되고 있는데, 이러한 인공물을 기준으로 하면 정의한 일정불변성을 보증하기 어려우므로 자연현상인 빛의 파장을 기준으로 하게 되었다. 1960년 국제도량형 총회에서 크립톤-86원자의 준위 2P 10과 5 ds와의 사이의 천이에 대응하는 광파의 진공 중에서 나타나는 파장의 1650763.73배를 1미터로 한다는 정의가 요구가 채용되었다. 그러나 그 후 과학기술의 발달에 따라 더욱 엄밀한 정의가 요구되어 1983년에는 현재의 정의로 변경되었다.

한편 부피의 단위로서 예로부터 리터(liter, liter, 약호 L)가 널리 사용되어 왔다. 미터 조약의 성립 이전에는 1리터는 1dm³를 의미했는데 특히 4℃의 물 1kg의 부피를 나타내었다. 그런데 국제 원기에 의해 정의된 미터와 킬로그램을 사용하면 1kg은 1dm³의 물보다 약간 무겁게 되었다. 그리하여 1901년, dm³은 국제 원기에 의해 m로부터 유도하지 않고 그 대신 "표준기압에서 최대밀도의 물 1kg의 부피"란 정의를 그대로 인정하게 되었다. 그 결과 1리터는 1.000028dm³이 되었다. 그러나 이렇게 하면 여러 가지 불편이 따르기에 1964년 국제도량형 총회에서는 이러한 정의를 폐지(廢止)하고 1리터의 정의를 1dm³와 같다고 개정하였다. 이리하여 리터는 dm³의 별칭으로 되었는데 옛 부터의 관습과 부르는 방법의 간편성 때문에 부피의 표시에는 현재 리터가 자주 사용되고 있다.

SI단위에서는 약호는 단위를 로마체(직립체), 물리량을 이탤릭체로 인쇄하도록 정해져 있으므로 리터의 약호는 L로 인쇄해야 한다.

2) 화학용 부피계

실험실에서 액체의 부피 측정에 주로 사용되는 화학용 부피계로서 (a)뷰렛 (b)메스피펫 (c)전량 피펫(홀 피펫) (d)전량 플라스크(메스플라스크) (e)메스실린더 (f)원추형 액량계 (g)원통형 액량계 (h)손잡이 원통형 액량계 등이 있으며 그 규격에 대해서는 계량법 관계 법규에 규정되어 있다. JISR 3504-1976에 소재, R 3505-1983에서 형상에 대해서 규정되어 있다. 유리제에서는 눈금에 따라 액체의 부피를 읽을 수 있도록 만들어져 있다.

정도(精度)가 가장 높은 것은 (c), (d)이고 (a), (b)가 그 다음이다. "부피를 정확히 단다." 고 말할 때는 (a), (c), (d)를 사용하는 것을 의미한다. 이것은 통상 0.01㎖의 자리 수까지를 말하므로 "10㎖를 정확히 단다." 고 하면 10.00㎖를 계량한다는 의미가 된다. (e)는 이보다 낮은 정도의 부피 측정에, (f), (g), (h)은 이 보다 더 낮은 부피 측정에 사용된다. (a)에서 (e)까지는 계량법에 의해 공인기관의 검정을 받아야 한다. (a), (c), (d)에 대해서는 검정공차를 특히 작게 한 계량 연구소 검정의 기준기(基準器) 규정이 있다. 화학용 부피계에는 액체를 표선까지 채웠을 때 채운 액체의 부피를 표시량으로 하는 수용(受用), 그 액체를 유출시킬 때 유출한 액체의 부피를 표시량으로 하는 출용(出用)이 있으며 각각 적당한 방법으로 눈금이 검정되어 있다. 수용인 것으로는 수용 메스플라스크, 메스실린더, 출용(出容)인 것으로는 뷰렛, 피펫, 출용 메스플라스크가 있다.

눈금을 읽는 방법은 원칙상 수평방향에서 볼록한 부분의 하단을 읽는다. 그러나 아래가 좁아지는 원추형 액량계는 빛의 굴절(屈折)이 있으므로 눈금을 보다 위에 위치시켜 읽는다. 눈금에 대해서는 계량기 검정검사규칙이 있으며 사용하는 상태에서 수평으로 간격을 0.8㎜ 이상, 굵기는 0.1～0.4㎜(원통 및 원추형 액량계에서는 0.1～0.6㎜)이고 간격의 1/3 이내로 해야 한다.

의약품의 정량 분석에 50㎖의 뷰렛을 사용하여, 소비량 25～30㎖ 정도에서 측정을 하는 수가 많다.

소비량을 30㎖로 하면 측정한도 0.01㎖는 약 0.3%가 되는데 실제는 액적(물방울) 오차나 종말점 판정방법 등의 영향으로 소수 둘째자리까지 정확히 하는 것은 어렵다. 그래서 앞서 기술한 무게의 측정과 비교하면 정밀도는 약간 떨어진다. 그러나 전조작의 정도(精度)의 영향 등이 있기 때문에 부피분석이 반드시 무게분석보다 정도가 떨어진다고는 할 수 없다.

① 뷰렛

뷰렛(buret)은 계량법에서는 메스 뷰렛, JIS, JP XII에서는 뷰렛으로서 기재되어 있다. 눈금이 새겨진 유리관의 하단에 Cock를 붙였으므로 Cock를 열고 유출한 액체의 부피를 읽을 수가 있다. 크기나 형상에 대해서는 계량기 검정 검사규칙 및 JIS에 규정이 있고 전장(눈금의 위부분에서 꼭지까지)이 75㎝ 이하일 것, 눈금이 있는 부분의 내경은 일정하고 길이는 전장(全長) 1㎖ 짜리가 200㎜ 이상, 25㎖ 이하의 것이 250㎜ 이상, 이것을 초과하는 것은 500㎜ 이상으로 할 것, 자동 뷰렛을 제외하고 상연(上緣)에서 눈금의 상단까지의 길이가 5㎝ 이상일 것 등이 규정되어 있다.

유출한 액체의 부피를 측정하는 기구인 뷰렛(buret)에는 유리 또는 테프론 활전(活栓)을 열어 액체를 유출시키는 활전부 꼭지 부착 뷰렛과 고무 등의 관에 끼어 넣은 핀치코크를 열어 액체를 유출시키는 몰뷰렛 등이 있다. 전량은 25㎖ 또는 50㎖짜리가 가장 많다. 유리의 재료는 무색 이외에도 빛에 불안정한 물질의 용액에 사용되는 유리도 있다. 푸른 선부를 붙인 뷰렛 또는 셀바하 뷰렛(Schellbach buret)은 눈금과의 벽을 흰색으로 칠하고 가로로 푸른 선을 넣은 것으로서 눈금 쪽에서 보면 액체의 볼록면 하단에서 푸른 선이 가늘어지게 되어 위치가 확실히 나타난다. 기타 전용(全容) 1～10㎖, 한 눈금이 0.005～0.02㎖이고 선단을 가늘게 한 마이크로 뷰렛, 병에 넣은 액체를 고무 또는 cock로 전량까지 넣을 수 있도록 만들어진 자동 뷰렛, 눈금 부분 위에 구부(球部)를 설치하고 대량의 액체로 적정할 수 있도록 한 챔버 뷰렛, 액체를 빼고 넣는 것을 나사식의 피스톤으로 행하고 부피를 피스톤의 움직임도 정밀히 읽는 피스톤 뷰렛, 관을 수평으로 한 수평 미량뷰렛, 마이크로메타를 써서 1μL까지 읽는 마이크로 메타 뷰렛 등 여러 가지가 있다.

정량분석에서는 목적물과 반응하는 표준용액을 떨어뜨려 반응종료까지의 소비량, 즉 정량값 산출의 전제가 되는 수치를 중요한 용도로 쓰인다.

뷰렛은 세척한 후 꼭지형 코크의 경우는 꼭지의 양 끝에 소량의 그리스를 바른 후 꼭지를 넣고 회전시켜 골고루 물체에 묻히게 해 둔다. 너무 많이 바르면 그리스가 구멍이나 선단을 막게 된다. 꼭지를 수직으로 고정하고 상단에 깔때기를 얹어 액체를 눈금의 제로점보다 위에 오게 넣은 후 cock를 열어 액체의 볼록면을 제로 점에 맞춘다. 선단부에 기포가 없이 앞까지 액체로 채워져 있는 것을 확인하고, 선단밖에 액체가 묻어 있는 부분을 닦아내서 제거한다. 다음에 액체의 볼록면을 보면서 코크를 열어 액체를 유출시키고 끝났을 때 코크를 잠그고 이때의 액체의 볼록면의 위치를 0.01㎖까지 읽는다.

코크는 빠지지 않도록 주의하면서 조용히 열어야 한다. 꼭지 부착형인 경우 왼손으로 외측을 누르고 오른손으로 약간 누르면서 꼭지를 연다. 왼손만으로 조작하는 것도 가능한데, 이때는 오른손으로 용기를 흔들면서 적정할 수가 있다. 액체를 천천히 유출시키면 용벽에 액체가 남아 있다가 아래로 흐르기 때문에 오차가 생기게 되므로 코크를 잠근 다음 2~3분 후에 볼록면을 읽는다. 액체의 볼록면은 원칙상 하단을 읽지만 요소, 과망간산칼륨 등의 용액 같아 착색이 강하여 하단을 확인하기가 어려울 때는 상단을 읽는 것도 있다.

적정 시에는 받는 용기의 액을 회전시켜 섞으면서 초기에는 비교적 빨리, 그리고 종말점이 가까워지면 한 방울씩 넣는다. 종말점이 매우 가까워지면 눈금을 보면서 종말점을 확인하는 것이 안전하다. 한 방울의 크기는 거의 일정하여 물은 0.05㎖이므로 이보다 적은 양은 첨가시킬 수는 없지만 선단으로부터 한 방울의 일부가 나올 때, 또는 적하하지 않을 때 수기(受器)의 벽에 접촉시켜 벽으로 흐르게 하면 한 방울 이하의 양을 첨가할 수가 있다. 사용 후에는 남은 액을 버리고 물로 씻은 후 마개를 빼서 바람에 건조시킨다. 알칼리성 용액인 경우는 방치하면 마개가 열리지 않을 수 있으므로 주의를 요한다. 건조를 급히 할 때는 에탄올 또는 메탄올로 씻어서 물을 뺀 후 소량의 에탄올로 씻으면 좋다. 일반적으로 계량기는 가열하면 팽창하여 맞지 않게 되고 냉각해도 바로 제자리로 돌아오지 않는 경우가 있으므로 가열하면 안 된다.

② 피펫

홀 피펫(whole pipet, transfer pipet)과 메스피펫(Mohr pipet, measuring pipet, graduated pipet)이 있으며 홀 피펫은 중앙에 구부(球部)가 있고 상하는 가늘며 위의 가는 부분에 한줄의 표선이 있어서 액체를 표시까지 빨아올린 후 유출시키면 표시량만한 부피의 액체가 얻어진다. 계량기 검정검사 규칙에서는 물을 빨아올렸을 때의 배수시간이 아래의 범위에 있어야 한다고 정해져 있다(배수시간의 표시가 있는 것은 제외).

오스트왈드 피펫(Ostwald pipet)은 홀 피펫의 한 종류인데 선단을 깎아서 얇게 한 것으로 액체를 배출할 때 선단에 남는 액량이 적다. 10㎖ 이하의 비교적 소형인 것이 많다.

메스피펫의 주요 부분은 원통형으로 다수의 눈금의 그어져 있다. 눈금은 원통부분에 한정되며 1번 위의 눈금까지 액체를 빨아올려 1번 아래의 눈금까지 유출시킬 때에 눈금 전량이 표시하는 부피의 액체가 유출하는 중간 눈금형)과 하단까지 눈금이 그어져 있어서 1번 위의 눈금까지 빨아올려진 액체를 전부 유출시킬 때에 전량 부피의 액체가 얻어지는 선단눈금형이 있다. JIS의 규격에 의하면 5㎖ 이하의 것은 상단부가 눈금이 있는 부분보다 가늘게 만들어져 있고, 2㎖ 이하의 것은 상단까지 크기가 일정하다. 계량기 검정검사 규칙에는 길이가 50㎝ 이내일 것, 전량의 물은 배출하는 시간이 3초 이상일 것(1㎖ 미만의 것 및 배수시간의 표시가 있는 것은 제외) 등의 규정이 있다.

그 밖의 피펫으로는 관 옆에 붙여진 고무캡을 이용하여 액체를 빨아올리는 안전피펫, 피스톤에 의해 빨아올리는 독약 피펫, 자동적으로 일정량의 액체를 빨아올리도록 만들어진 신속자동피펫, 극미량(0.005～0.02㎖)의 액체를 취급하는 마이크로 내지 울트라 마이크로 피펫 등이 있다.

홀 피펫은 정량분석에서 액체시료의 채취나 역적정시에 제일 표준용액의 첨가 등 정확히 일정량의 액체를 취할 필요가 있는 경우에 항상 이용된다. 액체를 표선(標線)의 조금 위까지 빨아올린 후 둘째 손가락으로 상단을 누르고 표선을 눈높이에 일치시켜 손가락을 놓으며 액체의 볼측면을 보면서 서서히 액체를 유출시켜 표선에 일치할 때 손가락으로 상단을 누르면서 정지시킨다. 선단의 외측에 붙어 있는 액적을 용기의 벽에 가볍게 털어버리든가 여과지 조각으로 흡수하여 제거한다.

다음에 다른 용기의 벽에 선단을 가볍게 대고 피펫을 수직으로 세워 손가락을 놓고 액체를 유출시킨다. 유출이 끝나고 20～30초 지난 후 선단 내측에 남아 있는 액을 배출시키는데 이에는 다음과 같은 방법이 있다.

(a) 선단을 받는 용기에 넣고 상단을 둘째손가락으로 누르고 구부를 왼손으로 쥐어 안의 공기를 배출시켜 그 팽창에 의해 액체를 배출시킨다.
(b) 가능한 한 조용하게 입으로 액체를 불어서 뺀다.

(a)는 계량기 검정검사 규칙에 정해진 피펫의 검정조작과 동일한데 일본의 피펫은 이렇게 하여 검정되고 있고 이것과 같은 조작으로 사용하므로 정확도에 있어서 확실하다. (b)는 간단한데 액에 침이 섞이거나 강하게 불 때 액이 튀어 유실되지 않도록 주의해야 한다. 특히 정밀한 측정이나 중화적정에 있어서 알칼리 용액같이 액체가 공기 중 탄산가스의 영향을 받을 염려가 있을 경우에 (b)는 적당치 않다.

메스피펫은 눈금을 이용하여 임의의 양을 채취할 수 있다는 점에서 편리하다. 홀 피펫과 똑같이 하여 액체를 빨아올려 액체의 볼록면을 첫 번째 눈금에 맞춘 후 용기에 필요한 양만 유출시킨 후 멈춘다.

입으로 액체를 빨 때는 입안에 액체가 들어가지 않도록 조심해야 한다. 빨대에 선단이 액면에서 떨어지면 피펫 안의 액체가 즉시 입 안으로 들어오므로 주의를 요한다. 빨아올릴 때 숨을 들이마시지 말고 뺨을 불룩하게 하여 빠는 것이 좋다. 유해증기를 발생시키는 병원균, 방사능 등을 함유하는 것은 입으로 빨지 말고 고무제의 안전 피펫을 사용하던가 아스피레이타로 천천히 흡수하여 빤다.

푸시버튼식 액체미량부피계는 피스톤에 의해 일정량의 액체를 채취하는 피펫 가운데 에어쿠숀을 가진 것과(액체와 피스톤 사이에 공기가 들어가 있다), 수동식 피펫에 대해서는 JIS 0970~1989에 규정되어 있다. 주로 생화학의 실험 등에 사용되며 분석화학에서도 소량의 액체를 채취할 때에 사용하는 경우가 있다.

③ 메스플라스크

메스플라스크는 가늘고 긴 목 부위에 눈금을 넣은 플라스크로서 입구에 맞는 마개가 있고 목에 표선이 있다. 계량법, JIS에서는 전량 플라스크, JP XII에서는 메스플라스크라고 부른다. 표선이 있는 부분의 목의 내경은 부피에 따라 계량기 검정검사 규칙에서 규정되어 있다. 수용(기호 A, In 또는 TC)과 출용(기호 A, Ex 또는 TD)이 있는데 수용이 보통이다. 수용과 출용의 2개의 표선이 있는 것, 목에 많은 눈금이 있는 것, 특히 정확한 농도의 용액을 조제하기 위한 자일스 플라스크(Gile's flask) 등이 있다.

수용(受容)의 메스플라스크는 어떤 부피 중에 일정량의 물질을 함유하는 형으로서 농도를 표시하는 용액(예를 들면 규정도, 몰농도, w/v% 등으로 농도가 주어진 용액)의 조제에 가장 많이 이용된다. 예를 들면 탄산수소나트륨($NaHCO_3$)의 0.1M 용액을 1L 조제하려면 $NaHCO_3$의 분자량은 84.01이므로 $NaHCO_3$ 8.401g을 정확히 달아서 물에 녹여 1L의 메스플라스크 중에 넣는다. 용기도 물로 씻어 세척액도 메스플라스크 중에 넣는다. 물을 메스플라스크 속에 70% 정도 넣고 마개를 하여 흔들어 섞고, 위 아래로 몇 번 뒤집어 잘 섞은 후 잠시 정치시켜 액면이 안정해지면 마개를 빼고 물을 조금씩 가해 표선까지 채운다. 다음에 다시 마개를 하여 위아래를 뒤집어 충분히 섞는다. 플라스크의 목이 가늘기 때문에 최후의 섞는 방법이 불충분하면 농도가 불균일하게 되므로 주의가 필요하다.

④ 메스실린더 및 기타 액량계

메스실린더(graduated cylider, measuring cylinder)는 계량기 검정검사 규칙에서는 내경이 일정한 통모양의 부분에 밑에서부터 눈금이 그어져 있고, 내경이 밑에서부터 상단까지의 높이의 4분의 1 이내로 정치할 수 있는 부피계라고 규정되어 있다. 상단이 개방되어 있는 것 무전형(無栓形)와 마개가 있는 꼭지 부착형이 있다. 계량기 검정검사 규칙에서는 기준 뷰렛으로부터 받은 물의 부피로 눈금을 검정하므로 측정법은 수용이다. 그러나 검정 공차가 크고 정도는 피펫이나 뷰렛보다 낮으므로 수용, 출용의 차가 문제로 되지 않는 정밀도가 요구되는 경우에 이용되는 수가 많다. 정량분석 시 마개 없는 것은 시약의 첨가와 시료를 측정용기 내에서 단순히 희석하는 경우 등 정밀도를 요하지 않는 액체의 일정량을 첨가할 때에 사용하고 마개 부착형은 메스플라스크를 사용할 정도의 정밀도를 요하는 용액의 조제 등에 사용된다.

원추형 액량계는 메톨 그라스라고도 하는데 밑이 좁은 원추형이고 소형의 것이 많다. 원통형 액량계는 메스실린더 보다 내경이 크고 높이의 ⅓ 전후되는 원통형으로 메스실린더보다 취급이 편리하다.

손잡이가 달린 원통형 액량계는 한층 내경이 크고 높이의 ½ 전후 위치에 손잡이가 붙어져 있다. 메스실린더보다 덜 정밀한 측정에 사용된다.

※ 용기를 씻는 법

유리용기 특히 부피 재는 용기는 항상 깨끗이 씻어서 사용해야 오차를 줄일 수 있다. 물이나 수용액이 깨끗한 유리벽을 흘러내리면 그 표면에 균일한 액체막이 생기지만 지방질이 기벽에 묻어 있으면 액체 막은 부분적으로 파괴되어 방울이 맺히게 되기 때문에 오차의 원인이 된다. 물론 기벽에 묻은 액체의 양은 용기의 모양, 기벽의 깨끗한 정도, 따라내는 시간, 액체의 점도 등에 따라 다르다. 유리용기를 씻을 때는 우선 수돗물이나 따뜻한 물로 수회 씻은 후 적당한 클리닝 용액(cleaning solution)으로 씻어야 한다.

유리용기를 씻는 일반적인 클리닝 용액은 다음의 3가지가 있다.

(a) 2% 정도의 따뜻한 비눗물이나 중성합성세제 용액.

(b) 중크롬산염을 진한 황산에 녹인 산화성 용액 : 보통 20g의 $Na_2Cr_2O_7$을 15㎖의 물에 녹이고, 여기에 400㎖의 진한 황산을 가하여 만든다.

(c) 0.004M 정도의 EDTA 용액

비눗물은 가장 일반적인 유리용기를 씻는 용액이다. 따뜻한 비눗물로 용기를 씻을 때는 용기에 비눗물을 충분히 적셔서 필요하면 부드러운 브러쉬를 사용하여 씻는다. 비눗물로 잘 씻기지 않을 경우는 산화성 클리닝 용액인 중크롬산염-황산 용액으로 씻는다. 이 용액은 가장 효과적인 씻는 용액으로 지방질을 산화시켜 파괴하는 작용을 한다.

유리용기는 알칼리에 부식하지만 산에는 잘 견디기 때문에 이 용액에 용기를 10~20분 정도 담가두었다가 꺼내어 이 용액으로 반복하여 씻도록 한다. 그런데 이 용액은 부식성이 크므로 옷이나 피부에 닿지 않도록 주의해야 한다. 또 이 용액과 염화물이 닿으면 $Cr_2O_2Cl_2$의 휘발성 화학종이 생겨서 독성이 나타나므로 유리용기를 미리 물로 충분히 씻은 후 이 용액으로 씻는다. 이 용액은 오래 사용하면 산화제인 $Cr_2O_7^{2-}$이 환원되어 푸른색의 Cr^{3+}로 변하여 산화력이 떨어지고, 수분을 흡수하여 묽어지므로 효과가 떨어진다.

EDTA 용액은 금속이온으로 오염된 용기를 씻을 때 사용된다. 이때도 10～15분간 용기를 담가두었다가 씻도록 한다.

용기를 클리닝 용액으로 씻은 후에는 반드시 수돗물로 충분히 씻어 기벽에 비누나 클리닝 용액이 남아 있지 않도록 해야 하고 수돗물로 씻은 다음에는 다시 증류수로 깨끗이 씻어야 한다.

유기물을 취급한 유리용기는 적당한 유기용매를 사용하여 씻을 수도 있다.

2 기초의약분석실험

(1) 서론

화학은 많은 실험적 사실 위에 그 학문체계가 구성된 대표적인 실험과학의 한 분야이다. 화학은 변화의 양상이 다종·다양한 물질변화를 학문의 대상으로 하기 때문에 실험에 의하지 않고서는 현상을 해명할 수 없는 것이 많다. 화학의 연구에 있어서는 실험이 큰 비중을 차지하고 있다. 실험은 우리가 어떤 것에 관하여 알고자 할 때 자연에서 그 해답을 얻기 위해 행하는 것이다. 따라서 실험은 일정한 계획 하에, 어떤 종류의 기구를 사용하므로 써 원하는 해답을 얻을 수 있을 것인가를 신중히 생각하여야 한다. 좀 더 구체적으로 기술하면,

(가) 실험의 목적은 무엇인가?

(나) 어떠한 장치 및 기구를 어떻게 사용하면 좋을까? 또 그들 장치 및 기구는 어떤 원리에 기초를 두고 있는가?

(다) 원하는 정도(accuracy)에 접근할 수 있는 측정 방법인가? 또 정도가 좋은 결과를 얻으려면 어떠한 점에 주의해야 하는가? 등이다.

학생실험은 시간적인 제한도 있으므로 일단 상기한 (가)-(다) 항에 관해서는 실험교재에 해설이 있지만 만약 학생들이 새로운 분야의 개척을 목적으로 연구할 때, 위해서 제시한 각종 사항들은 전부 학생들 자신이 생각해야 할 문제들이다. 만약 실험에 착수하기 전에 이러한 검토가 충분히 이루어졌다면, 이미 실험은 약 80% 완료되었다고 해도 과언이 아니다.

일단 실험에 착수하면 주의 깊게 관찰해야 한다. 선입관을 버리고 주의 깊게 관찰함으로써

우수한 발견이 나올 수 있는 것이다. 또 관찰된 결과는 빠짐없이 기록해 두어야 한다. 특히 시간적 변화를 추적하는 실험에 있어서는 얻어진 실험치를 곧 그래프로 도시함으로써 변화의 특징을 쉽게 파악할 수 있다. 실험이 끝나면 곧 실험치를 정리하고 결과를 검토하여 초기의 목적에 부합된 결과가 얻어졌다는 지를 조사해야 한다. 만약 기대한 정도로 측정치가 얻어지지 않았다면, 그 원인을 철저히 추구하고 필요에 따라서는 재차 실험을 해야 한다.

(2) 실험에서의 일반적인 주의사항

실험실의 기구와 실험자의 안전 및 실험실의 청결문제는 서로 연관성이 있으므로 실험실에서 실제 실습 시 누차 강조된다. 실험 시 부식성 액체, 위험성 고체 화합물을 안전하게 취급함으로써 실험복이나 신체의 손상을 방지할 수 있다. 그러나 강한 알칼리 성분이나 산이 손 또는 몸에 묻었을 때에는 오염된 부분을 씻도록 한다. 실험을 할 때에는 언제나 모든 기구를 세척하고 실험대 위를 청결하게 정돈하도록 한다.

(가) 실험하기에 앞서 실험교재를 잘 읽고, 실험내용 및 실험방법을 잘 이해하도록 한다.

(나) 측정 중 실험치를 검토 계산하면서 결과를 정리하여야 한다. 이렇게 함으로써 다음 실험의 대책을 수립할 수 있으므로, 경우에 따라서는 재 실험의 필요성을 결정한다.

(다) 실험은 반드시 정시에 와서 지정된 시간 내에 끝나도록 계획을 세운다.

(라) 실험을 시작하기 전에 주어진 기구의 수량을 반드시 점검하여 교재에 기입된 소요기구의 수량과의 일치여부를 확인한다. 물론 실험이 끝난 후에도 같은 요령으로 확인한다.

(마) 실험실에서는 반드시 보호안경 및 실험복을 착용한다.

(바) 기구는 사용법에 따라 주의 깊게 조작하여야 한다.

(사) 실험이 끝나면 기구의 세척 및 정리, 가스, 전기, 수도, 펌프 등의 뒷 처리에 주의하여야 한다.

(아) 기구의 파손 및 이상이 발견되면 반드시 실험조교에게 일리고 적절한 처리에 주의하여야 한다.

(자) 보고서는 지정된 제목에 관해 실험이 끝난 후 다음 실험 이내에 제출해야 한다.

※ 실험조 편성

실험은 3(또는 4)명을 1개조로 편성하여 조별로 실시한다. 각 조는 1명의 조장, 1명의 관측자, 1명의 보조자로 구성된다. 이는 매 실험 시 순번제로 돌아가도록 한다. 이렇게 함으로써 한 학기에 3회 (또는 4회) 이상 각 실험자가 계획을 세우고 방향을 설정하며 관찰하고 자료를 기록처리 하는 기회를 가질 수 있다.

조장은 실험의 계획수립과 실제실험에 대한 책임을 진다. 또 조장은 각 조의 실험결과 보고서에 대해서 책임을 지며, 실험을 계획적으로 진행하기 위하여 다른 조원들과 서로 협조해야 하며, 자료를 수집하고 보고서를 제출해야 한다.

관측자는 실험준비를 담당하며 그 조의 실질적인 실험진행자가 되므로 실험과정을 계획하고 가능한 자료를 수집하고 실험결과에 대한 판단력을 갖춰야 한다. 또 실제 결과를 계산하며 보고서를 같이 작성한다.

기록자는 실험을 진행하며 특히 실험기구를 관리하고 사용하는 기기의 조작법 및 자료수집에 주위를 기울인다. 기록자는 실험진행 중에 일어나는 모든 사항과 자료를 기록하여 보고서를 작성할 수 있도록 한다.

보조자는 실험 관측자가 실험을 진행하는 데 시간지연이 되지 않도록 실험 기구 세척 및 건조와 실험이 끝난 후 모든 기구들을 제자리에 정리 정돈해야 한다.

(3) 실험노트 기록방법

실험노트 기록방법 및 그 양식은 각자의 개성이 강하게 나타나는 것이므로 여기서는 최소한의 필요 사항만을 설명한다.

(가) 실험기록은 영구적인 성격을 지니도록 한다.

실험 관찰결과가 모두 보고서 또는 논문에 게재되는 것은 아니지만 몇 년 후 이 기록이 필요한 경우가 있다. 따라서 연구실험인 경우에는 사용한 시료도 보관하는 것이 바람직하다.

(나) 영구적인 기록으로 만들기 위한 참고사항을 열거하면

(a) 제목이 바뀔 때마다 새로운 장에 제목, 연월일, 날짜, 기압, 온도, 습도 등을 기입한다.
(b) 실험마다 실험번호를 붙이고, 실험내용을 나타내는 표제를 쓰고 필요에 따라서는 간단한 목적도 기입한다.
(c) 실험방법, 사용하는 기구 및 장치에 대한 요점을 기입한다.
(d) 노트를 사용할 때 어느 정도 여백을 두는 것이 좋다. 좌측 장을 실험기록용으로 쓰고, 우측 장을 계산 및 그래프 첨부용으로 남기면 편리하다.
(e) 실험기록은 측정치의 기록뿐만 아니라 도가니의 무게, 항온조의 온도 등 적절한 용어로 내용을 명기하고 반드시 단위를 기입한다.
(f) 특별히 관찰된 상항 및 기타 비고를 적소에 되도록 상세하게 기입한다.
(g) 실험기록 도중에 반드시 그 취지를 명기하고 간단한 계산을 삽입하며 이때 수치를 인용한 문헌, 계산식 등도 명기한다.
(h) 측정 결과치는 연필 아닌 잉크로 정성들여 기록하고, 수치를 정정할 때는 지우개로 지우지 말고 두 줄을 그은 후 새로 정정한 수치를 그 위에 쓴다.

(i) 다른 종이에 실험치를 기록하였다가 후에 옮겨 쓰거나 정서하는 것은 원칙으로 금한다. 불가피한 경우에는 기록용지에 노트에 첨부한다.
(j) 실험이 끝나면 곧 계산하거나, 그래프화 하여 결과를 검토하여야 하며 이것도 노트에 기입 또는 첨부한다.
(k) 실험노트는 반드시 대학노트를 사용하여야 한다. (파일은 금지한다.) 또 실험노트는 최종 보고서와 함께 제출하여야 한다.

(4) 보고서

실험보고서는 다음과 같은 세 종류의 보고서로 이루어진다.

(가) 예비보고서 (Preliminary report)

예비보고서의 목적은 학생들에게 실험을 사전에 준비시키며 또 필요한 지식을 습득시키는 데 있다. 예비보고서에는 이론(theory), 실험과정(procedure), 실험결과(result) 및 고찰방법(discussion)을 쓴다.

(나) 초안보고서

초안보고서는 실험 완료 후 2주 이내에 실험조교에게 제출하여 최종보고서 작성에 대한 주의사항과 결과분석 등에 대한 지도를 받는다.

(다) 실험 결과보고서

모든 조원은 실험과 자료를 근거로 실험보고서를 같이 작성할 책임을 진다. 보고서는 기일 내에 제출해야 한다. 이에 대해서는 조장이 책임을 진다. 따라서 조장은 각 조원을 소집하여 서로 협동하여 보고서를 작성할 수 있도록 한다.

조장은 초안보고서 제출 후 그 결과에 대한 수정과 지도를 받은 후 초안보고서를 토대로 적절한 수정과 자료의 체계화를 거쳐 실험보고서를 작성하여 실험이 끝난 후 다음 실험 이내에 제출하여야 한다.

(5) 보고서 작성 요령

보고서의 첫째 목적은 학생들의 실험결과와 그에 대한 스스로의 해석을 교수와 함께 상의하고 토론하기 위함이다. 둘째로는 학생들에 기술적인 자료 및 정보들을 효과적으로 기술하는 훈련을 시키는 데 그 목적이 있다.

보고서를 쓰는 것은 과학연구를 하는 사람들에게는 필수적인 작업이다. 즉 보고서를 통해서 새로운 발견들이 다른 사람들에게도 전달되어 유용하게 된다. 이러한 까닭으로 보고서를 효과적으로 쓸 줄 안다는 것은 매우 바람직한 일이며, 이러한 능력은 반드시 배양되어야 한다. 보고서를 쓸 때 항상 염두에, 두어야 할 것은,

(가) 누가 보고서를 읽을 것인가?

(나) 그들이 왜 읽는가?

(다) 이 보고서의 목적이 무엇인가?

하는 것이다.

이 세 가지 질문에 대한 대답은 바로 보고서가 작성되어야 할 방향을 제시해 주는 것이라 하겠다.

모든 실험에서 학생들은 실험 자료의 제시와 처리과정, 그리고 실험 자료의 결과 및 고찰에 주의를 기울여야 한다.

보고서를 기술하는 문제는 학생들 자신의 문제이지만 간결하고 정확해야 한다.

1) 보고서의 양식

논리적이고 체계적인 의견의 제시, 간단명료한 실험조건의 서술, 관찰된 자료, 주된 부분을 이루는 결과와 결론 등을 포함한다.

보고서는 손으로 쓰거나 워드프로세서를 사용해도 좋다. 각 페이지마다 약 3㎝의 여분을 두었다가 묶어내도록 한다. 보고서의 각 절은 새로운 페이지에서 쓰기 시작한다.

(가) 제목, 페이지

소속대학, 학과, 실험실, 실험제목과 실험번호, 실험날짜, 작성자의 이름과 실험조원의 이름을 함께 쓴다.

(나) 요 약

요약은 보고서 중 가장 중요한 부분인데 그 이유는 독자가 보고서를 대할 때 처음으로 읽는 부분이기 때문이다. 그러므로 만족스러운 요약이 얻어질 때까지 상당한 시간과 노력을 들여 쓰고 교정하여야 한다.

요약은 간결해야 하고(정규보고서의 경우 150단어 이내), 보고서의 모든 주요사항을 개략적으로 잘 알려야 한다.

요약에는 다음과 같은 내용이 포함되어야 한다. 무엇에 관한 보고서인가? (즉 어떠한 조건에서 계의 평형상수가 얻어졌다 등) : 측정은 어떤 방법으로 하였으며, 어떻게 평가했는가? (세부적인 면은 다루지 말고 매우 간단히 설명할 것) : 무엇을 관측했는가? (가능하면 정량적인 표

현으로) : 어떤 결론에 도달하였는가?

잘 표현된 요약을 읽으면 독자는 그 보고서의 완전한 개요를 알게 된다. 그 다음에 그는 보고서 내에서 그에게 관심이 있는 부분을 좀 더 상세히 읽을 수 있게 된다. 요약은 보고서의 다른 부분을 다 완성한 뒤에 써야 한다.

(다) 목 차

목차란 페이지를 붙여 보고서를 나누는 목록이다. 긴 부분은 적당한 제목을 붙여 다시 나누어도 좋다.

(라) 서 론

서론이 목적은 독자에게 주제가 되는 문제의 지식을 알려주는 것이다. 서론은 먼저 주제에 대한 간단한 설명을 쓰고, 다음에 총괄적인 기초 정보를 쓰도록 한다. 이 정보로 부터 그 실험에서 얻어진 자료의 연관성을 독자가 분명히 알 수 있도록 해야 한다.

(마) 이론적 원리

실험의 이론적 기초실험 데이터를 분석하기 위한 식은 전개 등의 검토를 포함한다. 이에는 예상되는 결과의 성질에 대한 검토도 포함되어야 한다.

(바) 실험 조건

실험장치, 실험순서, 총괄적인 조건과 관측에 대한 서술이다. 복잡한 장치를 포함할 때에는 구성도를 그려야 한다. 이 구성도는 정확한 축적으로 그릴 필요는 없으나 상대적인 크기는 표시해야 한다.

(사) 결 과

관측된 자료와 계산된 결과를 포함하는 부분이다. 자료와 결과는 가능하면 도표나 그래프로 표현해야 한다. 도표와 그래프에는 제목과 충분한 설명을 덧붙여 독자가 본문을 찾아보지 않아도 이해할 수 있어야 한다.

(아) 계 산

중요한 계산과 가정에 관한 설명이다. 사용된 단위는 분명히 표시해야 한다.

(자) 결과의 검토

실험에서 얻은 결과와 기대되던 결과, 혹은 문헌상의 결과를 비교한다. 즉 차이점에 대해 설명하고 오차의 원인을 검토한다.

(차) 결론과 제안

처음에 서술했던 주제의 문제와 결과와의 관계, 실험상의 문제점에 대한 재안 등을 요약한다.

〈주〉 이 부분은 적당한 부제를 붙여 결과의 검토와 묶어도 좋다.

(카) 보충정보

그래프, 이론과 공식의 긴 유도 등을 포함한다. 부록의 목적은 본 실험과 관련되기는 하나 조금은 지루한 부분을 한 곳에 묶어 둠으로써 보고서의 일관성을 유지하는데 있다.

(타) 참고문헌

보고서 작성에 도움이 된 참고문헌의 목록이다. 보고서의 본문에서 참고 문헌의 번호는 어깨표 혹은 괄호를 사용한다.

예를 들면 '수소의 확산전지3 는…….' 혹은 '수소의 확산전지 [3] 는 ……' 인용문헌의 약호는 Chemical Abstract 의 그것을 따라야 한다.

정규보고서를 작성하기 전에 분석된 모든 자료, 이론 및 계산 등을 검토할 것, 또 결론과 제안도 완결되어야 한다. 다시 말하면 보고서 작성에 필요한 자료를 모두 준비하여 보고서를 쓰면서 주제문제와 이 자료를 관련시켜야 한다.

첫 단계는 전체적인 구성을 짜는 일이다. 자료를 관련시켜야 한다. 각 절의 내용에 대한 대강의 윤곽을 정한다. 이 단계에서는 시행착오를 범하게 마련이다. 보고서의 절을 나누는 방법은 앞의 '보고서의 양식' 을 참고하고, 일반적인 경우 이에 따르는 것이 좋다. 이 지침에 따라 나눈 각 절의 내용을 검토한다.

조직적인 구성이 일관성 있게 이루어졌는지 검토하고 잘 되었으면 쓰기 시작한다.

처음부터 문장구조, 문장 및 부호 등의 세부적인 면에 신경을 쓰지 말고, 빠르게 써 내려가야 한다. 이 단계에서 구성의 결함이 드러나므로 결함을 수정하고 보고서의 내용을 검토한다. 모든 자료를 제시하였는가? 이론전개 과정을 부록에 넣어야 하지 않는가? 등이다.

이 단계에서는 혹평하는 자세여야 한다. 구성의 결함을 수정하는 일(보고서의 대부분을 다시 써야 하는 게 보통이다.)은 매우 어렵고 지루하다.

만족스러운 보고서의 구성을 얻기 위해서는 대강의 초안을 서너 번 써야 하는 것이 보통이다. 보고서의 문장을 다듬는 일은 이때 해야 한다. 각 절 내용의 문법, 문장부호 등을 세밀히 검토한다. 각 절의 전개과정이 논리적이고 막힘이 없는가? 빠뜨린 것은 없는가? 불필요한 반복은 없는가? 모든 문장이 알기 쉽고 명료한가? 모든 외부 참고문헌을 포함했는가? 내부 참고문헌의 페이지 수가 맞는가? 등의 사항들을 신중히 고려하여 보고서를 작성한다.

화학실험의 정규보고서 작성에서 보고서의 문장을 다듬는 일은 조교에게 제출하여 조언을 구하도록 한다. 조교는 각 절을 세부적으로 지적하지 않고 전반적인 제언을 해 줄 것이다. 그가 수정, 첨가 등을 제안할 수도 있는데 이를 명령으로 여길 필요는 없고 단지 조언으로 받아들이면 된다. 보고서는 각자 자신의 책임이고 또 이러한 바탕을 토대로 검사되고 평가된 것이다.

2) 기타제언

① 내용에 관한 제언

(a) 'Department of Chemical Engineering' 를 'Chem. Eng. Dept.' 로, 또는 'Temperature' 를 'temp.' 등의 약자로 쓰지 말 것. 'logarithm' 을 'log' 로 쓰는 것과 같이 표준화된 간략형이나 약자는 보고서의 본문에서 허용된다.

(b) 식을 전개하는 도중 가정은 모두 명기할 것.

(c) 식 전개도중 모든 부호는 정의되어야 하고 단위를 표시해 줄 것. 부호의 수가 많을 때는 페이지를 분리해 '부호와 약자' 란을 두어도 좋다.

(d) 가능하면 정량적인 표현을 할 것. 즉 '조작방법이 만족스러운 것 같다.' 라던가 '온도계가 좀 더 정확했으면 좋겠다.' 등과 같은 무의미한 표현은 피해야 한다.

(e) 만일 데이터가 정상상태에서 얻어졌거나 평형에 도달했다면, 이러한 조건들의 기준을 명기해야 한다.

(f) 어떤 온도, 어떤 결과에 관해 논의하는가를 독자가 확실히 알고 있지 않을 때는 '그 온도', '그 결과' 등과 표현은 피해야 한다. 즉 의미를 명백히 해야 한다.

(g) 요약은 가장 나중에 쓰고, 목차 바로 뒤에 놓아야 한다.

② 표현에 대한 제언

(a) 실험순서는 '무엇을 해야 할 것인가' 가 아닌 '무엇을 하였는가?' 의 글투로 써야 한다. 그러므로 실험교재에 나와 있는 실험순서를 그대로 사용하지 말고 적당히 고쳐서 써야 한다. 실험순서가 비교적 간단하면 번호를 붙여 쓰지 말고 계속 이어서 쓰는 것이 좋다.

(b) 계산된 결과는 관례적인 단위로 표시해야 한다. 즉 열용량(Cp)은 Watt-hr/1 ·℃ 단위가 아닌 J/mol ·℃처럼 표시한다.

(c) 3인칭 단수, 과거시제, 수동태로 쓸 것.

(d) 독자가 실험과정, 장치 등에 대해 잘 알고 있다고 생각하지 말아야 한다. 계의 물리적 성질에 관해 가능한 한 많은 정보를 알아내도록 해야 한다. 예를 들면 고체-액체 상 평행에 관한 실험에서 순순한 성분에 용융열은 2성분 도표의 기울기로부터 계산해 낼 수 있

다는 것 등이다.

③ 그래프, 도표 등

(a) 그래프, 그림, 표 등에는 반드시 제목과 번호를 붙여야 한다. 적당한 설명을 덧붙여 본문을 다시 찾아보지 않아도 이해할 수 있도록 해야 한다.

(b) 그래프를 그릴 때 곡선은 프렌치 커브(French curve) 혹은 유사한 그림도구를 사용해서 그려야 한다. 그래프의 점 (data point)들은 컴퍼스 (compass) 혹은 스텐실(stencil)을 사용하여 동그라미로 표시해야 하며 점들을 잇는 곡선이 동그라미를 관통하지 않도록 한다.

(c) 장치, 여러 장치간의 연결 등에 관한 삽화는 한 평면 안에 구성도로 그린다.

보고서의 내용이 특별히 장치의 구성, 고안에 관한 것이 아니면 장치의 그림설명은 불필요하다. 구성도의 경우 상대적인 크기는 올바르게 표시해 주어야 한다. 피펫, 뷰렛분액 깔때기 등과 같은 일반적인 장치는 특별한 점을 설명하기 위한 경우가 아니면 그림으로 나타낼 필요가 없다.

④ 보고서의 결론에 관한 제언

(a) 실험결과와 문헌의 결과를 비교한다. 문헌에 결과가 나오지 않으면 조교에게 문의한다. 결과가 문헌의 결과와 다를 때는 그 차이에 대한 이유를 제시한다. 다시 강조 하지만 가능하면 정량적인 표현을 사용해야 한다.

(b) 모든 측정치와 계산 값의 오차를 계산해야 한다. 참값(exact number)의 자릿수를 줄이는 방법인 반올림은 측정량의 오차를 계산하는 데에는 별 도움을 주지 못한다.

(c) 추천할 점이 있으면 상세히 설명할 것. 예를 들면 장치 혹은 실험순서상에 수정해야 할 점이 있다고 생각하면, 그에 대한 이유와 수정 후의 변화에 대해 설명해야 한다.

(d) 보고서의 결론부분은 실험 결과에 대한 의견을 명백히 밝혀야 하며 정량적으로 표현해야 한다.

※ 실험실에서의 안전성을 위한 일반규칙

㈎ 실험실에서는 허가되지 않는 실험을 하여서는 안 된다.

㈏ 시험관을 써서 가열하거나 반응을 일으킬 시는 시험관의 입구가 주위에 있는 다른 학생이나 자신을 향해서는 안 된다.

㈐ 특별한 지시가 없는 한, 어떤 시약도 맛을 보아서는 안된다.
시약의 냄새를 알고자 할 때는 얼굴을 향하여 손으로 부채질을 하여서 냄새를 맡아야 한다.

㈑ 유리관을 자르고자 할 때는 유리관의 끝을 버너로 무디게 하고 반드시 수건으로 싸서 보호하여야 한다.

신입생이 실험실에서 입는 상처의 대부분은 이 때문에 일어난다.

(마) 산을 묽힐 때 진한 산에 무을 부어서는 절대로 안 된다. 언제나 산을 물에 천천히 저어 주면서 가하여야 한다.

(바) 독성이 있거나 냄새가 좋지 않는 기체가 발생할 때에는 반드시 후드에서 실험하여야 한다.

(사) 시약병에서 시약을 덜어낼 때는 반드시 먼저 레벨을 잘 읽어서 확인해야 한다. 시약은 깨끗한 비이커, 시험관 또는 시계접시 등에 덜어내야 한다. 필요 이상의 양을 취하여서는 안 된다. 쓰고 남은 시약은 절대로 원래의 시약병에 넣어서는 안 된다.

(아) 실험실에서는 각자의 의복을 보호하기 위하여 실험복(가운)을 반드시 착용하여야 한다.

(자) 종잇조각, 성냥개비 또는 물에 녹지 않는 고체물질을 싱크에 버려서는 안 되며, 실험실 바스켓에 버려야 한다.

(차) 눈금이 새겨진 유리 기구, 가령 눈금실린더나 피펫 등은 절대로 가열하여서는 안 된다.

(카) 실험이 끝나면 사용한 기구를 깨끗이 닦고 준비실에 반납하여야 한다.

※ 실험실에서의 응급치료법

실험실 내에서 화재, 폭발 또는 부상 등의 사고가 발생할 경우에는 당황하지 말고 침착하게 적절한 응급 처리를 하고, 반드시 담당 조교에게 안전 확인을 받은 후 실험을 계속한다.

(가) 화재가 발생하였을 때 : 버너, 전기 등의 열원을 모두 끄고 인화성 물질을 먼 곳으로 옮기며, 화학화재용 소화기 또는 모래를 사용하여 소화 작업을 한다. 물에 잘 섞이지 않는 유기용매에 불이 붙었을 경우에는 절대 물을 사용하여서는 안 된다.

(나) 의복에 불이 붙었을 때 : 당황하여 뛰지 말고 담요나 실험복을 덮어 불을 끈다. 얼굴 부근의 불이 아닐 경우에는 화학화재용 소화기를 사용하여도 좋다. 또한, 물에 섞이지 않는 유근의 용매에 의한 불이 아닐 경우에는 물을 사용할 수도 있다.

(다) 불에 의한 화상 : 물로 씻지 말고 우선 연고를 바른 후 적절한 치료를 받는다.

(라) 시약에 의한 화상 : 즉시 다량의 깨끗한 물로 씻는다. 산에 의한 화상일 경우에는 묽은 탄산수소나트륨 용액으로, 염기성 시약에 의한 화상일 경우에는 묽은 아세트산 용액으로 씻은 후, 적절한 치료를 받는다. 화상이 심할 때는 의사가 검진하기 전에는 기름이나 그리스를 바르지 마라. 페놀에 의한 화상은 화상을 입은 곳을 먼저 알코올로 씻고, 만일에 화상이 심하지 않으면 붕대를 감아 두어라.

(마) 눈에 약품이 들어갔을 때 : 산이 들어갔을 때에는 묽은 탄산수소나트륨 용액으로 씻고 알칼리가 들어갔을 때에는 붕산 세안 액으로 씻어라. 그 후 깨끗한 물로 충분히 씻고 의사의 검진을 받아라.

(바) 시약을 마셨을 때 : 즉시 손을 입에 넣어 토하도록 하고 의사의 응급 처치를 받도록 한다. 염소, 브롬 또는 황산수소를 들이마셨을 때는 즉시 앉거나 누워서 깊게 호흡하여라.

할로겐을 들이마셨을 때는 알코올로 적힌 솜뭉치로 부터의 증기를 흡입하면 기분이 좋아진다.

(사) 유독 가스를 들이마셨을 때 : 즉시 앉거나 누워서 깊게 호흡하여라. 할로겐을 들이마셨을 때에는 알코올을 적신 솜뭉치로부터의 증기를 흡입하면 기분이 좋아진다. 많은 양의 증기를 마셨을 때에는 인공호흡을 시키고 산소의 흡입이 필요하면 즉시 의사를 불러야 한다.

(아) 베었을 때 : 에탄올로 소독하고, 거름종이 또는 깨끗한 수건을 사용하여 지혈이 되도록 한다.

(자) 폭발이 발생하였을 때 : 일단 실험실에서 모든 학생을 대피시키고, 화재가 발생하였을 경우에는 방독면을 착용하고 화학화재용 소화기를 사용하여 소화한다. 실험실의 통풍이 잘 되도록 조처하고 유독성 기체가 없음을 확인 후 뒤처리를 한다.

(차) 시약에 불이 붙었을 때 : 모든 열원(버너나 전기로 등)을 끄고 인화성 물질이나 용매를 먼 곳으로 옮겨라. 물과 잘 섞이는 용매(아세톤이나 알코올 등)에 불이 붙었을 때에는 물로 소화 작업을 하여도 무방하지만 보통 이산화탄소 소화기를 사용하여라.

(카) 실험대는 물론이고 사용하지 않는 유리기구도 항상 깨끗이 씻어 두어 갑자기 필요할 때 언제나 쓸 수 있어야 한다.

(타) 실험이란 화학반응이 어떻게 진행되는가를 관찰하는 행동이기 때문에 실험 중에는 반드시 자리를 떠나지 말고 어떤 현상이 일어나는가를 항상 관찰하는 습관을 가지는 것이 중요하다. 자리를 이탈하여 실험을 행하는 것을 실험할 가치가 없을 뿐만 아니라 화재의 위험이 크다.

(파) 물질을 버리는 것은 언제라도 버릴 수 있기 때문에 그것이 정말 불필요한가. 어떤가를 충분히 생각한 후 버리는 습관을 가질 수 있도록 해야 한다. 버리는 방법에 따라서 화재가 일어나는 경우도 있다. 성냥불이나, 유기용매가 묻으면, 종이 등을 버릴 때는 특히 주의해야 한다.

(하) 실험이 끝나면 기구를 깨끗이 씻어서 정리하여 시약병과 함께 제자리에 둔다. 유리조각이나 여과지 등은 반드시 휴지통에 버려야 하며 싱크(sink)에 버려서는 안 된다. 마지막으로 실험을 나올 때에는 전기, 수도, 가스에 이상이 없는가는 확인하여야 한다.

C 대한약전

1 약전의 의미

약전은 의약품의 강도, 순도 및 품질의 적정을 기함으로써 국민보건향상에 기여하기 위하여 그 성상, 확인시험, 순도시험, 정량법 등의 규정을 국가가 정한 법전이다. 약전은 약사법에 따라 고시의 형태로 식품의약품안전청장이 고시한다. 약전은 법률에는 해당하지 않지만 약사법과 관련하여 사실상 법률에 준하는 기능을 발휘한다.

약사법 제 43조를 살펴보면 ① '식품의약품안전청장은 의약품의 제법, 성상, 성능, 품질 및 저장방법의 적정을 기하기 위하여 중앙약사심의위원회의 심의를 거쳐 대한약전을 정하고 이를 공고하며', ② '대한약전은 제 1부와 제 2부로 하고, 제 1부에는 주로 빈번히 사용되는 원약인 의약품과 기초적 제제를 수재하고, 제 2부에는 주로 혼합제제와 제 1부에 수재되지 아니한 의약품을 수재한다.' 는 내용이 기록되어 있다.

약사법에 기록된 바와 같이 약전(Pharmacopoeia)은 국가가 제정한 것으로 의료에 사용되는 중요한 의약품에 대하여 그 제법, 성상, 품질 및 저장법의 적정을 기하기 위하여 정해진 기준서로 우리나라는 대한약전(The Korean Pharmacopoeia: KP)을 제정 공포하고 있는데 중양약사심의위원회의 심의를 거쳐 식품의약품안전청장에 의하여 제정, 공포되며, 최초의 대한약전은 1958년 10월 10일에 공포되었다.

약전의 역사는 동서고금을 막론하고 의약품의 규격을 통일하기 위해 만들어진 것으로 동양의 본초서, 서양의 처방집 등도 그 기원이라 할 수 있으며, 우리나라의 향약구급방, 향약채취월령, 동의보감 등도 약전의 시작이라 할 수 있다.

약전수재의약품은 약효가 뚜렷한 중요한 의약품이어야 하며, 시험방법은 되도록 보편적이고 간편한 방법을 우선으로 기록되어야 하고, 내용은 과학적으로 또는 법률적으로 정확하여야 함과 동시에 미래의 발전을 저해하는 내용이어서는 안 된다는 제정방침을 가지고 있다.

약전(Pharmacopoeia)은 르네상스시대의 그리스어계의 조어로 "약"이란 의미를 갖는 Pharmakon(Drug)과 "만드는 방법"이란 의비를 갖는 Poiein(to make)이 결합되어 만들어진 조어이다.

즉, Pharmacopoeia = Pharmakon (Drug) + Poiein (to make)

2 의약품 규격의 의의

의약품은 사람 또는 동물의 질병의 진단, 치료 또는 예방에 사용하는 것을 목적으로 하고 있다. 이와 같이 의약품은 사람 또는 동물의 생명을 유지하는 데에 없어서는 안 되는 것으로 그 품질을 적정하게 유지하는 것은 유효성 및 안전성과 함께 의약품이 갖추어야 할 필수사항인 것이다.

의약품의 유효성이 확실하고 안전성이 인정된다 해도 그 품질이 적정하지 않으면 질병의 치료, 예방, 진단 등에 안심하고 사용할 수 없게 된다.

의약품의 품질을 관리하는 데에 고려해야 할 일을 크게 둘로 나눌 수 있다. 첫째 유효물질 이외의 인체에 유해한 물질이나 불필요한 물질의 혼입을 될 수 있는 대로 방지하는 것이고, 둘째는 항상 일정한 품질의 제품이 제조·공급되도록 하는 것이다. 전자는 주로 의약품의 순도에 관한 문제이며, 후자는 강도 및 제제시험에 관한 것이다. 따라서 의약품의 품질을 관리하기 위해서는 개개 의약품에 대한 규격을 제정하고 그 규격에 적합한가를 조사하기 위한 시험방법을 작성하는 일이다.

한 국가가 그 나라에서 사용되는 대표적인 의약품에 대한 기준 및 시험방법을 집대성해 놓은 것이 바로 약전인 것이다. 약전, 기타 기준서(항생물질의약품기준 등)의 기준 및 시험방법은 당연히 전문가들에 의하여 충분히 검토되고 또 그 시대의 과학을 반영한 것이지만 약전의 의약품에 대한 견해는 음과 같다.

"의약품의 품질은 될 수 있는 대로 순품으로 그 조성은 가능한 한 일정불변해야 하지만 의약품규격은 시약과 같은 공업규격과는 다른 것으로 반드시 100%에 아주 가까운 순품을 요구하지는 않는다."

또 제제 등의 배합에 있어서는 약간의 여유(tolerance limit)는 인정하고 있다. 이것은 의약품이 불순해도 좋다는 의미는 아니며, 순도가 높으면 높을수록 좋은 것임에는 틀림없지만 치료상 또는 진단예방에 차질이 없으며, 또 무해하다고 생각되는 것의 혼재는 그 한도를 설정하여 인정해준다는 의미이다.

유해하다고 생각되는 물질에 대해서도 엄격하게 무해가 보증되는 한도를 정하여 그 한도까지의 혼재는 인정해주는 방향을 택하고 있다.

강도[함량 또는 생물학적제제의 역가, 효력에 관계되는 값]에 대해서도 반드시 100%일 것을 요구하지 않는다. 분석학적 정도(精度), 제조상의 문제 등을 고려하여 표시량에 가까운 값으로 하여 표시하도록 하고 있다.

불순물로 어느 것을 검사하여야 하며, 그 한도는 어느 정도로 할 것인가? 강도의 허용범위는 어떠한 값으로 정할 것인가? 하는 문제는 어려운 일로 의약품의 제조방법, 성상, 용법, 용량, 사용기간, 안전성 등을 고려하여 품목별로 정하여야 한다.

어느 의약품이 사용될 때 일정한 품질을 가지고 있다는 보증도 규격에 넣어야 할 사항이다. 항상 품질이 일정한 의약품이 제조되어 공급된다는 확고한 보장이 없다면 의사나 약사는 그 약품을 환자에게 안전하게 투여할 수 없다는 것은 분명하다.

대부분의 의약품은 유기화합물이므로 일정한 품질을 얻는 것은 쉬운 일이나 식물추출물, 동물제제, 단백질제제, 생물학적제제 등에는 문제가 있다. 이들 의약품들은 성분 중 유효성분 또는 관리 가능성분을 지표로 하여 품질역가의 균일성 또는 일정성을 유지할 수 있으며, 경우에 따라서는 생물학적 시험방법도 채용된다.

약효는 입증되었지만 뚜렷한 약리작용이 결여되어 생물학적방법에 의한 시험법의 작성이 곤란한 경우도 있을 것이므로 이러한 경우 규격 상 품질보증을 어떻게 해야 할 것인가가 문제가 된다. 품질이 항상 동등하다는 보증이 없는 한 의약품은 그 사용에 적합하지 않다. 따라서 동·식물 추출물 등은 적어도 원재료(원료)에 대한 보증은 절대로 필요한 것이다.

한편, 의약품으로서의 역가가 시간이 지남에 따라 천천히 떨어지는 것도 많다. 예를 들면 효소제제, 항생물질제제와 같은 의약품에 대해서는 그 안정성을 충분히 검토한 다음 유효기간을 명시하다.

저장법의 경우 유효기가, 규격 등을 고려하여 충분히 안정한 저장법을 정하여야 한다.

약전에서는 의약품마다 주로 그 기원, 성분함량, 성상, 확인시험, 시성치, 순도시험, 정량법 등의 항목을 설정, 의약품의 품질을 규제하고 있지만 그 가운데 가장 중요한 것은 순도시험과 함량규정이다.

앞에서 말한 바와 같이 의약품 규격에서는 의약품을 완전한 순품으로 보지는 않지만 치료에 지장을 가져온다든가 인체에 효력 이외의 작용을 끼칠 우려가 있는 불순물, 분해산물 등에 대해서는 엄격하게 그 한도를 설정, 체크하고 있다.

순도시험의 항목으로는 용해상태, 염화물, 황산염, 중금속 등이 있으며, 비소와 중금속은 의약품을 장기간에 걸쳐 사용하는 경우 유해작용이 나타나는 경우가 있는 것으로 중요한 항목이다. 이 밖에 제조할 때 혼입되는 불순물, 저장기간 동안에 발생하는 분해물 등이 있다. 또 발열성물질시험과 같은 생물학적시험법에 의한 불순물시험도 의약품의 종류에 따라서는 없어서는 안되는 시험이다.

새로 개발하는 의약품의 규격 및 시험법을 어떻게 해야 할 것인가가 중요한 문제가 된다. 어느 의약품이 신약으로서 인정되기 위해서는 스크리닝 시험을 거쳐 약리, 독성, 임상 등의 시험을 거치지 않으며 안 되는 것으로 원칙적으로는 약리, 독성, 임상실험 등에 제공되는 의약품 후보물질은 이미 그 규격이 적정하게 제정되어 있어야 한다. 의약품후보물질의 물리화학적 성상 능을 참고로 하여 올바르게 작성된 규격에 대하여 올바른 시험으로 시험하여 합격한 약품, 바꾸어 말하면 일정한 품질을 확보했음이 인정된 약물만이 그 의약품의 약리, 독성, 임상 등의 시험에 쓰이는 것이 원칙이다. 품질이 정해져 있지 않은 약물에 의한 기초자료, 임상자료만을 가지고서는 그 약물을 의약품으로서 안심하고 쓸 수는 없다.

특수한 경우를 제외하고 약효가 인정되고 안전성이 보증되어 일단 실용단계에 들어가게 되면 의약품의 적부는 규격에 의해서만이 판정되는 것으로 규격은 신중하게 작성하여야 한다.

바꾸어 말하면 의약품으로서 일단 판매된 다음에는 규격을 크게 바꾸지 않는 것이 원칙이다. 이 의미는 순도가 높아져서는 안 된다는 것은 아니며, 규격상의 큰 변경은 약리, 독성, 약효 등에 영향을 줄 수도 있을 것이므로 어느 경우에는 의약품으로서의 기초적인 연구로 되돌아가지 않으며 안 되는 것이다.

또 제조방법의 변경도 제품의 품질에 영향을 주는 것으로 주의하여야 한다. 제제(정제, 캡슐제 등)의 기준 및 시험방법은 원약보다는 간단한 것으로 품질이 보장된 원약을 써서 제제를 만드는 경우 원약에 대해서만 충분하게 품질관리하면 제제는 비교적 간단히 규제해도 좋다고 생각해왔고 또 제제시험법은 분석학적으로 어려운 점이 많은 것으로 간과해버렸지만 제제학의 발달로 원약 그대로 복용하는 일은 거의 없고 각종 첨가제를 이용한 다양한 제형의 이용이 대부분인 것으로 첨가제 중의 소량의 불순물들의 상가작용(相加作用) 또는 의약품상호작용도 고려해야 하는 것이 현실이다. 더욱이 제형을 만드는 방법에 따라서 인체 내의 흡수, 배설 등이 다르고 나아가 효력에도 영향을 미친다.

따라서 제제규격을 어떻게 해야 할 것인가에 대하여는 어려운 점이 많다. 예를 들면 생체이용률(bioavailability)을 규격화 하는 일은 매우 곤란한 것으로 인체에 대한 약효와 완전히 일치되는 기준 및 시험방법은 현재로서는 개발되어 있지 않다. 다만, 이들에 대한 하나의 접근방법으로 용출시험, 방출시험, 함량균일성시험 등이 규제되고 있는 실정이다.

3 약전의 역사

약전은 민간의 처방집으로부터 발달된 것으로 현존하는 세계 최고의 처방집은 이집트 제 13왕조시대(BC 1552)의 것으로 알려진 에베르스의 고문서(Papyrus Ebers)이다. 그러나 약국이 의학의 전문분과로 독립하여 의사의 처방전에 의하여 또는 처방전 없이 약국에서 판매하는 의약품이 진정품이며, 균일성이 있음을 보증하는 공정서(약전)의 개념이 실현된 것은 대략 15세기 말경이었다.

현재의 약전과 같은 형태를 갖춘 것은 유럽 최초의 공정약전이었던 1498년의 Nuovo Receptario composito(신처방집)[후에 플로렌스처방집으로 명칭이 바뀜]로 이탈리아 플로렌스에 거주하는 약사들의 요청에 따라 1498년 의사들로 구성된 의원회가 편집한 것이다. 그 후 도시국가시대를 맞이하여 1546년 독일 Nurnberg 시가 Valerius Cordus에 위촉하여 편집한 Pharmacorum conficiendorum ratio, vulgo vocant Dispensatorium이 발간되었다. 이 책은 내용이 양호하여 유럽 각 국에서 라틴어로 복제되었다. 여기에 자극을 받아 뉴른베르크, 런던, 암스테르담, 파리, 라이덴 등 약 50개의 도시에서 도시약전을 제정하였다.

1618년에 간행된 런던약전은 새로 생긴 지방 명 London이 되었지만 영국의 전 국민에게 강요된 최초의 약품기준서 였다.

최초의 국정약전은 덴마크 약전(Denica) 로 1772년에 제정되었다. 약전의 편집은 초창기에는 주로 의사에 의하여 이루어졌지만 약학의 영역이 차차 확대되고 그 중요성도 증대되어 더욱 많은 화학약품 및 화학적 분석방법이 수용되어 그 결과 각각의 업무분담이 이루어져 치료적 견해로 보아 수재할 가치가 있는가? 등의 수재약품 선정 작업은 의사 그리고 과학적, 기술적인 분야는 약사가 담당하는 등 역할의 분담이 이루어졌다.

국정약전은 나라에 따라 제도나 제정방식이 다르다. 최근의 새로운 경향으로 유럽에서도 유럽경제공동체(EEC)와 영국에 의한 유럽약전(1969년), 스칸디나비아 3국(핀란드, 노르웨이, 스웨덴)과 덴마크에 의한 북구약전(1963년)이 공동으로 작성되고 있다.

4 약전통칙

1) 이 약전은 「대한약전 제 8 개정」이라 한다. 이 이름의 약칭으로 「약전 8」 또는 「KP VIII」이라 할 수 있다.

해설) 약전의 정식명칭 : 대한약전 제 8개정, 약칭: 약전 8, KP VIII,

2) 이 약전의 영명은 「The Korean Pharmacopoeia Eighth Edition」이라 한다.

해설) 7개정에서 처음으로 통칙에 기재되었음: 국제화의 일환

3) 약전에서 「의약품」이라 함은 의약품각조에 수재되어 있는 것을 말한다. 그 「명칭」이라 함은 의약품각조에 기재된 한글명 또는 한글별명을 말한다. 또 의약품각조에 영명을 기재하며 필요에 따라 화학명 또는 라틴명을 기재한다. 의약외품은 제외한다. 다만 의약외품의 규정은 의약품에 따른다.

제제총칙의 산제의 항에서 세립이라고 할 수 있는 것은 산을 세립이라고 바꾸어 부를 수 있다.

해설) 의약품 : 의약품각조에 수재되어 있는 것. (위생용품은 제외)

의약품의 명칭 : 의약품각조에 기재된 한글명, 한글별명

한글명 (정명)	한글 별명
d-캄파	장뇌
카르복시 메칠셀루로오즈 나트륨	카르멜로오즈나트륨, CMC 나트륨
에피네프린	아드레날린, 에피레나민

라틴어 사용배경

① 사어로써 시대에 따라 그 의미가 변하지 않음

② 국제 학술어로서 어느 나라에서도 전문가는 이해가 가능(약명이 편리)

③ 동명이물의 혼란을 줄인다.

④ 처방을 기재할 때 약명을 비밀로 하는데 편리하다.

4) 이 약전에 수재되어 있는 의약품의 적부는 의약품각조의 규정, 통칙, 제제총칙 및 일반시험법의 규정에 따라 판정한다. 다만 의약품각조 중 성상항에 기재된 결정형, 굴절률, 냄새 (생약은 제외), 맛 (생약은 제외), 비선광도, 비점, 비중, 안정성, 액성, 용해성, 융점, 응고점, 점도, 지방산의 응고점, 흡광도 및 의약품각조 중 제제의 저장법에서의 보존조건은 단지 참고로 기재한 것이며 적부의 판정기준으로 제시한 것은 아니다.

해설) 의약품을 관리할 때 고려할 사항:

(가) 유효물질 이외의 것으로 인체에 투여되었을 때 해가되는 물질과 불필요한 물질의 혼입을 될 수 있는 대로 방지

(나) 항상 일정한 품질을 가지는 제품을 생산, 공급

위의 요구를 맞추기 위해 마련된 것이 기준 및 시험방법이다.

① 의약품각조의 규정: 성상, 확인시험, 순도시험, 건조감량, …. 등

② 통칙

③ 제제총칙

④ 일반시험법의 규정에 따라 적부판정"

→ 이 규정에 적합한 경우 **"약전의약품"** 이라 함.

※ 의약품각조의 규정 중 성상항

(적부판정기준이 아니다: 해당의약품에 대한 참고사항으로 기록)

① 결정형(침상정, 판상정: 현재의 약전에서는 거의 기재한 예가 없다)

② 굴절률

③ 냄새: ……. 설탕이 타는 것과 같은 냄새가 조금 있다. ……. 냄새는 없거나 약간 지방의 냄새가 있다. ……, 약간 특이한 냄새가 난다.

④ 맛: …….맛은 없다. ……. 맛은 쓰다, ……. 맛은 달다.

⑤ 비선광도, ⑥ 비점, ⑦ 비중

⑧ 안정성: ……. 이약은 건조한 공기 중에서 풍해된다. ……. 이약은 빛에 의하여 천천히 착색된다. ……. 이약은 빛에 의하여 변화된다.

► 안정성은 흡습, 조해, 풍해, 휘산, 증발성, 고화 응고, 색의변화, 분산, 침전생성 등 보존 중에 일어나는 물리, 화학적 변화.(취급상 주의를 환기시키기 위한 참고적 기재사항)

⑨ 액성: ……. 이약은 산성이며,

⑩ 용해성: 이약은 물 또는 개미산에 잘 녹으며 메탄올에는 조금 녹고 에탄올, 에텔 또는 무수초산에는 거의 녹지 않는다.

⑪ 융점, ⑫ 응고점, ⑬ 점도, ⑭ 지방산의 응고점, ⑮ 흡광도,

⑯ 제제의 보존조건.

※ **색, 형상**은 성상항에 기재되어 있어도 **판정기준**이다.

형상: 이약은 무색의 결정 또는 흰색의 알갱이 ……. 이약은 무색~흰색의 결정 또는 결정성 가루……. 엷은 황록색의 고운 가루이거나 알갱이로

'흰색' 으로 기재된 것이 **'황색'** 이라면 부적합
'결정 또는 **결정성 가루** '라 기록된 것이 ' **입상** '이라면 부적합
'점성의 액' 으로 되어 있는 것이 **'덩어리'** 라면 부적합

※ 성상항에 「 알갱이 」라고 기재되어 있지 않는 의약품

① 첨가제를 넣지 않고 입상으로 하여 시판하는 경우: 약전 외 의약품

② 첨가제를 넣어 입상으로 만들어서 시판하는 경우 : 약전 외 제제

※ 액성, 흡광도, 융점 ……. 등을 적부 판정기준으로 해야 하는 경우는 성상항 외에 별도의 항으로 설정하여 시험한다.

(ex: 융점, 점도, 비중, 굴절률, 비선광도)

※ 생약은 색, 형상, 맛, 냄새도 판정기준이다.

5. 의약품명의 전후에 「 」라 표시한 것은 이 약전의 의약품을 말한다. 다만 의약품각조의 표제, 제법 중의 처방 및 제제총칙에는 이 표시를 하지 않는다.

해설) 약전의약품: 「아스피린」 「아모바르비탈」

6. 의약품 중에서 의약품각조에 표시량, 표시단위 또는 유효기간이 규정되어 있는 것은 용기 또는 포장에 그 함량, 함유단위 및 최종 유효년월일을 기재한다.

7. 의약품명 다음 ( )안에 분자식 또는 조성식을 기재한 것은 화학적 순수물질을 말한다. 원자량은 1999년 국제원자량표에 따른다. 분자량은 소수점 이하 셋째 자리에서 반올림하여 둘째 자리까지 표시한다.

해설) 화학적 순수물질: 아스피린(C9H8O4), 아모바르비탈 (C11H18N2O3)

8. 제제의 함량규정, 예를 들면 「표시량의 95.0~105.0% 또는 95.0~110.0%에 해당하는 순품을 함유한다」라고 규정하는 것은 화학적 순수물질 또는 이것에 해당하는 것을 보통 표시량대로 함유하게 만들되, 이것을 정량할 때 각각 위의 범위 내에 있음을 나타낸 것이다.

해설) 함량규정 ① 95.0~105.0%: 중심치가 100%, ② 95.0~110.0%: 중심치가 102.5%

- 인산리보플라빈나트륨 (95.0 ~ 120.0%) 유통기간 중 활성저하 우려가 큰 약품인 경우는 상한치가 높게 규정되어 있다.

→ 실질적으로는 사용할 시점에서 성분을 100% 함유해야 한다는 의미임.

- 에치온아미드 정 (항결핵약)

  이 약은 정량할 때 표시량의 95.0~110.0%에 해당하는 에치온아미드($C_8H_{10}N_2S$)를 함유한다.

→ 에치온아미드 정 (에치온아미드:50mg, ○○: 25mg, ▽▽: 10mg, △△: 0.5mg)을 정량할 때 47.5 ~ 55mg 범위에 들어가면 된다.

- 염화베르베린(지사약), 시아노코발라민, 기타 무기제산제 등과 같이 함수량이 큰 의약품은 함수 정도가 약효에 큰 영향을 준다.

→ 따라서 함수량이 큰 의약품은 함량규정 시 무수물로서의 량인지 함수물로서의 량인지를 분명히 규정해야 한다.

- 글루콘산제일철($C_{12}H_{22}FeO_{14} \cdot 2H_2O$: 482.18) [원료의 경우]

  이약은 정량할 때 환산한 건조물에 대하여 글루콘산제일철($C_{12}H_{22}FeO_{14}$:446.15) 97.0 ~ 102.0%를 함유한다. '

- 글루콘산제일철 정 [정제의 경우]

  이약은 정량할 때 표시량의 93.0~107.0%에 해당하는 글루콘산제일철($C_{12}H_{22}FeO_{14} \cdot 2H_2O$: 482.18)을 함유한다.

함량수치규정 표시방법 비교 ■염화베르베린($C_{20}H_{18}ClNO_4 \cdot xH_2O$)

① 이약은 정량할 때 표시량의 95.0~102.0%에 해당하는 염화베르베린을 함유한다.

해설) 화학적 순물질인지 무수물인지, 함수물인지 명확한 표시가 없으나 원료규격의 무수물 규정에 따라 무수물로서의 화학적 순수물질로 간주한다. (바람직하지 않다.)

② 이약은 정량할 때 표시량의 95.0~102.0%에 해당하는 염화베르베린 ($C_{20}H_{18}ClNO_4$:371.81)을 함유한다.

해설) 무수물이며 화학적 순수물질이 분명하다. 원료약품의 함량규정이 무수물로 규정되어 있으므로 가장 바람직하다.

③ 이약은 정량할 때 표시량의 95.0~102.0%에 해당하는 염화베르베린($C_{20}H_{18}ClNO_4 \cdot 4H_2O$:443.82)을 함유한다.

해설) $4H_2O$의 함수율이며 화학적 순수물질임이 나타난다. 4분자의 함수물임을 밝혔기 때문에 표현에 잘못은 없다.

9. 제제를 만들 때는 쓰는 의약품의 성상, 조성, 작용 등에 대하여 충분히 이해하고 청결한 환경에서 조작하고 될 수 있는 대로 이물에 의한 오염을 피하는 등 면밀한 주의를 기울인다. 특히 정제수는 세균에 의한 오염을 경계하면서 쓴다. 또 제제를 만들 경우 최종 제품이 이 약전에 규정하는 기준에 적합한 한 제법의 세부 지시사항을 변경할 수 있다.

해설) GMP의 개념을 나타낸 구속 규정

10. 제제를 만들 경우에는 따로 규정이 없는 한 그 보존 중 성상 및 품질의 기준을 확보하고 그 유용성을 높이기 위하여 부형제, 안정제, 보존제, 완충제 등 적당한 첨가제를 넣을 수 있다. 다만 그 물질은 그 제제의 투여량에서 무해하며, 그 제제의 치료효과를 변하게 하거나 시험에 지장을 주지 않는다.

해설) 첨가제 : 제제의 구성요소로서 원약 이외에 사용되는 물질

① 투여량에서 무해하여야 함

② 제제의 치료효과를 변하게 하지 않아야 함

③ 시험에 지장을 주지 않아야 함

11. 제제에 쓰는 「식물유」로는 의약품각조에 수재된 식물성 지방유 중 보통 식용으로 하는 것을 말한다. 단지 「전분」이라고 쓰인 것은 따로 규정이 없는 한 의약품각조에 수재된 전분은 어느 것을 써도 되며, vol%로 규정하는 에탄올은 에탄올을 취하여 정제수 또는 「주사용수」를 넣어 규정하는 vol%로 만든 것이다.

해설) 식물유 : 주사제 등에 쓰이므로 식용으로 하는 것 외의 식물유(피마자유, 아마인유) 는 사용할 수 없다.

전 분 : 부형제로서 제제에 쓰인다.(감자전분, 밀전분…….)

12. 제제는 따로 규정이 없는 한 될 수 있는 대로 실온에서 보존한다.

해설) 제제의 보존온도: 제제는 고온다습 상태에서 보존해서는 안 됨.

13. 이 약전의 주된 계량의 단위에 대하여는 다음 기호를 쓴다.

미터	m	센티미터	cm	밀리미터	mm	마이크로미터	μm
나노미터	nm	킬로그램	kg	그램	g	밀리그램	mg
마이크로그램	μg	나노그램	ng	피코그램	pg	리터	L
밀리리터	mℓ	마이크로리터	μL	섭씨 도	℃	제곱센티미터	cm^2
카이자	cm^{-1}	킬로파스칼	kPa	리터당 몰	mol/L	메가헤르츠	MHz
초당제곱밀리미터	mm^2/s	밀리파스칼초	mPa·s	뉴턴	N	질량백분율	%
질량백만분율	ppm	질량십억분율	ppb	용량백분율	vol%	용량백만분율	vol ppm
질량대용량백분율	w/v%	엔도톡신단위	EU	피에이치	pH		

다만 일반시험법의 핵자기공명스펙트럼측정법에서 쓰는 ppm은 화학적 이동을 나타낸다.

14. 의약품의 역가를 나타내는 데 쓰는 단위는 의약품의 양으로 간주한다. 보통 일정한 생물학적 작용을 나타내는 표준품의 양으로 나타내고 의약품의 종류에 따라 다르다. 단위는 원칙적으로 생물학적 방법으로 각각의 표준품과 비교하여 정한다. 이 약전에 수재된 의약품에서 단지 단위라 함은 약전 단위를 말한다.

15. 표준온도는 20℃, 상온은 15~25℃, 실온은 1~30℃, 미온은 30~40℃로 한다. 냉소는 따로 규정이 없는 한 15℃ 이하의 곳을 말한다. 냉수는 10℃ 이하, 미온탕은 30~40℃, 온탕은 60~70℃, 열탕은 약 100℃의 물을 말한다. 가열한 용매 또는 열용매란 그 용매의 비점 부근의 온도로 가열한 것을 말하며 가온한 용매 또는 온용매란 보통 60~70℃로 가열한 것을 말한다. 「수욕에서 가열한다」라 함은 따로 규정이 없는 한 끓고 있는 수욕 또는 약 100℃의 증기욕을 써서 가열함을 말한다. 보통 냉침은 15~25℃, 온침은 35~45℃에서 실시한다.

해설) 표준 온도 : 시험의 기준이 되는 온도. 약전시험은 보통 상온에서 수행하지만 온도 영향을 받는 시험은 표준온도에서 실시한다.

냉소 규정 : 저장법 등에 사용된다. [인도메타신좌제: '차광한 밀폐용기에 넣어 냉소에 보존한다.' , 염화석사메토늄주사액: '동결을 피하여 5℃ 이하에 보존한다.' , 유로키나제: '-20℃ 이하에 보존한다.']

냉침/온침 : 생약제제의 제법에 주로 쓰이는 용어

16. 방울수를 측정하는 데는 20℃에서 정제수 20 방울을 적하할 때 그 질량이 0.90~1.10 g 이 되는 기구를 쓴다.

17. 용질명 다음에 용액이라 기재하고 특히 그 용제를 밝히지 않은 것은 수용액을 말한다.

해설) 용질 명 다음에 용액이라 기재하고 용제를 밝히지 않은 것 → 수용액

수산화나트륨용액 → 수산화나트륨을 물에 녹인 용액

치오시안칼륨용액 → 치오시안칼륨을 물에 녹인 용액

살리실알데히드에탄올용액 → 살리실알데히드를 에탄올에 녹인 용액

18. 「액성」을 산성, 알칼리성 또는 중성으로 나타낸 것은 따로 규정이 없는 한 리트머스시험지를 써서 검사한다. 액성을 구체적으로 표시할 때에는 pH 값을 쓴다.

19. 의약품의 「절도」 및 「분말도」의 이름은 다음과 같다.

체의 번호	4 호 (4760 μ m)	7 호 (2830 μ m)	10 호 (2000 μ m)	20 호 (840 μ m)	50 호 (297 μ m)	100 호 (149 μ m)	200 호 (74 μ m)
위의 체를 통과한 것의 명칭	조절 (粗切)	중절 (中切)	세절 (細切)	조말 (粗末)	중말 (中末)	세말 (細末)	미세말 (微細末)

해설) 입자의 크기를 나타내는 용어와 체와의 관계를 규정. 제제 및 생약 등에 쓰인다.
체의 번호는 거의 mesh 값에 해당(mesh란 1인치=2.54cm에 해당하는 눈금의 수)

20. 용액의 농도를 (1→6), (1→10), (1→100) 등으로 표시한 것은 고형 약품은 1g, 액상 약품은 1*ml*를 용매에 녹여 전체량을 각각 6*ml*, 10*ml*, 100*ml* 등으로 하는 비율을 나타낸 것이다. 또 혼합액을 (20:1) 또는 (5:2:1)로 나타낸 것은 액상 약품 20 용량과 1 용량의 혼합액 또는 5 용량과 2 용량과 1 용량의 혼합액을 나타낸 것이다.

해설) 용액의 농도: (비교적 엄격하지 않은 농도 표현법)

NaOH (1→ 5) : NaOH 1 g 을 물에 녹여 전체량을 5 ml로 만든다.
NaOH (1→10) : NaOH 1 g 을 물에 녹여 전체량을 10 ml로 만든다.
NaOH (1→100) : NaOH 1 g 을 물에 녹여 전체량을 100 ml로 만든다.
H_2SO_4 (1→5) : H_2SO_4 1ml를 물에 녹여 전체량을 5 ml로 만든다.
H_2SO_4 (1→10) : H_2SO_4 1ml를 물에 녹여 전체량을 10 ml로 만든다.
H_2SO_4 (1→100) : H_2SO_4 1ml를 물에 녹여 전체량을 100 ml로 만든다.
U.S.P. : (1 in 10) → (1→10)
(1+1), (1+3), (1:1), (1:3) 등의 농도 표현법도 있음.
cf: NaOH (1+3), NaOH (1→3), NaOH (1:3)

21. 의약품의 시험에는 따로 규정이 없는 한 반드시 일반시험법에 규정되어 있는 시약을 쓰고 시험에 쓰는 물은 「정제수」이다.

해설) 정제수 : 의약품 각조의 정제수 항에 규정된 것
일정한 품질, 순도 규정에 적합하면 이온교환수지를 써서 정제하였건, 증류하여 정제한 물이든, 초여과(Ultrafiltration)한 물이든 관계없다.

22. 감압은 따로 규정이 없는 한 2.0 kPa 이하의 진공도를 말한다.

해설) 1 mmHg = 0.133322 kPa

23. 질량을 「정밀하게 단다」라 함은 달아야 할 최소위 (最小位)를 고려하여 0.1mg, 0.01mg 또는 0.001mg까지 단다는 것을 말한다. 또 질량을 「정확하게 단다」라 함은 지시된 수치의 질량을 그 자리수까지 단다는 것을 말한다.

해설) 정밀하게 단다.

0.1mg(화학천칭), 0.01mg(semi-micro화학천칭), 0.001mg(micro 화학천칭)
화학천칭 사용 시 본체 뒤편 공기방울로 Balance를 맞추어야 한다.
정확하게 단다. : ± 1% 오차 허용
0.05g 정확하게 단다. → 0.0495 ~ 0.0504g 까지 다는 것을 의미

24. 의약품을 시험할 때 n 자리의 수치를 얻으려면 보통 (n+1) 자리까지 수치를 구하고 (n+1) 자리의 수치를 반올림한다.

25. 의약품의 시험은 따로 규정이 없는 한 상온에서 실시하고 조작 직후 그 결과를 관찰한다. 다만 온도의 영향이 있는 것의 판정은 표준온도에서의 상태를 기준으로 한다.

해설) 표준온도에서 측정하는 항목: 굴절률, 선광도, 규정액의 조제, 계량기 검정

26. 의약품에 대하여 시험조작을 할 때 「직후」 또는 「곧」이란 보통 앞의 조작이 종료된 다음 30 초 이내에 다음 조작을 시작하는 것을 말한다.

27. 성상 항에서 「흰색」이라고 쓴 것은 흰색 또는 거의 흰색, 「무색」이라고 쓴 것은 무색 또는 거의 무색을 말한다. 색조를 시험하는 데는 따로 규정이 없는 한 고형 의약품은 1g을 백지 위 또는 백지 위에 놓은 시계접시에 취하여 관찰한다. 액상 의약품은 안지름 15mm의 무색시험관에 넣고 흰색의 배경을 써서 액층을 30mm로 하여 관찰한다. 액상 의약품의 투명성을 시험할 때에는 검정색 또는 흰색의 배경을 써서 앞의 방법을 따른다. 액상 의약품의 형광을 관찰할 때에는 검정색의 배경을 쓴다.

해설) 성상항에 기재된 색은 판정의 기준이 된다. 사람의 감각에 의한 시험이므로 거의 백색, 거의 무색도 포함. 액상 의약품의 관찰 시에는 주로 위에서 관찰하도록 한다.

28. 성상 항에서 「냄새가 없다」라고 쓴 것은 냄새가 없거나 거의 없는 것을 말한다. 냄새를 시험하는 데는 따로 규정이 없는 한 고형 의약품 1g 또는 액상 의약품 1㎖를 비커에 취하여 시험한다.

해설) 감각에 의한 시험 : 각국마다 검체의 량도 다르고 개인차가 큰 시험

USP : 25g 이하의 검체는 그 량을 그대로 25g 이상의 검체는 그 중 25g을 100㎖ 용기에 취하여 15분간 공기 중에 방치한 다음 검사

29. 성상 항에서 「용해성」을 나타내는 데는 다음 용어를 쓴다. 용해성은 따로 규정이 없는 한 의약품을 고형인 경우 가루로 한 다음 용매 중에 넣고 20±5℃에서 5 분마다 30 초간씩 세게 흔들어 섞을 때 30 분 이내에 녹는 정도를 말한다.

용 어	용질 1 g 또는 1 mℓ를 녹이는 데에 필요한 용매의 양	
썩 잘 녹는다		1 mℓ 미만
잘 녹는다	1 mℓ 이상	10 mℓ 미만
녹는다	10 mℓ 이상	30 mℓ 미만
조금 녹는다	30 mℓ 이상	100 mℓ 미만
녹기 어렵다	100 mℓ 이상	1000 mℓ 미만
매우 녹기 어렵다	1000 mℓ 이상	10000 mℓ 미만
거의 녹지 않는다		10000 mℓ 이상

30. 의약품의 시험에서 의약품이 「용매에 녹는다 또는 섞인다」라 함은 투명하게 녹거나 임의의 비율로 투명하게 섞이는 것을 말하며 섬유 등을 볼 수 없거나 있더라도 극히 적다.

해설) 녹는다 : 고형의 의약품이 용매에 녹는 것

혼화한다(섞인다) : 액체의 의약품이 용매에 섞이는 것

31. 「확인시험」은 의약품 또는 의약품 중에 함유되어 있는 주성분 등을 그 특성에 따라 확인하는데 필요한 시험이다.

해설) Identification : 동정시험, 정성시험

32. 「순도시험」은 의약품 중의 혼재물을 시험하기 위하여 실시하고 의약품각조의 다른 시험항목과 더불어 의약품의 순도를 규정하는 시험으로 보통 그 혼재물의 종류 및 그 양의 한도를 규정한다. 이 시험의 대상이 되는 혼재물은 그 의약품을 제조하는 과정 또는 보존하는 동안에 혼재가 예상되는 것 또는 유해한 것, 예를 들면 중금속, 비소 등이다. 또 이물을 썼거나 넣었을 것으로 예상되는 경우에도 이 시험을 한다.

해설) Purity : 중요한 시험 중 하나.

용해상태, 액성, 염화물, 황산염, 비소, 중금속 …….

33. 건조 또는 강열할 때 「항량」이라 함은 따로 규정이 없는 한 계속하여 1 시간 더 건조하거나 강열할 때 전후의 칭량차가 전회에 측정한 건조물 또는 강열한 잔류물의 질량의 0.10% 이하일 때를 말하고 생약에서는 0.25% 이하로 한다. 다만 칭량차가

화학천칭을 쓸 경우에는 0.5mg 이하, 세미마이크로화학천칭을 쓸 경우에는 0.05mg 이하, 마이크로화학천칭을 쓸 경우에는 0.005mg 이하인 경우에는 무시할 수 있는 양으로 하여 항량으로 간주한다.

해설) 의약품 : 100 mg → ± 0.1 mg 이내 (0.1 % 이하) → 항량
생 약 : 100 mg → ± 0.25 mg 이내 (0.25 % 이하) → 항량

34. 「정량법」은 의약품의 조성, 성분의 함량, 함유단위 등을 물리적방법, 화학적방법 또는 생물학적방법으로 측정하는 시험법이다.

해설) Assay: 약전시험법의 본질, 가장 중요한 시험법

35. 정량에 쓰는 검체 채취량의 경우 「약」이라고 붙인 것은 기재된 양의 ±10%의 범위를 말한다. 또 검체에서 단지 「건조하여」라고 기재되어 있을 때는 그 의약품각조의 건조감량항과 같은 조건으로 건조함을 말한다.

36. 의약품각조의 정량법에서 얻은 성분함량의 값에서 단지 어떤 % 이상을 나타내고 그 상한을 나타내지 않았을 때는 101.0%를 상한으로 한다.

해설) 원약의 경우 상한선은 각국 약전에서 100.5%인 것이 많다.

37. 약전에서 규정하는 시험법에 대신하는 방법으로서 이 약전의 방법보다 정확도와 정밀도가 더 좋을 때에는 그 방법을 쓸 수 있다. 다만 그 결과에 대하여 의심이 있을 때는 규정하는 방법으로 최종 판정한다.

38. 생물학적시험법의 규정은 시험의 본질에 지장이 없는 한 시험방법의 세부사항을 바꿀 수 있다.

39. 의약품각조의 「생약」은 동식물의 약용으로 하는 부분, 세포내용물, 분비물, 추출물 또는 광물을 말한다.

해설) 동물의 약용으로 하는 부분 : 우황, 섬수, 꿀, 모려, 웅담 등
세포내용물 : 전분류, 정유, 유지, 납
분비물 : 아라비아고무, 안식향, 섬수, 드라가칸타, 꿀 등
추출물 : 아선약, 알로에, 한천
광 물 : 석고, 용골(큰 포유동물의 화석화된 뼈, 주로 $CaCO_3$로 구성)

40. 생약은 보통 전형생약, 절단생약 또는 가루생약으로 나누어 취급한다. 전형생약은 그 약용으로 하는 부분을 건조하거나 간단한 가공을 한 것으로 의약품각조에서 규정한다. 절단생약은 전형생약을 작은 조각이나 작은 덩어리로 절단, 파쇄한 것 또는 조절, 중절 및 세절한 것으로 따로 규정이 없는 한 이것을 만드는데 쓰인 전형생약의 규정에 따른다. 가루생약은 전형 또는 절단생약을 조말, 중말, 세말 및 미세말로 한 것으로 보통 세말로 한 것을 의약품각조에서 규정한다.

41. 생약은 따로 규정이 없는 한 건조한 것을 쓴다. 건조는 보통 60℃ 이하에서 한다.

해설) 60℃ 이상에서는 성분의 휘산, 분해가 일어날 수 있다.

42. 생약은 곰팡이, 곤충 또는 다른 동물에서 유래하는 오손물 또는 혼재물 기타의 이물을 될 수 있는 대로 제거한 것으로 깨끗하고 위생적으로 다룬다.

43. 생약의 기원(基原)으로 「기타 동속식물」, 「기타 동속동물」, 「기타 근연식물」 또는 「기타 근연동물」 등이라 기재된 것은 보통 같은 성분과 약효를 갖는 생약으로 쓰이는 원식물 또는 원동물을 말한다.

44. 생약의 성상항은 그 생약의 대표적인 원식물 또는 원동물에서 기인한 생약에 대하여 보통 그 판정기준이 되는 특징적 요소를 기재한 것이다. 다만 그 항의 수치는 현미경으로 볼 때의 것을 제외하고는 대략의 기준을 나타낸 것이다.

45. 가루생약은 이것을 만드는 데 쓴 전형 또는 절단생약 중에 함유되어 있지 않은 조직의 파편, 세포, 세포내용물 및 기타의 이물을 함유하지 않는다.

해설) 검경할 때 원료생약의 요소 이외의 요소를 함유하면 안 된다.

46. 가루생약 중 따로 규정하는 것에는 부형제를 넣어 함량 또는 역가를 조절 할 수 있다.

해설) 가루생약은 따로 규정하는 것 외에 일반적으로 부형제를 넣어서는 안 된다.

이 항에 해당하는 것은 디기탈리스엽가루, 토근가루

디기탈리스엽가루 : 부형제로 전분, 유당을 넣는다.

토근가루 : 부형제로 감자전분을 사용한다.

47. 생약은 따로 규정이 없는 한 습기 및 충해를 피하여 보존한다. 충해를 방지하기 위하여 적당한 훈증제를 넣어 저장할 수 있다. 다만 이 훈증제는 상온에서 휘발하기 쉽고 그 생약의 투여량에서 무해하며 또 그 생약의 치료효과를 변하게 하거나 시험에 지장을 주지 않는다.

48. 생약은 따로 규정이 없는 한 밀폐용기에 보존한다.

49. 「용기」라 함은 의약품을 넣어 두는 것이며 용기를 막는데 쓰이는 것들도 용기의 일부로 본다.

50. 「밀폐용기」라 함은 일상의 취급 또는 보통 보존상태에서 외부로부터 고형의 이물이 들어가는 것을 방지하고 내용의약품이 손실되지 않도록 보호할 수 있는 용기를 말한다. 밀폐용기로 규정되어 있는 경우에는 기밀용기도 쓸 수 있다.

해설) Well-closed container : 보편적으로 가장 널리 쓰이는 용기

51. 「기밀용기」라 함은 일상의 취급 또는 보통 보존상태에서 액상 또는 고형의 이물 또는 수분이 침입하지 않고 내용의약품을 손실, 풍화, 조해 또는 증발로부터 보호할 수 있는 용기를 말한다. 기밀용기로 규정되어 있는 경우에는 밀봉용기도 쓸 수 있다.

해설) Tight container : 액체 또는 고체의 이물로부터 내용의약품을 보호.
유리병, 플라스틱용기
풍해(efflorescence) :수화물의 결정이 대기 중에서 수분을 잃어 분말화.
조해(deliquescence):고체물질이 수증기를 흡수하여 용액으로 되는 현상.

52. 「밀봉용기」라 함은 일상의 취급 또는 보통 보존상태에서 기체 또는 미생물이 침입할 염려가 없는 용기를 말한다.

해설) Hermetic container : 가장 엄격한 용기, 주사제 앰플, 바이알

53. 「차광용기」라 함은 광선의 투과를 방지하는 용기 또는 투과를 방지하는 포장을 한 용기를 말한다.

해설) Light resistant container : 용기 자체가 차광성을 갖는 것. (갈색 유리병)
포장으로 차광하여도 된다. (알루미늄호일)
의약품의 광분해에 가장 심하게 미치는 파장 : 근자외부 290 ~ 450 nm

D 화합물의 분석

1 개론

시료(Sample) 중의 금속 원소들을 정량하기 위해서는 제일 먼저 시료 안의 불순물들을 회화 또는 산처리 등의 전처리과정을 거친 용액상태로 만들어야 한다. 분석 원소의 손실이나 오염 없이 시료를 전처리하는 기술은 분석기기를 작동시키는 기술보다 중요한 과정으로서 풍부한 경험과 고도의 기술을 요구한다.

따라서 화학분석 방법은 신속, 정확, 간단해야 하고, 시료의 전처리 조작이 적을수록 좋으며, 간섭영향이 없거나 적을수록 좋은 방법이라고 할 수 있다.

체계적인 분석(systematic analysis)이란 초기 시료의 분해과정에서부터 정성, 정량 분석과정을 거쳐 원하는 결과를 얻기까지의 일련의 분석방법을 포함하고 있다.

정성분석 방법(Qualitative Analysis)은 시료를 용해시킨 후 존재하는 이온들의 특성에 따라 습식으로 계통적인 정성분석을 행하는 경우도 있고, 아크(arc)나 스파크(spark)를 이용한 방출 분광기와 같은 기기로 정성분석을 행하는 경우도 있으며, 대략의 조성을 확인함으로써 시료량, 시료 분해방법, 정량방법 등의 기초 자료를 제공받기 때문에 정확도를 향상시킬 수 있다.

정량분석 방법(Quantitative Analysis)은 시료의 특성이나 정성분석 결과 등을 토대로 분석방법을 선정하여야 하며 무게분석법, 부피분석법, 전기분석화학법, 분광법(원자분광법, 분자분광법) 및 크로마토그래피법 등 크게 다섯 가지로 분류할 수 있다.

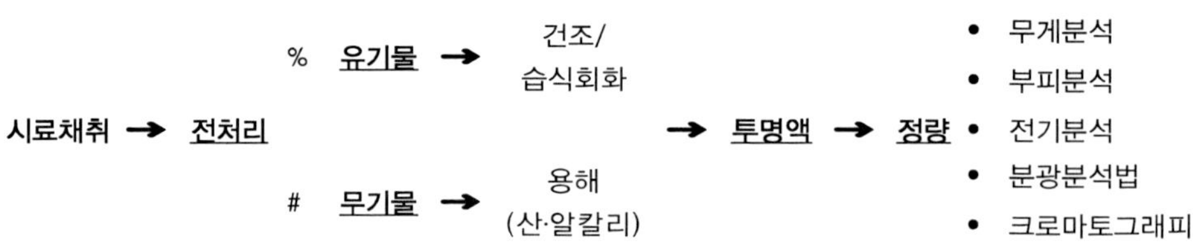

2 시료 및 전처리

(1) 시료 준비

분석에 사용되는 시료 량의 결정은 극소량의 시료를 분석하는 경우라도 전체를 대표할 수 있어야 하며, 샘플링 도중 시료의 상태가 변하거나 외부로부터의 오염 또는 손실이 없어야 한다. 실제 분석에 쓰이는 시료의 량은 보통 0.5~1.0g 정도이지만 시료에 따라 이보다 많은 량을 취하거나 또는 극소량을 취하기도 한다. 극소량을 취하는 경우 전체 시료를 대표할 수 있도록 각별히 샘플링에 주의가 필요하다.

샘플링이 끝난 시료의 종류나 성질을 충분히 알고 있는 경우에는 일반적인 분해방법을 이용하여 시료를 분해시킨다. 그러나 미지의 시료인 경우에는 방출분광기와 같은 정성분석 장치로 대략의 조성을 알아낸 후 분해방법을 선정하는 것이 바람직하다.

어떠한 종류의 시료든 예비실험을 행함으로써 분석시간을 단축시킬 수 있으며, 정량 시에 간섭 영향이 적은 분해방법의 선정과 시료 량은 물론 정량방법의 제시까지 가능하게 된다.

예비 분해실험은 다음과 같은 순서로 진행한다.

시료가 **무기물**이라고 판단될 때에는 ①물에 용해시켜 본 후 산(acid)으로 처리해 본다. 혼합산도 사용하고 시료에 따라서는 플루오르화수소산(HF)도 사용한다. ②산처리로 분해가 되지 않으면 수산화나트륨 용액(NaOH)과 같은 알칼리 용액으로 분해를 시도한다. 그래도 분해되지 않으면 ③산성 융제나 알칼리성 융제를 가하고 700℃이상의 온도에서 가열하여 용융을 시도한다. 대부분의 무기물은 상기한 방법에 의하여 용해된다.

만일 시료가 **유기물**이라고 판단되는 때에는 유기용매에 녹이거나, 건식으로 태우거나, 습식으로 파괴시켜 투명용액을 만든다. 그러나 무기물이든 유기물이든 어떠한 조작으로도 분해되지 않으면 가압 산 분해법을 이용한다. 특히 AAS와 ICP로 분석하고자 하는 경우에는 시료를 반드시 분해시켜 가용성으로 하고 투명용액으로 만들어야만 정량이 가능하다.

(2) 시약 및 표준물질

시약류는 사용 목적에 따라 여러 가지 종류가 있으며 분석성분에 따라 선택하여 사용한다. 금속원소를 분석하기 위해서는 GR(guaranteed reagent)급 이상의 시약을 사용해야 하며 화학분석에 사용하는 물은 가능한 초순수(18MΩ이상)를 사용하는 것이 좋다.

또한 모든 분석방법에 대하여 전 과정을 통한 계통오차에 대한 보정을 위해서 반드시 바탕시험(blank test)을 병행하여야 하며, 분석 결과에 따른 **정확성**(accuracy)과 **정밀성**(precision)평가가 함께 수행됨으로써 신뢰성을 높일 수 있다.

대부분의 분석방법의 경우 표준물질이 필요하며 선정된 표준물질은 공식적으로 인증된 물질을 사용하여야 한다.

표준물질이 갖추어야할 조건으로서는 다음과 같다. ①조해성(潮解性; deliquescence)이나 풍해성(風解性; efflorescence)이 없어야 한다. ②건조과정에서 변하지 않아야 한다. ③공기중이나 용액 내에서 안정하여야 한다. ④99.9% 이상의 순도를 유지하는 AR(analytical reagent)급 이상이어야 한다. ⑤물이나 산, 알칼리 등에 잘 용해되어야 한다. ⑥시중에서의 구입이 용이하여야 한다.

(3) 시료의 분해

무기원소 정량을 위해 AAS나 ICP를 이용하기 위해서는 시료 매트릭스를 완전히 분해하여 무색투명한 용액 상태로 만드는 전처리 과정이 반드시 필요하다. 이들 기술에서는 분석원소의 손실이나 오염 없이 시료를 전처리하는 석이 분석기기를 작동하고 결과를 얻는 기술보다 훨씬 중요하며 풍부한 경험과 고도의 기술, 오랜 시간을 필요로 한다. 아무리 성능이 우수한 기기를 사용하더라도 시료 전처리가 잘못되면 정확한 분석결과를 얻을 수 없음은 물론 뛰어난 정밀성조차 기대할 수 없다. 샘플링이 끝난 시료는 다음 정량과정에 들어가기 전에 예비실험을 통해 결정된 분해방법으로 전처리하게 되며, 완전히 분해시켜서 수용액으로 만들어야 한다. 즉, 최종 정량방법에 관계없이 가능한 전처리 방법을 모두 동원하여 일단 투명용액을 만들어야 한다. 투명용액이 만들어지지 않으면 항상 양(+)의 오차를 수반하며 재현성 있는 결과를 얻을 수 없다. 일반적으로는 산과 알칼리를 사용하여 시료를 분해시켜서 투명용액으로 만들지만 산이나 알칼리로 분해가 되지 않은 경우에는 용제로 용융하여 가용성 염으로 만든다. 그러나 이와 같은 전처리로 용해하기 어렵거나 용해되지 않을 때에는 가압 산 분해법을 사용하기도 한다.

1) 무기물의 분해

① 상압에서의 분해(open system)

(a) 물에 의한 용해

산처리를 하거나 알칼리 처리 또는 고온에서 용제로 처리하는 것은 가용성 염으로 만들기 위한 조작이다. 시료가 물에 가용성인 경우는, 물에 용해시킨 후 소량의 산을 가하고 AAS나 ICP-AES로 정량할 수 있다. 일반적으로 Na, K, Mg 및 NH_4 염은 가용성이며, 염화물, 질산염, 황산염, 과염소산염 등의 경우 몇몇 종류를 제외하고는 모두 가용성이다. 물에 용해되면 특별한 경우를 제외한 대부분의 경우 다음의 처리를 필요로 하지 않으므로 약간의 산을 가한 후 정량하면 된다.

(b) 산에 의한 분해(hot plate method)

시료가 물에 녹지 않는 경우에는 산(acid)을 이용하여 용해시키는데, 단일 산이나 혼합산의 묽은 산 또는 진한 산을 사용한다. 시료의 종류, 분석성분 및 정량방법 등에 따라 적당한 산(acid)을 선택하는 것이 좋다. 전처리에 사용되는 산화제로는 질산(HNO_3), 과망간산칼륨($KMnO_4$), 과산화수소(H_2O_2), 과염소산($HClO_4$), 오산화바나듐(V_2O_5) 등이 있으며, 이들과 함께 사용되는 회화보조제는 황산(H_2SO_4), 염산(HCl), 수산화나트륨(NaOH), 수산화암모늄(NH_4OH) 등이 있다.

가장 쉽고 일반적인 전처리 방법인 이 방법은 비이커에 시료와 산을 넣고 완전히 분해될 때까지 열판이나 히터에서 직접 가열하는 방법으로 많은 시간이 소요될 뿐 아니라 반응 조건을 제어하기 어려우며 사용자가 위해 환경에 노출되고 시료가 오염의 가능성이 매우 높다는 문제점을 가지고 있다. 이 방법이 갖는 장단점을 자세히 살펴보면 다음과 같으며, 극미량 원소 분석을 하거나 휘발성 원소를 정량하는 경우에는 적합하지 않다.

장점

1. 다량의 시료를 처리할 수 있다.
2. 단순한 방법이다.
3. 시약과 시료를 가하기 쉽다.
4. 테프론을 사용하는 경우 금속이 용출되지 않는다.
5. 저렴하다.
6. 반응과정을 쉽게 지켜 볼 수 있다.

단점

1. 분해시간이 길다.
2. 가열로 인해 산의 세기가 감소한다.
3. 산이 증발함으로써 불순물이 농축된다.
4. 휘발성 원소들의 손실이 있다.
5. 항상 가까이서 지켜보아야만 한다.
6. 산의 증기가 후드 등을 부식시킨다.
7. 시료에 따라 다량의 산을 사용한다.
8. 시료가 쉽게 오염된다.
9. 용기(유리비커)의 표면 성분이 용출될 수 있다.
10. $HClO_4$ 나 HF 등의 위험한 산류의 안전 문제가 있다.

(c) **알칼리에 의한 분해**

열판 위에서 알칼리를 가하고 가용성염을 만드는 경우로서 그렇게 흔하지는 않지만 알루미늄이나 알루미늄 합금의 시료 처리에 가끔 사용된다. 그러나 이 방법은 알칼리를 많이 사용하므로 산(acid)으로 중화시켜야만 하며, 이로 인해 가용성염이 많이 존재하게 되어 AAS와 ICP-AES 분석에서 물리적인 방해 등을 일으키므로 될 수 있는 한 알칼리분해법의 사용을 피해야만 한다.

(d) **용융에 의한 분해**

일반적인 열판의 낮은 온도에서 물이나 산 또는 알칼리로도 분해가 되지 않는 난용성 내화물과 같은 시료에 대해서는 약 700℃ 이상의 고온에서 산성융제나 알칼리성 융제를 사용하며 보통 사용하는 산성 융제로는 $KHSO_4$ 나 KHF_2 등이 있고, 알칼리성 융제로는 NaOH, KOH, Na_2CO_3, K_2CO_3, Na_2O_2 및 Borex 등이 있다. 시료의 양에 비해 6~20배 정도 가하여 잘 섞고 고온에서 가열해 주면 되는데 용융이 끝나면 산을 사용하여 산성으로 바꾸고 AAS나 ICP-AES로 정량한다.

이와 같은 용융에 의한 분해는 AAS와 ICP-AES에서 바람직하지 못하지만 시료의 분해를 위해서는 피할 수 없는 일이다. 그러나 어는 전처리 방법보다 빨리 분해할 수 있는 장점이 있다. 시료에 비해 다량으로 가해지는 용제 때문에 AAS나 ICP-AES로 정량 시에 간섭을 일으키는 일이 많으므로 시료용액과 표준물질과의 매트릭스를 반드시 맞추어야만 한다. 가용성 물질의 농도가 증가하면 같은 농도의 용액이라 해도 낮은 흡광도를 주므로 용융법으로 전처리하는 경우에는 표준용액과 시료용액의 매트릭스를 비슷하게 유지시켜 주어야만 한다.

Closed system(폐쇄계)이 아닌 Open system(개방계)에서 휘발성 원소의 손실을 최소로 하기 위해서는 ① 수소화물이나 염화물을 형성하는 시약의 사용을 피하고, ② 분해온도를 100℃ 이하로 유지하며, ③ 시료용액이 건조되지 않도록 하고, ④condenser/reflux system을 사용하면 되는데 손실이 전혀 없다고는 볼 수 없다. 따라서 다음과 같은 closed system이 필요하게 되었다.

② 가압 하에서의 분해(closed system)

대기압 하에서 시료를 분해시키면 휘발성 원소의 손실이 있고, 처리 도중 처리 용기 밖으로 시료가 튀어나갈 수 있으며 외부 대기로부터 오염이 쉽게 일어난다. 또한 다량의 시약을 사용하게 되고 시료에 따라 산처리 외 용융조작을 병행하는 등 최종분석 결과에 대한 정확도가 저하될 가능성이 많다. 이러한 경우에는 가압분해를 하면 위와 같은 단점들을 피할 수 있고 정확도를 크게 향상시킬 수 있다.

이와 같은 Closed system은 수 기압으로부터 몇 백 기압까지 가압된 조건하에서 시료를 분해시킬 수 있으며 목적에 따라 또는 시료에 따라 여러 가지 형태로 만들어진 용기에서 가압 분해가 시도된다. 이들 두에서 가장 많이 사용되고 최근에 각광받기 시작한 방법은 다음의 두 가지이다.

(a) 시료의 강압 산 분해(Pressure bomb digestion system)

이 방법은 steel chamber 내의 테프론 용기에 시료와 산을 가하고 마개를 한 후 전기오븐에 넣어 일정 온도로 가열해 줌으로써 소량의 산으로도 고압 하에서 전처리할 수 있는 장치로서 다음과 같은 장단점이 있다.

장점

㈎ 약 250℃ 이하에서 이용하지만 그 이상(400℃)까지도 가능하다.
㈏ 산류의 증발이 없고, 산의 세기가 거의 감소하지 않는다.
㈐ 산류의 증기가 유출되지 않는다.
㈑ 휘발성 원소의 손실이 없다.
㈒ 가까이서 지켜볼 필요가 없다.
㈓ 외부로부터의 시료에 대한 오염이 없다.
㈔ 미량 금속들이 테프론으로부터 용출되지 않는다.

단점

㈎ 시료 량이 제한되어 있다(0.1~0.2g)
㈏ 분해시간이 많이 걸린다.
㈐ 완전히 실온까지 냉각시킨 후 bomb를 열 수 있다.
㈑ 조립과 세척이 매우 힘들다.
㈒ 장시간의 가열로 휘발성 원소나 기체가 테프론 속으로 확산되어 들어갈 수 있다.
㈓ 분해 용기의 값이 비싸다.
㈔ 반응 과정을 지켜보기 어렵다.

이 방법은 휘발성 원소의 손실은 최소로 할 수 있지만 값이 비싸고 약간의 안전문제가 뒤따른다. 그러나 다른 방법에 비해 고압에서 이용할 수 있으므로 대기압 하에서 처리하기 어려운 모든 시료의 전처리에 적합하다. 시료에 따라서는 대기압 하에서의 분해보다 더 빠른 경우도 있다. 특히 AAS나 ICP-AES용 시료의 전처리 방법으로는 가장 좋은 방법이다.

(b) 시료의 초단파 분해(Microwave digestion system)

이 방법은 마이크로파를 이용하여 일정한 압력까지 견디는 테프론 용기 내에서 시료를 산처리 하는 장치로서 최근에 개발되어 시판되기 시작하였으며 장단점은 다음과 같다.

장점

(가) 대기압하의 분해보다 4~100배 빠르다.
(나) 270℃의 온도에서도 가능하다.
(다) 1.0~2.0g의 시료를 분해시킬 수 있다.
(라) 산의 증발이 없고, 산의 세기가 저하되지 않는다.
(마) 시료에 대한 외부로부터의 오염이 없다.
(바) 휘발성 원소의 손실이 없다.
(사) 테프론을 사용하므로 미량의 금속성분 오염이 없다.
(아) 산류의 증기가 밖으로 유출되지 않는다.
(자) $HClO_4$ 대신 HNO_3를 사용할 수 있다.
(차) 반응과정을 지켜볼 수 있다.

단점

(가) 80년대 말에 개발되었지만 개선될 여지가 많다.
(나) 조립과 세척이 힘들다.
(다) 장시간(2시간이상) 가열함으로써 일부 휘발성 원소들이나 기체가 테프론 속으로 확산되어 들어갈 수 있다.
(라) 몇 가지 내화성 유기물은 별도의 전처리(용융, 회화 등)가 필요하다.
(마) 초단파 분해장치의 값이 비싸다.

이 장치는 위와 같은 장점이 많지만 너무 비싸고, 다량의 시료를 처리할 수 없으며 시료에 따라 미리 예비 처리를 해야만 하는 경우도 있다. 그러나 지금까지 알려진 방법 중에서 효과적인 방법이며 개발초기이므로 위의 단점들이 개선되리라 기대된다.

그림 D-1. 초단파분해장치

(c) AAS와 ICP-AES를 위한 유기물의 분해

AAS와 ICP-AES를 위한 유기물의 분해방법에는 건식 회화법(dry ashing), 습식 회화법(wet ashing), 가압분해법(Pressure bomb digestion method), 초단파분해법(Microwave digestion method) 등이 있다.

건식 회화법은 시료를 저온에서 장시간 태워서 유기물을 분해하는 방법으로 시료량에 대한 제한이 없고 거의 모든 시료가 처리가능하며 단순한 과정으로 정기적인 관찰이 불필요하다.

그러나 실온으로부터 시작하여 서서히 온도를 올려 주어야 유기물이 완전히 연소하므로 분해 시간이 많이 소요되며(최하 5시간), 동시에 여러 가지의 시료를 처리할 수 없어 시료의 개수가 많은 경우에는 더욱 많은 시간이 소요된다. 또한 장시간 가열하기 때문에 휘발성 원소의 손실이 많고 대기나 용기 또는 전기로 등으로부터 시료의 오염 가능성이 있으며 전력소모량 또한 많다.

습식 회화법은 시료를 산(acid)으로 처리함으로써 유기물을 분해시키는 방법으로 건식 회화법에 비해 분석시간이 적게 걸리지만, 시약으로부터 오염이 올 수 있고, 안전문제가 항상 뒤따르므로 분해가 끝날 때까지 계속 지켜보아야만 하는 세심한 주의를 요한다. 습식회화법에 사용되는 산류로는 HNO_3, HNO_3-H_2SO_4, HNO_3-H_2SO_4-$HClO_4$ 및 H_2O_2 등의 단일산 또는 혼합산이 있는데 가장 많이 사용되는 산을 제거해야만 한다. 또한 습식회화법은 안전 문제가 뒤따르므로 안전 장비를 갖추고 시료 분해에 임해야 한다.

가압분해법은 무기물의 경우와 유사하지만 시료를 많이 취할 수 없는 단점이 있다. 한편 위와 같은 분해를 거치지 않고도 유기물 중의 분석 성분을 직접 정량할 수 있는 경우가 있는데 이것은 시료가 유기용매에 완전히 용해되는 경우 표준 유기-금속 화합물을 똑같은 유기용매에 용해시켜 기준 용액으로 만들고 시료 용액과 비교함으로써 정량할 수 있다. 윤활유 중의 금속 원소 정량 시 많이 이용된다.

2) 유기물의 분해

오늘날 알려진 화합물의 수는 약 900만 종류이고 그 중 유기물이 대부분을 이루고 있으며, 점차 지수적 증가추세로 새로운 화합물이 보고되고 있다.

현대 산업분야별로 취급되고 있는 제품의 물성이나 기능에 영향을 주는 원료의 경우에 여러 가지 처리 공정을 거친 후 최종 재료로서 사용되기 때문에 조서오가 함량이 다양할 뿐만 아니라 주요성분에서 미량(100ppm 이하 함유)성분까지 다양하게 포함되어 있다. 이에 대한 시험분석 및 특성평가를 하기 위해 그에 적합한 분석법이 확립되어 있어야 하며 분석법의 선택은 다음과 같은 분석 목적에 따라 결정된다.

첫째로 시료를 구성하고 있는 종류(유기 및 무기물), 상태(기체, 액체, 고체) 및 함량의 분포, 그리고 시료의 부위(계면, 표면, 전체 및 미세부분) 문제이다. 둘째로 분석성분의 조성 및 함량에 부합되는 분석법의 감도(정량 한계치 및 검출 한계치), 정밀도(표준편차로 표시) 및 정확도 문제이다. 셋째로 시험과정에서 필요로 하는 장치와 시약, 실험과정의 단순성 및 정성·정량분석용 분석기기의 사용 등에서 발생되는 분석 소요 시간 및 경비, 그리고 전문 요원 문제이다.

네 번째로 기기분석에서 일반적으로 정성·정량법은 기준물과의 비교, 평가가 이루어지기 때문에 표준물의 확보문제가 선결되어야 한다.

목적하는 분석법이 공정법이나 각종 참고문헌 등에 없는 경우, 위에 기술한 요인을 고려해서 새로운 분석법이 정립되어야 한다. 그 분석법 중 정성·정량용 기기는 분석목적의 화학정보로서 원소(원자)분석, 화합물(분자) 분석 및 입체나 결정구조 분석에 따라 한 가지 또는 그 이상의 기종 선택이 결정된다. 또한 특별한 경우 광학 이성질체나 동위원소 분석이 수행되어야 하는 경우도 있다.

① 일반적인 분석과정

(a) 시료 채취(Sampling)

시료를 채취할 때 전체를 대표할 수 있는 시료를 선택해야 하고 선택된 시료가 오염되지 않도록 취급할 때 각별히 주의해야 한다. 특히 대상성분이 미량인 경우에는 플라스틱이나 유리 또는 금속으로 된 용기나 채취기구로부터 오염되지 않도록 해야 한다.

(b) 저장(storage)

시료 채취와 시료 분석 사이의 기간을 저장기간으로 보며 그 기간 동안 광분해, 흡착, 증기화에 의한 손실, 열분해, 미생물 작용 및 화학반응 등이 일어날 수 있다. 시료용기의 재료와 저장 조건의 선정문제도 고려해야 하며 일반적으로 유기물 분석시료는 유리용기에 담아서 냉암소(0℃)에 보관한다.

(c) 추출(extraction)

시료로부터 분석성분을 추출하기 위해 사용되는 추출용매로서 극성이 다른 각종 유기용매가 널리 사용되지만 최근의 방법으로 비활성 기체(inert gas)를 사용하기도 한다. 정확한 분석결과를 얻기 위해 시료로부터 추출된 유기물에 대한 추출효율을 결정해야 하는데 이는 실제로 어려운 일이다.

(d) 농축(concentration)

추출한 시료용액의 농도가 너무 묽을 경우는 적절한 농도가 될 때까지 용매를 휘발시켜 농축을 해야 할 때가 있는데, 진공회전농축기(Rotary Vacuum evaporator)와 Kuderna-Danish의 증발 농축기가 이런 목적에 쓰이고 있다. 분석성분과 더불어 추출에 사용된 용매 량이 상대적으로 많기 때문에 농축시켜야 한다. 농축방법 중 널리 사용되는 방법으로서 용매 증발법이 있는데, 이 과정

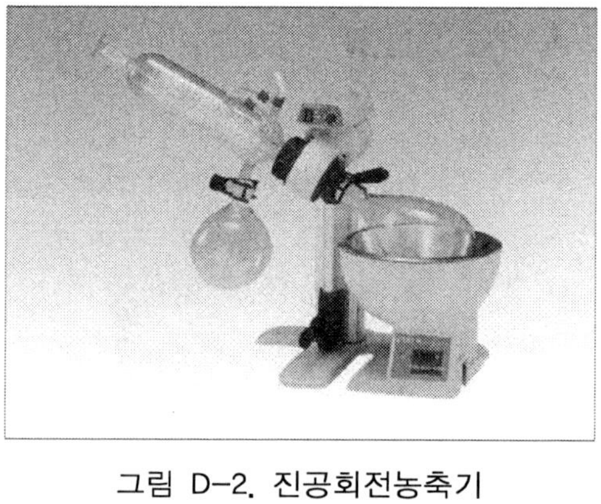

그림 D-2. 진공회전농축기

에서 휘발성 분석 성분의 손실에 각별히 주의해야 한다. 그래서 저온에서 조심스럽게 증발시킴으로써 그 손실을 막을 수 있다. 이런 목적으로 특별히 고안된 기구로 구데르나데니쉬 농축기 가 널리 사용되며, 최근에는 진공회전농축기(Rotary vacuum evaporator)를 이용하여 농축시키는 경우도 많다.

진공회전농축기는 농축하고자 하는 시료용액을 수욕 상에 비스듬히 뉘어 있는 플라스크에 넣고, 감압 하에서 회전시키면서 가열하도록 되어 있다. 용매가 증발하면서 시료용액은 농축되고, 증발한 용매는 냉각기에서 응축되어 냉각기에 연결된 다른 플라스크에 회수된다. 플라스크가 회전하기 때문에 과열되거나 돌비현상이 일어나지 않는다. 다량의 용매를 회수할 때도 이 장치를 사용한다. Kuderna-Danish 기구는 Snyder column 이라고 불리는 특수한 분류칼럼을 이용하는 증류/환류 장치이다. 끓는점이 낮은 용매는 Snyder column을 빠져나가 냉각기에서 응축하여 용매 회수기로 흘러가고, 목적성분은 원래 있던 곳, 즉 Kuderna-Danish 플라스크에 연결된 농축기 시험관으로 환류 된다. 이 장치는 유기용매 중에 들어있는 흔적량의 목적성분을 농축할 때 매우 편리하다. 앞서 언급한 바와 같은 이 과정에서 유념해야 할 문제는 사용된 용매 중 불순물도 함께 농축되어 분석에서 방해성분으로 크게 나타나는 경우가 있다.

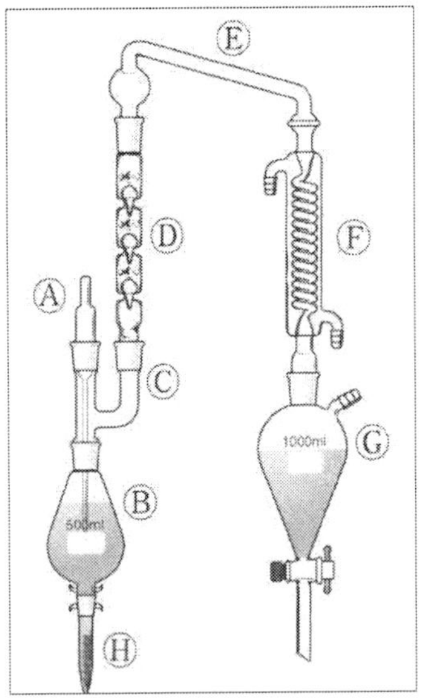

그림 D-3.
구데르나데니쉬농축기

(e) 분리(isolation)

추출·농축단계를 거친 후에도 분석성분과 방해성분이 공존하는 경우가 많다. 따라서 가능한한 분석 성분을 방해물로부터 분리시키는 과정이 필요하다. 보편적으로 활용되는 방법은 액체 분배법(liquid partition method)와 흡착법(adsorption method)이 있다. 액체 분배법은 상호 혼합되지 않은 두 액체상간의 분석성분의 분배를 바탕으로 분리하는 과정이다. 이 경우 용매의 선택과 추출율을 계산할 수 있다.

분석성분을 물 층에서 유기용매 층으로 상 전이(phase transition) 시킴으로써 쉽게 농축할 수 있는 이점도 있다.

용매분배법에서 분석성분과 방해성분에 대한 예비정보를 알고 있으면 효과적으로 방해성분을 제거할 수 있고 분석성분을 정량적으로 분리할 수 있다.

이상의 과정에서 불순물과의 분리, 제거가 만족스럽지 못한 경우에는 적절한 흡착제와 용리액을 선택해서 불순물을 제거할 수 있다. 흡착제로 흔히 Florisil(magnesium silicate), Alumina, Silica gel, Charcoal 및 그 외 여러 혼합물이나 합성 고분자 등을 사용한다. 최근에는 조작이 쉽고 동시에 여러 시료를 처리할 수 있으며 용리액이 소량(10

ml 이내) 필요한 고체추출법(Sep-Pak cartridge) 등을 이용하여 불순물의 제거 및 분석성분의 농축을 쉽게 수행 할 수 있다. 분석성분에 비해서 분자량이 큰 불순물인 유지나 왁스 등을 제거하기 위해 GPC(Gel permission chromatography)가 사용되기도 한다.

(f) 확인 및 정량법

복합적인 화합물로 되어 있는 환경시료나 생물시료 중 미량의 분석분에 대해 확실한 확인분석은 제일 중요한 과정이다. 확인법으로서 표준품과 미지성분과의 크로마토그래피(HPLC, GC 등)에 의한 머무른 시간까지의 비교법이 있다. 또한 분광학적인 방법으로서 UV/VIS 분광광도법, 적외선 분광광도법(IR) 및 핵자기 공명분광법(NMR) 등이 있지만 동시 다성분 분석의 수행과 검출한계 등의 제약을 받는다.

확실하고 신빙성이 높은 기기라도 실제 시료 중 미량성분을 정확히 정량하는 것은 매우 어렵다. 그래서 오늘날 분리기법인 크로마토그래피의 검출기로 감도 및 선택성이 높고 소량의 시료로도 동시에 확인 및 정량할 수 있는 방법으로 GC/MS 나 HPLC/MS 등이 있다.

몇 가지 화합물류에서 형광방출 분광법이 유기물의 정성 및 정량에 유효하게 사용되고 있다. HPLC/형광검출기는 환경시료 중 미량 PHA's (polynuclear aromatic hydrocarbons)나 Aflatoxin 등의 분석에 사용되고 있다. 이러한 확인법은 HPLC에 의한 분리성분을 형광기에 의한 UV흡광과 형광방출의 이중적인 원리의 결과에서 온다.

정량분석과정에서 발생 가능한 계통적인 오차에 대해 측정, 보정하는 작업은 많은 시간을 필요로 하지만 불가능한 경우도 가끔 있다. 이의 해결방법 중 하나로 내부 표준물법(internal standard method)이 있다. 이는 전 분석과정 동안 분석성분과 내부 표준물질이 계통적인 오차를 보상한다는 전제로 한다. 질량 분석법에서는 분석성분과의 동위원소 조성이 다른 화합물을 내부 표준물로 선택 사용하는 것이 가장 바람직하다. 그러나 실제 생물 시료 등의 분석에서 시료 매트릭스에 결합된 분석 성분인 경우에 정확한 분석을 한다는 일은 매우 어려운 과제이다.

제2장
기기분석 기초

A. 전자기 복사선과 광학
B. 흡광광도법
C. 크로마토그래피
D. 가스크로마토그래피(GC)
E. 고속액체크로마토그래피(HPLC)

A 전자기 복사선과 광학

1 개론

X-선, 자외선, 가시선, 적외선과 같은 복사선을 전자기 복사선(Electromagnetic radiation)이라 하는데 이들이 물질과 부딪치면 일부가 흡수되어서 그 세기가 감소한다. 오늘 날 이러한 물질의 성질과 양에 따른 흡수정도를 이용한 각종 흡수 분광법이 화학 분석에 이용되고 있다. 전자기 복사선은 에너지의 한 형태로 공간 속을 대단히 빠른 속도로 투과한다. 이것은 여러 형태를 가지는데 빛과 복사열은 가장 쉽게 인지할 수 있는 한 가지 형태이다. 전자기 복사선이 지니는 성질 중 상당량은 파동이론으로 설명할 수 있다. 파동이란 어떤 매질 속에서 일어나는 변화, 예를 들면 매질의 변위나 교란 상태와 같은 것이 주기적으로 증가하거나 감소하는 양상을 뜻하며, 파장, 진동수, 진폭 및 속도 등의 파라미터로 특성화된다.

복사에너지는 서로 다른 파장과 진동수를 갖는 전자기파의 관계가 있고 Spectrophotometer는 이러한 복사에너지를 흡수하는 화학물질의 상대적인 능력과 관계가 있다. 파장(λ)은 진동수(ν)에 반비례하며, C가 광속이라면 $\nu = C/\lambda$ 라는 관계식이 얻어진다. 전자 스펙트럼의 진동영역에서, 광선은 wave number라는 단위를 사용한다. wave number는 cm^{-1}로 표시하며 λ의 역수로 계산된다.

화학물질에 의한 빛의 흡수는 분자 차원의 현상으로 특정한 작용기의 존재 유무에 관계하며 에너지의 흡수는 양자화 되어 빛의 흡수에 의한 전자의 전이는 기저상태의 궤도로부터 여기상태의 좀 더 높은 에너지 궤도로 전자가 이동하는 것을 뜻한다. 따라서 많은 종류의 화합물의 전자구조가 UV-Vis. 영역에서 빛의 흡수를 일으키지는 못한다. 일반적으로 이중결합이나 삼중결합과 같이 불포화 결합을 포함하고 있는 화합물이 UV-Vis 영역에서 빛의 흡수를 나타내며, 불포화 결합을 포함하고 있는 작용기를 발색단이라 부른다.

자외선 분광광도법은 광전자들이 낮은 에너지에서 높은 에너지로 변화할 때 흡수되는 에너지를 측정하는 방법으로서 자외선 측정영역은 주파수가 25,000cm^{-1} ~ 15,000cm^{-1} 로 분포되어 있으며 많은 분자가 광전자를 흡수하는 것은 그 분자속의 작은 원자단에 속하는 전자가 들뜨기 때문이다.

자외선/가시광선 분광광도법은 광전자를 흡수하는 발색단의 존재를 이용하여 분석을 행하게 된다. 이러한 빛의 흡수는 매우 선택적이어서 서로 다른 발색단은 서로 다른 파장에서 최대

흡광 피크를 나타내며, 흡수되는 빛의 양에도 차이가 있다. 따라서 특정한 발색단은 복잡한 시료 중 특정성분의 확인을 가능케 한다.

2 전자기스펙트럼

전자기 스펙트럼은 파장에 따라 서로 다른 영역으로 분류되지만, 분석에 가장 유용하게 사용되는 스펙트럼의 여러 영역을 다음 그림 A-1에 나타내었다. 자외선 영역은 약 10~380nm까지 이나, 분석에 가장 유용하게 사용되는 영역은 근자외선 영역(near Ultraviolet region)인 200nm에서 380nm까지 이다. 200nm이하에서는 공기가 흡수를 나타내므로 기기는 진공상태에서 작동된다. 따라서 이 파장의 영역을 진공 자외선 영역(Vacuum Ultraviolet region)이라고 한다. 가시광선 영역(Visible region)은 실제로 전자기 스펙트럼의 매우 작은 부분이며 인간의 눈으로 볼 수 있는 파장의 영역이다. 즉, 빛은 색으로 나타난다. 가시광선 영역은 근자외선 영역(380nm)으로부터 약 780nm까지 이다. 적외선 영역(Infrared region)은 약 0.78μm(780nm)에서부터 300μm까지 이나 2.5에서 15μm까지의 범위가 분석에 널리 이용된다. 0.8에서 2.5μm까지의 범위는 근적외선 영역(near-infrared region)으로, 2.5에서 16μm까지의 영역은 NaCl 적외선 영역(NaCl-infrared region)으로, 더 긴 파장은 원적외선 영역(far-infrared region)으로 알려져 있다.

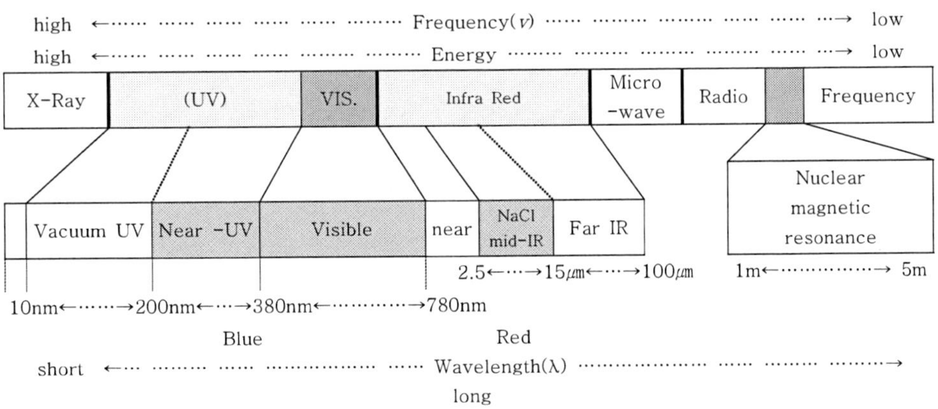

그림 A-1. 전자기 스펙트럼

B 흡광광도법

1 개론

빛을 흡수하는 성질을 가진 분자나 이온에 자외·가시광선을 조사하면 에너지 준위가 높아져 들뜬상태가 되고, 곧 에너지를 방출하고 원래의 바닥상태로 되돌아간다. 이것은 특정한 파장을 가진 빛의 흡수에 대해 일어나는 물질고유의 현상이다.

일반적으로 빛(백색광)이 물질에 닿으면 그 빛은 물질 표면에서 반사하거나 물질표면에서 조금 내부로 들어간 후 반사되며 나머지는 물질에 흡수 또는 물질을 통과하게 된다. 물질에 의하여 흡수되는 빛의 량(흡광도)은 그 물질의 농도에 따라 다르다. 그러므로 이와 같은 빛의 원리를 이용하여 일정한 파장에서 시료용액의 흡광도를 측정하면 그 파장에서 빛을 흡수하는 물질의 량과 종류를 파악할 수 있다. 정량하고자 하는 분자나 이온자체가 빛을 흡수하는 성질이 없더라도, 광흡수 물질을 생성하는 시약(발색시약)으로 화학반응을 일으키면 정량할 수 가 있다.

이와 같이 시료용액의 흡광도를 측정하여 목적 성분을 정량하는 방법을 흡광광도법(吸光光度法)이라고 하는데, 주로 자외선(Ultraviolet: UV, 200~380nm) 및 가시광선(Visible; 380~780nm) 영역에서 빛의 흡수를 이용하므로 자외·가시 흡광광도법이라고 한다.

흡광광도법의 장점은 매우 소량의 성분을 간편하고 신속하게 정량 할 수 있다는 것이다. 즉, 0.1%이하의 성분에 대해서 보토의 용량 및 중량 분석법에서는 조작이 곤란하고 큰 오차를 수반하기 쉬우나, 이 방법은 오히려 $1\sim10^{-4}$%의 성분을 정량하는데 적합하며, 조건만 알맞으면 측정조작은 몇 분 내로 끝나는 경우가 대부분이고, 높은 정밀도로 분석이 가능하다. 따라서 이 방법은 각종의 기기분석법 중에서 이용 빈도가 높으며, 장치 또는 측정방법의 개량과 함께 고감도, 고선택성을 갖는 발색시약의 개발도 활발히 진행되고 있다.

자외선-가시광선 분광광도계는 용도가 매우 광범위하며, 화학분야와 관련된 실험실이나 연구실에서 흔히 볼 수 있는 기기이다. 자외선 및 가시광선 분광분석법은 주로 유기화합물의 분석과 무기 화합물에 있어서는 원자흡수 분광광도법(atomic absorption spectrophotometer)으로 다루기 어려운 몇 가지 금속이온과 비금속 원소의 정량분석 등에 응용되므로 일반분석은 물론 환경오염물질, 생화학물질, 의약품, 농약, 미량 중금속, 임상시험용 물질 등의 특수분석에 없어서는 안 될 중요한 분석법이다.

2 기본개념 및 원리

자외선 및 가시선 영역에서 분자의 광흡수는 분자의 전자구조와 관련된다. 분자의 에너지는 회전에너지, 진동에너지 및 전자에너지 등 세 가지로 구분할 수 있다. 자외선 및 가시선은 위의 세 가지 분자에너지 중 전자에너지에 해당되는데 자외선 및 가시선의 흡수는 분자 내의 전자 특히 원자가 전자의 전이를 일으키게 되나. 이러한 전자 전이는 분자 내의 전자구조, 즉 분자의 화학결합 상태 및 기하학적 구조 등의 특징에 따라 흡수되는 빛 에너지의 크기 및 세기가 다르게 나타난다. 따라서 자외-가시선 분광학은 분자의 전자 구조적 성질을 규명하는 가장 강력한 수단 중의 하나이다. 이러한 분자의 전자 구조적 성질을 이용하여 화합물의 정량, 정성 분석에도 널리 이용되고 있다.

일반적으로 자외-기시선 분광학에서는 빛의 파장(λ, nm)또는 진동수(υ, cps, Hz)에 따른 물질의 흡광도를 측정하여 기록한다. 그러나 물질의 흡광도를 직접 측정하는 것은 용이하지 않으므로, 실제로는 일정한 세기의 빛을 물질에 통과시킨 후, 통과 전후의 빛의 세기를 비교하여 흡광도로 측정한다. 따라서 측정하고자 하는 물질은 반드시 투명한 상태로 측정해야 하며 그렇지 못할 경우 빛의 반사, 산란 등에 의하여 많은 오차를 유발하게 된다.

흡수 분광법의 흡수란 복사 에너지가 물질에 의해 흡수되어 물질과 에너지와의 상호작용이 일어나는 것을 의미한다. 물질에 쬐어진 복사에너지는 모두 흡수되는 것이 아니고 일부는 산란 또는 반사되며, 흡수도 산란도 되지 않는 복사는 물질을 통과할 때 회전 또는 분극을 일으킨다. 물질과 전자기 복사와의 상호 작용의 설명은 전자기 복사를 입자성, 즉 광자 에너지로 생각하는 것이 편리하다. 이때 에너지는 양자화 되어 있으며, 그 값은 plank 식($E=h\upsilon$)으로 주어진다. 따라서 양자설에 의하면, 광자와 이 광자를 받는 광자의 수용체 (즉, 원자, 분자 및 이온)가 충돌하면 수용체는 불연속적이고 양자화된 광자 에너지를 흡수한다.

$$M + h\upsilon \rightarrow M^*$$

여기서, M은 광자의 수용체이며, M^* 은 에너지를 받아 들뜬(excited)상태에 있는 광자의 수용체이다. 광자의 수용체가 분자일 경우 분자의 에너지는 전자에너지(E_{el}), 진동에너지(E_{vib}) 및 회전에너지(E_{rot})로 나눌 수 있고, 이 세 에너지를 합하여 분자의 전체에너지(E_{tot})로 나타낸다.

즉, $E_{tot} = E_{el} + E_{vib} + E_{rot}$

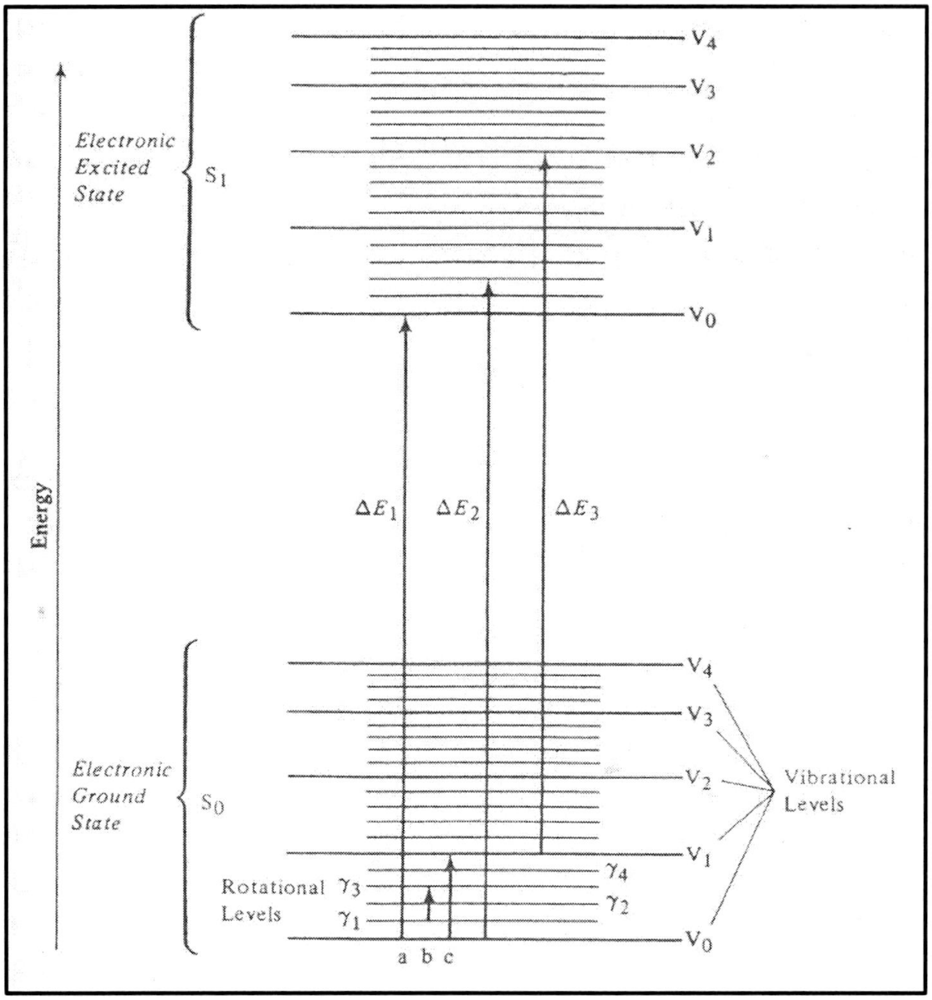

그림 B-1. 에너지흡수의 개념도

분자의 전자, 진동 및 회전에너지[(a):전자전이, (b):회전전이, (c):진동전이]

외부에서 자외선 또는 가시광선 영역의 적당한 파장의 빛을 분자에 쬐어주면, 일정한 전자파 에너지를 흡수하여 분자는 들뜬 상태인 높은 에너지 상태로 변하는데, 이러한 현상을 분자전이(molecular transition)라 한다. 순수한 진동에너지의 전이는 적외선 영역(1~15 μm)에서 일어나며, 회전에너지의 전이는 더욱 파장이 긴 마이크로파(10~10,000 μm)에서 일어나므로 보통 전자전이가 일어날 때는 항상 진동 및 회전에너지 준위에도 변화가 생긴다. 즉, 분자가 바닥 전자 에너지 상태(ground state)에서 들뜬 상태로 전이가 일어날 때에는 항상 진동 및 회전 에너지의 전이를 수반하게 된다.

한편, 각 전이에 해당하는 ΔE가 서로 다르므로, 이에 해당하는 흡수 파장도 다르다. 그러나 이와 같은 ΔE값이 분자에서는 너무 비슷한 것이 많고 진동과 회전 전이가 수반되므로, 분자의 자외선-기시 광선 스펙트럼에서는 ΔE값의 차이가 큰 몇 가지 전이만이 관찰 가능하며, 선으로 보이는 원자의 스펙트럼과 달리 다음 그림 B-2에서 보는 바와 같이 띠 스펙트럼(band spectrum)을 나타낸다.

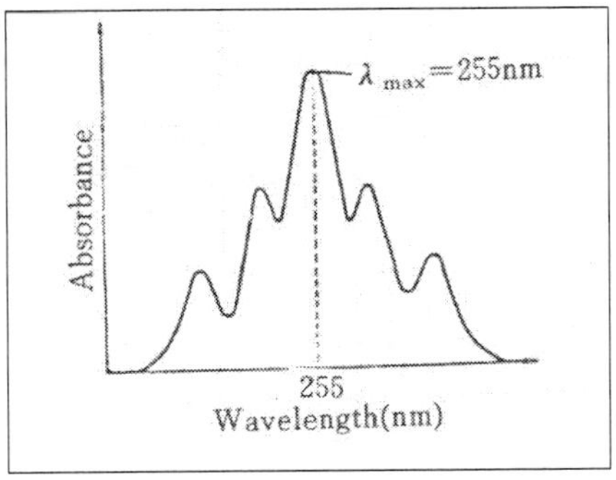

그림 B-2. 벤젠의 자외선흡수스펙트럼

특히, 시료 분자가 액체일 때는 증기 상태일 때보다 더욱 각 전이의 특성피크가 퍼지게(broad)된다. 이러한 퍼짐 현상은 시료 분자가 어떤 용매에 녹아 용액 상태로 있을 경우에도 관찰 가능하며, 특히 용매와 시료 분자간의 상호작용이 클 때 더욱 심해진다.

예로서, sym-tetrazine의 흡수 스펙트럼을 보면 다음 그림 B-3와 같이 시료가 증기 상태일 때는 비교적 진동 및 회전 전이에 해당하는 미세구조인 뾰족한 피이크를 여러 개 볼 수 있다. 그러나 시클로헥산 용매에 녹였을 때는 이와 같은 미세 구조가 없어졌으며, 물과 같은 극성 용매에서는 거의 특성 피이크가 관찰되지 않는다. 따라서 시료의 자외-가시광선 흡수 스펙트럼을 조사할 때는 시료의 상태 및 사용한 용매에 따라 스펙트럼의 모양이 달라지는데 유의해야 한다.

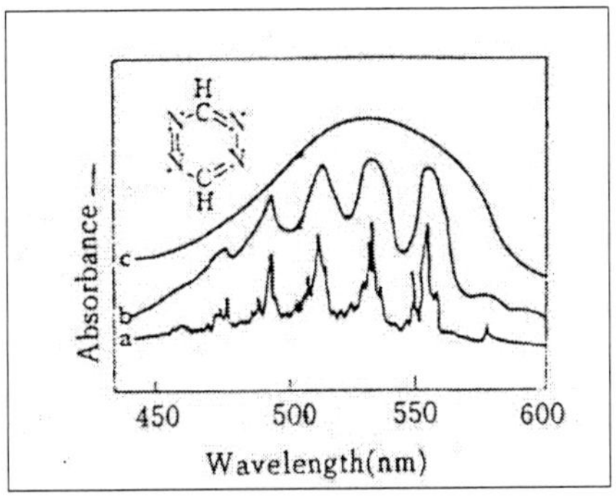

그림 B-3. Sym-tetrazine의 흡수스펙트럼
[(a)증기상태, (b)시클로헥산용매, (c)물용매]

이상의 간단한 설명은 왜 분자의 자외-가시광선 스펙트럼의 피이크가 선이 아니고 띠(band)모양이며, 같은 시료 분자라도 측정되는 상태에 따라 피이크의 모양이 달라지고, 또 피이크의 수도 보통 2~3개만이 관찰되는가에 대한 설명이 된다.

시료 분자의 자외-가시광선 스펙트럼은 파장 변화에 따른 시료 분자의 광흡수 정도인 흡광도를 나타낸 것이다. 특히, 최대의 흡광도를 보여주는 파장을 그 물질의 특성을 나타내는 흡수 파장으로 보아 λ_{max}라 한다. 또한 λ_{max}에서 물질의 몰 흡수 계수를 ε_{max}라 하며, 이 값은 물질에 따른 고유한 값이다.

3 정성분석

복사선의 흡수에 관한 정성적인 설명은 가시광선 영역에서 빛의 흡수를 생각하면 할 수 있다. 우리는 물체가 이 영역에서 빛의 일부분만을 반사하거나 투과하기 때문에 물체를 보게 된다. 가시광선 영역에서 파장의 전 스펙트럼을 포함하는 다색의 빛(백색광)이 물체를 통과해 지나갈 때, 어떤 파장은 흡수되고, 흡수되지 않는 파장은 투과한다. 이 때 투과된 파장이 색으로서 보이게 되며, 이 색은 흡수된 색에 대한 보색(complementary)이 된다. 같은 방법으로 불투명한 물체들은 어떤 파장을 흡수하고 남아있는 색은 반사되어 보이게 된다. 다음 표 B-1에 가시광선 스펙트럼에서 서로 다른 파장과 연관된 대략적인 색들을 나타내었다. 예를 들면, 과망간산칼륨 용액은 525nm에서 최대 흡수 값을 가지며 스펙트럼의 초록색 영역의 빛을 흡수하여 보랏빛으로 보이게 된다.

표 B-1. 가시광선의 흡수와 물체의 색

흡수된 파장, nm	흡수된 색	물체의 색(보색)
380～450	보라	노랑-초록
450～495	파랑	노랑
495～570	초록	보라
570～590	노랑	파랑
590～620	오렌지	초록-파랑
620～750	빨강	파랑-초록

자외-가시선 영역 스펙트럼은 흡수 띠의 수가 많지 않아 어떤 물질을 확인하기 위한 지문(finger print)용으로는 적외선 흡수 스펙트럼과 같은 확실한 결과를 주지 못하는 것이 사실이나, 독특한 흡수 띠를 갖는 물질이나 작용기를 정성적으로 확인하는 데는 유용하게 쓰인다. 특히 유기물 또는 무기물을 합성할 경우, 합성된 물질을 정성적으로 확인하거나 개략적인 순도를 알려고 할 때, 혼합물로부터 분리 정제된 물질의 확인이나 순도측정, 또는 미지물질 중의 성분물질 또는 작용기의 유무 확인 등, 전자흡수 스펙트럼은 매우 널리 활용되고 있다.

전자흡수 스펙트럼을 지문용 또는 정성적인 확인 등에 사용하기 위해서는 시료물질의 스펙트럼과 비교해야 할 표준스펙트럼이 필요하다. 경우에 따라서 표준물질을 구할 수 있는 경우에는 시료물질과 같은 조건에서 스펙트럼을 측정하여 직접 비교해 보는 것이 가장 좋지만, 표준물질이 없는 경우에는 이미 문헌에 보고된 표준 스펙트럼과 비교하는 수밖에 없을 것이다. 이와 같이 전자흡수 스펙트럼을 비교할 경우 다음 두 가지 점에 유의하여야 한다.

(1) 용매

전자 흡수 스펙트럼을 측정할 때 용매의 선택은 매우 중요하다. 용매는 투명하고 용질의 용해도가 충분해야 할 뿐 아니라, 용매의 흡수 띠가 측정하고자 하는 용질의 흡수 띠와 겹치지 않아야 하기 때문이다. 더욱이 중요한 사실은 용매의 극성이 흡수 스펙트럼의 모양과 위치를 상당히 변화시키는 경우가 허다하다는 것이다. 예를 들면, 다음 그림 B-4에 나타낸 바와 같이. 물이나 알코올과 같은 극성용매에서는 탄화수소와 같은 비극성 용매에서 관찰 가능한 진동미세 구조(vibrational fine structure)가 없어지고 넓은 띠로 나타날 뿐만 아니라, 최대흡수 띠의 위치(λ_{max})도 상당히 이동하는 수가 있다. 따라서 표준스펙트럼이 있을 경우에는 시료를 표준 스펙트럼의 용매와 동일한 것을 선택하는 것이 가장 현명하다. 만일 표준 스펙트럼이 없을 경우에는 용매의 용해도, 흡수 띠의 위치, 용질과의 상호작용 등을 충분히 고려하여 선택하여야 한다.

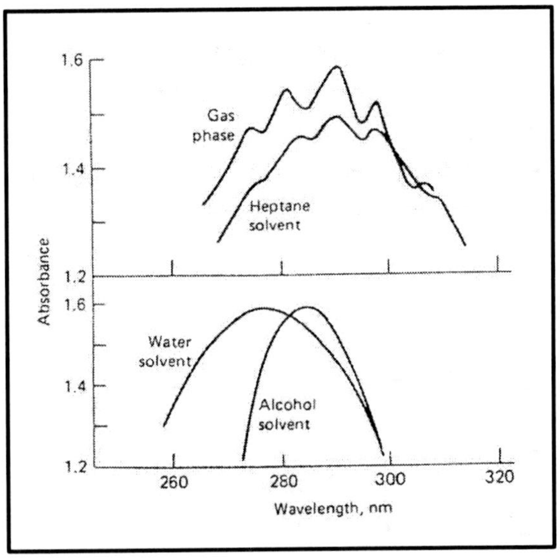

그림 B-4. 아세트알데히드의 흡수스펙트럼에 대한 용매효과

색이 없는 용매도 상당히 있으며, 무기물질에는 일반적으로 물이 사용된다. 물은 자외선 영역에서 사용될 수 있으나. 자외선 영역에서 측정되는 많은 물질들은 물에 녹지 않은 유기물질들로서 유기용매가 사용되어야만 한다. 다음 표 B-2에 자외선 영역에서 사용되는 용매들을 정리하였다. 이 표는 흔히 쓰이는 용매와 용매의 투광한계파장(cut-off point)을 나타낸다. 투광한계 파장은 기준물질로 물을 사용하고 1cm용기를 사용하였을 때 흡광도가 1에 접근하는 가장 낮은 파장이다. 이러한 용매들은 적어도 가시광선 영역까지 모두 사용될 수 있다. 예를 들면, 만일 어떤 시료의 흡수 띠가 230~250nm 범위에서 일어난다고 하면, chloroform을 용매로 사용할 수는 없다. 이 투광 한계 파장은 용매의 순도에 따라 크게 좌우된다. 자외선 분광광도법에 쓰이는 일반적인 용매는 물, 95% 에탄올, 시클로헥산, 1,4-디옥산 등이다. 가시광선 영역에는 모든 무색용매가 사용 가능하다. 특히, 자외선 영역에서 흡수를 가지는 유기물의 용매로 에탄올을 많이 쓰는 이유도 에탄올이 205nm 이상에서 빛을 흡수하지 않기 때문이다.

표 B-2. 용매의 투광 한계 파장(cut-off point)

용매	투광된 한계파장(nm)
acetone	330
benzene	285
carbon tetrachloride	265
carbon disulfide	375
chloroform	245
cyclohexane	215
dichloromethane	235
dioxane	225
95%-ethanol	205
ethyl ether	205
iso-octane	215
iso-propyl alcohol	215
methanol	215
pyridine	305
water	200
xylene	295

(2) 스펙트럼 작성

대부분의 분광 광도계에서는 스펙트럼을 빛의 파장(λ, nm)에 대한 흡광도(A) 또는 투광도(T)의 곡선으로 그리게 되어있다. 그러나 Lambert-Beer의 법칙, $A=-\log T = \varepsilon CL$에서 보듯이 투광도는 용액의 농도에 비례하지 않고 흡광도는 비례하므로, 파장 대 흡광도 곡선으로 스펙트럼을 그리는 경우가 보통이다. 그러나 이 파장 vs 흡광도 곡선도 스펙트럼을 비교하는 목적으로는 만족스럽지 못하다 왜냐하면 다음 그림 B-5의 (a)에서 보이는 것처럼 같은 흡광 물질이라 하더라도 용액의 농도에 따라 곡선의 모양이 상당히 변하기 때문에 이러한 흡광도 곡선의 비교만으로는 물질의 동일 여부 구분이 명확치 못한 경우가 많기 때문이다. 따라서 비교의 목적으로는 그림 B-5의 (b)에서와 같이 파장 대 흡광도의 상용대수(logA) 곡선으로 표시하는 것이 더욱 좋은 방법이다.

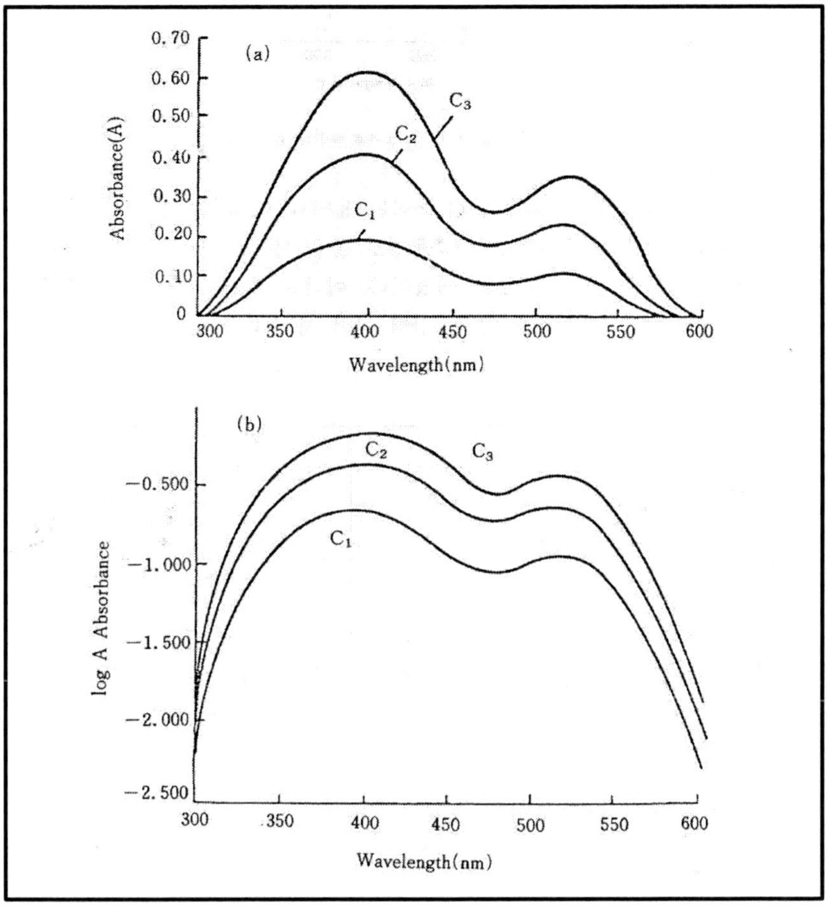

그림 B-5. 흡수스펙트럼의 농도에 따른 모양의 변화

Lambert-Beer의 법칙을 상용대수로 표시하면,

$$\log A = \log \varepsilon + \log C + \log L$$

이 식의 오른쪽 항 중에서 파장에 따라 변하는 것은 물흡수율(ε) 뿐이므로, 용액의 농도(C)나 흡수용기 두께(L)가 다른 경우에 대한 logA 곡선은 모양이 똑같고 다만 일정한 값만큼 이동시킨 것에 불과하다. 즉 같은 흡광 물질에 대한 용액의 농도가 다른 C_1, C_2의 두 곡선을 비교하기 위하여, 임의의 같은 파장에서 두 곡선상의 점 $\log A_1$과 $\log A_2$를 비교해 보자. 같은 물질의 같은 파장에서 물흡수율(ε)은 동일하므로, Lambert-Beer의 법칙은 다음과 같이 쓸 수 있다.

$$\log A_1 = \log \varepsilon L + \log C_1$$
$$\log A_2 = \log \varepsilon L + \log C_2$$
$$\log A_2 - \log A_2 = \log C_1 - \log C_2$$

따라서 logA1 곡선과 logA2 곡선은 logC1/C2 만큼 일률적으로 이동시킨 것에 불과하다.

4 정량분석

어느 물질에 분자 전이 에너지 ΔE에 해당하는 빛 에너지를 쬐여 주면 빛의 흡수가 일어나는데, 이때 흡수되는 빛 에너지는 다음 식과 같이 빛의 파장(λ) 또는 진동수(υ)로 표시된다.

$$\Delta E = h\upsilon = hc/\lambda$$

여기서 h는 플랑크상수, c는 빛의 속도이다. 따라서 물질이 흡수되는 빛 에너지는 진동수의 단위 또는 파장의 단위로 측정할 수 있으나, 측정 분광법의 편의상 파장 단위로 측정하는 것이 가장 보편적이다. 분광학에서 실제로 측정되는 가장 중요한 물성은 물질에 의하여 흡수되는 빛의 흡수 에너지(ΔE), 즉 흡수파장과 흡수의 강도를 나타내는 흡수띠의 세기(P)이다. 분광법에서 흡수띠의 세기는 빛의 투광도(transmittance)또는 흡광도(absorbance)로 측정되는데, 투광도 또는 흡광도는 물질의 전자 전이의 특성에 따라 다를 뿐만 아니라, 흡수 물질의 농도 등에도 관계된다. 그러면 투광도 또는 흡광도와 흡수 물질과의 정량적인 관계를 검토해 보자.

(1) Beer 법칙

일정한 파장의 빛이 시료 분자에 흡수될 때 고려되는 정량적인 기본 법칙은 두 가지로 생각할 수 있다. 이는 1729년에 Bouguer가 세우고 1786년에 lambert가 정립한 Lambert의 법칙과 1852년에 세운 Beer의 법칙이다. 이 두 법칙은 시료의 정량 분석에 기본이 된다. 다음 그림 B-6에 나타낸 바와 같이, 일정한 강도의 빛에너지 P_1(단면적당 광양자수)은 측정용액이 담긴 흡수 용기를 지나는 동안 빛의 산란, 반사 및 흡수 등 여러 가지 원인에 의하며 빛의 강도가 P_2로 감소하게 된다. 이때 P_2/P_1을 투광도라고 하며 측정하고자 하는 순수한 투광도는 용기에 의한 영향을 뺀 P/P_0이다.

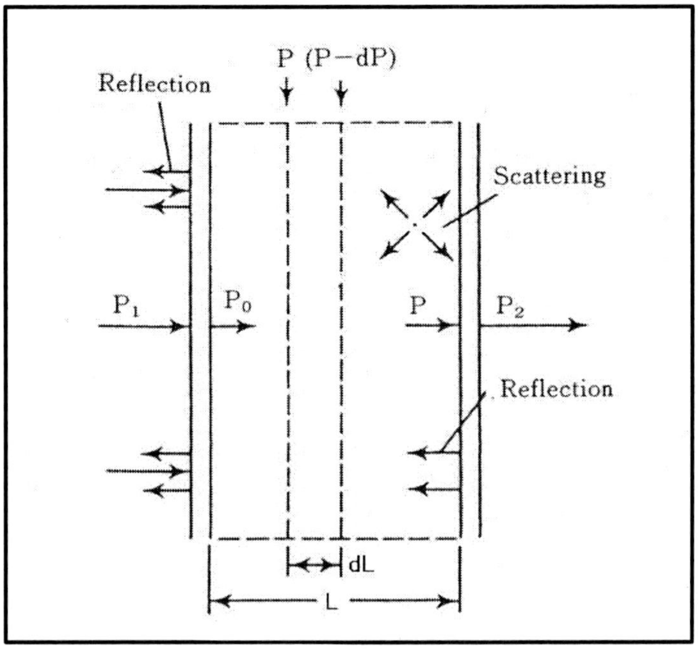

그림 B-6. 빛에너지(P)가 흡수용액을 통과할 때의 현상

실제 측정에서 이러한 용기에 의한 영향을 최소로 줄이기 위하여, 흡수용기는 수정(quartz)과 같이 자외선 및 가시선 영역의 빛을 거의 흡수하지 않는 재질로 된 것을 사용한다. Lambert의 법칙은 그림과 같이, 세기가 P인 빛이 두께가 L인 물질 층을 통과할 때, 흡수로 인한 빛의 세기 감소는 다음과 같이 수식으로 나타낼 수 있다.

$$dP = -kPdL \quad \text{-----------}(A)$$

여기서, k는 비례 상수이며, -부호는 세기의 감소를 의미한다. 식 *(A)*는 다음과 같이 쓸 수 있다.

$$\frac{dP}{p} = -k\ dL \quad \text{-----------}(B)$$

즉, 흡수된 빛의 분율은 통과되는 물질 층의 두께(L)에 비례한다는 뜻이다. L이 0일 때 입시광의 세기를 P °라 하고, 식 *(B)*를 적분하면 다음과 같다.

$$\int_{P_0}^{P_1} \frac{dP}{P} = -k\int_0^L dL \quad \text{-----------}(C)$$

$$\ln\frac{P_t}{P_0} = -kL \text{ -----------(D)} \quad \text{또는} \quad \log\frac{P_t}{P_0} = -\frac{k}{2.303}L \text{ -----------(E)}$$

한편 Beer의 법칙은 물질의 농도와 흡수되는 빛 사이의 관계 법칙인데, 흡수된 빛의 분율은 물질의 농도에 비례한다는 것이다. 같은 부피 내에서 시료 용질의 농도를 증가시키는 것은 물질의 두께를 증가시키는 것과 같은 효과가 있다. 따라서 식*(E)*의 k는 농도 (C)에 비례하게 되므로, 다음과 같은 식을 얻을 수 있다.

$$\frac{k}{2.303} = aC \text{ -----------}(F)$$

여기서, a는 새로운 비례 상수이다. 식 *(E)*와 식 *(F)*로부터 Beer-Lambert 법칙의 관계식을 얻을 수 있으며, 간단하게는 Beer의 법칙 이라고도 한다.

$$\log\frac{P_0}{P_t} = aCL$$

여기서 P_t/P_0를 투광도(transmittance, T)라고 하면, $\log\frac{1}{T} = aCL$ 가 되는데, 보통 투광도는 %T로 나타낸다. 한편 log 1/T을 흡광도(absorbance, A)라 한다. 따라서 정량 분석에서 실제 응용하는 Beer법칙의 관계식은 다음과 같으며, 그림으로 나타내면 그림 B-7과 같다.

$$A = aCL = \log\frac{1}{T} \quad \text{또는} \quad A = \varepsilon CL$$

여기서, C는 실제 흡수 용기(cell)의 두께이며, 단위는 cm이다. a는 농도가 g/L 일 때의 비례상수로 흡수계수라 하며, ε는 농도가 mole/L 일 때의 상수로서 몰흡수계수(molar absorptivity)라 한다.

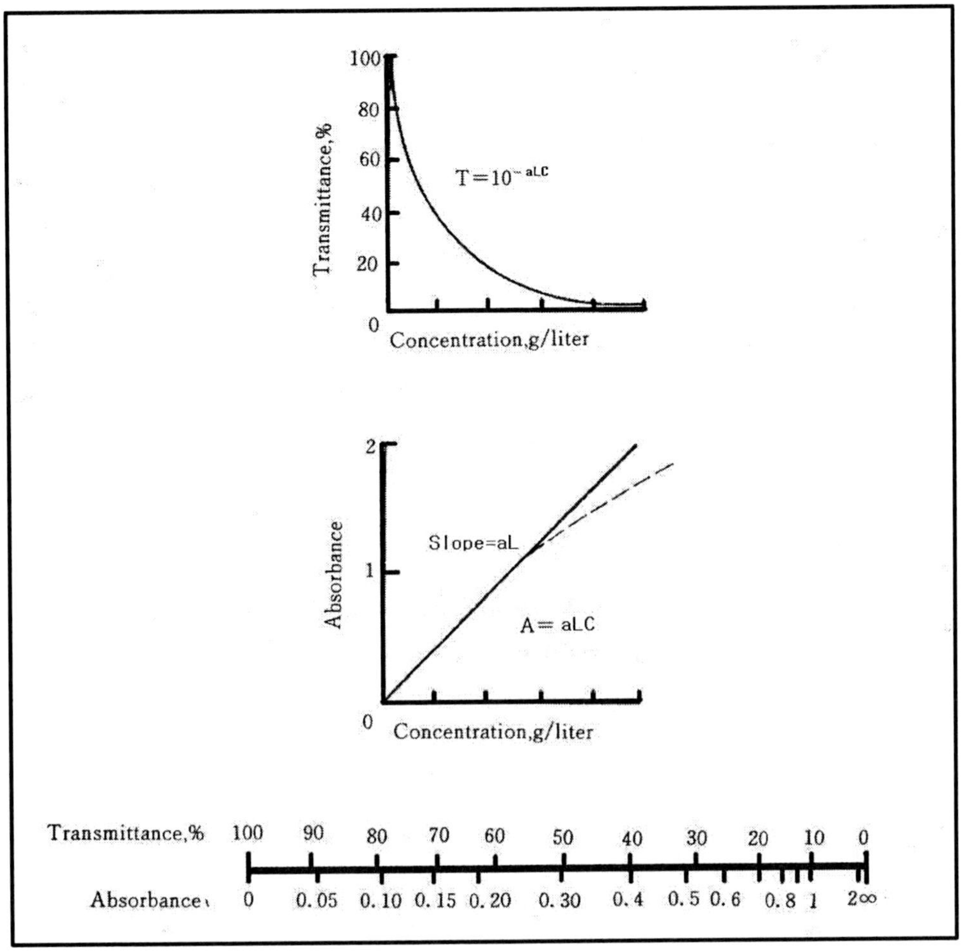

그림 B-7. 흡광도와 투광도에 따른 Beer-Lambert법칙의 표현

일반적으로 한 용액 안에 흡광 물질이 2종 이상 존재하더라도 이들 간의 상호작용이 없다면, 전체 흡광도(A_{tot})는 다음과 같이 주어진다.

$$A_{tot} = \varepsilon_1 C_1 L + \varepsilon_2 C_2 L + \cdots + \varepsilon_i C_i L \quad \text{----------}(G)$$

예제

1.0cm 용기 안에 있는 미지 시료가 분광계에 의해 어떤 파장에서 80% 빛을 투과하는 것으로 분석되었다. 이 파장에서 이 물질의 흡광계수가 2.0 이라면 물질의 농도는 얼마인가?

풀이

퍼센트 투광도가 80%이므로, T=0.80

log (1/0.80) = 2.0 X 1.0 X C

log 1.25 = 2.0 X C

C = (0.10/2.0) = 0.050 g/L

예제

100mL에 1.00mg 철(티오시안산 착물로서)을 포함하는 용액이 적절한 바탕 값에 비해 입사선의 70%를 투과하는 것으로 관찰되었다.

① 이 파장에서 용액의 흡광도는 얼마인가?

② 4배 농도의 철 용액이라면, 얼마만한 빛이 투과되겠는가?

풀이

① T = 0.700

A = log (1/0.700) = log 1.43 = 0.155

② 0.155 = a L (0.0100g/L)

그러므로

A= 15.5 L/g (4 X 0.0100 g/L) = 0.620

log (1/T) = 0.620

T = 0.240 (24%)

이 경우의 흡광도는 다른 방법으로 직접 계산할 수도 있다.

$$\frac{A_1}{A_2} = \frac{aC_1L}{aC_2L} = \frac{C_1}{C_2}$$

$$A_2 = A_1 \times \frac{C_2}{C_1} = 0.155 \times \frac{4}{1} = 0.620$$

(2) Beer 법칙의 문제점

1) 검정곡선(calibration curve)

Beer의 법칙의 관계식은 어디까지나 이상적인 모델로부터 유도한 식이므로, 흡광도와 용액 농도를 좌표에 표시하면, 그림 B-8의 실선과 같이 원점을 지나는 직선으로 얻어짐을 표시하고 있다. 그러나 실제로 측정해보면 여러 가지 이유로 그림의 점선처럼 흡광도 대 농도 곡선이 직선에서 벗어나는 경우가 흔히 있다. 따라서 실제 시료에 대하여 이 법칙이 어느 정도 잘 맞는가를 검정해야 한다. 이러한 경우, 시료의 분선 파장(보통은 λ_{max})을 결정한 후 그 파장을 고정시키고, 일정한 두께의 흡수 용기를 사용하여 알고 있는 몇 가지 농도에 대해 흡광도를 측정한다. 그림 B-8과 같은 곡선을 얻어 Beer의 법칙에 얼마나 잘 맞는가를 검정하며, 이 곡선을 검정곡선 이라고 한다. 실제 정량 분석에서는 이 곡선을 작성하여 시료의 농도를 결정한다. 실제 측정에서 복색광에 의한 편차를 최소로 줄이려면, 그림 B-9에서 보는 바와 같이 파장에 대한 몰흡수계수(ε)의 변화가 가장 적은 영역의 빛에너지를 사용하면 된다.

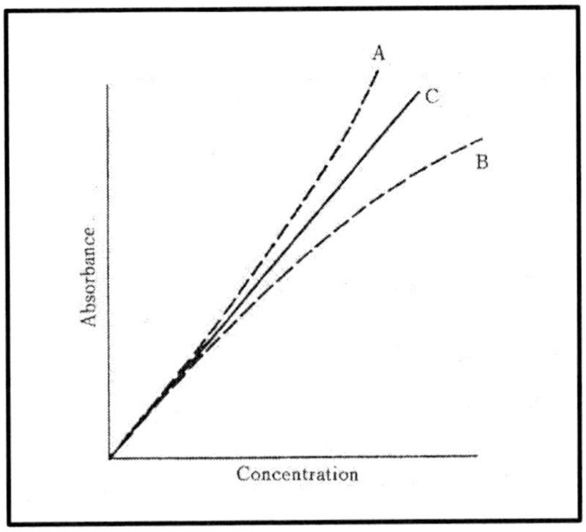

그림 B-8. Lambert-Beer 법칙(C)과 벗어남(A, B)

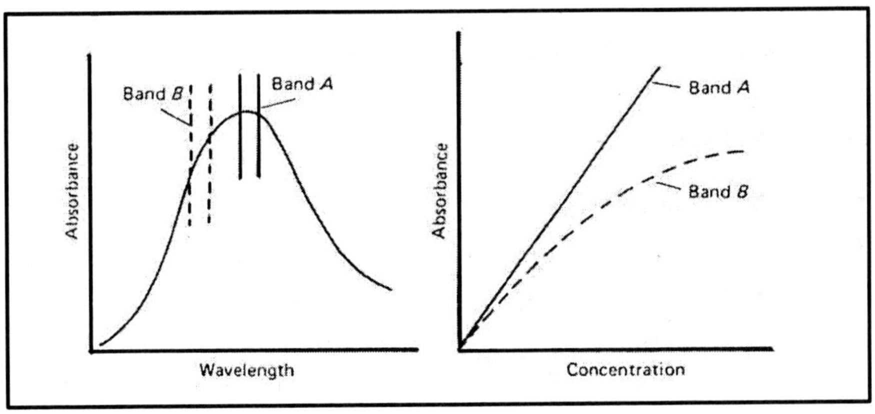

그림 B-9. 복색광인 Lambert-Beer의 법칙에 대한 영향
[흡수띠 B보다 A의 경우가 파장에 대한 ε의 변화가 적으므로 적은 편차를 나타냄]

2) Beer의 법칙을 따르지 않는 원인

Beer의 법칙을 따르지 않는 원인은 보통 ① 법칙의 근본적인 제한성, ② 법칙의 비이상적인 가정, ③ 법칙을 이용하는 데 있어서 야기되는 오차의 세 가지로 분류할 수 있으며, 여기서는 앞의 두 가지에 대해서만 설명하고자 한다.

① Beer의 법칙의 근본적인 제한성

Beer의 법칙을 유도할 때 측정되는 물질의 흡수 계수(a)는 물질의 참 흡수 계수(at)와 굴절률(η)의 함수이다.

$$a \quad = \quad a_t \frac{\eta}{(\eta+2)^2}$$

즉, 일반적으로 굴절률은 농도에 따라 변하므로, a는 상수가 아니고 농도에 영향을 받게 된다. 따라서 농도가 진하여 굴절률이 변하게 되면 A=aCL에서 a는 이미 상수가 아니므로, Beer의 법칙은 만족되지 않는다. 그러나 실제 η값은 용액의 농도가 10^{-2}~10^{-7}M 정도에서는 거의 일정하므로, 이와 같은 묽은 농도의 시료에 대해서는 Beer의 법칙이 성립된다.

② Beer 법칙의 비이상적인 가정

이 법칙을 유도할 때 세운 가정은 다음과 같다.

(가) 전자기 복사와 시료 분자와의 관계는 오직 흡수 과정뿐이다.
(나) 전자기 복사는 단색화된 빛이다.
(다) 시료의 물질(분자 또는 이온)은 서로 작용하지 않는다.
(라) 물질에 의한 빛의 흡수 과정은 전 부피의 어느 부분에서도 동일하다.

(가)는 빛과 시료 분자와의 상호작용은 흡수뿐만 아니라 공명발광(resonance emission), 형광(또는 인광) 및 산란이 일어난다. 따라서 실제 측정되는 흡광도는 참 흡광도와 다르므로 Beer의 법칙을 따르지 않게 된다.

(나)는 전자기 복사를 단색화된 빛으로 생각한 것인데, 실제 단색화장치에서 분산되어 나오는 빛은 어느 정도의 폭을 가진다. 즉, 한 가지 파장이 아닌 여러 개의 파장이 모인 빛의 다발이 시료를 통과하고 있다. 만일 시료의 a값이 파장에 따라 각각 다른 값을 가진다면, Beer의 법칙은 1개의 단색화된 빛에 대하여 유도한 것이므로 잘 맞지 않는다. 따라서 빛은 가능한 한 띠폭이 좁은 단색화된 빛이어야 한다.

(다)는 빛을 흡수하는 물질들은 그 수나 종류와 무관하게 서로 작용하지 않는다는 것인데, 실

제는 그렇지 못하다. 따라서 일반적으로 묽은 용액에(10^{-2}M)는 거의 상호 작용이 없으므로 Beer의 법칙이 적용될 수 있으나, 진한 용액에서는 잘 적용되지 않는다.

㈑는 빛의 흡수 과정이 시료용액 전 부피 중의 어는 부분에서도 동일하다는 것이다. 이 가정은 흡수 용기의 창문이 정사각형 또는 직사각형인 경우이다. 때때로 경제적 및 편의상, 원통형의 흡수 용기를 사용하는 경우에 측정되는 흡광도는 종종 Beer의 법칙이 정확히 성립되지 않는다.

(3) 정확도와 정밀도

정확도(accuracy)는 참값 또는 어떤 인정할 수 있는 값(accepted value)에 대한 측정치의 근사한 정도를 나타내며, 정밀도(precision)는 측정치의 재현성(reproducibility)을 나타낸다. 따라서 분광학에서의 정확도는 결국 측정된 투광도(transmittance)또는 흡광도(absorbance)와 검출기에서 검출된 빛 세기의 절대 변화량과의 관계에 의하여 좌우된다. 또한 정밀도는 기계의 잡음(noise), 즉 검출기에 도달하는 신호의 요동성(fluctuation)에 의하여 결정된다고 할 수 있다. 그러면 이들 정확도와 정밀도에 영향을 주는 요인과 정도를 알아보면 다음과 같다.

1) 정확도

흡광도를 측정할 겨우, 정확도에 영향을 주는 기기적인 요인은 크게 네 가지를 들 수 있다.

① 슬릿나비

스펙트럼 띠나비를 적절히 조절하는 것이 매우 중요하다. 만약 기기의 슬릿나비를 너무 넓게 하고 흡광 스펙트럼을 그리면, 일반적으로 흡광 봉우리의 높이가 낮아지고 측정된 띠나비가 실제의 띠나비보다 크게 나타나므로, 흡광도 값에 오차를 유발하게 된다. 슬릿 띠나비를 실제 띠나비의 10% 이내가 되도록 조절하면, 관찰된 띠 높이는 참값의 99.5% 까지 접근될 수 있다. 따라서 가능하면 그림 B-10에서 보는 바와 같이, 슬릿 나비를 바꾸어가며 스펙트럼을 여러 번 기록하여 더 이상 변화가 없을 때까지 슬릿 나비를 감소시키는 것이 좋다. 그러나 신호 대 잡음의 비율을 최적 상태로 유지하기 위하여, 필요 이상으로 슬릿을 좁힐 필요는 없다.

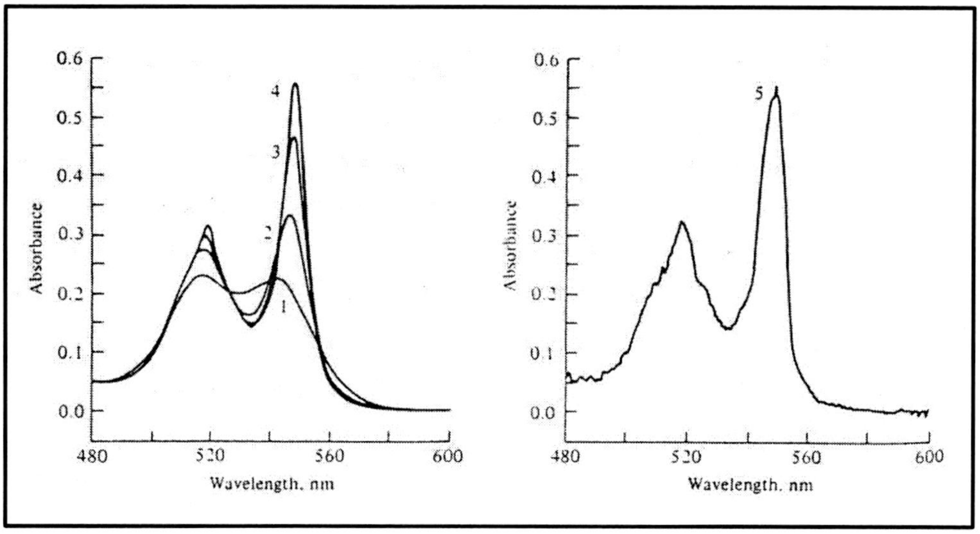

그림 B-10. Cytochrome C의 흡수띠 모양에 대한 기기의 띠나비의 영향 [기기의 띠(슬릿)나비: (1) 20nm, (2) 10nm, (3) 5nm, (4) 1nm, (5) 0.08nm]

② 주사속도

스펙트럼을 그리는 주사속도(scan speed)도 오차의 원인이 될 수 있다. 예를 들면, 어떤 주어진 슬릿 띠나비와 펜 주기(pen period)에 대하여 스펙트럼을 너무 빨리 그리면, 최대흡수 파장이 실제값(참값)보다 이동된 상태로 관찰될 뿐만 아니라 띠의 폭이나 높이가 실제와는 다르게 나타난다. 그러므로 참 스펙트럼을 그리기 위해서는 주사속도를 펜 주기 당 실제 띠나비의 1/10 보다 빠르지 않도록 조절해야 한다.

③ 파장

세 번째로 파장의 부정확성이 오차의 원인이 될 수도 있다. 파장의 부정확성이 클수록 측정치의 오차가 커지므로, 표준물질을 이용하여 파장에 대한 보정을 하여야 한다.

④ 떠돌이 빛(stray light)

일반적으로 떠돌이 빛에 의한 문제는 각 기기의 스펙트럼 범위의 양쪽 끝부분에서 매우 심각하다. 그 이유는 이들 부근에서 광검출기의 감도가 떨어지거나 광원의 세기가 약하기 때문이다. 기기 내에서 떠돌이 빛이 발생되는 주원인은 광학기구의 표면에서 먼지나 얼룩에 의한 반사광선, 거울이나 렌즈 등의 표면의 불완전성, 슬릿구멍 가장 자리에서의 회절된 광선, 단색화장치의 내부 표면으로 부터의 불완전 반사 등을 들 수 있다.

2) 정밀도

분광측정법에 정밀도는 궁극적으로 검출기에 도달하는 신호의 요동 정도, 즉 잡음에 의하여 결정된다. 따라서 정량 분석은 투광도의 불확정성(ΔT)이 농도 불확정성(ΔC)을 최소로 할 수 있는 투광도의 범위 내에서 수행되어야 한다. 대부분의 기기는 투광도의 불확정성이 전체 눈금의 0.01~0.002 정도 범위에 해당되는데, 사실상 0.002가 통상적인 측정에서 실제적인 한계치가 된다. 실제로 ΔT를 측정하려면 같은 용액을 30번 정도 측정하여 표준 편차를 계산하면 된다. 이때 매번 측정 때마다 한번 측정한 용액은 버리고 새 용액을 채운 후 측정 용기를 기기에 집어넣고 측정하는 전 과정을 되풀이해야 한다. ΔT는 보통 이렇게 되풀이하여 읽은 값의 평균 편차의 2배로 보는데, 그 이유는 눈금을 빛을 차단하고 0% T에, 그리고 순수한 용매로 100% T에 맞출 때 유발되는 불확정성 때문이다. 근래에 개발된 눈금 확대가 가능한 기기나 숫자로 값을 읽을 수 있는 장치를 포함하는 기기에서 읽음 오차가 정밀도에 미치는 영향은 읽음 신호의 잡음에 비하여 무시할 수 있을 정도이다.

(4) 정량 과정에서 야기되는 오차

Beer법칙 자체의 문제점과는 달리, 이 법칙을 실제 정량 분석에 응용하는 데 있어서 야기되는 오차는 ①화학적 오차, ②기기적 오차, ③사용자에 의한 오차의 세 가지로 분류된다.

1) 화학적 오차

화학적인 오차는 주로 분석하고자 하는 성분이 용액 중에서 평형을 이룰 때 야기되는 화학평형에 의한 오차와, 용매의 영향, 시료의 불순물 및 방해 물질의 영향 등에 의한 오차를 의미한다. 특히 회합 및 고분자와 반응의 경우가 자외-가시선 영역의 분광학에서 매우 중요한 경우라 할 수 있다. 몇 가지 대표적인 예를 보면 다음과 같다.

벤조산은 수용액에서 다음과 같이 해리한다.

$$C_6H_5COOH \quad + \quad H_2O \quad \leftrightharpoons \quad C_6H_5COO^- \quad + \quad H_3O^+$$

$$\lambda_{max} = 273\ nm \qquad\qquad \lambda_{max} = 268\ nm$$

$$\varepsilon_{max} = 970\ nm \qquad\qquad \varepsilon_{max} = 560\ nm$$

따라서 벤조산의 농도를 273nm에서 측정한다면 실제 농도보다 적게 얻어지며, 이러한 는 pH가 클수록 그리고 농도가 묽을수록 커질 것이다.

또 다른 예로는 완충되지 않는 $K_2Cr_2O_7$ 수용액을 들 수 있다. 순수한 수용액에서는 다음과 같이 평형이 이루어진다.

$$Cr_2O_7^{2-} \quad + \quad H_2O \quad \leftrightarrows \quad 2CrO_4^{2-} \quad + \quad 2H^+$$

$$\lambda_{max} = 350,\ 450\ nm \qquad\qquad \lambda_{max} = 372\ nm$$

이때, 평형상수(K)는 다음 식으로 주어진다.

$$K = \frac{[CrO_4^{2-}]^2\,[H^+]^2}{[Cr_2O_7^{2-}]}$$

윗 식에서 보면 $Cr_2O_7^{2-}$이온과 CrO_4^{2-}이온은 최대 흡수 파장이 서로 아주 다름을 알 수 있다. 또한, 상대적인 농도비, 즉 평형상수(K)는 용액의 산도와 농도의 희석정도에 따라 크게 영향을 받을 것이므로, 크롬(IV) 전체의 농도 대 흡광도는 어떤 파장에서 측정하더라도 직선에서 크게 벗어남을 알 수 있다. 그러나 $Cr_2O_7^{2-}$만의 흡광도 또는 CrO_4^{2-}만의 흡광도를 각각의 최대흡수파장에서 농도에 따라 측정하면 직선관계를 나타내므로, $Cr_2O_7^{2-}$만의 농도를 측정하려 할 때는 강한 산성으로, CrO_4^{2-}만의 농도를 측정 할 때는 강한 알칼리 수용액으로 완충시키면 된다.

이와 같이 용액 중에 빛을 흡수하는 2종의 화학종이 공존할 경우에는 등흡광점(isopiestic point)이 존재한다. 이 등흡광 파장에서 흡광도를 측정하면 화학 평형에 관계없이 Lambert-Beer의 법칙이 성립된다. 이 밖에도 용매에 의한 효과, 온도에 의한 영향, 광화학 반응에 의한 영향 등이 고려되어야 할 경우가 있다.

2) 기기적 오차

기기적인 오차 중 특히 흡광도나 투광도를 읽는 데서 오는 오차를 생각해 보면, 일반적으로 측정 오차는 투광도가 너무 크거나 너무 작은 경우에 심하다. 전자의 경우에는 P_t/P_0값이 너무 큰 경우인데, 시료에 의해서 흡수된 빛의 세기가 투과된 빛의 세기에 비하여 너무 작아 오차가 생기는 것이다. 반대로 후자의 경우는 시료에 의하여 너무 많이 흡수되어 검출기에 감지되는 빛의 세기가 너무 작아 검출기의 예민도가 떨어져서 생기는 오차이다. 결론적으로, 측정값의 오차가 가장 적은 투광도의 범위는 약 15~65%이며, 흡광도로는 0.8~0.2 정도이다.

3) 사용자에 의한 오차

사용자가 조심해야 할 사항은, 첫째, 흡수 용기의 취급과 세척 방법을 철저히 알소 실험해야 한다. 둘째, 흡광도 측정 시 온도의 영향이지만, 보통은 실온에서 측정하는 경우가 대부분이므로 온도의 문제는 심각하지 않다. 그러나 어떤 온도 범위에서 측정해야 하는 경우에는 온도의 변화에 따른 흡수 파장의 이동을 고려해야 한다. 일반적으로, 온도가 올라갈수록 λ_{max} 은 장파장으로 이동한다. 또 λ_{max} 을 고정시킬 경우 흡광도는 온도 변화에 따라 약간 감소한다.

(5) 분광 측정 오차

분광광도법에서 상대적인 농도오차($\partial C/C$)는 투광도의 불확실성(dT)의 함수로 주어진다. 대부분의 분광광도계에서 읽음 장치로 인한 투광도의 불확실성이 dT=±0.005 정도로 간주되고 있다. 이때의 상대적인 농도오차 곡선을 보면(그림 곡선:O), 분석용액의 농도가 투광도로 10%(A=1.0) 보다 작거나 70% (A=0.15) 보다 클 경우, 심각한 농도오차가 예상됨을 알 수 있다.

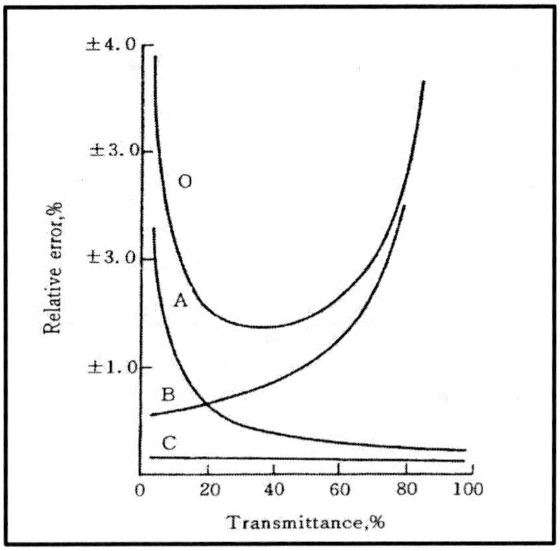

그림 B-11. 분광분석 상대오차 곡선
[O:보통법, A:고흡광도법, B:저흡광도법, C:극대정밀법]

이러한 오차를 줄이는 방법으로 시차 흡광도법 (또는 확대눈금법)이 이용된다. 시차 흡광도법에서는 흡광도 측정 시 0%, 100% 투광도를 맞추기 위하여, 셔터와 용매만을 사용하지 않고 정량하려는 성분용액을 사용하는데, 다음의 세 가지 방법이 가능하다.

1) 고흡광도법(high-absorbance method)

이 방법에서는 보통법과 마찬가지로 광원과 검출기 사이의 셔터를 닫음으로써 0% 투광도를 조절하지만, 100% 투광도 조절은 순수한 용매의 투광도에 맞추지 않고 시료보다 다소 묽은 표준용액의 투광도를 100% 투광도에 맞춘 다음 시료용액을 바꾸어 넣고 투광도를 읽는다. 이 방법의 효과는 그림 B-12(b)에 나타낸 바와 같이, 투광도 눈금의 적은 부분을 100% 눈금으로 확대한 것에 해당된다. 예를 들면 그림 B-12(b)에서 0% 투광도는 셔터로 맞추고, 100% 투광도는 순수한 용매 대신 36%의 표준용액으로 맞춤으로써 실제 20% 투광도에 해당하는 시료용액을 55.6% 투광도로 읽을 수 있게 된 것이다. 다시 말하면 보통 방법에 의한 적은 부분의 투광도 눈금(그림의 윗눈금)을 36% 표준용액을 이용하여 100%로 확대함으로써 시료용액의 투광도를 확대한 눈금으로 읽는 효과를 얻는 것이다. 이와 같은 눈금확대법은 흡광도 측정 시 기기적은 불확실성에 특별한 영향이 없는 한, 심각한 오차가 예상되는 투광도가 10%이하인 시료용액의 읽음 눈금을 농도오차가 가장 적은 중간 눈금으로 가져올 수 있게 해준다. 특히 이 방법은 흡광도가 1보다 큰 용액을 분석할 대 유용하다.

2) 저흡광도법(low-absorbance or trace-analysis method)

이 방법에서는 고흡광도법과는 반대로 0% 투광도 조절을 셔터로 하지 않고, 시료용액보다 다소 진한 표준 용액의 투광도에 맞추고, 100% 투광도는 순수한 용매의 투광도에 맞춘다. 다음 순수한 용매 대신 시료용액을 바꿔 넣고 투광도를 읽으면 된다. 이 방법의 효과도 그림 B-12(c)에 나타낸 바와 같이, 보통 분광법에서 적은 부분의 투광도 눈금을 100% 눈금으로 확대함으로써, 높은 투광도의 시료용액을 중간 눈금에서 읽게 하여 준다. 이 그림을 좀 더 자세히 설명하면, 100% 투광도 보정은 보통 분광법에서와 마찬가지로 순수한 용매로 하지만, 0% 투광도 보정은 셔터로 하지 않고 시료용액 보다 조금 진한 투광도 70%인 표준 용액으로 한다. 그러면 보통 분광법(그림의 윗눈금)에서 투광도가 90%인 시료용액을 저흡광도법(아랫눈금)에서는 66.7%의 투광도로 읽을 수 있게 된다. 따라서 이 방법은 흡광도가 0.1 이하인 용액을 분석할 때 유용한데, 보통 흡광도와 농도가 직선관계에서 벗어나므로 정확한 보정 곡선을 꼭 그려 사용 하여야한다.

3) 극대정밀법(maximum-precision method)

앞에서 설명한 두 가지 방법을 결합하면 극대정밀법이 된다. 즉, 그림 B-12(d)에서 보여주는 바와 같이, 0% 투광도 보정에는 시료농도 보다 다소 진한 표준 용액을, 100% 투광도 보정에는 시료용액보다 다소 묽은 표준 용액을 사용한다.

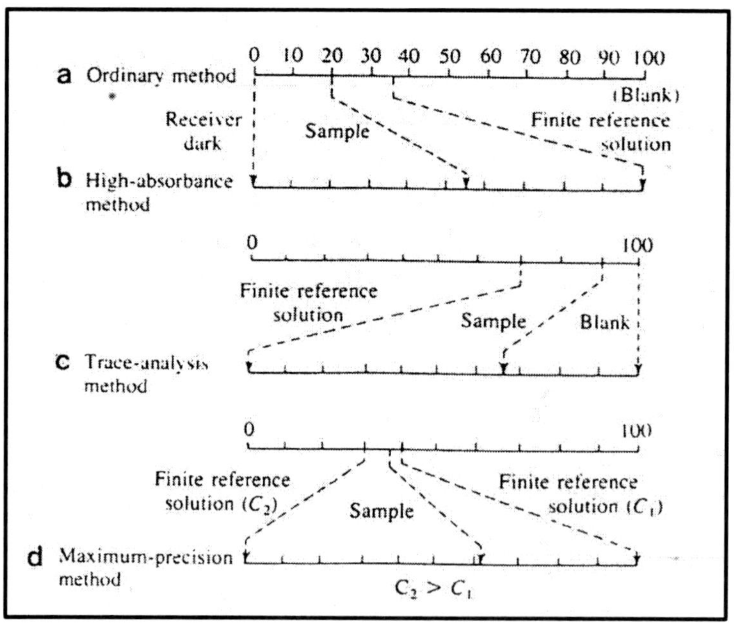

그림 B-12. 시차흡광도법에 의한 눈금확대
[(a):보통법, (b):고흡광도법, (C):저흡광도법, (D):극대정밀법]

이 그림에서 보면 보통 분광법(윗눈금)에서 투광도가 30% 및 40%인 표준 용액으로 0% 및 100% 투광도로 보정할 경우, 36.3%의 시료용액은 극대정밀법(아랫눈금)에서 63%의 투광도로 읽을 수 있게 된다. 이 경우에도 흡광도와 농도의 엄밀한 직선관계가 성립되지 않으므로, 보정곡선을 꼭 그려 사용하여야 한다.

(6) 일반적 정량과정

원칙적으로 정량하고자 하는 물질의 최대흡수 파장(λ_{max})과 몰흡수율(ε_{mex})을 정확히 알고 있으며, 다른 물질에 의한 간섭이 없고, Lambert-Beer의 법칙(C=εL/A)으로부터 농도를 계산할 수 있다. 그러나 이미 앞에서 지적했던 바와 같이 대부분 물질들의 흡수파장이나 몰흡수율은 용매, 측정온도, 기기 등 측정조건에 따라 다소 다르게 얻어지는 것이 상례이다. 뿐만 아니라 Lambert-beer의 법칙에서 벗어나는 수가 많으므로 특히 처음 정량을 시작하는 물질의 경우에는 흡수 파장의 선택과 보정곡선(검정곡선)을 그리는 일이 매우 중요하며 필수적이다. 일반적인 순서를 보면 다음과 같다.

① 표준용액의 제조

측정하고자 하는 농도 범위에서 일련의 표준용액을 만든다. 표준용액의 조성은 가급적 시료용액과 비슷해야 한다. 만일 시료용액 속에 어떤 알려진 오염물질이나 간섭물질이 있다면 표준용액 제조 시 똑같이 재현시켜야 한다.

② 바탕액의 제조

바탕용액의 조성은 시료용액의 측정성분을 뺀 나머지 조성과 동일해야 한다.

③ Base Line 확인

측정파장에서 셔터를 닫고 0% 투광도에 맞춘 다음, 셔터를 다시 열고 바탕용액을 넣은 후 100% 투광도에 맞춘다.

④ 분석파장(흡수파장)의 선택

자외선-가시광선 분광광도법으로 시료를 정량분석 할 때, 우선 시료의 흡수 스펙트럼을 조사하여 최대 흡수파장(λ_{max})을 결정해야 한다. 왜냐 하면 λ_{max}에서 흡광도를 측정하면 농도 변화에 따른 흡광도의 변화가 크지 않기 때문에 감도가 크고 높은 정확도를 가지게 되나. 또한 λ_{max}에서는 흡광도가 최대이므로 검정곡선이 Beer의 법칙을 잘 따른다. 그러나 실제 분석을 할 때는 회대 흡수파장을 분석파장(analytical wavelength)으로 선택하는 데 문제점이 있는 경우도 있다.

정량분석에서 선택되어야 할 근본적인 파장 조건은 그 파장에서 분석하고자 하는 성분의 흡수를 보여주며, 공존하는 용매, 반응시약 및 방해물질의 흡수가 함께 일어나서는 안 된다. 그러므로 경우에 따라 λ_{max}을 선택할 수 없을 때는 제 2의 파장을 선택해야 한다. 이때는 후자의 파장이 분석파장이 된다. 물론, 대부분의 분석 파장은 λ_{max}와 일치한다. 분석파장이 λ_{max}와 다른 경우를 보면, 먼저 분산된 빛의 띠폭이 비교적 넓은 경우이다.

예를 들면 어떤 시료의 스펙트럼이 다음 그림과 같이 2개 이상 있을 경우에 측정파장의 선택을 고려해 보자.

즉 그림 B-13에서 흡수 봉우리 점 A, B, F를 보면, 점 F는 딴 물질의 흡수곡선(점선)에 의하여 간섭을 받고 있으므로 적당치 못하고, 점A(λ_1)는 너무 뾰족하여 슬릿 나비와 띠나비를 고려할 때 적합지 못하며, 점B(λ_2)가 가장 적합하다. 만일 λ_1과 λ_2에서 빛이 띠폭이 같다면, 검정곡선은 λ_2가 λ_1의 경우보다 Beer의 법칙에 더 잘 일치하는 좋은 검정곡선을 보여 주며, 정량 시 오차를 작게 한다. 이것은 λ_2에서 $\Delta\lambda$ 의 띠폭에 대하여 ε 값(또는 흡광도)이 거의 일정하기 때문이다. 경사점 C와 E는 흡광도 측정 시 많은 오차가 따르게 되며, 점D에서는 측정오차는 적지만 측정감도가 떨어져 점B의 ⅓ 정도에 지나지 않는다.

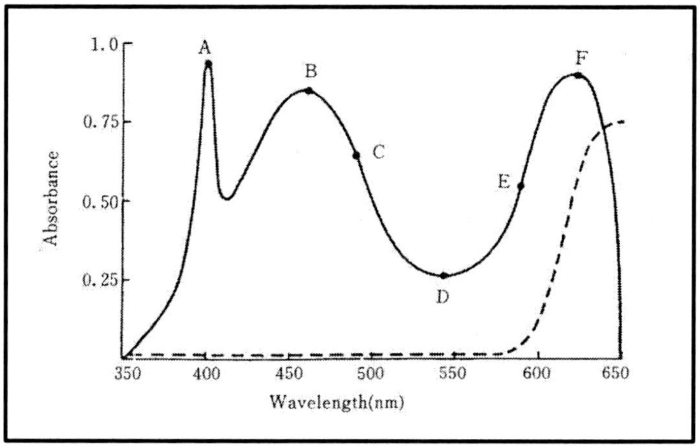

그림 B-13. 흡수스펙트럼으로부터 정량을 위한 파장선택

다른 예로는 금속이온을 분석할 때 발색시약으로 킬레이트 시약을 흔히 사용하는데 형성된 착이온의 λ_{max}와 반응하고 남은 킬레이트 시약 자체의 흡수 피이크가 거의 일치할 경우는 금속 이온의 분석 파장으로 착이온의 λ_{max}를 선택할 수 없다. 이때는 제 2의 파장을 선택해야 한다.

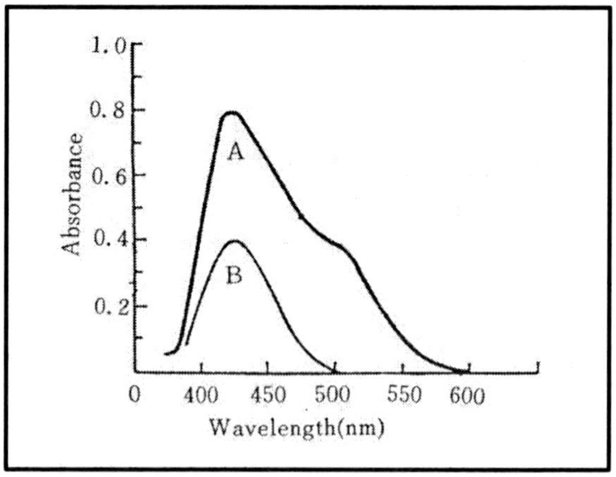

그림 B-14. 분석파장 선택의 실례
[(A):착이온, (B):킬레이트 시약]

예를 들면 Co(II)와 1-nitroso-2-naphtnol-3,6-disulfonic acid 착이온의 경우 착이온과 킬레이트 시약만의 스펙트럼은 그림 B-14와 같다. 이때 분석파장으로 500nm를 선택한 이유를 이해할 수 있을 것이다. 또 시료용액의 성분이 pH에 상당히 예민하며 등흡광점을 가질 때에는 λ_{max}대신 이 점에 해당하는 파장을 분석파장으로 선택하는 것이 원칙이다.

⑤ 검정곡선

측정파장이 결정되면 이 파장에서 미리 제조한 표준용액들의 흡광도를 측정한다. 흡광도 대 농도곡선을 그래프로 그리고 Lambert-Beer 법칙의 만족 여부를 확인한다. 이렇게 실험적으로 얻은 검정곡선이 Lambert-beer 법칙을 따를 경우 그림 B-15과 같이 원점을 지나는 직선으로 얻어진다.

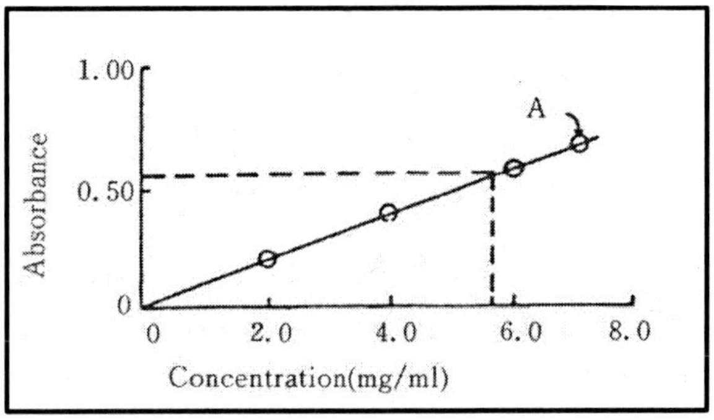

그림 B-15. 검정곡선

⑥ 시료용액의 흡광도 측정

시료용액의 흡광도를 측정하여 이 검정곡선으로부터 농도를 읽는다. 예를 들면 시료용액의 흡광도가 0.53일 경우 그림에서 시료용액의 농도는 5.4 mg/mL 이다. 이와 같이 이상적인 용액에서는 그래프법뿐만 아니라 수학적인 방법으로도 미지 용액의 농도를 계산할 수 있다. 즉 Lambert-Beer 법칙을 따르는 용액의 경우 농도가 C_s인 표준 용액의 흡광도를 As라 하고 시료용액의 농도를 C_x, 흡광도를 A_x라 하면 다음 관계식으로부터 C_x를 계산할 수 있다.

$$\frac{A_s}{A_x} = \frac{C_s}{C_x}$$

Lambert-Beer 법칙을 따르지 않는 경우는 크게 두 가지로 구분 할 수 있다. 첫째 그림 B-16에서와 같이 보정곡선이 직선이지만 원점을 지나지 않고 y축을 자르는 경우이다. 바탕용액을 잘못 만들어 바탕용액의 흡수가 적게 일어나거나, 반대로 표준용액의 흡광도가 크게 나타날 때 이러한 현상이 일어난다. 이 경우에도 시료용액의

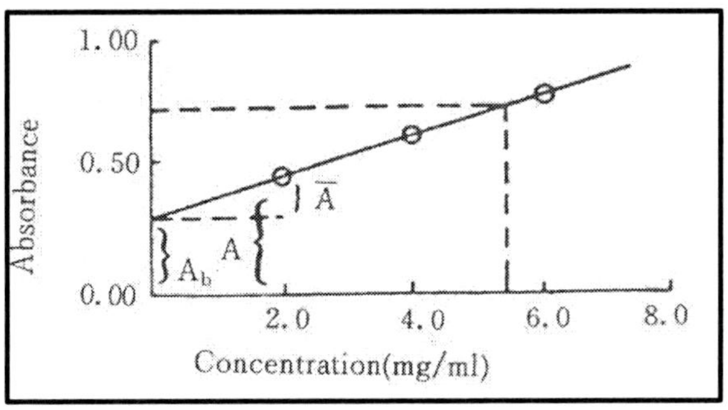

그림 B-16. 검정곡선

농도는 시료용액의 흡광도로부터 보정곡선에서 그래프법으로 결정하면 된다.(점선)

수학적인 계산법으로도 가능하다. 흡광도축의 절편을 A_b라 하고 실제 측정된 흡광도를 A라 하면 시료중의 미지성분에 의한 순수한 흡광도 $\overline{A}$ 는 다음과 같이 주어진다.

$$\overline{A} = A - A_b = a\,CL$$

즉 측정된 흡광도(A)a가 아니라 보정된 흡광도($\overline{A}$)가 농도 C와 직접 비례관계에 있게 된다. 따라서 농도가 C_s인 표준용액의 흡광도를 $\overline{A_s}$라 하고 시료용액의 농도를 C_x, 흡광도를 $\overline{A_x}$라 하면 Lambert-Beer 법칙으로부터 다음의 관계가 성립된다.

$$\frac{\overline{A_s}}{\overline{A_x}} = \frac{C_s}{C_x}$$

Lambert-Beer의 법칙을 따르지 않는 두 번째 경우는 흡광도와 농도가 직선관계를 갖지 않는 경우이다. 이때는 물론 위에서와 같은 계산법은 사용할 수 없으며, 부득이 검정곡선에서 그래프법으로 구하는 수밖에 없다.

(7) 혼합물의 정량

혼합물 중에 여러 가지의 흡광성분이 존재할 경우, 혼합용액의 흡광도는 각 성분의 흡광도의 합으로 주어진다는 사실을 이미 Lambert-Beer의 법칙에서 설명하였다. 이들 각 성분이 Lambert-Beer 법칙을 따른다면 각 성분에 의한 흡수띠가 겹쳐서 나타나는 경우라 하더라도 각 성분의 정량이 가능하다. 우선 간단한 2 성분계를 생각해 보자, 주어진 농도에서 각각 흡수 스펙트럼이 다음 그림 B-17에서 실선으로 나타나 있는 물질 X와 Y의 측정을 예로 들면 혼합물의 합하여진 스펙트럼은 점선으로 표시된다.

성분 X 및 Y에 대하여 각각 따로 표준용액을 만들어 파장 λ1에서 측정한 몰흡수율을 Ɛx1, Ɛy1라 하고 같은 방법으로 λ2에서의 몰흡수율을 Ɛx2, Ɛy2라 하면 λ1및 λ2에서의 성분 X, Y의 혼합물의 흡광도 A1 및 A2는 각각 다음과 같이 표시된다.

$$A_1 = A_{x1} + A_{y1} = \varepsilon_{x1} L C_x + \varepsilon_{y1} L C_y$$
$$A_2 = A_{x2} + A_{y2} = \epsilon_{x2} L C_x + \epsilon_{y2} L C_y$$

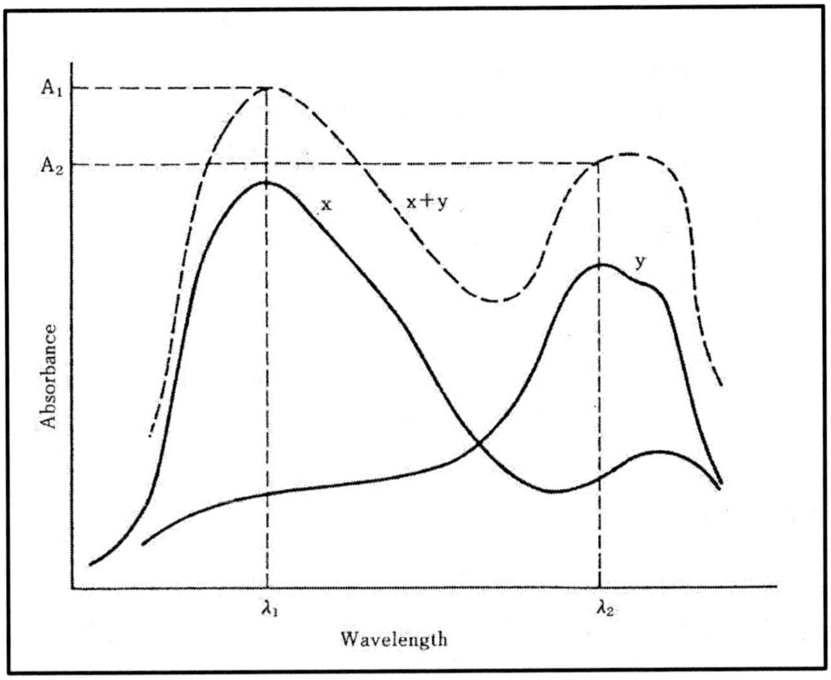

그림 B-17. 순수한 물질 X, Y 및 X와 Y의 혼합물에 대한 흡수스펙트럼

여기서 A_{x1}, A_{y1}은 파장 λ_1에서 각 성분농도 C_x, C_y에 대한 흡광도이고, A_{x2}, A_{y2}는 파장 λ_2에서 각각 같은 성분 C_x, C_y에 해당되는 흡광도이며, L은 흡수용기의 두께이다. A_1, A_2, ε_{x1}, ε_{y1}, ε_{x2}, ε_{y2} 등은 모두 측정 가능한 값이므로 위의 방정식은 미지수 C_x, C_y에 대한 2원 1차 연립방정식이 된다. 마찬가지로 n개의 성분으로 된 혼합물의 각 성분을 정량하려면 n개의 서로 다른 파장에서 측정한 n개의 흡광도와 각 성분의 몰흡수율을 알아야 한다. 그러면 미지수가 n개인 n개의 연립방정식을 만들 수 있으며 이 방정식을 풀면 각 성분 농도가 얻어진다.

예제

중크롬산칼륨과 과망간산칼륨이 $1M-H_2SO_4$에서 겹치는 흡수 스펙트럼을 가지고 있다. $K_2Cr_2O_7$은 440nm에서 흡수최대를 가지며 $KMnO_4$는 545에서 흡수띠를 가지고 있다(최대값은 실제로 525nm에 있으나 $K_2Cr_2O_7$ 으로부터 방해가 적은 긴 파장이 일반적으로 사용된다). 다음의 두 파장에서 측정한 혼합물의 흡광도는 각각 A_{440} = 0.405, A_{545} = 0.712 이었다. $1M-H_2SO_4$에서 $K_2Cr_2O_7(1.00 \times 10^{-3}\ M)$과 $KMnO_4(2.00 \times 10^{-4}\ M)$의 순수한 용액의 흡광도를 측정하여 다음과 같은 결과를 얻었다. A_{Cr440} = 0.374, A_{Cr545} = 0.009, A_{Mn440} = 0.019, A_{Mn545} = 0.475

시료 용액에 포함되어 있는 중크롬산과 과망간산 이온의 농도를 각각 계산하라.

풀이

모든 측정에서 1cm 용기를 사용하였다면 측정으로부터 ε 을 계산할 수 있다.

$$0.374 = \varepsilon_{Cr440} \times 1.00 \times 10^{-3}\ ; \quad \varepsilon_{Cr440} = 374$$
$$0.009 = \varepsilon_{Cr545} \times 1.00 \times 10^{-3}\ ; \quad \varepsilon_{Cr545} = 9$$
$$0.019 = \varepsilon_{Mn440} \times 2.00 \times 10^{-4}\ ; \quad \varepsilon_{Mn440} = 95$$
$$0.475 = \varepsilon_{Mn545} \times 2.00 \times 10^{-4}\ ; \quad \varepsilon_{Mn545} = 2.38 \times 10^{3}$$

$$A_{440} = \varepsilon_{Cr440}[Cr_2O_7^{2-}] + \varepsilon_{Mn440}[MnO_4^-]$$
$$A_{545} = \varepsilon_{Cr545}[Cr_2O_7^{2-}] + \varepsilon_{Mn545}[MnO_4^-]$$

$$0.405 = 374[Cr_2O_7^{2-}] + 95[MnO_4^-]$$
$$0.712 = 9[Cr_2O_7^{2-}] + 2.38 \times 10^{3}[MnO_4^-]$$

연립으로 풀면

$$[Cr_2O_7^{2-}] = 1.01 \times 10^{-3}\ M$$
$$[MnO_4^-] = 2.95 \times 10^{-4}\ M$$

5 측정 장치 및 기기

자외-가시선 영역에서 사용되는 기기는 크게 세 가지로 구분 할 수 있다. 가장 원시적인 방법인 **비색계**(colorimeter)는 가시선 영역에서 직접 눈으로 색을 비교하여 용액의 농도를 비교 측정하는 기구이다. **광도측정계**(photo electric photometer)는 필터를 이용하여 가시선 영역은 물론, 자외선 그리고 적외선부의 흡광도도 측정할 수 있도록 개량된 것이다. 최근에 가장 널리 보급되어 다양한 목적으로 사용되고 있는 **분광광도계**(spectrophotometer)는 단색장치(monochrometer) 시스템을 도입함으로써 파장이 다른 여러 종류의 빛을 분리 연속적으로 변화시킬 수 있고 여러 종류의 광원과 검출기를 사용하므로 자외선 영역에서 근적외선 영역에 이르기까지 광범위한 범위에서 정확한 흡수스펙트럼을 측정할 수 있게 되었다.

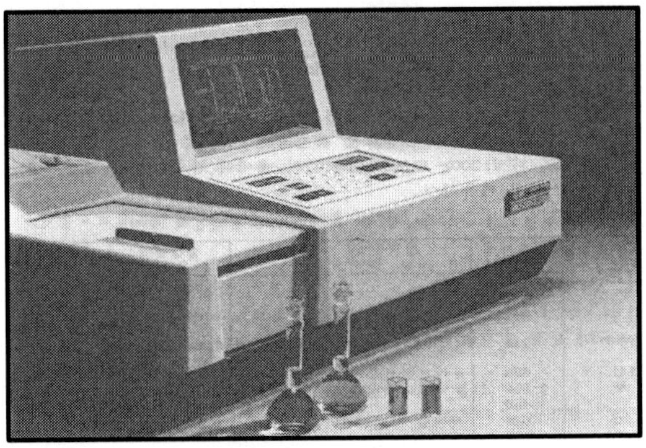

그림 B-18. 분광광도계

분광광도계는 광원, 단색화장치, 검출기 및 광학재료 등의 종류를 어떻게 선정하느냐에 따라 측정할 수 있는 파장의 범위가 결정된다. 현재 상품화되어 있는 기기들의 측정가능 영역은 다음 네 가지로 구분된다. 즉 가시영역(400~700nm), 수정 광학재료를 사용한 근자외선 영역에서 근적외선영역(100~1,000nm), 진공기기를 요하는 진공 자외선영역(<200nm) 등이다. 자외선-가시광선 분광광도계는 광원, 파장선택부, 시료부 및 검출기 및 기록부의 5가지로 구성되어있는데 재래식 분광기의 일반적인 내부구조와 다중 채널 diode array 분광광도계의 구조를 그림 B-19 및 B-20에 표시하였다.

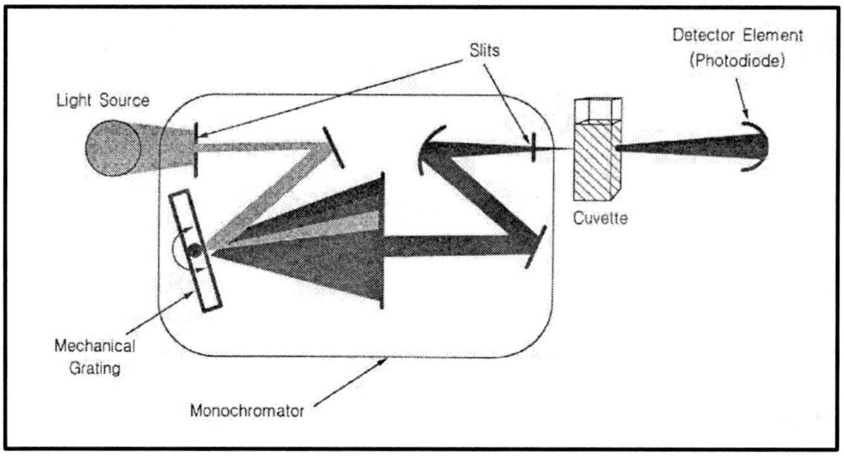

그림 B-19. 재래식 분광광도기의 구조

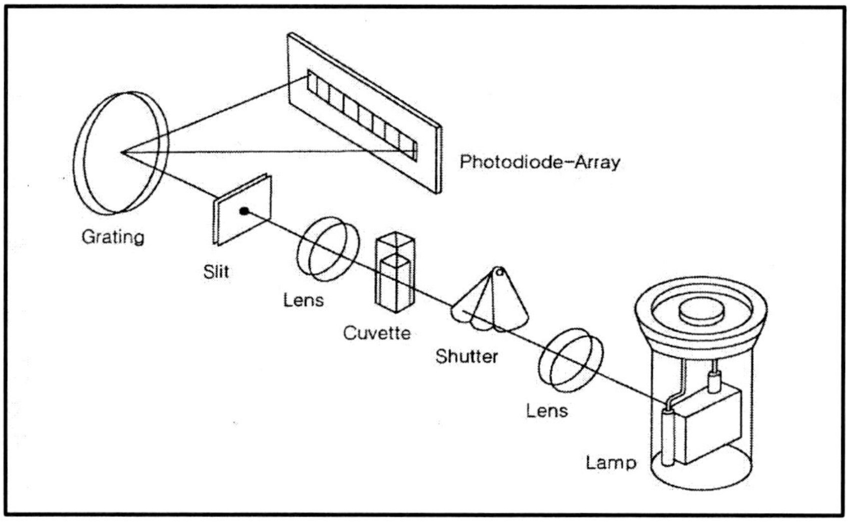

그림 B-20. 다중채널 Diode Array 분광광도계의 구조

(1) 광원

분광광도계의 광원은 세 가지 기본조건을 만족시켜야 한다. ① 광원은 안정해야 한다. ② 광원은 측정하고자 하는 파장범위에서 충분한 세기의 빛을 공급해야 한다. ③ 광원은 측정범위에서 연속적이어야 한다. 현재 가장 널리 사용되고 있는 텅스텐 백열등과 수소 또는 중수소 방전램프를 간단히 살펴보면 다음과 같다.

1) 텅스텐램프

가장 일반적으로 사용되고 있고 광원으로서 텅스텐 백열등은 가시영역을 포함하는 자외선과 근적외선 파장영역(320~2,500nm) 범위에서 사용 가능하며 대부분의 흡수기기에서 작용하는 필라멘트 온도는 약 2,870K 정도이다. 따라서 방출되는 에너지의 대부분은 적외선 영역이다,

2) 수소램프

수소램프는 근자외선 파장영역(180~375nm)영역에서 유용하게 사용된다. 그러나 시료용기가 석영일 경우 200nm 이하(용융 실리카인 경우 185nm)의 자외선은 투과되지 못하므로 시료용기를 유리재질로 사용하는 것이 바람직하다. 한편 파장이 375nm 부근의 자외선은 그 빛의 세기가 매우 약하여 광원으로 사용할 수 없다. 따라서 실제 가능한 자외선의 파장범위는 약 200nm ~320nm 정도 이다.

3) 중수소램프

중수소램프는 수소램프 유사한 특징을 가지므로 같은 파장범위의 빛을 내지만 빛의 세기가 수소램프에 비하여 약 3~5배 강하므로 고급 분광기에 흔히 사용되고 있다. 근자외선 및 가시선의 모든 파장의 영역(190~820nm)의 넓은 파장범위에서 널리 사용되고 있다.

(2) 파장선택부

광원에서 나오는 빛은 넓은 파장 범위의 연속적인 복사선인데, 앞에서 설명한 바와 같이 흡광광도법에서는 시료 중의 흡광물질이 빛을 최대로 흡수하는 파장에서 흡광도를 측정하여야 한다. 일반적으로 광원으로부터 일정한 파장의 빛을 선택하면 그 빛의 강도는 약해지지만 선택한 파장의 순도가 크면 클수록 측정의 감도(sensitivity)는 커진다. 분광광도계는 파장선택장치, 즉 프리즘이나 회절격자를 이용하는 단색화장치에 의하여 원하는 파장의 빛만을 시료에 공급한다.

대부분의 분광분석법에서는 띠(band)라고 부르는 제한된 좁고 연속적인 파장의 다발을 필요로 한다. 좁은 띠나비는 흡수측정의 감도를 증가시키도록 하고 발광법과 흡수분석의 선택도를 높이며, 또 광학적 신호와 농도간의 직선관계를 얻는데 필요하다. 파장선택기는 필터와 단색화장치 두 가지 종류가 있다. 단색화장치는 필요한 파장을 연속적으로 변화시킬 수 있는 반면에 필터는 한정된 주어진 파장영역을 제공한다. 이상적으로는 파장선택기, 단색화장치 또는 필터에서 나오는 빛이 단일파장 또는 주파수를 갖는 복사선이 되겠지만 실제로는 전형적인 필터의 특성을 나타내는 다음 그림 B-21에서와 같이 Gauss형의 파장분포를 갖는다. 여기서 유효 띠나비는 띠나비가 좁을수록 더 좋다는 것을 의미한다.

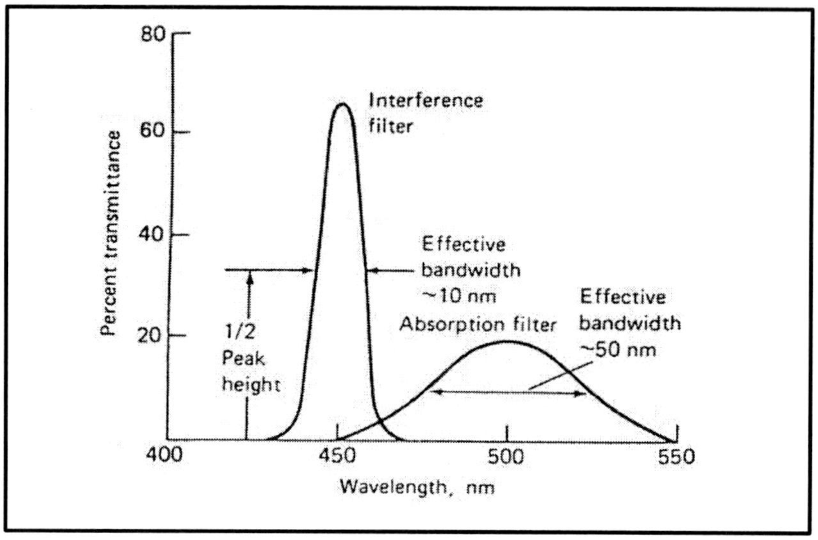

그림 B-21. 전형적인 필터의 특성

1) 필터

① 간섭필터(Interference filter)

간섭필터는 좁은 띠의 복사선을 얻는데 이용될 수 있으며, 작용원리는 복사선의 간섭현상이다. 전형적인 간섭필터의 구조는 투과성 유전체가 두개의 반투과성 금속 필름 사이에 위치하도록 되어있다. 간섭필터는 자외선에서 적외선 영역에 걸쳐 사용되고 있으며, 전형적인 간섭필터를 거쳐서 나오는 빛살의 유효 띠나비(effective bandwidth)는 봉우리 투광 파장의 1.5% 정도이다.

② 흡수필터

간섭필터보다 저렴한 흡수필터는 주로 가시선 영역에서 사용된다. 특정한 색깔의 유리나 염료물질은 일정영역의 복사선을 흡수하기 때문에 흡수필터로 이용되고 있다. 이것의 유효 띠나비는 대략 30~250nm 이다. 가장 일반적인 형태는 색을 띤 유리나 젤라틴에 suspension시킨 색소를 유리판 사이에 샌드위치 시킨 것이다. 색유리는 열에 대하여 보다 안정한 이점이 있다. 특히 차단 또는 절단필터(cut-off filter)는 일정영역의 가시 스펙트럼을 거의 100% 투과시키고 나머지 영역의 투광도를 급격히 감소하게 하는 특성을 가지고 있다. 다음 그림 B-22에 나타낸 바와 같이 어떤 한 흡수필터를 차단필터와 함께 사용함으로써 좁은 영역의 복사선 스펙트럼을 선택적으로 분리해 낼 수 있다.

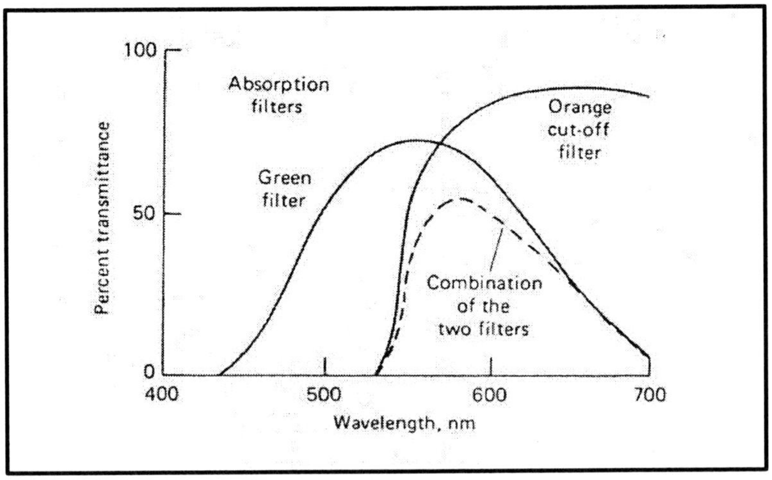

그림 B-22.

2) 단색화장치

여러 분광법에서는 상당히 넓은 범위에 걸쳐 연속적으로 복사선의 파장을 변화시킬 경우가 있는데 이때 단색화장치를 이용할 수 있다. 자외선, 가시선 및 적외선의 단색화장치는 모두 슬릿, 렌즈, 거울 및 프리즘 또는 회절발을 이용한다는 점에서 기계적 구조가 모두 비슷하다. 그리고 이러한 부분품들을 만드는 재료는 사용하려는 파장영역에 따라 결정된다.

① 회절발

편의상 파장이 λ_1, λ_2인 두 광파만을 고려한 회절발 단색화장치의 전형적인 반사 회절발의 모형을 다음 그림 B-23에 도식하였다. 회절발은 투과형과 반사형의 두 종류가 있으며 후자가 보편적으로 많이 사용되고 있다.

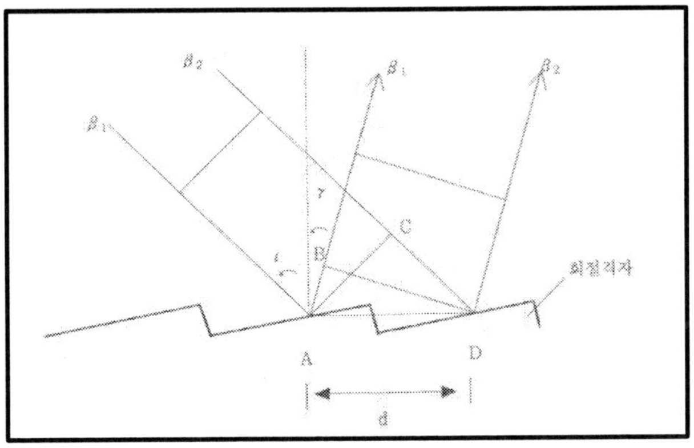

그림 B-23. 반사회절격자의 모형

② 프리즘

프리즘은 자외선, 가시선 및 적외선을 분산하는데 사용하며 이용되는 재료는 파장영역에 따라 다르다. 다음 그림 B-24는 프리즘의 빛의 분산과 단색화에 대한 전형적인 모형이다.

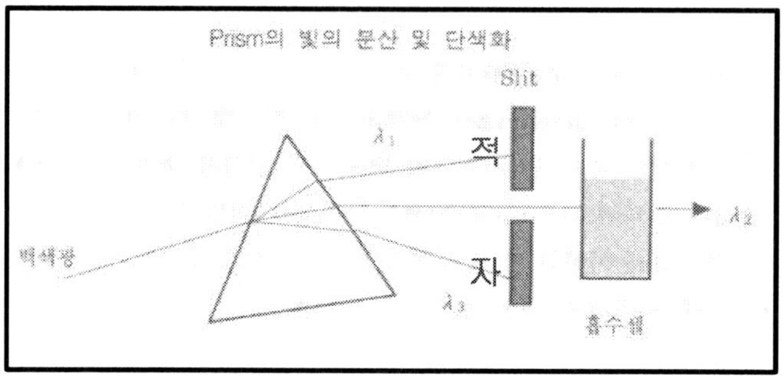

그림 B-24. 프리즘의 빛의 분산모형

그림 B-25는 회절발을 이용한 단색화장치와 프리즘을 이용한 단색화장치의 광학설계를 나타내 준다.

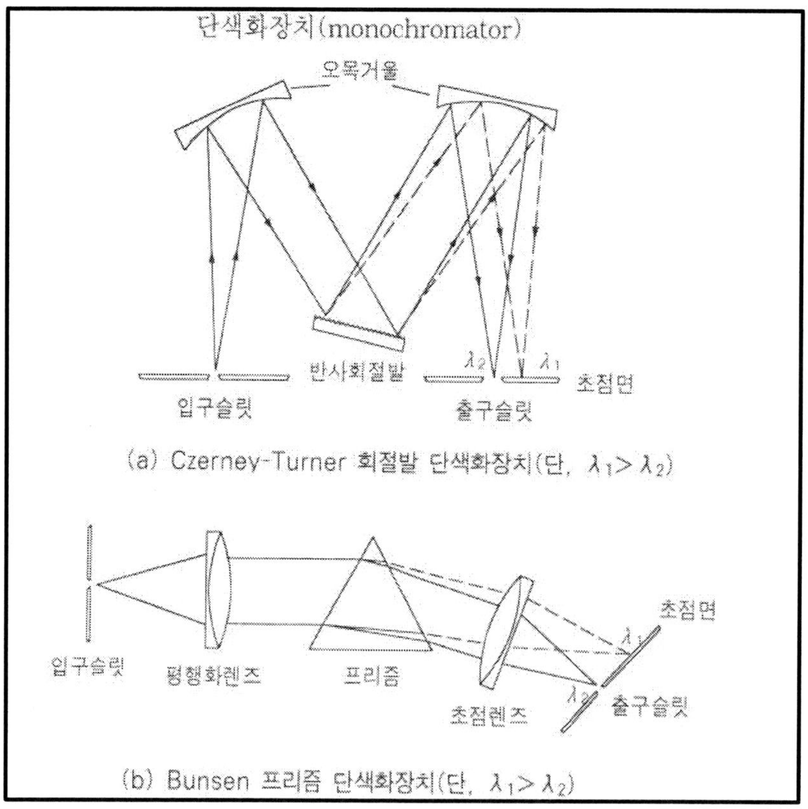

그림 B-25. 단색화장치의 광학설계

회절발의 경우(그림B-25(a))와 같이 입구 슬릿을 통과한 입사광이 오목거울에 의해 평행 광이 되며 회절발에 의해 파장에 따라 분리되는데, 회절발의 위치에 따라 파장이 다른 복사선이 출구 슬릿을 통해 검출기에 도달하게 된다. 프리즘의 경우(그림B-25(b)) 복사선은 좁은 직사각형 구멍 또는 슬릿을 통하여 평행 빛살로 된 다음 적당한 각도를 이루면서 분산장치의 표면에 투입된다. 두 면에서의 굴절에 따라 그림에 나타낸 바와 같이 복사선의 분산이 나타난다. 두 장치에서 분산된 복사선은 초점면 AB위에 입구슬릿의 두 상으로서 초점이 모여 나타난다. [λ_1에 대하여 한개, 그리고 λ_2에 대하여 한개]

단색화장치는 광원에서 들어온 연속 파장의 자외선 및 가시광선을 각 파장별로 분산시켜 단색화된 빛을 얻는다. 그러나 실제 분산되어 나온 빛은 어는 정도의 띠나비를 갖게 된다. 이상적으로 말하면 분산한 빛의 띠나비는 아주 좁아야 하는데, 그 이유는 다음과 같다.

① 띠나비가 좁아야만 서로 인접된 흡수띠의 분해(resolution)가 가능하다.

② 띠나비가 좁게 되면 띠의 강도가 최대 흡수파장에서 측정되므로 예민도가 증가 된다.

③ 시료의 정량적인 흡광도 측정이 가능해진다.

단색화장치에서 빛은 프리즘 또는 회절발(grating)을 이용하여 분산하는데 유효 띠폭은 35~0.1nm 정도 이다.

(3) 흡수용기(Cell)

흡수용기는 시료를 담는 그릇을 말하는데 용액상태의 시료용기와 기체상태의 시료용기가 있다. 재료는 석영 또는 실리카가 보통이며, 특수유리로 만든다. 유리용기는 약 300nm 이하의 자외선을 자체가 흡수하므로 가시광선 영역에서만 사용할 수 있다. 석영과 실리카 용기는 자외선 및 가시광선 영역에서 모두 사용할 수 있으나 유리용기보다 가격이 비싼 단점이 있다. 용기의 모양은 보통 직육면체 모양(cuvet)이 일반적이며 빛이 통과되는 양쪽 면을 흡수용기의 창문이라고 한다. 이 용기의 두께는 1.0cm가 보통이며 시료의 농도가 묽은 경우 5.0cm 또는 10.0cm 용기를 사용하기도 한다. 반면 0.2cm 또는 0.4cm의 마이크로 용기도 있다. 이와 같은 흡수용기를 사용할 때 주의 할 점은 용기의 창문을 손으로 만지지 말고 항상 용기의 안팎을 깨끗이 보존해야 한다. 시료를 넣어 사용한 후에는 시료의 종류에 따라 증류수, 메탄올, 세척제, 또는 진한 질산용액 등으로 잘 세척해 두어야 하며 중크롬산 용액의 사용은 피하는 것이 좋다. 흡수용기의 형태는 그림 B-26과 같으며 목적에 따라 알맞은 여러 가지 형태들을 다양하게 이용할 수 있다.

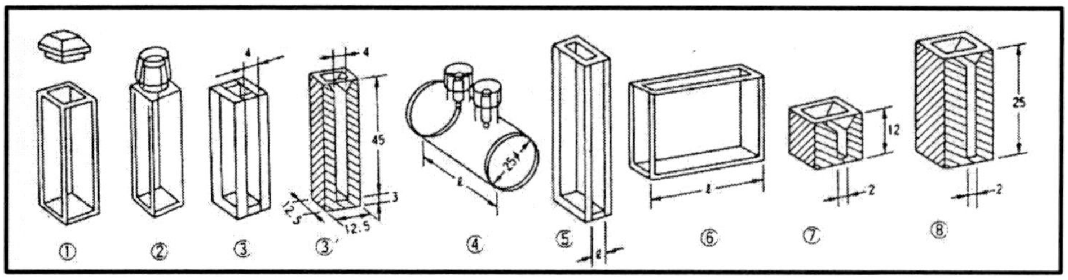

그림 B-26. 여러 가지 흡수용기(cell)

(4) 검출기(detector)

자외선-가시광선 범위의 빛을 검출하는 검출기에는 보통 세 가지 종류가 있는데 감도, 응답시간, 사용되는 파장범위 및 출력의 형태 등에 따라 서로 차이점이 있다.

초기의 분광학적 검출기로서는 육안이나 사진건판 또는 사진필름을 이용하였으나 현재의 검출기는 대부분 복사 에너지를 전기신호로 변환시키는 변환기로 대체 되었다. 이상적인 검출기는 높은 감도와 우수한 검출한계를 가져야 하며, 넓은 파장 범위의 복사에너지에 대하여 일정하게 응답해야 한다. 그리고 빠른 응답시간과 빛이 없을 때 최소한의 출력신호를 내야 한다. 또한 이렇게 얻은 신호가 빛의 세기 P에 정비례 하는 것도 중요하다.

(5) 광학계

분광광도계는 기본적으로 광학계가 다른 싱글 빔(single Beam)과 더블 빔(double beam)형이 있다. 싱글 빔 방식은 먼저 셔터를 닫은 상태에서 투과율이 0을 가리키도록 조정하고, 셔터를 열고 측정하고자 하는 파장의 빛에 대해 대조셀을 써서 Io가 100%가 되도록 조절한다. 그 다음에 셀 홀더를 이동시켜 시료셀을 광로에 놓고 미터의 눈금 또는 수치를 직접 읽는다. 측정하는 동안에 광원의 밝기가 변동하면 안 되므로 측정할 때마다 이 조작을 반복한다. 특정파장에 고정해서 흡광도를 측정하여 분석하는 정량분석에 적합하다.

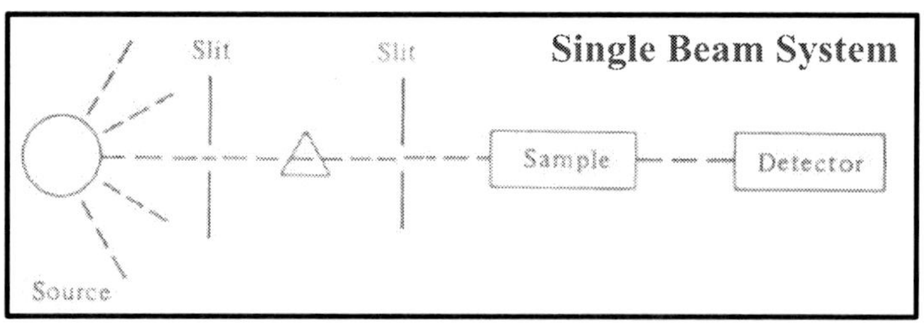

그림 B-27. 싱글 빔의 광학설계모형

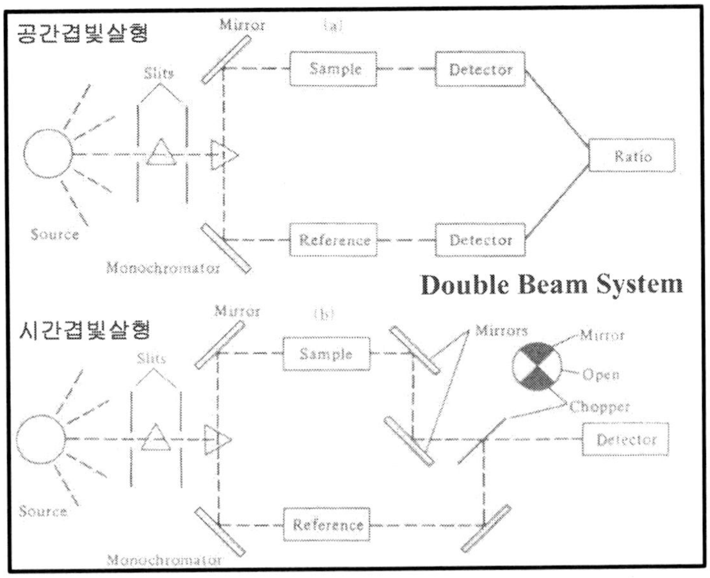

그림 B-28. 더블 빔의 광학설계 모형

더블 빔 방식은 분광기로 분광한 단색광을 섹터거울을 써서 시간적으로 둘로 나누어 시료셀과 대조셀에 번갈아 가며 입사시켜 양쪽의 투과도의 차이를 측정해서 시료의 흡수를 측정한다. 이 방식으로 측정하면 안정한 base line을 얻을 수 있다. 측정은 투과율 0을 맞추는 것은 싱글 빔 방식과 마찬가지지만, 100%를 조정할 때는 2개의 셀에 blank 용액을 넣고 실시한다. 다음에 한쪽의 셀에 시료를 넣고 측정을 하는데. 광원에서 나온 빛을 2방향으로 나누어 거의 동시에 시료셀과 대조셀에 빛이 입사하도록 설계되어 있으므로 광원의 밝기가 일정하지 않아 생기는 변동은 상쇄된다.

6 정량분석에의 응용

(1) 정량법의 종류

흡광광도법을 써서 한 성분의 정량을 하는 방법에는 다음과 같은 것이 있다. ㈎ 비흡광도(E값)을 쓰는 방법, ㈏ 표준품을 쓰는 방법, ㈐ 검량선을 쓰는 방법 등이 있다.

1) 한 성분의 측정

㈎ E값(비흡광도)을 쓰는 방법

층장의 길이 1cm, 농도 1W/V%의 용액으로 환산했을 때의 흡광도를 비흡광도($E^{1\%}_{1cm}$) 라고 하며 층장 1cm, 농도 1mol/L의 용액으로 환산했을 때의 흡광도를 몰흡광계수(ε_{max}: molar absorptivity)라 한다.

이들은 Lambert-Beer 법칙($A = aCL = \log\frac{1}{T}$ 또는 $A = \varepsilon CL$)에서 각각 α, ε 에 해당하며 용액의 농도가 결정되면 용액의 흡광도 A로부터 계산하여 구할 수 있다.

$$E^{1\%}_{1cm} = A/(c \times L), \quad C: \text{용액의 농도}(W/V\ \%)$$

$$\varepsilon = A/(c \times L), \quad C: \text{용액의 농도}(mol/L)$$

비흡광도($E^{1\%}_{1cm}$) 와 몰흡광계수(ε_{max})의 환산식은 다음과 같다.

$$\varepsilon = E^{1\%}_{1cm} \times \frac{MW}{10}$$

시료용액(a g/100mL: W/V%)의 흡광도 A를 층장 1cm에서 측정하여 순물질의 비흡광도를 기준으로 한 시료 중의 순물질의 양(x mg)을 다음 식을 이용하여 구한다.

$$x(mg) = \frac{A}{E^{1\%}_{1cm}} \times f, \quad f = 10^3: \text{단위환산}(g \rightarrow mg)$$

㈏ 표준품을 쓰는 방법

시료(C_r · mg) 및 표준품(C_s mg)을 같은 방법으로 처리하여 검액(V_T, Vs mL)으로 하고 흡광도 (A_T, A_S)를 측정하여 시료 중의 순품의 양(C_T mg)또는 함유율(x %)을 다음 식을 이용하여 구한다.

$$C_T = C_s \times \frac{A_T}{A_s} \times \frac{v_T}{v_s}, \qquad x = \frac{C_T}{C_{r'}} \times 100$$

이 방법은 발색반응이나 추출 등 처리조건의 영향이 큰 경우에 적합하다.

(다) 검량선을 쓰는 방법

표준품 또는 순물질의 함량기지의 물질에 대하여, 시료용액과 똑같이 조작하여 투과도를 측정할 수 있는 범위에서 조금씩 농도를 다르게 한 일련의 용액들을 만들고, 이 용액들에 대해 각각의 흡광도와 농도와의 관계를 나타내는 검량선을 그린다. 다음에 시료용액을 측정하여 얻은 흡광도가 검량선상에서 어느 농도에 해당하는지를 살펴, 시료 중의 순물질의 양을 알아내는 방법이다.

2) 다 성분의 동시 정량

설명을 간단히 하기 위해 두 성분으로 이루어진 시료를 예로 들어보자. 지금 X, Y라고 하는 두 성분으로 이루어진 계에 대해서 다음과 같은 세 가지 경우를 생각 할 수 있다. ㈎ X, Y 성분의 흡수곡선이 겹치지 않는 경우, ㈏ 한쪽의 흡수곡선이 겹치는 경우, ㈐ 양쪽의 흡수곡선이 겹치는 경우로 다음 그림 B-29와 같이 생각할 수 있다.

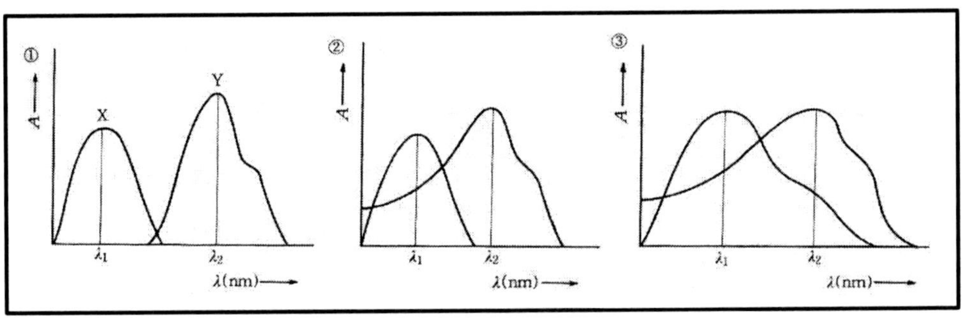

그림 B-29. 두성분계의 흡수곡선

㈎의 경우는 X, Y를 각각의 파장 λ_1, λ_2에서 측정한다.

㈏의 경우는 예를 들면 위의 그림 ②에서 보는 바와 같이 X성분의 흡수에 Y성분의 흡수가 겹칠 때, Y성분은 X 성분의 영향이 없으므로 우선 λ_2에서 Y성분의 농도를 알아놓고, 이어서 그 양에 대한 Y성분의 λ_1에서의 흡광도를 미리 측정한 값에서 계산해 둔다. 그리고 λ_1에서의 흡광도에서 그 값을 빼면 X성분에 대한 흡광도를 알 수 있다.

㈐의 경우는 만일, 10mm의 셀을 사용하면 다음과 같은 식이 성립한다.

$$A_1 = K_{X_1 C_X} + K_{Y_1 C_Y}, \qquad A_2 = K_{X_2 C_X} + K_{Y_2 C_Y}$$

여기서, A_1 : λ_1에서의 흡광도

A_2: λ_2에서의 흡광도

K_{X1}: X성분의 λ_1에서의 흡광계수

K_{X2}: X성분의 λ_2에서의 흡광계수

K_{Y1}: Y성분의 λ_1에서의 흡광계수

K_{Y2}: Y성분의 λ_2에서의 흡광계수

C_X, C_Y : X, Y 성분의 각각의 농도

위의 연립 방정식을 풀면 C_X, C_Y를 구할 수 있다. 즉 파장 λ_1, λ_2에서의 A_1, A_2를 측정하여 위의 연립방정식에 대입하면 X, Y 성분의 각각의 농도 C_X, C_Y는 다음과 같게 된다.

$$C_X = \frac{K_{Y_2}A_1 - K_{Y_1}A_2}{K_{X_1}K_{Y_2} - K_{X_2}K_{Y_1}} , \quad C_Y = \frac{K_{X_1}A_2 - K_{X_2}A_1}{K_{X_1}K_{Y_2} - K_{X_2}K_{Y_1}}$$

이 방법은 두 성분이 서로 영향을 주지 않으면 정량이 가능하다는 것을 나타내는데, 실제로는 오차가 크며 세 성분 이상이 되면 정밀도는 아주 나빠진다.

약전 수재의약품 progesteron의 한 예로서 (241 nm) : 500~530 (건조 후 2mg, 메탄올 200mL, 10mm)라고 기재한 것은 본 품을 건조감량항에서 기재한 조건으로 건조하고, 약 2mg을 정밀히 달아 메탄올에 녹여 정확히 200mL로 한 것을 층장 1cm, 파장 241nm에서 흡광도를 측정하였을 때 값이 500~530이라는 것을 말한다.

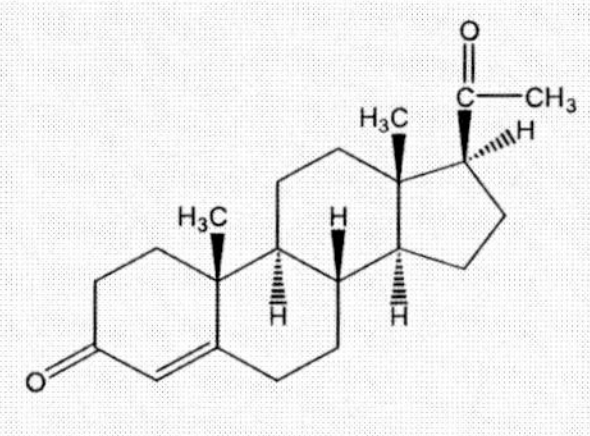

예제

약전수재 prednisolone $C_{21}H_{28}O_5$:(m.w. = 360)의 λ_{max} = 242nm(ε= 14,900)이다. $E^{1\%}_{1cm}$ (242nm)를 환산하시오.

풀이

$$\varepsilon = E^{1\%}_{1cm} \times \frac{MW}{10} \text{ 이므로}$$

$$E^{1\%}_{1cm} = \frac{\epsilon \times 10}{MW} = \frac{(14,900 \times 10)}{360} = 414$$

예제

비흡광도가 $E_{1cm}^{1\%}$ (354nm): 1,054~1,130 로 규정된 약전수재 의약품을 건조 후 5g을 칭량하여 물에 녹여 1,000mL로 하여 파장 354nm, 층장 10mm에서 측정 시 이용액의 흡광도 범위를 구하시오.

풀이

$$E_{1cm}^{1\%} = A/(c \times L), \quad C\text{: 용액의 농도}(W/V\ \%)\text{에서}$$

$$A = E_{1cm}^{1\%} \times C = 1{,}050 \times \frac{0.5}{1{,}000} = 0.527$$

$$A = E_{1cm}^{1\%} \times C = 1{,}130 \times \frac{0.5}{1{,}000} = 0.565$$

이므로 흡광도 범위는 **0.527~0.565**이다.

예제

① 70 T%는 흡광도 A로 환산하면 얼마인가?

② 어떤 수용성 분자(m.w.=1,000)는 λ_{max} = 360nm(ε= 10,000)이다. 이 분자 몇 g을 물 1L에 녹이면 70 T%가 되는가?

풀이

$$A = \log(\frac{1}{T}) = \log(\frac{1}{0.7}) = 0.155$$

$A = \epsilon\ c\ L = 10{,}000 \times C \times 1$이므로, $C = 0.0000155\,mol/L$

$0.0000155 \times 1{,}000 = 0.0155\,g$

7 대한약전 의약품각조에의 응용

흡광도 측정법은 의약품의 분석수단으로서 매우 유용하며, 의약품 각조에서 여러 면으로 활용되고 있다.

(1) 확인시험

1) 표준품에 의한 확인

검체의 흡수스펙트럼과 표준품의 흡수스펙트럼을 비교하여 검액과 표준품의 흡수파장의 동일성 및 같은 흡수강도를 확인한다. 즉, 검체 및 표준품의 스펙트럼이 같은 파장에서 같은 강도의 흡수를 나타낼 때 검체가 표준품과 같은 물질임을 확인한다.

2) 흡수파장에 의한 확인

검액의 흡수스펙트럼을 그릴 때 물질에 따라 특정 파장부위에서 흡수의 극대 또는 극소를 나타내는 성질을 이용하여 검액의 흡수극대파장이 의약품 각조에서 규정하는 흡수극대파장의 범위인가를 확인하여 검체의 흡수극대파장이 의약품각조의 규정에 맞을 때 검체가 의약품각조 의약품과 같은 물질임을 확인된다.

예) Fluorouracil의 확인시험

이 약의 0.1 mol/L 염산용액 (1→100,000)을 가지고 흡광도측정법에 따라 흡수스펙트럼을 측정할 때 파장 264~267 nm에서 흡수극대(λ_{max})를 나타내며 파장 230~233 nm에서 흡수극소(λ_{min})를 나타낸다.

3) 흡광도비에 의한 확인

검체의 흡수스펙트럼의 둘 이상의 파장에서 흡광도비를 구하고 의약품각조에서 규정하는 흡광도비와 비교하여 검체의 흡광도비가 의약품각조의 규정에 맞을 때 검체가 의약품각조 의약품과 같은 물질임을 확인된다.

예) Riboflavin의 확인시험

이 약을 pH 7.0 인산염완충액에 녹인 용액(1→100,000)을 가지고 흡광도측정법에 따라 흡수스펙트럼을 측정할 때 파장 265~267 nm, 372~374 nm 및 444~446 nm에서 흡수극대(λ_{max})를 나타낸다. 또 각각의 흡수극대파장에서의 흡광도를 A1, A2, A3라고 할 때 A2/A1은 0.314~0.333, A3/A1은 0.364~0.388이다.

(2) 시성치로서의 $E_{1cm}^{1\%}$

융점, 비선광도 등과 같이 물질의 고유치로서 그 범위가 규정되어 있다. 여기에는 함량, 순도 및 확인 등의 요소가 포함되어 있다.

예) 아즈말린 $E_{1cm}^{1\%}$ (292 nm) : 85 ~ 95 (건조 후, 2mg, 에탄올, 100mℓ)

의약품각조에 아즈말린은 위와 같이 규정되어 있는데 이것의 의미는 이 약을 건조감량의 항에서 규정하는 조건으로 건조하여 약 2 mg을 마이크로화학천칭을 써서 정밀하게 달아 에탄올을 넣어 녹이고 에탄올로 정확하게 100 ㎖로 한 다음 이 액에 대하여 층장 1 cm, 파장 292 nm에서의 흡광도를 조작법에 규정하는 방법으로 측정할 때 $E_{1cm}^{1\%}$가 85~95인 것을 나타낸다.

(3) 순도시험

약품 중의 불순물의 허용량을 흡광도(수치) 또는 표준물질의 흡광도로 규정하고 있다.

예) 나프록센의 순도시험

이 약 2.0g을 아세톤 20mL에 녹일 때 액은 맑다. 또 이 액을 가지고 자외가시부흡광도측정법에 따라 시험할 때 파장 400nm에서의 흡광도는 0.070이하이다.

예) 살리실산나트륨의 순도시험

살리실산나트륨(순도시험): 이약 1.0g 을 물 10mL에 녹일 때 액은 맑다. 또 이 액을 가지고 자외가시부흡광도측정법에 따라 시험할 때 파장 420nm에서의 흡광도는 0.02 이하이다.

(4) 정량법

자외가시부흡광도측정법에 의한 정량은 Lambert-Beer의 법칙에 기초를 두고 있다. 이 법칙은 입사광이 흡수되어 그 강도를 감소시키는 비율은 광로에 존재하는 광 흡수분자의 수에 비례한다고 하는 기본적인 가정에 근거를 두고 있다.

1) 표준물질을 사용하는 방법

시료의 흡광도와 표준품의 흡광도 A_T 및 As를 측정하여 비교 정량하는 방법으로 대한약전 수재의 메칠도파, 염산피리독신 등의 예가 있다. 이 방법은 발색반응이나 추출 등 처리조건의 영향이 큰 경우에 적합하다.

예1) 메칠도파 정(methyldopa tablets)

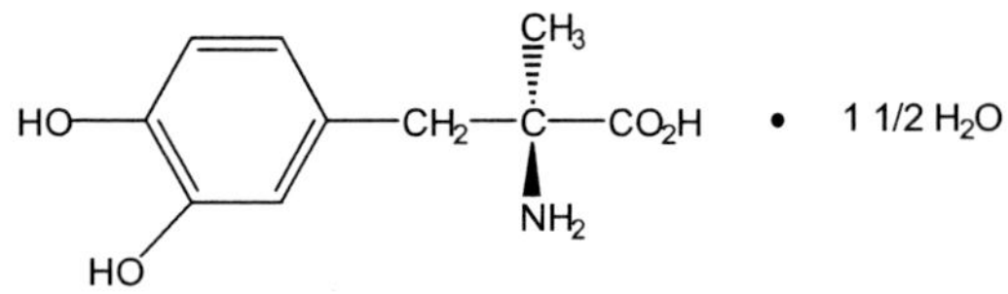

조 작)

이 약 20 정 이상을 가지고 그 질량을 정밀하게 달아 가루로 한다. 메칠도파 ($C_{10}H_{13}NO_4$) 약 0.1 g에 해당하는 양을 정밀하게 달아 0.05 mol/L 황산시액 50 mL를 넣어 15 분간 흔들어 섞고 다시 0.05 mol/L 황산시액을 넣어 정확하게 100 mL로 하고 건조여과지를 써서 여과한다. 처음 여액 20 mL 는 버리고 다음 여액을 검액으로 한다. 따로 메칠도파 표준품 (미리 125 ℃에서 2 시간 건조하여 감량을 측정한다) 약 0.11 g을 정밀하게 달아 0.05 mol/L 황산시액에 녹이고 정확하게 100 mL로 하여 표준액으로 한다. 검액 및 표준액 5 mL씩을 정확하게 취하여 각각에 주석산제일철시액 5 mL를 정확하게 넣고 다시 pH 8.5 암모니아초산암모늄완충액을 넣어 정확하게 100 mL로 한다. 이들 액을 가지고 0.05 mol/L 황산시액 5 mL를 써서 같은 방법으로 조작하여 얻은 액을 대조로 하여 자외가시부흡광도측정법에 따라 시험하여 검액 및 표준액에서 얻은 각 액의 파장 520 nm에서의 흡광도 A_T 및 A_S를 측정한다.

$$\text{메칠도파 } (C_{10}H_{13}NO_4)\text{의 양 (mg)} = \text{건조물로 환산한 메칠도파표준품의 양 (mg)} \times \frac{A_T}{A_S}$$

시료가 그대로는 광흡수성을 가지지 않을 때에는 발색반응에 의하여 현저한 흡수를 가진 발색단(chromophore)으로 변화시켜 그 흡광도를 측정하는 경우가 많다. 이 방법으로 정량하는 예로서는 약전수재 염산피리독신 주사액의 정량법이다.

예2) 염산피리독신 주사액

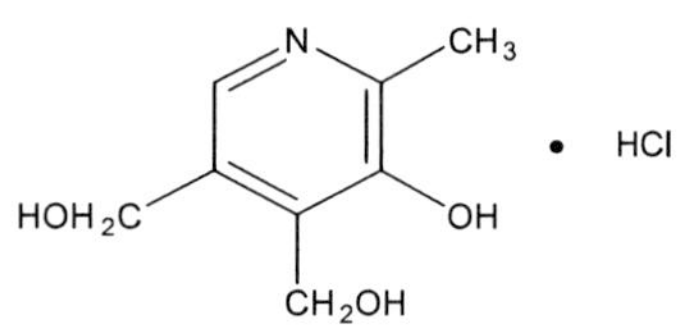

이 약을 필요하면 물로 희석시킨 다음 염산피리독신 ($C_8H_{11}NO_3 \cdot HCl$) 약 20 mg에 해당하는 양을 정확하게 취하여 물을 넣어 정확하게 100 mL로 한다. 이 액 25 mL를 정확하게 취하여 물을 넣어 정확하게 200 mL로 하여 검액으로 한다. 따로 염산피리독신표준품을 데시케이터(감압, 실리카겔)에서 4 시간 건조하여 약 0.1 g을 정밀하게 달아 물에 녹여 정확하게 100 mL

로 한다. 이 액 5 mL를 정확하게 취하여 물을 넣어 정확하게 200 mL로 하여 표준액으로 한다. 검액 및 표준액 1 mL씩을 정확하게 취하여 각각에 바르비탈완충액 2.0 mL, 이소프로판올 9.0 mL 및 새로 만든 2,6-디브로모퀴논클로르이미드의 에탄올용액(1 → 4000) 2.0 mL를 넣어 잘 흔들어 섞고 다시 이소프로판올을 넣어 정확하게 25 mL로 하여 90 분간 방치한다. 이들 액을 가지고 물 1 mL를 써서 위와 같이 조작하여 만든 액을 대조로 하여 자외가시부흡광도측정법에 따라 파장 650 nm에서 검액 및 표준액으로 만든 각 액의 흡광도 A_T 및 A_S를 측정한다.

$$\text{염산피리독신 } (C_8H_{11}NO_3{\cdot}HCl)\text{의 양 (mg)} \\ = \text{염산피리독신표준품의 양 (mg)} \times \frac{A_T}{A_S} \times \frac{1}{5}$$

이와 동일한 방법으로 정량하는 약전수재 의약품으로는 니코틴산, 니코틴산아미드, 디기톡신, 디곡신, 디에틸스틸베스테롤, 레세르핀, 말레인산에르고메트린, 술폰산나트륨, 시아노코발라민, 염산이소프로테레놀 등이다.

2) 비흡광도를 사용하는 방법(절대흡수법)

미리 순품에 대한 $E^{1\%}_{1cm}$가 판명되어 있는 경우 그 값을 이용하여 정량하는 방법으로 필수조건은 E값이 정확할 것, 셀의 길이가 정확히 1cm 일 것, 측정파장이 정확할 것, 분광광도계의 정밀도가 양호할 것 등이다.

보통 "흡수극대파장에서 흡광도를 측정한다." 로 되어있고 monochrometer의 slit 폭은 규정되어 있지 않다. 그러나 피토나디온은 극대흡수대의 폭이 좁기 때문에 피토나디온에서는 파장(248.5nm)과 모노크로메터의 slit 폭(0.5nm)을 엄밀하게 규정하고 있다. 또 불순물에 의해 흡수에 차이를 일으키기 때문에 특수한 방법을 사용하는 예도 있다.(비타민 A 정량법)

시료용액(ag/vL)의 흡광도 A를 층장 1cm에서 측정하여 순물질의 비흡광도를 기준으로 한 시료 중의 순물질의 양(mg)을 다음 식을 이용하여 구한다.

$$x = \frac{A}{E^{1\%}_{1cm}} \times f, \qquad f = 10^3\, v$$

예) 초산코르티손 수성현탁 주사액

약전수재 의약품중에는 여러 종류의 스테로이드 부신피질 호르몬이 수재되어 있으며, 항염증약 등으로 널리 쓰이고 있다. 이들 호르몬류의 $E^{1\%}_{1cm}$ 가 판명되어 있어, 이것을 이용하여 정량하는 경우가 많다. 초산 코르티손 수성현탁 주사액은 초산 코르티손을 가지고 주사제의 제법에 따라 만든 수성현탁 주사제로, 이것을 정량할 때 표시량의 90.0~110.0%에 해당하는 초산

코르티손($C_{23}H_{30}O_6$: m.w. 402.49)을 함유한다. 초산 코르티손의 $E^{1\%}_{1cm}$ 는 390이다.

조 작)

이 약을 잘 흔들어 섞고, 초산코르티손으로 약 50mg에 해당하는 약을 정밀하게 달아 메탄올을 넣어서 정확하게 250mL로 한다. 이 액 5mL를 정확하게 취하여 메탄올을 넣어 정확히 100mL로 한다. 이 액을 가지고 흡광도 측정법에 따라 시험하여 238nm 부근의 흡수극대 파장에서의 흡광도 A를 측정한다.

$$\text{초산코르티손}(C_{23}H_{30}O_6)\text{의 양}(mg) = \frac{A}{390} \times 50,000$$

예제 1

표준품인 cortisone acetate(m.w.=402) 0.01g을 취하여 100mL 메탄올에 녹여서 그 중에서 10mL를 취하여 다시 메탄올을 가해 100mL로 희석하여 측정한 이 용액의 흡광도는 A=0.390(λ =238nm)이었다.

① 238nm에서 $E^{1\%}_{1cm}$ (238nm)와 ε 를 구하시오.

② 이 약품의 미지농도 메탄올 용액의 흡광도 측정 시 A=0.5 이었다. 이 용액의 함량을 계산하시오.

풀이 1

$$E^{1\%}_{1cm} = (0.390 \times 10)/0.01 = 390$$

$$\varepsilon = E^{1\%}_{1cm} \times \frac{MW}{10} = (390 \times 402)/10 = 15,678$$

풀이 2

$$C(\%) = 0.5/390 = 0.0013\%$$

예제 2

약전수재 carbamazepine을 건조 후에 0.05g을 정밀하게 취하여 에탄올에 녹여 250mL로 했다. 이 액 5mL를 정확히 취하여 에탄올을 가해서 정확히 100mL로 했다. λ_{max} 285nm에서 이 용액의 흡광도 A를 측정했다. 다음 식의 (   )를 완성하시오.

$$Carbamazepine(C_{15}H_{12}N_2O)\text{의 양 }(mg) = \frac{A}{490} \times (\quad)$$

풀이

$E^{1\%}_{1cm} = A/[C(\%) \times L(cm)]$ 여기서, L=1cm 이다.

따라서 $C(\%) = A/E^{1\%}_{1cm}$ 이다. A/490은 이 용액의 % 농도로 표시되므로, 100mL중 carbamazepine의 g수를 의미한다.

따라서 carbamazepine의 g수는 mg 수로 환산(1g→1000mg) 하여 구하고, 희석배수를 구하여 곱한다.

$$Carbamazepine(C_{15}H_{12}N_2O)\text{의 양}(mg) = \frac{A}{490} \times \text{희석배수} \times 1000\text{이므로}$$

희석과정 ①에서 0.05g → 250mL 이므로 희석배수는 2.5

희석과정 ②에서 5mL → 100mL 이므로 희석배수는 20이다.

총 희석배수는 2.5 X 20 = 50이므로 (   )는 50 X 1000 = 50,000이다.

예제 3

Nitrofurazone(m.w.=198.14)을 함유한 제제 95.50 mg을 에탄올로 녹여 100mL로 하였다. 이 중 1mL를 취하여 10mL로 희석하여 λ=375nm, 1cm 층장에서 흡광도를 측정하니 0.810이었다. 이 제제 중 nitrofurazone[$E^{1\%}_{1cm}$(375nm) = 790]의 함량을 구하시오. 단, 이 제제 중에 nitrofurazone 이외의 물질은 375nm에서 흡수가 없다.

풀이

(0.810/790) x (100/95.5) x 100 = 10.7%

예제 4

약전수재 aspirin(m.w.=180.16)의 ε_{max}=1,225 (λ_{max}=277nm)이다.
$E_{1cm}^{1\%}$(277nm)를 환산하시오.

풀이

$$\varepsilon = E_{1cm}^{1\%} \times \frac{MW}{10} \text{ 이므로}$$

$$E_{1cm}^{1\%} = \frac{\epsilon \times 10}{MW} = \frac{(1,225 \times 10)}{180.16} = 67.995$$

3) 검량선을 사용하는 방법

흡광도측정법에서 정량하는 방법으로서 종래 검량선법이 사용되어 왔다. 즉 표준물질에 대하여 검액과 똑같이 조작하여 얻은 용액을 각종 농도로 조제하고 각각의 흡광도와 농도를 가지고 검량선을 작성하여 두고 검액으로부터 얻은 흡광도를 검량선에 대응시켜 정량하는 방법이다. 그러나 한 번 작성된 검량선은 결코 불변인 것이 아니고 시약의 종류, 조작조건 등에 따라 그 때마다 변화된다. 따라서 정량할 때마다 검량선을 만들어야 하는 번잡성이 있다.

현재는 검량선이 원점을 통과하고 일직선이 성립되는 것을 확인하였을 때에는 표준물질로부터 얻은 흡광도와 검액으로부터 얻은 흡광도 사이에 비례관계가 성립하기 때문에 그 비를 이용하여 계산하는 방법을 취하는 것이 보통이다. 이 경우 표준물질과 검체를 가지고 동시에 조작함으로써 시약의 종류와 조작조건의 차이에 의한 오차를 상쇄할 수 있다. 표준물질은 대한약전에서 정한 표준품도 있고, 또 제제 중의 성분 정량 등을 위해 시약 항에 정량용으로 정해져 있는 것도 있다.

예) 음료수 중의 철분(Fe)함량

조작)

시료 100mL를 취한 다음 10% 염산 3mL를 가한 후 약 50mL가 되도록 가열 농축하여 시험용액으로 사용한다. 또한 철분을 함유하지 않은 증류수를 이용하여 동일하게 처리하여 이것을 공시험 용액으로 사용한다. 시료 용액 및 공시험 용액을 각각 Vol-flask에 취한 후, 여기에 염산 히드록실아민 용액 1mL, o-페난트로린 용액 5mL 및 초산완충액 (pH 4.2) 20mL를 가해서 전량이 100mL가 되도록 한 다음, 잘 흔들어서 혼합 후 약 30분간 방치한다. 이 용액의 흡광도를 파장 510nm에서 측정한다. 별도로 수개의 같은 Vol-flask에 철표준액(Fe: 0.01mg/mL)을 0.5

~20mL를 단계적으로 취하여 각각에 10% 염산 3mL를 가한 다음 물을 더 가해 50mL로 한다. 이하 시험용액과 동일하게 조작하여 흡광도를 측정한다. 여기서 얻어진 값으로 검량선을 작성한다. 검량선으로부터 시료 중 철의 농도를 구한다.

예제

$KMnO_4$의 검량선 작성 및 함량결정:

$KMnO_4$(m.w.=158.03)를 1-N 황산 수용액에 녹여서 2.5, 5.0, 7.5, 10.0, 12.5 ppm의 표준액을 조제했다. 각각의 표준액의 흡광도를 λ_{max}=525nm에서 측정한 결과는 다음 표와 같다.

농도 C (ppm)	2.5	5.0	7.5	10.0	12.5
흡광도 λ_{max}=525nm	0.11	0.20	0.31	0.42	0.53

① 검량선을 모눈종이에 작성하시오.
② 상기 자료를 이용하여 최소제곱법으로 회귀직선을 구하시오.
③ 자료를 이용하여 흡광도 A가 0.39인 미지시료의 농도를 구하시오.

C 크로마토그래피

1 개론

크로마토그래피는 원래 혼합물을 각각의 단일성분으로 분리시키는 방법으로, 1980년 경 F. F. Runge에 의한 염료의 분리에서 시작되었으며, 각 염료와 여과 종이의 친화력과 분자량 차이를 이용하여 여러 가지 염료를 분리해 냈다. 이 기술은 종이 크로마토그래피(paper chromatography)로 알려져 있으며, 오늘날에도 널리 이용되고 있는데 그림 C-1에 나타내었다.

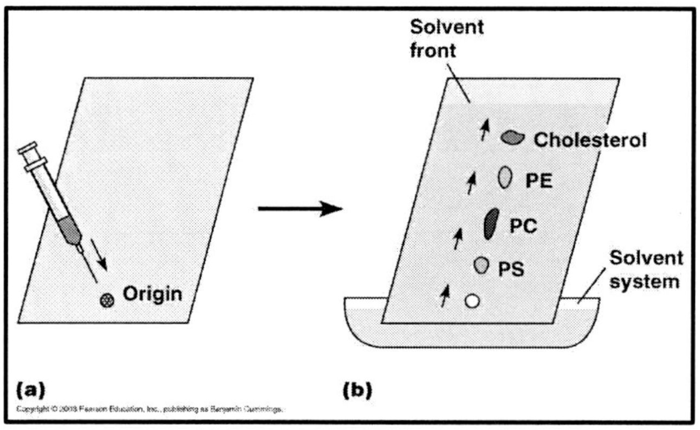

그림 C-1. Paper chromatography

1906년 러시아의 식물학자 M. Tswett는 채색된 식물 색소의 분리를 위해 그림 C-2와 같이 적절한 흡착제($CaCO_3$)로 충전된 유리 칼럼을 이용했으며, 이는 오늘날 칼럼크로마토그래피로 불리고 있다. 그는 클로로필, 크산토필과 같은 여러 가지 식물성 염료를 분리하는데 미세한 입자의 탄산칼슘으로 채운 유리관에 이들 화합물의 용액을 통하여 분리하였다. 분리된 화학종은 관에 색을 가진 띠로 나타나므로 이 과정에 대해 색의 기록이라는 의미인 크로마토그래피라는 용어를 사용하였다. 즉, 크로마토그래피(Chromatography)의 뜻은 색깔(color)을 기록한다(write)는 뜻으로 그리스어의 어원(그리스어로 chroma는 색을, graphein은 기록한다는 것을 의미함)을 가지는 데, 이는 초기 실험의 주요 대상물질이 식물의 색소였기 때문이다.

크로마토그래피를 크게 나누면, 기체 상태의 시료를 대상으로 하는 가스크로마토그래피와 분리될 때의 시료의 상태가 액체인 액체크로마토그래피가 있다. 이 두 크로마토그래피는 다시 원리, 분리메카니즘 및 정지상 또는 이동상에 따라 여러 가지로 분류된다. 크로마토그래피는 역사적으로 액체크로마토그래피부터 시작되었으나, 오늘날의 크로마토그래피 분석법에 크게 기여한 것은 1950년대에 석유화학공업에서의 필요성에 의해 개발된 가스크로마토그래피이다.

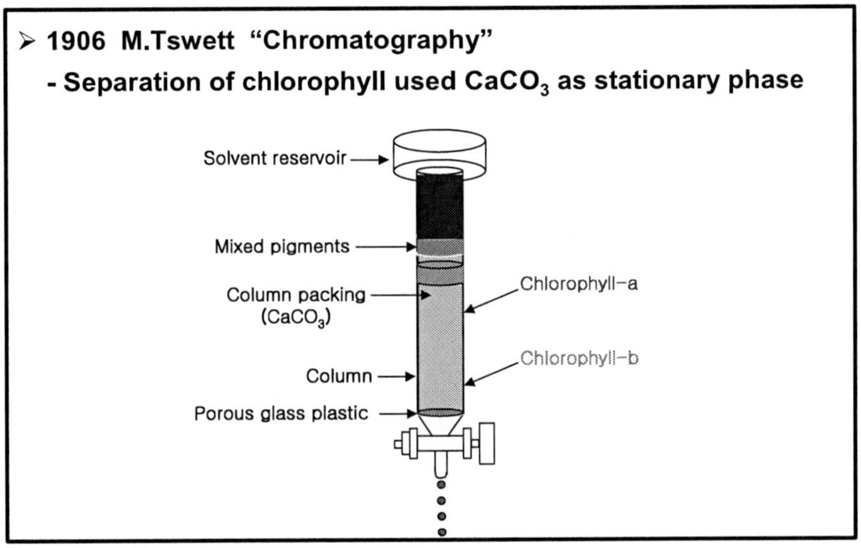

그림 C-2. column chromatography

이와 같은 가스크로마토그래피의 획기적인 분리 및 분석 능력은 분별 증류에 의존하였던 석유화학공업의 분석법이 가스크로마토그래피로 대치되는 계기가 되었다. 그 후 가스크로마토그래피 분석법은 기체시료 및 휘발성 유기화합물의 분리 및 분석법으로 확대되어, 화학 공업에서의 분석 및 품질관리 업무는 물론, 미량분석, 유기합성, 의약품 및 생물화학 물질의 분석 및 대사 연구, 환경 오염물질의 분석, 임상분석 및 진단 등 매우 다양한 분야에 활용되고 있다.

복잡한 시료를 분리하는 방법으로서 크로마토그래피법만큼 효율적인 방법도 드물다. 크로마토그래피법은 이 장에서 다루는 다른 어떠한 기술보다도 다양한 용도와, 빠른 속도, 응용성이 좋은 것이 특징이며, 특히 가스 크로마토그래피법(gas chromatography : GC)과 고성능 액체 크로마토그래피법(High Performance Liquid Chromatography : HPLC)을 생각하면 최신의 기기에 관련된 기술은 특기할 만하다. 이 장에서는 크로마토그래피법의 일반적인 개념과 응용영역에 대한 전망에 대해 소개하고자 한다.

크로마토그래피법은 분리된 두 가지 상(phase)과 각각 다른 정도로 상호작용하는 성분의 혼합물을 분리하는 데 이용된다. 2개의 상의 특성과 상호작용의 종류는 매우 다양하며, 이에 따라 여러 가지 크로마토그래피법이 있다. 두 가지 상 중의 하나는 이동상(mobile phase)이고, 다른 하나는 움직이지 않는 고정상(stationary phases)이다. 분리하고자 하는 혼합물은 주로 이동상에 도입되는데, 이 때 이동상은 중력이나 다른 힘에 의해서 고정상을 지나가게 된다. 혼합물에 들어 있는 각 성분은 고정상에 의해 끌리는 정도가 다르므로 고정상을 지나가는 속도가 달라지며, 따라서 분리가 되는 것이다. 이동상이 기체인 경우를 가스 크로마토그래피법이라고 하고, 이동상이 액체인 경우를 액체 크로마토그래피법이라고 한다. 크로마토그래피의 일반적인 분류는 그림 C-3에 나타내었다.

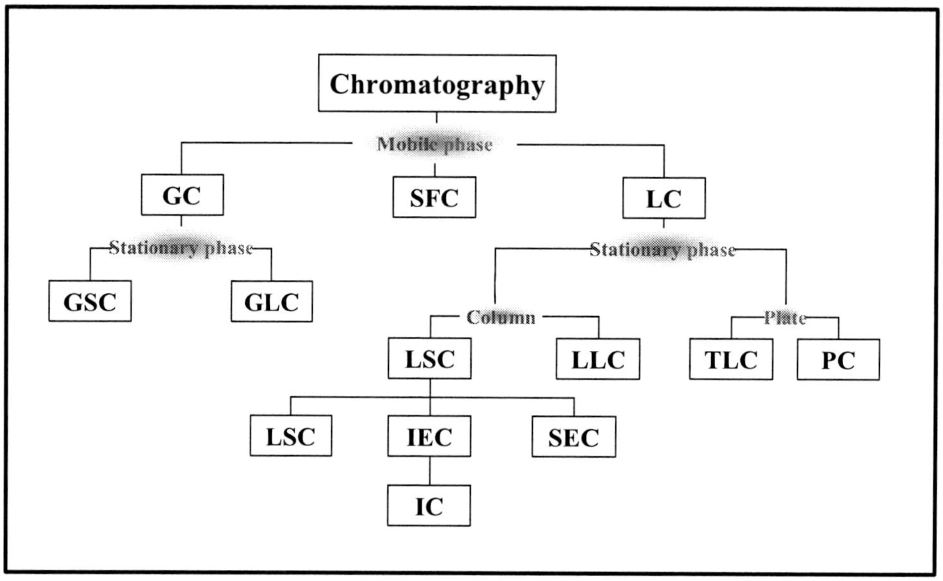

그림 C-3. 크로마토그래피의 분류

가스 크로마토그래피법으로 분석을 하려면 물질을 휘발성 유도체로 하지 않으면 안 되는 경우가 흔한데, 검출법으로는 수소염법 등의 유기물질에 대한 비특이적 고감도 검출법이라든가, 질량 분석법과 같은 특이적 고감도의 검출법을 쉽게 이용할 수 있다는 이점이 있다. 결점으로서는 물질을 열에 안정한 휘발성으로 하지 않으면 안 된다는 점이며, 그렇기 때문에 수많은 유기 화합물 중에서 이 방법으로 분리할 수 있는 대상은 약 20% 정도라고 추정하고 있다.

액체 크로마토그래피법은 종래 널리 사용해 왔던 박층 크로마토그래피법(Thin Layer Chromatography : TLC), 여지 크로마토그래피법(Paper Chromatography : PC)을 포함하여 고전적 칼럼 크로마토그래피법과 HPLC가 있는데, 액체인 이동상에 녹을 수 있는 것은 뭐든지 분리할 수 있다는 점과, 고정상의 개발에 의한 분리능의 향상, 분석시간의 단축 등으로 인해 최근에는 가스 크로마토그래피법보다 높은 빈도로 이용되고 있다.

다음 그림 C-4에 일반적인 고속액체크로마토그래피와 가스크로마토그래피의 구성을 나타내었다.

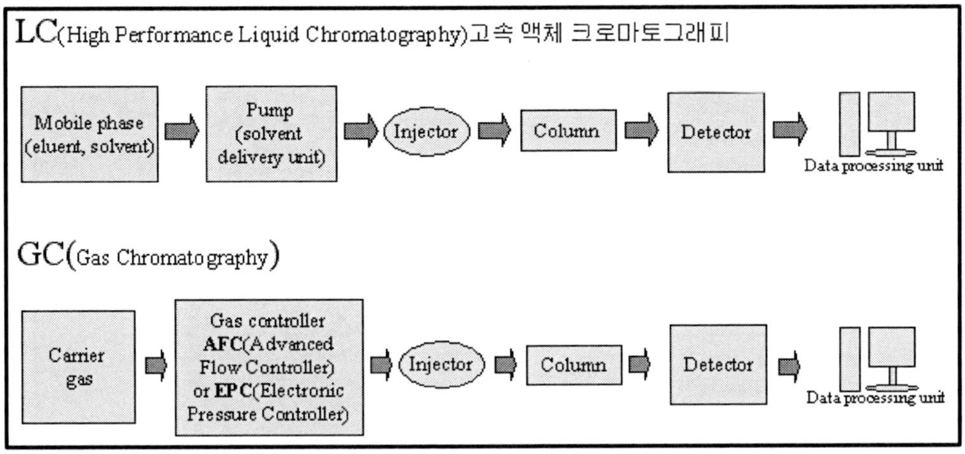

그림 C-4. HPLC 및 GC의 구성

2 크로마토그래피법의 기초이론

액체 크로마토그래피법을 예로 들어 기초이론에 관해 서술하는데, 기초적 용어는 다음 그림 C-5를 이용해서 설명한다.

(1) 이론단수 (theoretical number : N)

이론단수는 원래 증류이론으로부터 유도되어 분리효율의 어림으로 쓰이는 말인데, 간이적으로는 분액깔때기를 몇 개 연결하였을 때 크로마토그래피를 한 것과 동등한 분리를 나타내는가라고 생각해도 좋다. 값이 클수록 분리효율의 좋은 것이다. 최근의 고성능 액체 크로마토그래피의 경우는 칼럼 1 m당 5만 ~ 10만의 수치를 내는 것도 있다. 크로마토그램으로부터 계산할 때는 다음의 식을 이용한다.

$$N = 16 \times \left(\frac{T_r}{W}\right)^2 = \left(\frac{T_r}{\sigma}\right)^2$$

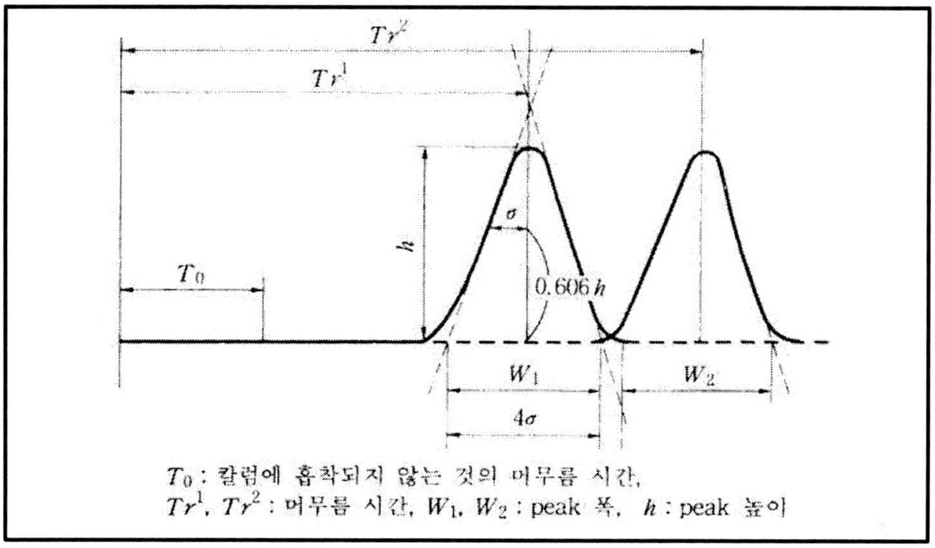

그림 C-5. 크로마토그램의 해석

(2) 유효이론 단수 (effective theoretical number : N_{eff})

이론단수는 분리효율에 관여하지 않는 To의 항을 포함하고 있으므로, 이것을 보정하면 다음 식과 같이 된다.

$$N_{eff} = 16 \times \left(\frac{T_r - T_o}{W}\right)^2 = \left(\frac{T_r - T_o}{\sigma}\right)^2 = N\left(\frac{k'}{k'+1}\right)^2$$

본래 N_{eff}를 사용해야겠지만 T_o를 정확히 구하기가 곤란한 경우도 많아서, 간이적으로 N을 이용하는 경우도 많다.

(3) 이론단칼럼높이 (height equivalent to a theoretical plate : HETP)

이론단수 1단을 내는 데 필요한 칼럼의 길이(통상단위 mm)이며, 값이 작을수록 고분해능의 칼럼이고 0.01 mm라는 값을 내는 경우도 있다. 즉, 다음과 같은 식으로 계산할 수 있다.

$$HETP = \frac{L}{N} = \frac{\text{칼럼의 길이}}{\text{이론단수}}$$

이 칼럼 높이와 유속의 관계를 다음 그림 C-6에 나타내었다.

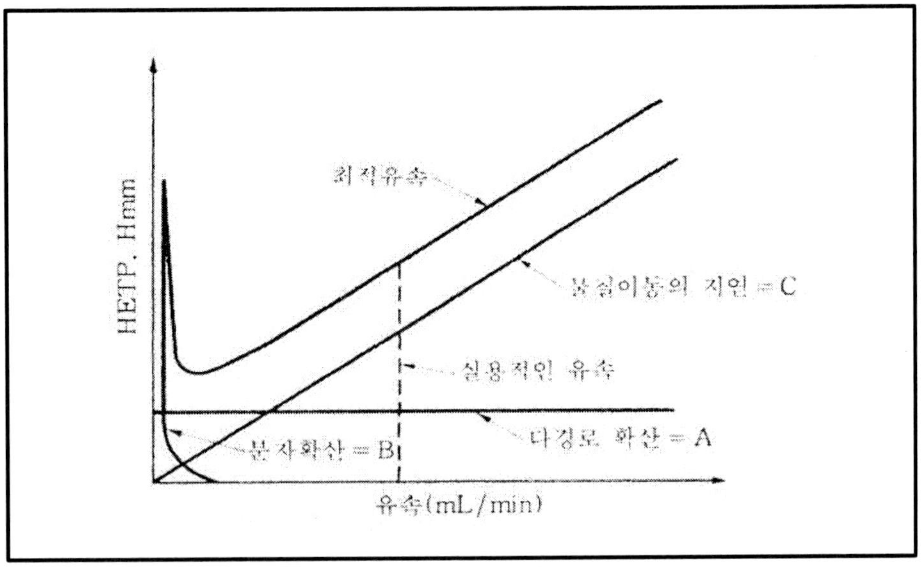

그림 C–6. 칼럼의 높이와 유속과의 관계

유속을 u라고 하면 Van Deemter 공식으로 알려져 있는 아래와 같은 근사식을 쓸 수 있다.

$$HETP \ = A + \frac{B}{\mu} + C\mu$$

A, B, C는 분리조건과 분리되는 물질에 따라 정해지는 상수이다. A는 다경로 확산이라고 하는 것으로 고정상이 균일하지 않을 경우에 일어나는 물질의 확산으로 다음 그림 C-7에 다경로 확산의 개념을 나타내었다. 균일한 수지로 채운 칼럼은 A가 작으며, 따라서 HETP값이 작다.

B는 분자확산이라고 하는 것으로 칼럼 내에서의 물질의 확산에 관한 것이다. 통상 액체 크로마토그래피법은 액체 내에서의 물질의 확산보다 빠른 속도로 이동상(액체)을 흐르게 하므로, 특수한 경우 이외에는 문제가 되지 않는다. 단, 가스 크로마토그래피법에서는 이 확산이 10^4배 정도 빠르므로, 가스 크로마토그래피법에서는 주의하여야 한다.

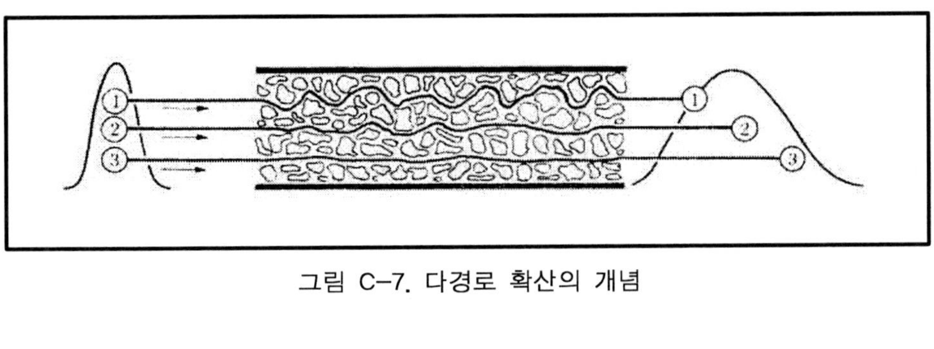

그림 C–7. 다경로 확산의 개념

C는 물질이동의 지연이라고 하는 것이다. 다음 그림 C-8에서와 같이 이동상을 타고 진행하는 용질은 크로마토그래피 원리상 고정상과 이동상을 오가면서 연속적으로 발생하는 평형을 이루면서 진행한다. 이 때 이동상의 이동속도에 적합한 평형 속도를 유지한다면 이로 인한 띠 넓힘 현상은 최소화되겠지만, 고정상에 용해되어 들어간 용질의 일부가 고정상 및 이동상에 대한 용해속도의 느림으로 인하여 이동상으로 돌아오는 속도가 느려지게 된다면 띠 넓힘 현상이 발생하게 된다. 크로마토그래피법이란 고정상과 이동상 사이의 분배를 이용한 분리법이라는 것은, 연속적으로 이동상을 송액할 때 유속이 너무 빠르면 분배평형이 성립하기 전에 다음의 이동상이 오게 되어, 결과적으로 물질이 확산되어 버린다. 이 항이 작고 효율이 좋은 크로마토그래피를 하려면 유속을 느리게 하든지, 고정상의 수지 지름을 작게 하여 분리평형의 시간을 짧게 한다.

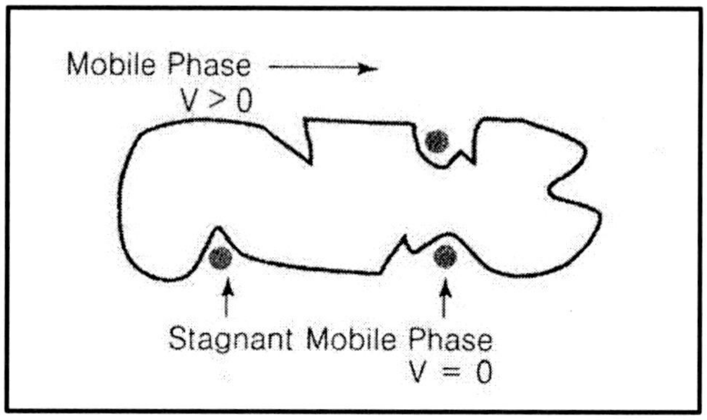

그림 C-8. 물질이동의 지연

실제로 분리를 할 때는 '최적유속'으로 하는 것이 이상적이지만 분석시간이 길게 걸리고, 또한 뒤에서 설명할 분리조건을 선택하면 수천단 정도의 분리능을 가진 칼럼으로 목적하는 물질을 분리할 수 있다는 점에서, '최적유속'보다 빠른 유속으로 하는 경우가 많다. 구체적으로는 지름 5㎛ 정도의 수지를 안지름 4mm 정도의 칼럼에 채운 고능률 액체 크로마토그래피법에서는 1mL/min 정도의 유속을, 지름 100um 정도의 수지를 안지름 1 cm 정도의 칼럼에 채운 분취 크로마토그래피법에서는 10mL/hr 정도의 유속을 사용하는 경우가 많다.

(4) 칼럼의 용량인자 (capacity factor 혹은 retention factor: k')

보정을 한 머무름 시간과 칼럼에 흡착하지 않는 것의 머무름 시간의 비를 용량인자(capacity factor) k'라고 한다. 용량인자 k'는 다음 식으로 표현할 수 있다.

$$k' = \frac{(t_R - t_M)}{t_M} = \frac{t'_R}{t_M}$$

여기서 t_M은 그림 C-5에서의 t_0와 같은 의미로 "hold-up time" 혹은 " dead-time"이라고 칭한다. 이는 분석되는 대상성분이 칼럼의 고정상에 전혀 머무르지 않고 곧바로 빠져나오는데 걸리는 시간을 말하며, 실험적으로는 메탄(methane)성분을 GC에 주입하여 피크로 나오는 머무름 시간을 사용한다.

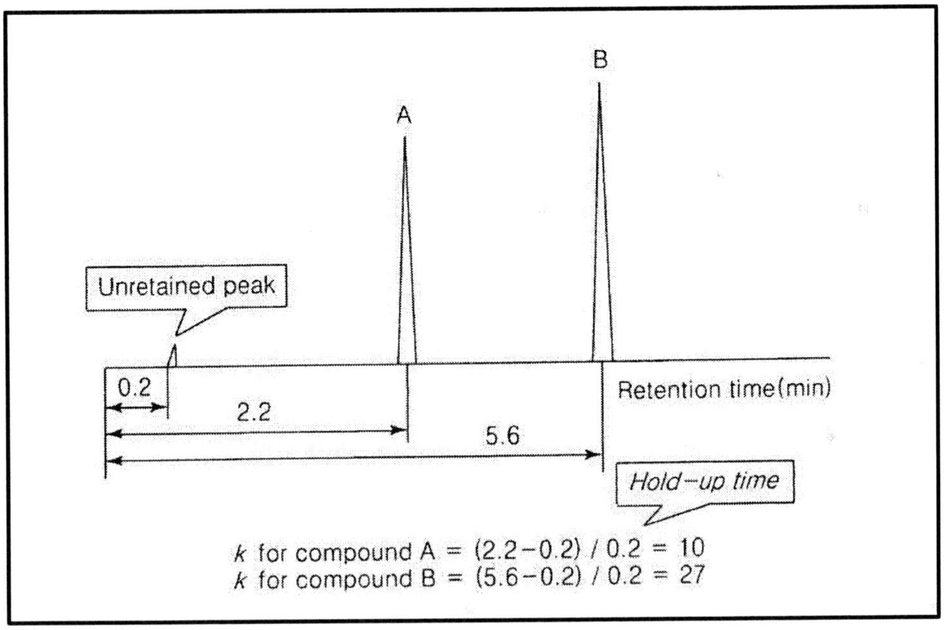

그림 C-9. 용량인자의 실제 계산 예

용량인자의 실제 계산방식을 그림 C-9에 알기 쉽도록 표기하였다. 여기서 머무르지 않는 피크(unretained peak)의 머무름 시간은 0.2분이 된다. 또한 칼럼에 머무르지 않는 피크의 k'값은 0이 되는 반면 그림 C-9의 A 피크의 k'값 10은 해당성분이 고정상에 이동상보다 10배 오래 머문 것을 의미한다. k'이 작을 때는 물질은 고정상을 충분히 이용하지 못하며, 그리고 크로마토그래프의 계 내에 있는 확산의 영향을(용출용량이 작으므로) 더 받기 때문에 분리가 잘 되지 않는다. k'을 크게 하면 분리는 좋아지지만 분석시간이 길어진다. 그리고 peak도 broad하게 된다. 통상 $1 < k' < 4$의 조건이 분석시간, 검출감도의 점을 생각할 때 바람직하다.

(5) 분리계수/분리인자 (separation factor : α)

분리계수는 크로마토그램에서 피크들 사이의 유지시간의 관계(인접한 피크들의 분리 선택성)를 나타내는 것으로 칼럼의 성질에 따라서 결정되어진다. 분리계수 α는 아래의 식으로 정의한다. (그림 C-5 참조)

$$\alpha = \frac{T_{r^2} - T_o}{T_{r^1} - T_o} = \frac{k'_2}{k'_1}$$

여기서 k'_1은 앞서 용출되는 피크의 용량인자를 말하며, k'_2는 뒤에 용출되는 피크의 용량인자를 말한다. 두 성분이 겹칠 때 α값은 1이 되며, 두 피크가 분리되는 경우 값은 1보다 커지게 된다. 다시 말해 분리계수는 물질의 분배계수의 비로 나타낼 수 있으며, 이 값이 1보다 클수록 분리하기 쉽고, 그리고 이 값이 1일 때에는 아무리 분리효율이 좋은 칼럼을 써도 두 물질을 분리한 수 없다.

α를 필요 이상으로 크게 하면 분석시간이 길어지므로, α를 1.2~1.5 정도가 되도록 분리조건을 설정하는 것이 중요하다. α를 변화시키는 인자로서는 분리기구(사용하는 고정상의 선택)나 분리조건(이동상의 선택, 분리온도) 등이 있는데, 예를 들면 분자량 500 정도의 물질로 메틸렌 수(-CH_2-)가 1개 차이질 때 α를 1.2 정도로 하는 것은 용이하다. 통상의 분리라면 α를 1.2 정도로 하면 쉽게 단시간에 분리할 수 있다.

그리고 위의 k(분배계수)는 고정상 중의 용질의 농도 C_s를 이동상 중의 용질의 농도 C_m으로 나눈 값$\left(k = \dfrac{C_s}{C_m}\right)$인데, 다음과 같이 크로마토그래피법의 각각의 분리기구에 따라 호칭이 다르다.

흡착계수 --- 흡착크로마토그래피법
분배계수 --- 분배크로마토그래피법
분포계수 --- 이온교환 크로마토그래피법
침투계수 --- 겔 크로마토그래피법

(6) 분리도 (Resolution Function: R_s)

크로마토그램에서 피크들 사이의 유지시간과 각각의 피크 폭의 관계를 나타낸 것이다. 고정상의 종류, 물질의 성질과 농도 등에 따라 2성분의 피크가 겹치는 방식이 달라진다. 따라서 칼럼의 분리 능력의 척도로서 다음 그림 C-10과 같이 두 성분의 피크가 겹치는 경우에 분리도 R_s를 정의하여 각조 중 품목마다 기재된 분리도의 칼럼을 선택하도록 지시한다.

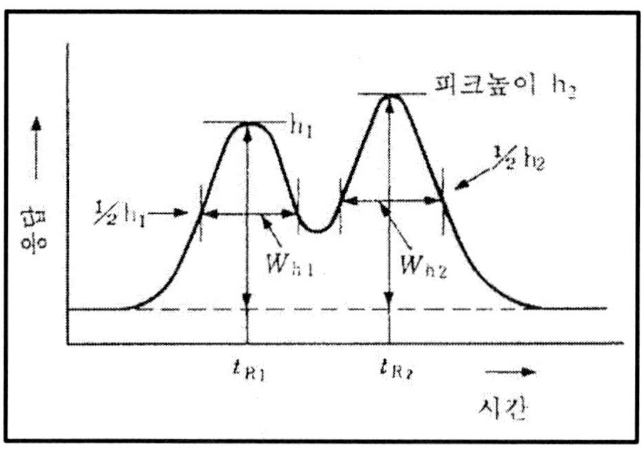

그림 C-10. 분리도(separation factor)

$$R_s = 2\left(\frac{t_{R2} - t_{R1}}{1.70(W_{0.5h1} + W_{0.5h2})}\right), \quad t_{R1},\ t_{R2}$$: 두 물질의 유지시간.

단, $t_{R1} < t_{R2}$ W_{h1}, W_{h2} : 각 피크의 반높이선너비

두 성분의 peak가 같은 모양으로 정규분포 곡선의 형(대칭형)의 peak일 때(그림 C-5)는 다음과 같은 식으로 나타낼 수 있다.

$$R_s = \frac{T_{r^2} - T_{r^1}}{\frac{W_1 + W_2}{2}} = 2\left(\frac{T_{r^2} - T_{r^1}}{W_1 + W_2}\right)$$

여기서 T_{r2}-T_{r1}은 peak간의 거리이고, 분리의 선택성(고정상, 이동상의 조건 등)에 의해 결정된다. $W_1 + W_2$는 peak가 얼마나 넓은가를 나타내며, 칼럼의 효율에 따라 결정된다. 분리조건을 변화시켜 선택성 또는 효율($W_1 + W_2$)을 작게 함으로서 R_s을 1.0 정도 이상으로 가져가면, 통상의 분석일 경우에는 각 peak를 peak 높이법으로 정량할 수 있게 된다. 그리고 R_s =1.5이면 2개의 peak는 전혀 겹치지 않고 이른바 바탕선 분리(Base line separation)이 되며, 2개의 높이가 같다고 가정하면 R_s=1.0일 때 약 74%가 갈라지고, R_s=1.2일 때 약 87%가 갈라지는데, 그 개념을 그림 C-11에 나타내었다.

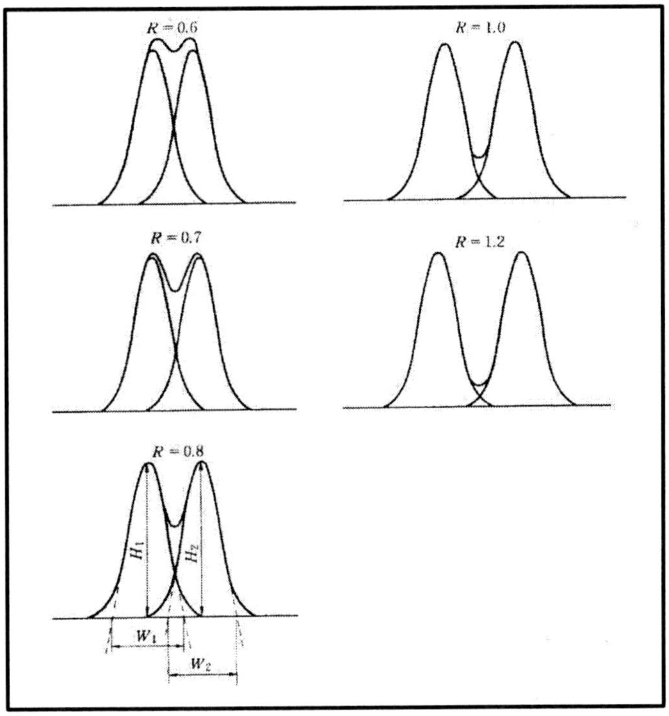

그림 C-11. peak의 분리도 Rs와 분리정도
[H_1: H_2 = 1 : 1의 경우]

peak가 대칭형으로 용출되었다고 가정하고 분리도 Rs가 변화하였을 때, 어느 정도의 정량오차가 나오는가를 그림 C-12에 나타내었다.

그림 C-12를 보는 방법은 예를 들면 R_s=1.0과 H_1/H_2=10이 만나는 곳에 0.0/0.3이라고 표시되어 있다. 이 의미는 앞에 peak H_1이라고 하는, 뒤의 peak H_2보다 10배 높은 peak가 있는데, 이 2개의 peak의 분리도가 1.0이면 각각을 peak 높이법으로 정량을 하였을 때 peak H_1에 대하여 0.3%의 높

은 값이 나온다는 것을 의미하는 것이다. 목적에 따라 분리도를 작게 하면 분석시간을 단축할 수 있다.

위 : H_1(%)
아래 : H_2(%)

R \ H_1/H_2	1	2	5	10	25	50	100
0.6	7.3 7.3	(3.2 11.8)	(1.2 29.4)	(0.6 58.9)	(0.2 100)	(0.1 100)	(0.1 100)
0.7	2.3 2.3	1.1 5.2	(0.4 10.5)	(0.2 21.0)	(0.1 52.4)	(0.0 100)	(0.0 100)
0.8	0.7 0.7	0.3 1.4	0.1 4.0	(0.0 6.4)	(0.0 15.9)	(0.0 31.8)	(0.0 63.7)
0.9	0.2 0.2	0.1 0.3	0.0 0.9	0.0 1.9	(0.0 4.1)	(0.0 8.2)	(0.0 16.5)
1.0	0.0 0.0	0.0 0.1	0.0 0.2	0.0 0.3	0.0 0.9	0.0 2.0	0.0 3.4
1.1	0.0 0.0	0.0 0.0	0.0 0.0	0.0 0.1	0.0 0.2	0.0 0.4	0.0 0.7
1.2	0.0 0.0	0.0 0.0	0.0 0.0	0.0 0.0	0.0 0.0	0.0 0.1	0.0 0.1
1.3	0.0 0.0	0.0 0.0	0.0 0.0	0.0 0.0	0.0 0.0	0.0 0.0	0.0 0.0

( ) : 하나의 peak로 관측(shoulder 또는 tailing peak)

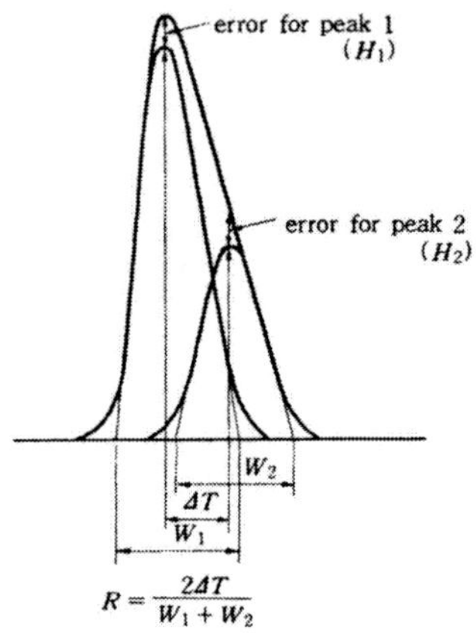

그림 C-12. peak 높이법에 의한 정량오차

한편, 그림 C-13에서와 같이 피크 후단이 길게 흐르는 경우 다음 식에 의해서 대칭계수(테일링계수)를 정의하고, 형상의 비대칭성을 나타내는 척도로 한다.

$$S = W_{0.05}/2f$$

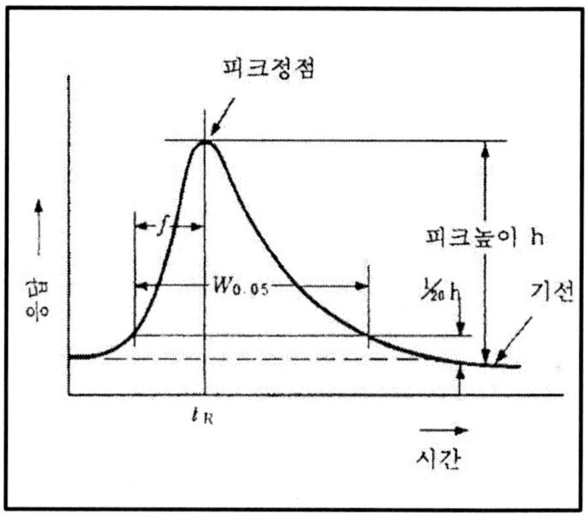

그림 C-13. 대칭계수 $W_{0.05}$ 및 f

(7) 분리능의 최적비

목표로 하는 분리에 필요한 분리도 R_s를 설정하고 이어서 분리계수 a을 설정하면, 필요로 하는 유효이론단수 N_{eff}가 정해지며, 칼럼의 길이 등이 정해지게 된다.

구체적으로 말하자면 분리도는 1 정도가 좋으며, 그리고 분리계수 1.10 정도의 조건을 설정하면 약 2000단의 칼럼이더라도 충분히 분리할 수 있게 된다.(그림 C-14) 그저 단순히 분리의 단수에만 구애받지 말고 분리도, 분리계수를 고려하여 조건을 설정하는 것이 크로마토그래피법에 있어서 중요하다고 할 수 있다.

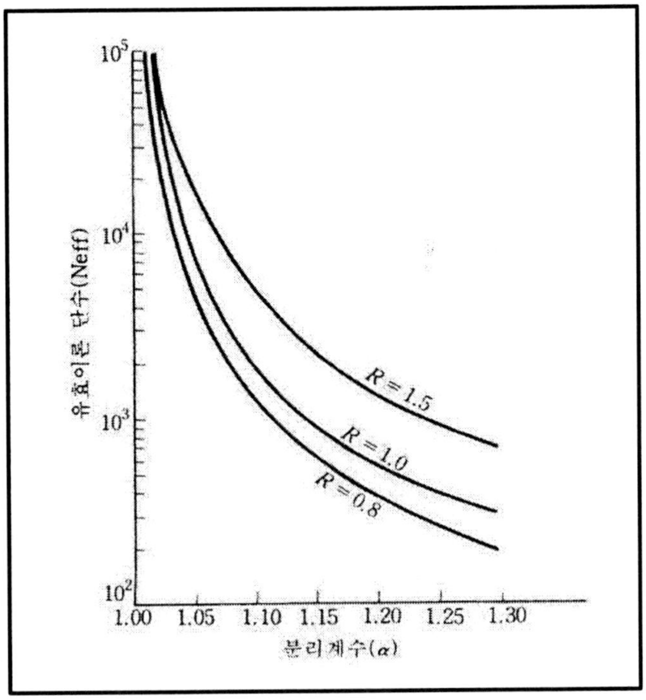

그림 C-14. N_{eff} 와 α 또는 R_s 의 관계

D 가스크로마토그래피(GC)

가스크로마토그래피법은 적당한 고정상으로 만든 분리관내를 이동상으로 기체(캐리어가스)를 사용하고 시료를 기체 상태로 전개시켜 각각의 성분을 분리하는 방법이다. 그 조작이 신속하고 간편하며, 또한 고분리능이고 고감도에다가 재현성도 좋기 때문에 제제나 생체시료 중의 각 성분의 확인 및 정량분석에 상용되고 있다.

1 장치

운반가스 도입부, 시료도입부, 항온조 및 칼럼, 검출기, data 수집부로 구성되어 있다. 고압 실린더 내 운반가스는 압력계에 의해 적절한 압력으로 조정된 후 기체 정제관을 통과하면서 수분 및 기타 불순물들이 제거된다. 유속조절기에 의해 일정한 유속으로 조정된 후 시료주입구를 통해 온도조절 오븐 내에 들어 잇는 모세관 칼럼을 흘러 검출기를 통과한다. 주입구를 통해서 주입된 시료가 운반가스에 의해 칼럼 내로 운반되면 단일 성분으로 분리되어 검출기 내로 운반되면서 각 성분이 전기적 신호로 바뀌고 기록기에 크로마토그램으로 기록된다. 또한 자료 수집부는 정성 및 정량자료를 산출한다. 정성분석에 있어서는 일정한 유속을 유지시켜 머무른 시간의 재현성을 높여야한다. 보통 정확한 운반가스의 유속은 검출기 출구에서 비눗방울 유량계 등으로 측정한다.

각 시료성분들을 예리한 봉우리로 분리시켜서 높은 분리도를 얻도록 하기 위해서는 GC의 모든 부분의 조건을 최적화 하여야 한다.

최적화해야 하는 GC 분석조건들은 다음과 같다.

① 운반가스의 종류, 순도 및 유속(u)

② 시료주입구의 내부 용적, 온도, 시료 주입방법 및 주입량

③ 액체 정지상의 종류, 코팅된 상태 및 두께(df)

④ 고체 정지상 혹은 고체 충전입자 크기(dp), 모양

⑤ 칼럼 형태(충전 혹은 모세관), 칼럼관 재질, 길이(L), 내경(dc)

⑥ 칼럼 연결부위의 불용공간

⑦ 칼럼 온도

⑧ 검출기 종류, 내부 용적 및 온도

가스크로마토그래피의 일반적인 장치를 다음 그림 D-1에 나타내었다.

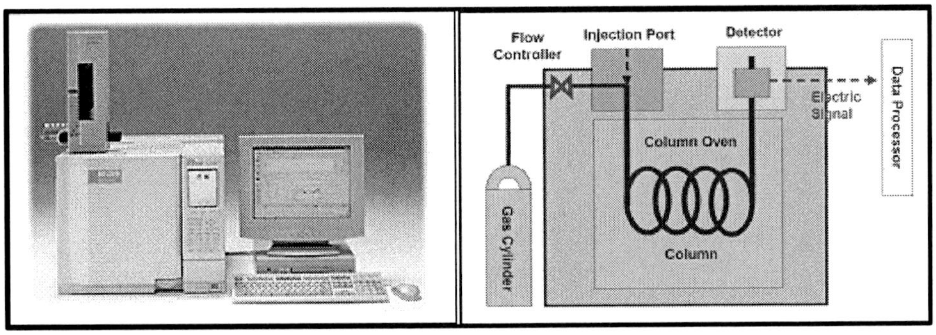

그림 D-1. 가스크로마토그래피 장치

(1) 캐리어가스

일반적으로 질소를 쓴다. 그러나 가스크로마토그래피를 질량 분석계에 직접 연결하여 사용하는 경우에는 헬륨 등을 사용한다.

GC에서는 LC나 SFC와는 달리 화학적으로 활성이 없는 기체를 이동상으로 사용하므로 각 성분들의 크로마토그래픽 분포평형과정에 영향을 주지 않고 다만 정지상이 들어 있는 칼럼을 통해 증기상태의 시료 분자들을 운반하는 역할만 하므로 기체 이동상이 운반가스로 명명된다. 불꽃이온화 검출기(flame ionization detector: FID)와 같은 특정 검출기인 경우에는 검출기 입구에 직접 수소와 공기를 연료가스로서 공급하여야 한다. 순도가 높은 운반가스를 정밀한 유속을 유지하면서 누출 없이 공급하는 것은 GC의 높은 분리 능력과 검출기 성능에 영향을 주므로 잘 선정하여야 한다. 이상적인 운반가스의 요구조건은 다음과 같다.

① 비활성이어야 한다.
② 안전성이 높아야 한다.
③ 사용할 검출기에 적합해야 한다.
④ 칼럼 분리성능을 높이기 위해 점도가 낮아야 한다.
⑤ 순도가 높아야 한다.

열전도도 검출기(thermal conductivity detector: TCD)에는 열전도율이 높은 수소 혹은 헬륨을 사용하여야 최대의 감도를 얻을 수 있으며 불꽃 이온화검출기(FID)에는 질소, 헬륨 및 아르곤을 사용할 수 있으나 질소는 헬륨보다 두 배 이상의 감도를 낸다. 전자포획 검출기(electro capture detector: ECD)는 조작양식에 따라 산소가 없는 건조한 질소나 50% 메탄이 들어있는 아르곤을 사용한다.

질소, 헬륨 및 수소의 유속에 대한 h의 크기변화를 보여주는 Van Deemter 곡선(그림 D-2)은 분리 성능에 대한 각 기체의 점성도의 영향을 설명해 주고 있다.

세 종류 운반기체의 최소 h 값은 거의 유사하나 이에 해당되는 최적 유속은 점성도가 큰 질소에 비해서 헬륨인 경우에 약 2배, 그리고 가장 점성도가 적은 수소인 경우에는 3배가 된다. 그러므로 질소대신 헬륨을 사용하면 거의 같은 분리성능 하에서 분석시간을 2배, 헬륨대신 수소를 사용할 경우 3배정도 단축할 수 있다. 같은 유속조건에서 분리되지 않은 두 성분이 질소대신 헬륨을 사용하면 분리도 R 값이 1.17, 수소를 사용하는 경우에는 1.37로 증가하는 것을 알 수 있다. 폭발성은 있지만 점도가 작아서 높은 칼럼온도에서도 칼럼성능이 감소되지 않고 신속하게 분석할 수 있기 때문에 최근 거의 모든 고분리능 GC 분석에 수소가 운반가스로 사용되고 있다.

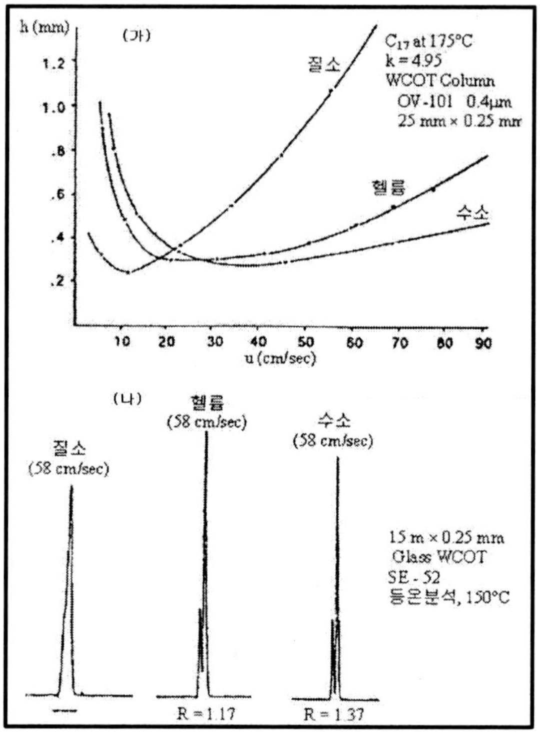

그림 D-2. 운반가스의 분리성능에 대한 영향
(가) 유속의 변화에 대한 Van Deemter 곡선 비교
(나) 동일한 유속에서 분리도 비교

운반가스내의 산소나 수분과 같은 불순물은 극성이 큰 액체 정지상을 화학적으로 분해시키고 검출기의 전기적 신호 배경을 증가시키거나 미지의 유령봉우리를 나타나게 하며 미량의 탄화수소들은 량의 배경을 높여서 유용한 감도를 제한시킨다. 운반가스와 검출기 기체 내의 미량의 수분과 탄화수소들은 Drierite, Molecular Sieve 5A, 그리고 활성탄으로 충전된 정제관장치를 기체 실린더와 GC 기기 사이에 장착하여 제거된다. 운반가스내의 미량의 산소는 450℃ 까지 가열한 환원된 구리 관에 통과시킴으로써 제거할 수 있으나 단회용 Oxisorb(Valco, Inc., USA), Oxi-trap(Alltech Associates, USA)과 같은 특수한 산소여과기가 개발되어 사용되고 있으며 또한 재생할 수 있는 기체 정제기도 개발되었다. 검출기 중 TCD와 ECD를 사용하는 경우는 특별히 이와 같은 산소여과기를 기체 정제관 다음에 장착하여야 한다.

표 D-1. 모세관 칼럼 내경에 따른 운반기체의 최적유속 *(25℃, 1기압)

칼럼 내경(mm)	최적유속(mL/min)*	
	수소	헬륨
0.53	5.3	4.2
0.32	3.2	2.6
0.25	2.5	2.0
0.20	2.0	1.6
0.10	1.0	0.8
0.05	0.5	0.4

주어진 칼럼의 성능은 운반가스의 유속에 따라 달라지므로 Van Deemter 곡선의 최소 h_{min} (혹은 최대 유효이론단수 n)에 해당되는 최적유속을 유지해 주어야 한다. 최적유속은 일반적으로 칼럼의 내경에 따라 대략 그 범위가 정해진다. 모세관 칼럼인 경우에는 최적유속이 칼럼 내경과 비례하고 운반기체가 헬륨이 경우에 수소에 비해서 20% 낮다. 가장 분리하기 어려운 성분의 봉우리 하나에 대해 최대의 유효이론단수 n (혹은 최소 h)값을 얻을 때가지 유속을 변화시켜 실험적으로 최적유속을 결정 할 수 있다.

기체 유속은 일반적으로 비누액이 들어있는 고무구를 누를 때 검정된 피펫관 내로 흐르는 기체에 의해 비누막이 형성되어 올라가는 속도를 초시계로 측정하여 기체유속(mL/min)을 계산하는 비눗방울 유량계를 사용하여 측정한다.

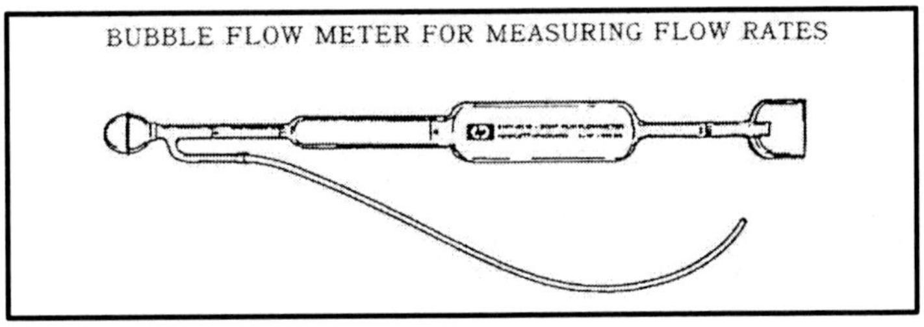

그림 D-3. 비눗방울 유량계

(2) 시료도입부

시료를 칼럼 내에 주입하는 부분이다. 시료가 용액일 때는 마이크로시린지를 쓴다. 그리고 시료가 기체일 때는 전용의 가스도입 장치 또는 가스타이트 시린지를 사용한다. 고체시료를 그대로 도입하는 고체시료 도입장치도 있다. 시료 도입부는 일정한 온도로 가열되어 있으며, 시료가 주입되면 순식간에 기화하여 가스 상태로 되며, 가압된 운반가스에 의해 밀려 칼럼에 충전된 고정상으로 유도된다. 도입부의 온도는 보통 칼럼 항온조의 온도보다 20~30℃ 높은 일정온도로 설정한다. 그러나 열에 불안정한 성분은 너무 온도가 높으면 분해되므로 주의 하여야 한다.

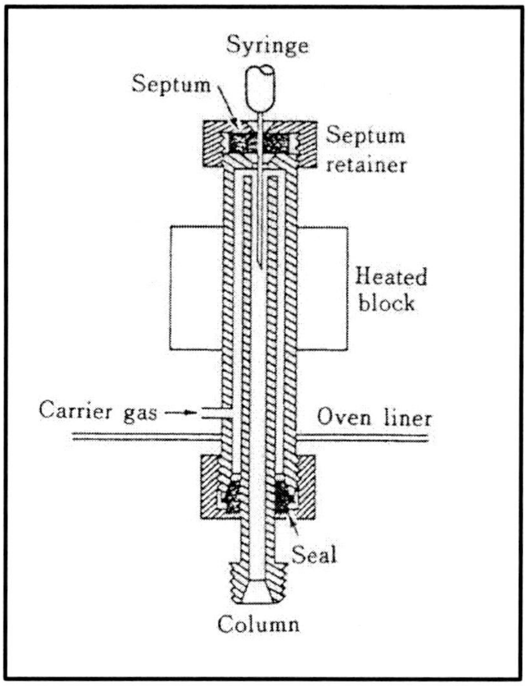

그림 D-4. 시료주입구

분석시료는 일반적으로 시료주입구를 통해서 증기 상태로 운반가스와 혼합되어 칼럼 내로 주입된다. 시료 주입방법이 분석오차의 주요한 원인 중의 하나로서 분석결과의 정밀성과 정확성에 크게 영향을 미치므로 주어진 시료에 대한 최적의 시료 주입방법을 선정하는 것은 매우 중요하다. 시료가 아주 좁은 플러그 형태로 칼럼에 주입될수록 모든 성분들의 분리과정이 동시에 시작되고 봉우리의 대칭도와 예리도가 증가되어 성분들 사이에 분리도가 증가된다. 가장 좋은 봉우리 모양과 최고의 분리도를 얻으려면 가능한 한 시료 량이 적어야 한다.

시료의 주입량은 검출기의 감도나 특성에 영향을 준다. 시료의 양은 칼럼 내경, 액체정지상의 양 및 시료의 상태에 따라 다르지만 보통 용액의 경우 0.1~수십 μL, 기체는 0.5~수 mL를 주입한다.

모세관 칼럼의 내경이 적기 때문에(0.2~0.5mm) 최적의 시료용량이 적어서 쉽게 과량 주입된다. 또한 운반기체의 유속이 적으므로(0.15~2 mL/min) 운반가스 내에서 시료가 확산되므로 칼럼 효능이 떨어져서 찌그러진 봉우리 모양이 되기 쉽다. 시료의 주입은 가능한 한 소량을 순간적으로 한꺼번에 주입함으로써 주입한 시료 증기가 이동상에 가능한 한 확산되지 않고,

주입되도록 해야 한다. 또, 액체시료의 경우 주입구에 주입되는 즉시 완전히 증기가 되어야 한다. 따라서 시료 주입장치의 온도조정은 분석시료 성분 중에서 가장 높은 끓는점을 가진 성분의 끓는점보다 50℃ 정도, 분석 칼럼의 온도보다 20℃ 정도 높게 조작하는 것이 보통이다. 주입시료이 양은 칼럼의 크기와 액체상의 양에 따라 조정해야 한다.

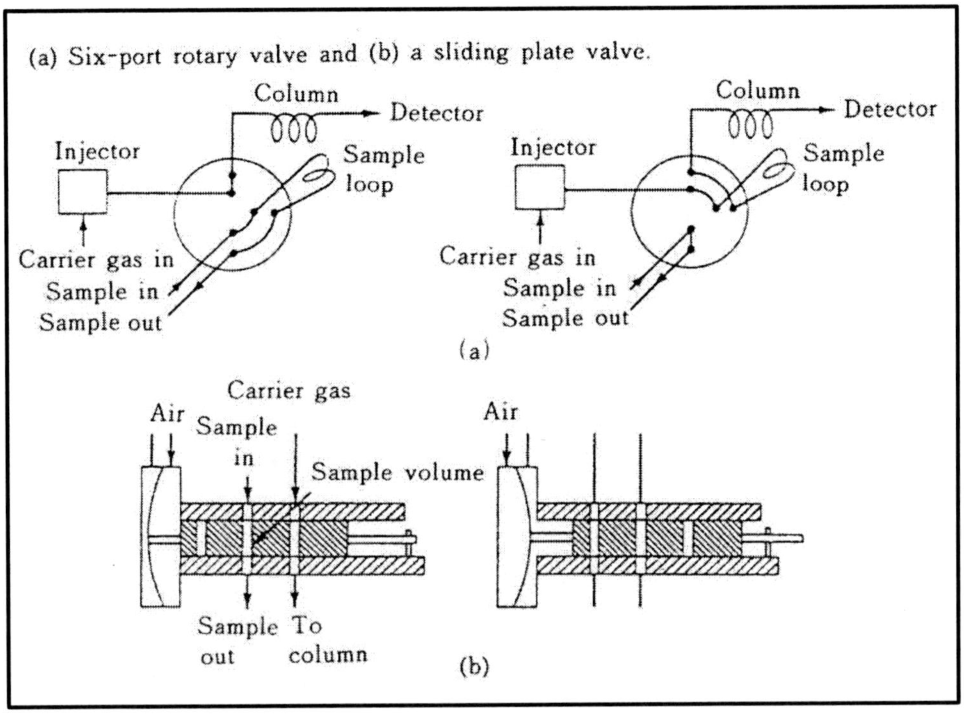

그림 D-5. 기체시료 주입밸브 장치

시료의 상태에 따라 시료를 주입하는 방법이 다르며, 액체시료는 그림 D-4와 같이 마이크로 시린지를 이용하여 격막(septum)을 통해 주입하며, 고체시료는 적당한 용매에 녹여 주입한다. 기체시료는 가스타이트(gas-tight) 시린지나 그림 D-5와 같은 가스주입밸브를 이용하여 주입한다. 모세관형 칼럼에서는 충전용 칼럼에서 주입되는 양에 비해 훨씬 적은 양이 주입되어야 한다. 따라서 그림 D-6과 같이 주입된 시료의 일부만이 칼럼으로 들어가고 나머지는 버리는 시료분할장치(sampling splitting system)를 사용하기도 한다.

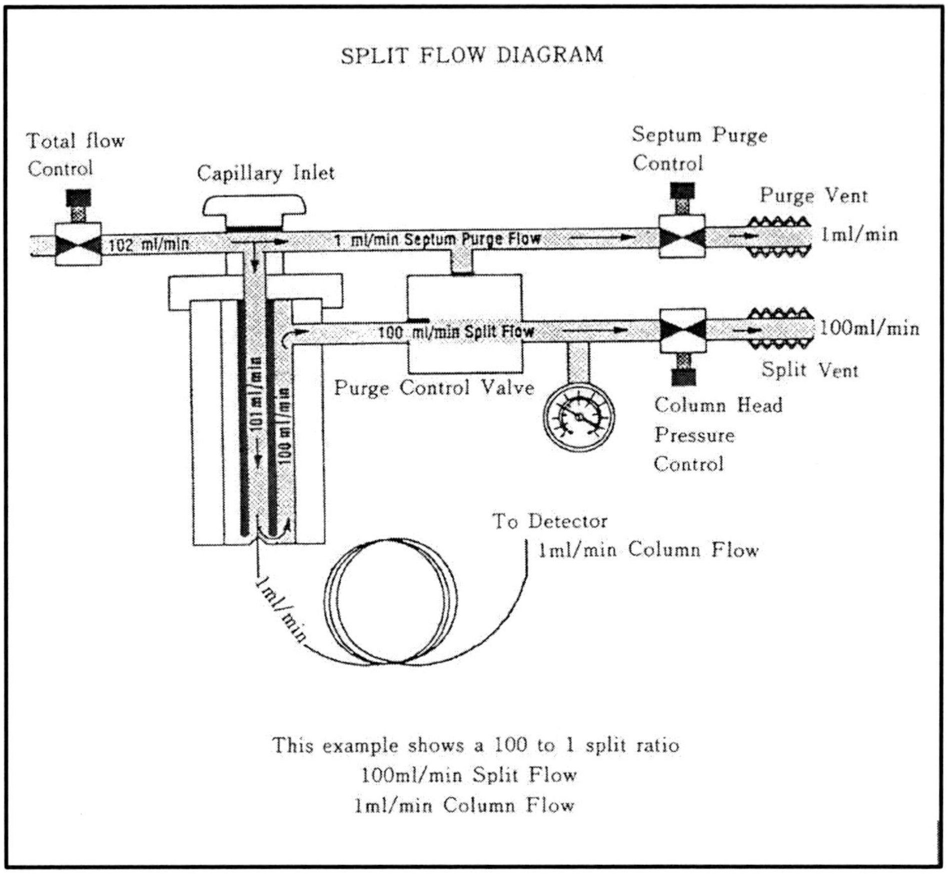

그림 D-6. 시료분할주입장치

(3) 항온조(칼럼오븐)

칼럼의 온도를 일정하게 유지하거나 온도를 프로그래밍 해주는 오븐의 역할은 분석의 높은 재현성과 분리도를 얻는데 매우 중요하다. 칼럼온도는 성분 분리의 정확도와 재현성에 크게 영향을 준다. 비점의 범위가 넓은 복합시료를 분리할 때 짧은 분석시간에 최대 분리도를 낼 수 있는 적절한 온도를 선택하는 것이 매우 어렵다. 등온 온도조건 하에서는 비점이 높은 성분들은 머무른 시간이 과도하게 증가되므로 피크가 넓어지고 검출성이 낮아지며 분석시간도 길어진다. 그러나 온도를 시간에 따라서 서서히 증가시킬 때 각 성분들은 균일한 시간 간격으로 분리되며 분리도가 증가되고 분석시간이 감소된다. 온도 증가속도는 보통 0.25~10℃/min이다.

칼럼오븐은 전열로 가열된 공기욕식의 것이 흔히 쓰인다. 설정온도가 일정하도록 전기제어되고 있으며, 실온 부근부터 약 400℃까지 가열할 수 있다. 그러나 충전제에 따라 각각 사용가능한 최고온도의 한계가 있어 어느 온도 이상으로 가열하면 고정상 액체가 탈리하므로 주의해야 한다. 분석대상의 성분수가 적을 경우에는 일정온도에서 분석하는 경우가 많고, 다성분의 일제분석 등을 할 경우에는 일정온도에서 분석하는 것이 곤란하기 때문에 승온장치를 쓴다. 승온장치는 일정한 비율로 칼럼의 온도를 상승하도록 프로그램할 수 있다.

(4) 칼럼

칼럼의 재질로는 구리, 스테인레스강, 알루미늄, 니켈 및 유리관 등이 사용된다. 칼럼이 갖추어야 할 일반적인 조건을 보면 다음과 같다.

(ㄱ) 비활성이어야 한다.

(ㄴ) 넓은 온도 영역에서 사용 가능해야 한다.(열안정성)

(ㄷ) 견고하며 잘 구부려져야 한다.

칼럼의 재질별 용도를 보면 스테인레스강은 일반적인 재질이지만 극성시료의 일부가 흡착되므로 미량 분석에는 부적당하다. 유리는 열적으로 불안정한 물질의 분석에 적합하다(예: pesticides, steroids). 즉, 반응성이 큰 시료나 극성물질 및 열 분해되기 쉬운 물질의 분리에는 유리관을 사용하는 것이 좋지만, 깨지기 쉬운 단점이 있다. 구리는 값이 싸며 구입과 취급이 용이하지만, 아민류, 아세틸렌, 테르펜류(terpenes) 및 스테로이드 등과 반응하거나 흡착하므로 이런 시료들에는 적합하지 않다. 운반기체 중의 산소는 깨끗이 제거하여 사용해야 한다. 테프론은 반응성이 크거나 부식성이 강한 시료의 분석에 적합하다.

GC에 사용되는 칼럼은 두 가지로 크게 나눌 수 있는데, 하나는 충전된 칼럼이고 다른 하나는 모세관 또는 열린 관 칼럼이다. 전자는 많은 시료를 취급할 수 있고 일반적으로 사용하기 편리하지만 후자는 분리능이 대단히 좋다. 충전된 칼럼은 제작이 쉽고 값이 싸며 큰 용량을 가지지만 분리가 어려운 시료에는 부적합하다.

1) 칼럼

① 충진칼럼(Packed Column)

보통의 충전칼럼은 안지름 2~4mm, 길이가 1~20m의 유리 또는 스테인리스제의 것을 쓰며 스테인리스제 칼럼은 금속표면과 뜨거울 때 접촉하면 분해하는 시료에는 쓸 수 없으며, 충전제가 잘 채워졌는지 여부를 볼 수가 없으므로 유리 칼럼이 상용되고 있다. 칼럼의 길이는 분석하고자 하는 성분의 정도와 머무를 시간을 고려하여 적당한 길이의 것을 선택한다.

② 모세관 칼럼(Capillary Column)

모세관 칼럼관의 재료로서 가장 우수한 FS 모세관은 금속산화물의 함량이 1ppm 이하 이므로 활성도가 적어서 심한 봉우리 꼬리 현상 없이 극성이 큰 산, 아민, 설파이드, 페놀, 알콜 등을 유도체화 반응 없이 직접 분리할 수 있다. FS모세관은 외경이 작고 관 두께가 얇게 제조되므로 유연하고, 열안정성이 큰 폴리아미드(polyamide)로 관외부가 피복되어 있어서 물리적 강도가 매우 크므로 취급하기가 용이하다.

모세관 칼럼관 내벽에 피복되는 액체정지상은 비휘발성 중합체로서 시료성분에 대하여 상이한 선택성을 보이는 용매로서 역할을 함으로 각 성분들의 분배계수가 달라지어 성분분리를 일으킨다. 액체정지상이 갖추어야 할 기본적인 특성은 다음과 같다.

(ㄱ) 높은 온도에서도 시료성분에 대해서 화학적으로 비활성이어야 한다.

(ㄴ) 모든 시료 성분들의 용매이어야 한다.(성분들의 분배계수가 클 것.)

(ㄷ) 각 시료성분들에 의해 상이한 선택성을 보이는 용매이어야 한다.

(ㄹ) 비휘발성이어야 한다.

(ㅁ) 높은 온도에서도 열안정성이 커야 한다.

본적으로 GC 실험에서 갖추어야 할 액체정지상은 극성에 따라 다음 세 가지 그룹으로 구분할 수 있다.

(ㄱ) 비극성 액체정지상: OV-101, SE-30, Apiezon L, Dexsil 300

(ㄴ) 중간극성 액체정지상: OV-17, Polyphenylether, QF-1

(ㄷ) 극성 액체정지상: Carbowax 20M, DEGS, OV-275

이 칼럼은 세 가지 형태로 나눌 수 있다. 하나는 칼럼의 안벽이 담체의 역할을 하는 WCOT칼럼(well-coated open tubular column)이고, 다른 하나는 칼럼의 안벽이 흡착제의 한 층으로 피복된 PLOT칼럼(porous-layer open tubular column) 및 담체가 칼럼 안벽에 피복된 SCOT칼럼(support-coated open tubular column)이다. WCOT칼럼은 칼럼 안지름이 0.25~0.75mm이며 길이는 보통 1~100m의 FS 모세관을 사용한다. 액체상의 막 두께는 대개 0.5~1.0μm이다.

시료성분들의 극성에 따라서 유사한 극성을 가진 액체정지상이 최적 액체정지상으로 선택된다. Squalane, SE-30 과 같은 비극성 액체정지상은 비극성 화합물을 선택적으로 머물게 하며 같은 기능기를 가진 동족그룹에서는 비점의 크기 순서로 분리를 하기 때문에 비점 액체정지상이라고도 명명된다. Carbowax 20M과 같은 극성 액체정지상은 O, N, S, Cl, P 등의 원소를 가진 극성 시료 분자들을 선택적으로 지체시키며 수소결합과 같은 상호 친화력의 크기 순서로 분리한다. 비점 차이로 분리하는 비극성 액체정지상은 특별히 미지시료를 분석할 때 매우 유용하다. 비점과 극성에 있어서 서로 차이가 없는 시료를 분리하고자 할 때에는 화학적 구조가 유사한 액체정지상을 선택한다. GC분석 문제의 거의 50%는 수분에 의해 크게 영향을 받지 않는 OV-101(혹은 SE-30)과 같은 비극성 메틸 실리콘 칼럼으로 해결될 수 있다. 알콜 혹은 산성 및 염기성의 극성 화합물들의 분리에는 부적합하지만 미지 시료의 극성을 알고자 할 때 유용하게 쓰이고 있는 액체정지상이다. 메틸 실리콘에서 분리가 안 되는 시료 분석에는 중간극성을 가진 OV-17이 이용된다. Carbowax 20M은 다목적용 액체정지상이나 산소와 수분에 의해 분해가 쉽게 일어남으로 수분이 없는 건조한 시료 분석에 이용되고 있다.

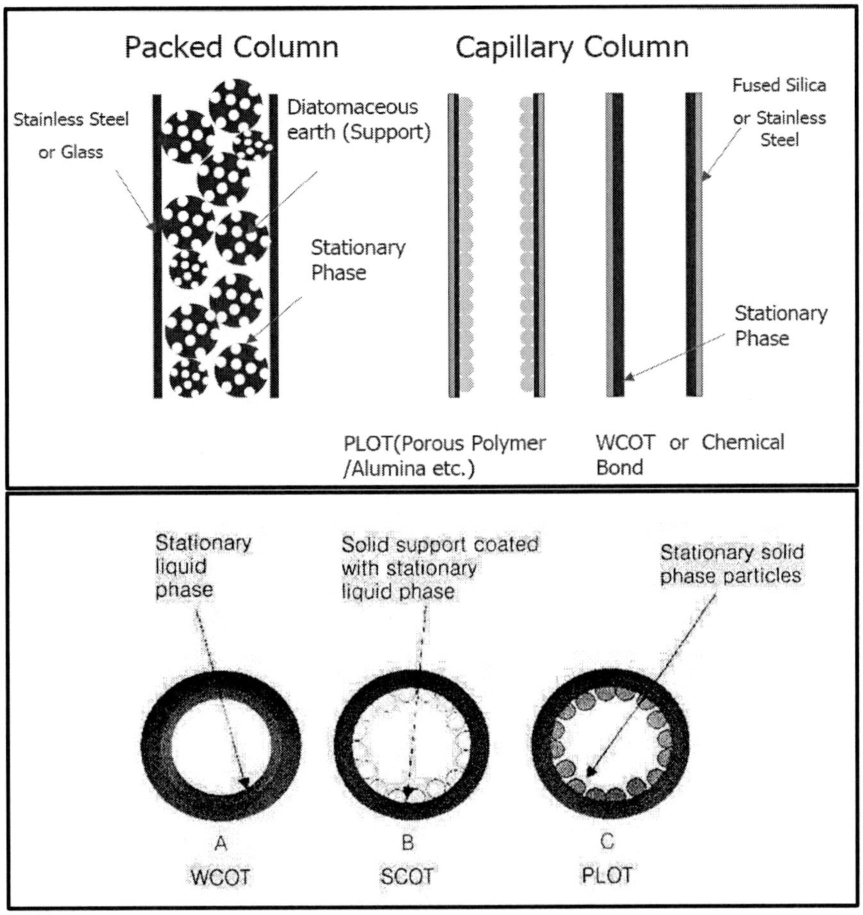

그림 D-7. 모세관칼럼의 종류 및 특성

주어진 시료에 대한 최적의 모세관 칼럼 선정은 우선적으로 액체정지상 종류를 결정한 후 시료의 농도와 분리되어야 할 성분 수, 휘발성, 분석속도에 따라 적절한 칼럼내경, 액체정지상 두께 및 길이를 선정한다. 성분수가 15종 이하인 경우에는 5~12m, 성분수가 15에서 50종 인 경우에 25~50m 그리고 시료 중에 50종 이상의 성분 수 혹은 이성질체들이 있을 경우에는 50m가 칼럼길이로서 적당하다.

2) 고정상(충진제)의 분류

①기-고 크로마토그래프법(GSC:흡착형)

고정상으로 활성탄, 제올라이트(Molecular Sieve), 실리카겔, 알루미나 등의 흡착제를 쓴다.

분리는 캐리어 가스에 의해 운반된 각 성분이 이들 고정상에 대해 가역적인 흡착을 반복하는 동안에 일어나는 흡착도의 차를 이용한다. 응용범위는 좁고, 불활성 가스나 저급 탄화수소 등의 분석 이외에는 별로 쓰이지 않는다.

② 기-액 크로마토그래피법(GLC:분배형)

불활성인 담체의 표면 또는 모세관의 내벽에 고정상 액체를 도포(coating)한 것을 사용한다. 담체로는 규조토나 내화벽돌을 일정한 입도로 가공 성형한 것을 쓴다. 담체가 갖추어야 할 조건으로는 화학적으로 안정하고 표면적이 크며, 적당한 강도를 갖고 있고 시료에 대해서 흡착성을 나타내지 않는 것이면 좋다. 그러나 시판 담체 중에는 아주 적지만 흡착성이 남아 있는 것도 있으며, 이와 같은 담체를 써서 극성이 큰 화합물을 분석하는 경우에 테일링이 크다든가, 극단적인 경우에는 peak가 전혀 나타나지 않는 경우도 있으므로 주의를 요한다. 이런 현상을 개선하기 위해 규조토계의 담체에 대해 산처리나 알칼리처리를 한다든지, 디메틸디클로로실란이나 헥사메틸디실라잔을 써서 트리메틸실랄화하면 효과가 있다. 기-액 크로마토그래프법에 의한 분리는 각 성분이 캐리어 가스와 고정상 액체 사이에 용해도의 차를 갖는 것을 이용한다. 응용범위는 매우 넓으며, 무기 화합물로부터 유기 화합물에 이르기까지 수많은 화합물의 분석에 유효하다. 다공성의 폴리머나 실리카겔, 유기 금속염, 규산염 등 새로운 타입의 고정상이 현재 다양하게 개발되고 있어, 이 분류가 반드시 적절하다고 말할 수 없게 되었다. 그러나 가스크로마토그래프법이 각 성분의 흡착이나 용해도의 차를 이용한 분석법인 데는 변함이 없다.

3) 고정상(충진제)의 선택

어떤 시료를 분석하는 경우에 어떤 종류의 고정상을 선택할 것인가가 분석의 가부를 결정하는 중요한 요소이다. 액상을 선택할 때 먼저 고려하지 않으면 안 되는 것은, 분석온도에서 고정상 액체가 변질하거나 휘산하지 말아야 하는 것이다. 그렇기 때문에 분석온도보다 높은 온도에서 안정한 액상일 필요가 있다. 아주 많은 종류의 액상이 시판되고 있으며, 고온에서 안정한 것도 개발되어 있으므로 끓는점이 높은 시료의 분석에도 이 방법을 적용할 수 있게 되었다. 또한, 액상 등에 들어 있는 불순물을 제거하고 칼럼을 안정화하기 위해 분석온도 또는 그보다 약간 높은 온도에서 수 시간 캐리어 가스를 흘려서 conditioning(aging)하면 좋다. 그 밖에 일반적인 주의사항으로서 시료의 극성(용해성)과 액상의 극성 크기 등을 고려할 필요가 있다.

(5) 검출기(detector)

칼럼에서 단일성분으로 분리된 시료 성분들이 운반가스에 의해서 검출기로 운반되어 들어오면 전기적 신호로 바뀌어 성분들의 존재유무가 검출되며 성분들의 양이 측정된다. GC에 사용되는 검출기는 상당히 다양하며, 검출기가 갖추어야 할 조건으로는 검출한계가 낮아야 하고, 큰 시료 농도 범위에 대해서 검출기의 응답신호가 선형이 되어야 하며, 가능하면 모든 시료에 대해서 같은 응답신호를 보여야 한다. 또, 응답 시간이 짧고 잡음(noise)이 적으며, 검출기 내에 시료가 머무르는 부피가 작아야 한다. 가능한 한 검정(calibration)이 간단할수록 유용한 검출기라고 할 수 있다. 가장 널리 쓰이는 검출기는 FID와 TCD이며, 그 밖에 ECD가 흔히 쓰인다. 가장 정확하고 좋은 검출기는 역시 질량 분석기인데 GC와 연결하여 사용하므로 흔히 GC-MS라 한다. 여기서는 이미 알려진 검출기들의 종류와 널리 사용되는 몇가지 검출기에 대하여 설명한다.

1) 열전도도 검출기(TCD)

TCD는 1954년 Ray에 의해 개발된 것으로 기체가 열을 전도하는 물리적 성질을 이용하여 순수한 운반가스가 지나는 대조셀(표준 셀)과 시료 분자가 섞인 운반가스가 지나는 시료셀과의 열전도도의 차이를 측정함으로서 시료 분자의 존재를 검출한다. 수소나 헬륨과 같은 운반가스의 열전도도는 매우 크며, 여기에 시료가 섞이면 작아지는 것이 보통이다. 대부분의 유기화합물보다 약 6~10배 이상의 열전도도를 가지고 있는 수소와 헬륨을 운반가스로 사용하면 유기화합물이 미량 존재할지라도 열전도도 차이가 커지므로 검출할 수 있다. 운반가스와 검출하고자 하는 성분의 열전도도의 차가 크면 클수록 검출감도가 높아지므로 열전도도가 큰 수소나 헬륨을 쓴다. 그러나 수소는 위험하며 헬륨은 고가이다. 따라서 열전도도가 적고 그 검출감도는 수소나 헬륨에 비해 약 1/8에 불과하지만 값이 싸고 다루기 쉬운 질소를 쓰는 경우가 많다.

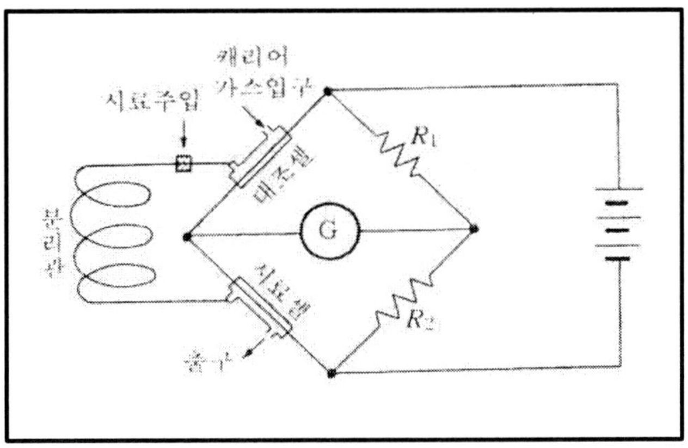

그림 D-8. 열전도도 검출기(TCD)

TCD는 그림 D-8과 같이 백금 또는 텅스텐 필라멘트를 가진 대조셀과 시료셀, 저항 R1 및 R2 간에 휘이트스톤 브리지(Wheatstone bridge)를 구성하고 있다. 열전도도는 열을 얼마나 전달하기 쉬운가를 나타내며 물질 고유의 값이다.

수백 mA의 전류를 필라멘트에 흐르게 하여 놓고, 필라멘트의 열 발생량과 운반가스에 의해 빼앗기는 열 방출량을 양쪽 셀이 동일하도록 조절하여 놓는다. 이 때 열전도도가 작은 시료를 포함한 운반가스가 시료셀에 들어가면 당연히 열전도도가 작아지고, 필라멘트의 온도가 상승한다. 일반적으로 금속의 전기저항은 온도의 함수이며, 필라멘트의 온도가 높아지면 전기저항은 커지면서 bridge의 균형이 깨진다. 이 전류변화를 기록하면 각 성분을 peak로써 검출할 수 있다.

이 검출기는 대부분의 유기물이나 무기물의 검출에 널리 적용할 수 있다. TCD의 감도를 증가시키려면 필라멘트의 전류를 증가시키고, 블록의 온도를 낮추며, 열전도도가 큰 운반가스를 사용하고, 흐름속도를 줄여야 한다. 그리고 모든 용질의 열전도도가 다르므로 표준물질을 사용하여 보정해야 한다. 그러나 그 감도가 낮아 약 0.1mg이 한계이기 때문에 현재는 분석대상 성분의 양이 많아서 특별히 미량분석을 하지 않아도 좋은 경우라든가, 시료를 파괴하지 않으므로 검출 후 분리된 시료성분을 포집할 수 있는 분취용 크로마토그래피 검출기로 사용할 목적으로 한 경우 외에는 별로 쓰이지 않는다.

2) 수소염(불꽃) 이온화검출기(FID)

현재 가장 널리 사용되고 있는 고감도 검출기이다. 이 검출기의 개략을 다음 그림 D-9에 나타내었다. 수소염 이온화검출기는 1958년 Harley, McWilliam, Dewar 등에 의해 개발된 것으로 캐리어가스에 의해 용출된 성분을 가는 도관으로 작은 수소염 중에 유도하여 연소시켜, 연소열로 이온화 될 때 생기는 이온전류를 기록하여 각 성분을 peak로써 검출하는 방법이다.

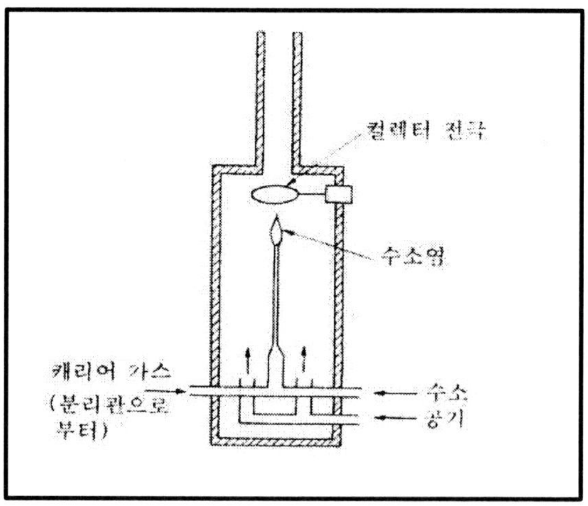

그림 D-9. 수소염이온화 검출기(FID)

수소염이온화 검출기는 기체의 전기 전도도가 기체 중의 전하를 띤 입자의 농도에 직접 비례한다는 원리를 이용한 것이다. FID는 수소와 공기 불꽃에서 시료가 연소될 때 전하를 띤 이온을 생성하며, 이때 이온 전류를 측정할 수 있다. 유기물은 일반적으로 C-H 결합을 갖고 있으므로, 연소에 의해 탄소가 이온화되어 이 방법에 의해 검출된다. 그러나 C-H 결합을 갖지 않은 유기 화합물이나 무기물은 검출되지 않는다. 검출감도는 열전도도 검출기에 비해 1000~10000배 높으며 ng 단위의 검출이 가능하다. 운반가스는 값싼 질소를 쓰며, 고감도로 안정한 반응을 나타내므로 그 범용성은 가장 높다.

3) 전자포획형 이온화검출기(ECD)

1960년에 Lovelock, Lipsky가 개발한 검출기이다. 장치의 개략은 다음 그림 C-21과 같다. 질소 등의 캐리어가스가 검출기내의 트리튬(3H) 또는 니켈 63(63Ni)에서 나오는 β선과 충돌하면 이온화되어 일정한 이온전류가 생긴다. 이 중에 할로겐과 같은 전기 음성도가 큰 성분이 들어가면 이온전류를 포획하여 음이온을 생성한다.

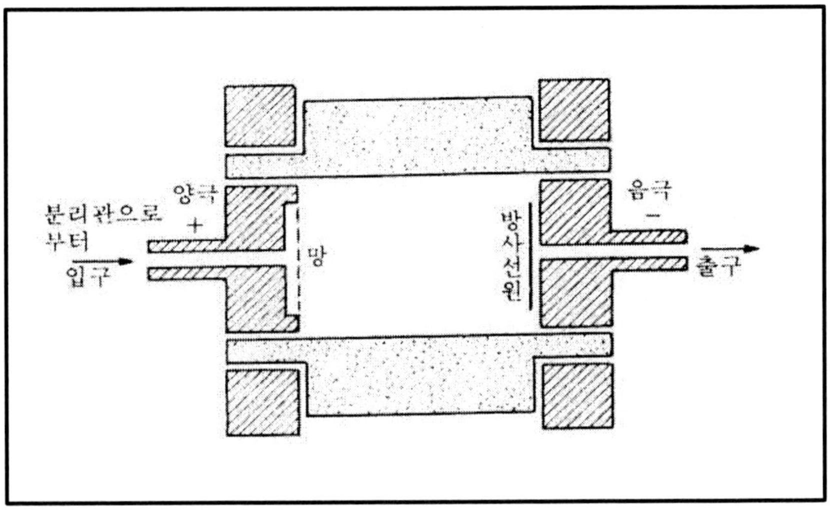

그림 D-10. 전자포획형 검출기(ECD)

이 음이온이 검출기 내의 질소의 양이온과 결합하므로 이온전류가 감소한다. 이 이온전류의 감소를 증폭하여 기록함으로써 각 성분을 peak로써 검출하는 방법이다. 전자 친화성은 할로겐 원자가 가장 강하므로 농약 등의 할로겐 화합물의 초미량 분석에 특히 유효하다. 그리고 니트로기라든가 카르보닐기를 가진 화합물도 매우 높은 특이성을 갖는다.

이온농도의 감소는 친전자성 분자농도가 낮을 때 농도에 비례한다. 따라서 앞에서 말한 수소염 이온화 검출기와 같이 광범위한 농도에 걸친 비례성은 없다. 또 검출기의 응답특성은 특이적이며 전자 친화성의 원자를 포함하는 화합물이라도 그 종류나 구조상의 차이에 따라 검출감도가 크게 다르다. 탄화수소는 거의 검출되지 않는다.

이 검출기는 이와 같이 어느 종류의 화합물에 대해서는 매우 유효하지만 방사성 동위원소를 쓰기 때문에 그에 대한 취급면허가 필요하다. 그러나 비선원형의 검출기도 개발되어 있다.

4) 불꽃광도 검출기(FPD)

선택적 검출기의 일종이며, 황이나 인이 들어있는 화합물을 특이적으로 검출한다. 황(S)이나 인(P)을 포함한 탄화수소 화합물이 FID형태의 불꽃에서 연소될 때 화학적인 발광을 일으키는 성분을 생성한다. 이러한 성분들은 시료에 함유된 성분의 특성에 따라 특정 파장의 빛을 방출(발광)한다. 이러한 빛들 중 광학 filter에 의해 일정한 파장의 빛만이 광전증배관(photo multiplier tube)에 도달하며, 여기에 연결된 전자회로에 전달된다.

E 고속액체크로마토그래피(HPLC)

고속액체 크로마토그래피법(high-speed liquid chromatography)은 종래의 액체 크로마토그래피법에 비해 신속하게 분석을 할 수 있다는 점에서 고속이라고 불리고 있다. 1970년경부터 액체크로마토그래피를 고속화하고, 가스크로마토그래피와 동등한 분해능을 갖도록 여러 가지로 개량되면서 고속액체크로마토그래피가 발달하였다. 그 결과 종래의 액체크로마토그래피로는 분석할 수 없었던 복잡한 물질이 분석가능하게 되었기 때문에 **고성능액체크로마토그래피**(high-performance liquid chromatography)라고 불리는 경우가 많으며 또한 이동상으로 액체를 펌프로 가압하여 흐르게 하기 때문에 칼럼의 압력이 높고, 이 때문에 **고압액체크로마토그래피**(high-pressure liquid chromatography)라고 하기도 한다. 액체시료나 용액으로 할 수 있는 시료를 모두 분석대상으로 할 수 있으며, 물질의 확인이나 순도의 시험 및 정량분석 등에 널리 이용하고 있다.

1 특징

고성능액체크로마토그래피(HPLC)는 이동상으로 액체를 사용하여 고성능으로 물질을 분리해내는 매우 정교한 분리분석 기법이다. HPLC에서 시료는 고정상과 이동상에 대한 친화력의 차이에 의하여 분리되는데 주로 흡착, 분배, 이온교환, 크기배제작용 등의 차이에 의하여 분리된다.

종래의 액체크로마토그래피법에 비해 분석 소요시간이 현저하게 짧아지고 분리효율이 극히 높다. 이 분석시간의 단축과 높은 분리효율은 고압에 견디고, 정밀도가 양호한 송액펌프와 기계적 강도가 크고 성능이 높은 칼럼 충전제의 개발에 의행 얻어진 것이다. HPLC법의 또 하나의 큰 특징으로서 대상물질이 매우 광범위하다는 것을 들 수 있다. 상온부근에서 분석을 하기 때문에 불안정한 화합물이나 효소 등의 생리활성을 갖는 화합물이라도 손상되지 않게 다룰 수가 있으며, 현재 알려진 모든 화합물의 약 2/3가 분석 대상이라고 할 수 있다. 그래서 용매에 용해시켜 적당한 이동상을 선택할 수만 있다면 가스크로마토그래피처럼 분석대상 물질을 늘리기 위해 휘발성 유도체로 한다든지 하는 조작이 전혀 불필요하다. 특히 HPLC는 기체상태의 시료를 분석하는 GC와 달리 용액상태에서 시료를 분석하기 때문에 응용폭이 매우 넓어 실제 의약품의 분석에 가장 널리 사용되는 방법이다.

2 장치의 개요

고속액체크로마토그래피는 여러 가지 기종이 시판되고 있어, 각각의 특징 있는 형식이나 사양을 갖고 있는데, 기본적으로는 다음 그림 E-1에 보이는 바와 같이 이동상 저장탱크, 송액용 펌프, 시료도입부, 칼럼, 검출기 및 데이터 처리장치(기록계) 등으로 구성되어 있다. 필요에 따라 칼럼을 항온조(오븐) 등에 의해 항온으로 유지 할 수 있다.

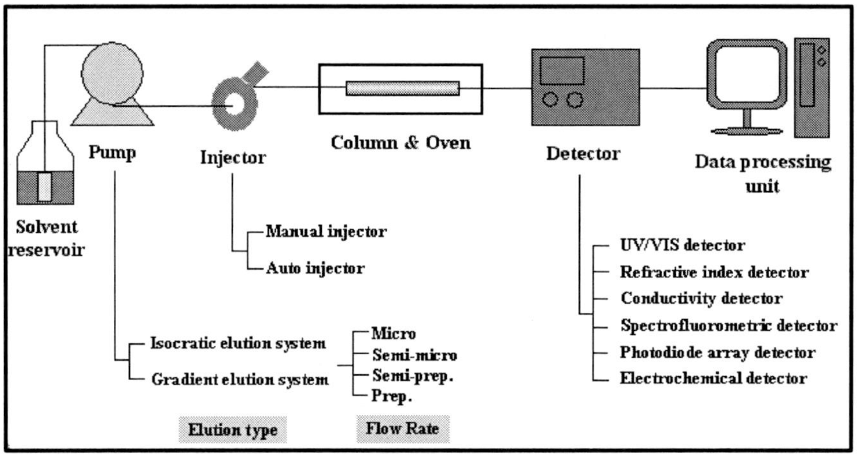

그림 E-1. 고성능액체크로마토그래피의 구성

(1) 이동상 저장조(Solvent reservoir)

이동상 용매 저장조는 Glass, Stainless 등의 재질이며 용매와 용매 보관용기는 화학적 상호 반응이 없어야 한다. 보통 용량은 500㎖ 이상을 사용하며 사용자 임의로 설정이 가능하다. 이동상 용매 내에 존재할 수 있는 불순물을 제거하기 위해 solvent reservoir filter(내경 10μm)가 부착되어 있으며 용존 가스를 제거하기 위한 Helium sparger가 연결된다. 이와 더불어 보다 확실한 용존 가스 제거를 위해 송액펌프와의 중간에 On-line Degasser를 장착하는 경우가 많다.

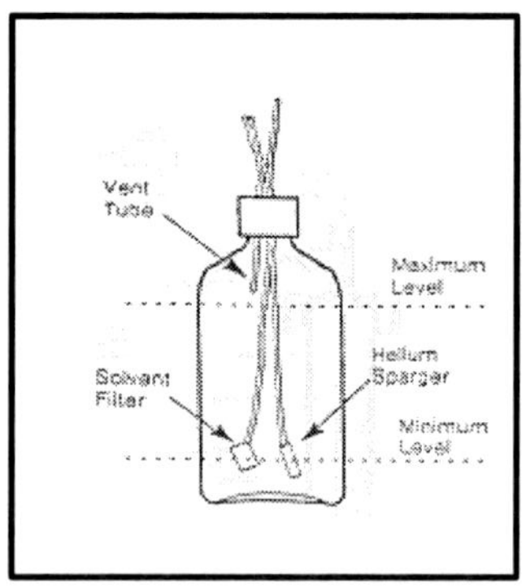

그림 E-2. 이동상 저장조

Solvent reservoir filter의 사용할 때 일반적인 주의 사항은 다음과 같다.

㈎ 이동상을 담는 용기는 잘 세척된 깨끗한 것을 사용한다.

(나) Solvent reservoir filter를 반드시 부착하여 사용한다.
(다) 필터를 오래 사용하거나 버퍼와 유기 용매를 번갈아 사용하는 경우에는 필터가 막혀서 버블이 생길 우려가 있으므로 잘 세척하여서 사용하여야 한다.
(라) Solvent reservoir filter는 항상 용액에 담가 두어서 필터 내에 공기가 차지 않도록 한다.

Solvent reservoir filter의 세척방법은 다음과 같다.
(가) 필터를 용매 라인으로부터 분리하여 물이나 메탄올이 담긴 비이커에 담고 초음파 세척기를 사용하여 10분 정도 세척한다.
(나) 심하게 막힌 경우에는 6N HNO_3에 담아 초음파로 30분 정도 세척한 후 물로 다시 세척하여 사용한다.

이동상은 때에 따라 용리액(eluent)이라 부르기도 하며, 특히 LC에서는 용매(solvent), GC에서는 운반기체(carrier gas)라 하며, 고정상, 즉 칼럼을 통해 나오는 것을 용출액(eluate or effluent)라 한다.

(2) 송액 펌프(Pump)

펌프는 이동상을 칼럼에 흘려 보내주는 역할을 한다. 특히 HPLC 펌프는 이동상을 정해진 속도로 일정하게 칼럼으로 흘려 보내주어야 한다. 그런데 HPLC 칼럼은 매우 입자경이 작은 물질이 치밀하게 충진되어 있기 때문에 저항이 커서 매우 높은 압력으로 이동상을 흘려보내주어야 한다.

그림 E-3. 송액펌프

송액펌프는 수100kg/cm^2 의 고압 하에서 칼럼 및 연결튜브 등에 일정한 유량으로 이동상을 보낼 수 있게 하는 것으로, 정밀도가 좋고 안정된 유량을 얻을 수 있으며, 맥류가 적고 이동상과 접촉되는 부위가 침식되지 않는 재질로 되어야 한다. (참고: 1 kg/cm^2 = 14.2 psi, 1 atm = 14.7 psi, 1 bar = 14.5 psi, 1000 psi = 68 atm = 69 bar = 70 kg/cm^2)

1) HPLC 펌프의 조건

일반적으로 송액펌프는 다음과 같은 조건을 만족하여야 한다.

(ㄱ) 펌프 내부는 용매와는 화학적 상호 반응이 없어야 한다.
(ㄴ) 이동상을 설정된 조건으로 이동시켜야 한다.
(ㄷ) 고압(5,000psi, 35MPa)에서도 운전이 가능하여야 한다.

대개의 경우 2000psi 이하에서 작동하는 것이 좋다.

(ㄹ) 유량 조절이 용이하여야 한다.

(ㅁ) 펌프에서 나오는 용매의 공급은 pulse(맥동)가 없어야 한다.

(ㅂ) 용매 유입의 재현성은 1% 이내여야 한다.

(ㅅ) 등용리(Isocratic Method) 및 기울기 용리(Gradient Method) 조작이 용이하여야 한다.

2) 펌프의 유지관리 및 주의사항

펌프는 HPLC에서 매우 중요한 부분이기 때문에 그 유지관리에 주의하여야 하는데 특히 다음과 같은 사항에 유의하여야 한다.

(ㄱ) 이동상용매는 멤브레인필터(내경 0.45㎛)를 이용하여 여과한다.

(ㄴ) solvent filter는 주기적으로 세척하여야 한다.

(ㄷ) 이동상용매는 펌프에 주입하기 전에 반드시 탈기과정을 거친다.

(ㄹ) 펌프 내에 용매가 채워져 있는 것을 확인한 후 작동한다.

(ㅁ) 완충용액을 이동상으로 사용한 후에는 잘 세척한다.

(ㅂ) 사용하는 이동상이 20% 이상의 유기 용매를 포함하는 경우 지용성 (0.5㎛) 필터, 20% 이하의 유기 용매를 사용하는 경우에는 수용성 (0.45㎛) 필터로 여과 시켜 사용한다.

(ㅅ) 한 용매에서 다른 용매로 바꾸는 경우 서로 다른 용매 간에 섞임성이 있는지 확인한다.

(ㅇ) 펌프의 압력이 수시로 변하는 경우 피스톤의 head chamber 부분에 공기가 채워져 있는 경우가 많다. 이때에는 챔버내의 버블을 제거해 주어야 한다.

이동상에 미세 입자가 섞이면 피스톤과 plunger seal 사이에 입자가 끼어 seal에 흠집의 원인이 되고 용매를 새게 하며, 체크벨브의 기능을 약화시키고 캐피러리 내부를 막는다. 따라서 HPLC 펌프 안에 입자가 들어가서는 안 된다. 이를 위하여 0.45㎛의 pore size를 갖는 멤브레인 여과지를 사용하여 이동상 용매를 여과하여 사용하여야 한다. 또한 펌프의 입구나 출구, 그리고 용매 저장조로부터 용매를 빨아들이는 부분에는 금속으로 되어 있는 다공성 필터(solvent filter)가 있다. 이 필터는 주기적으로 세척하여야 한다.

펌프내부로 기포가 들어가거나 내부에서 기포가 생성되면 유속이 불규칙해지고 밴드가 확산되며 검출기 잡음의 원인이 되므로 기포가 생기지 않도록 주의해야한다. 이를 위하여 HPLC 이동상은 반드시 탈기하여야 한다. 일반적으로 탈기방법은 Helium sparging, Vacuum filtration, ultra-sonication, on-line degassing 등이 사용되어 진다. 또한 용매가 없는 상태로 펌프를 작동시켜서는 안 된다. 용매는 펌프 피스톤에서 윤활제의 역할도 한다. 오랫동안 사용하지 않아 펌프 피스톤 챔버가 건조한 경우에는 미리 용매로 챔버를 채워준 다음 펌프를 작동해야 한다. 이동상으로 완충용액을 사용한 경우는 초순수로 충분히 세척하여 완충용액 시약을 전체 HPLC

시스템을 세척해 주어야 한다. 완충용액중의 염이 HPLC 내부에서 침전하면 펌프의 손상, 관의 막힘, 밴드의 확산, 검출기 잡음의 원인이 된다.

펌프의 압력이 높게 걸리는 경우, 시스템 자체의 압력인지 칼럼 헤드 부분의 오염 등의 원인에 의한 압력인지를 확인하기 위하여 우선 시스템에서 칼럼을 떼어내고 주입구과 검출기를 직접 연결하여 확인한다. 이 상태에서 압력이 걸리지 않으면 이는 칼럼 부분에서의 압력이므로 칼럼을 세척하거나 교환한다. 테스트 결과 시스템에 의한 압력인 경우에는 어느 부분에서 압력이 걸리는지 확인하기 위해서 시스템 전체의 한 부분씩을 확인해야 한다. 할로겐 화합물은 일정한 농도에서 불활성화 하지 않은 스테인리스 스틸 시스템과 칼럼을 부식시키는 경향이 있다. 스테인리스 스틸 시스템은 진한 질산으로 불활성화하여 내부 부식성을 개선할 수 있다. (Passivation) 또한 스테인리스 스틸에서 석출되는 금속 이온을 함유하는 수용액은 부식을 촉진 시키므로 마그네슘, 크롬, 니켈, 구리, 철, 몰리브덴과 같은 금속염의 용액은 피해야한다.

3) 펌프의 종류(기능별)

송액펌프는 여러 가지 종류가 있으나 모든 성능 면에서 안정하기 때문에 왕복 피스톤 펌프가 가장 널리 사용되고 있다. 왕복 피스톤펌프는 다음 그림 E-4에 나타난 바와 같이 왕복 피스톤과 펌프 실린더, plunger seal, 그리고 check valve로 되어 있고 모터에 연결된 캠이 피스톤을 왕복운동 시키면서 용매를 흡입 또는 배출한다.

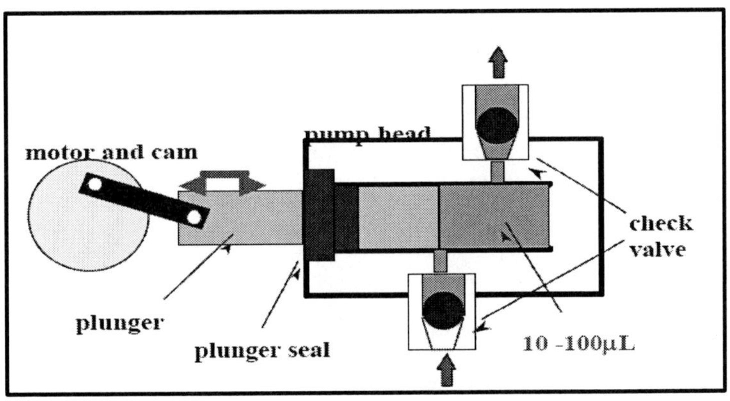

그림 E-4. 왕복 피스톤펌프

왕복 피스톤 펌프를 사용하면 피스톤이 용매를 흡입하는 동안은 용매가 칼럼에 흐르지 않게 되어 유속이 피스톤의 왕복운동에 따라 심하게 변하는(맥동) 문제점이 발생한다. 이러한 문제점은 피스톤이 2개 장착된 펌프(dual head pump)를 직렬 또는 병렬로 연결하여 사용하면 보다 정밀하고 일정한 유속을 유지할 수 있다.(그림 E-5)

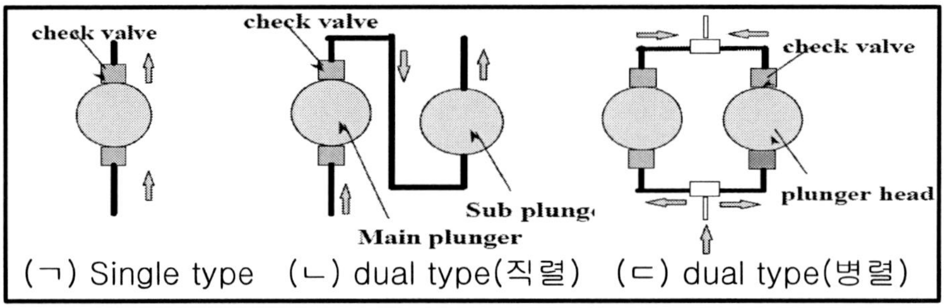

그림 E-5. 왕복피스톤 펌프의 연결방식

이 밖에도 치환형 펌프(positive displacement pump: Syringe type)와 일정압력 펌프(constant pressure pump: Diaphragm type)가 있는데 치환형 펌프의 단점은 용매의 공급량이 제한되어 주기적으로 펌프를 다시 채우기 위하여 멈추어야 한다는 것이다. 그러나 이 펌프는 일정한 압력에서 일정한 흐름으로 용매를 칼럼 속에 주입하므로 펄스가 없다는 것이 유리한 점이다. 일정압력 펌프에서 용매 흐름속도를 일정하게 유지하려면 칼럼의 후부 압력과 이동상 점도와 칼럼온도를 항상 일정하게 유지해야 된다. 일정압력 펌프의 장점은 용매에 전혀 펄스가 없다는 점이다.

4) 펌프의 종류(이동상 조성별)

한편 시료를 주입하고 난 후 지속적으로 용매의 조성을 바꾸어 주는 경우가 있는데 이를 기울기 용리라고 한다. 기울기 용리를 위해 서로 다른 용매를 섞어주되 시간에 따라 그 비율을 달리해야 한다.

① 등용매 용리법(Isocratic system)

단일펌프를 사용하며 일정 용매를 이송시켜 분리, 분석 중 용매의 조성이 변화하지 않는 것을 말한다. 가장 간단한 형태의 구성이며 한 개의 펌프가 일정조성의 용매를 밀어줌으로서 분석 중 용매의 조성이 바뀌지 않는 방법이다.

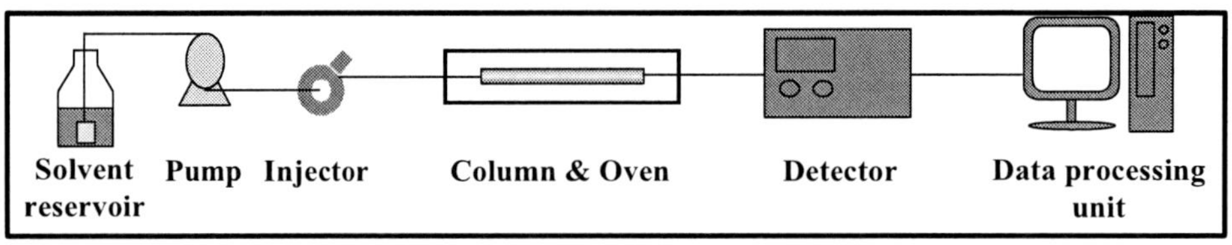

그림 E-6. Isocratic system

② 저압 기울기 용리법(Low pressure gradient system)

펌프는 하나를 사용하되 펌프와 용매 사이에 솔레노이드 밸브를 두어 밸브를 여닫는 시간을 조절함으로써 용매 조성을 바꾸어 주는 방법이다. 이 때 용매가 섞이는 지점은 펌프를 통과하기 전이므로 압력이 걸리지 않는다.

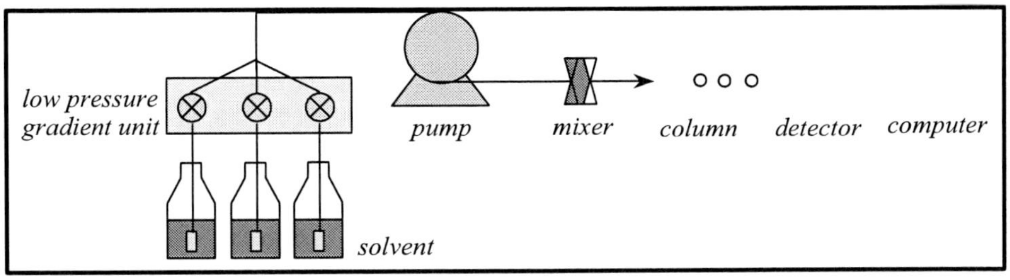

그림 E-7. Low pressure gradient system

이 방법은 단일 펌프만으로 기울기 용리가 가능하므로 값이 저렴하고 설치 및 조작이 용이하지만 용매 조성의 변화를 정밀하게 조정하기가 어렵고, 믹서부분의 부피가 고압기울기 용리법보다 더 커야 하고 믹서 부분에서 기포가 생기기 쉬운 단점이 있으므로 기포 생성을 없애기 위해 반드시 On-line Degasser가 장착되어야 한다. 용매 이송 시 단회로 현상이 발생할 수 있다.

③ 고압 기울기 용리법(High pressure gradient system)

두 개 이상의 펌프(multiple pump)를 사용하여 각각의 펌프가 서로 다른 용매를 운송하되, 두 펌프의 유속의 합은 일정하게 유지하면서 유속의 비를 변화 시키는 방법이다. 이 방법에서는 두 가지 용매가 섞이는 부분이 이동상이 펌프를 통과한 다음이기 때문에 두 용매는 고압에서 섞인다. 두 가지 이상의 다른 성분의 용매를 펌프에 직접 연결하여 고압 상태로 분석 중 용매의 조성을 원활하게 변화시켜 칼럼에 이송시킴으로써 분리도를 개선하고 분석 시간을 단축시킬 수 있다.

특징으로는 펌프의 조작을 프로그램화하여 모든 형태의 기울기 용리가 가능하지만 두 개 이상의 펌프 사용으로 값이 비싸다.

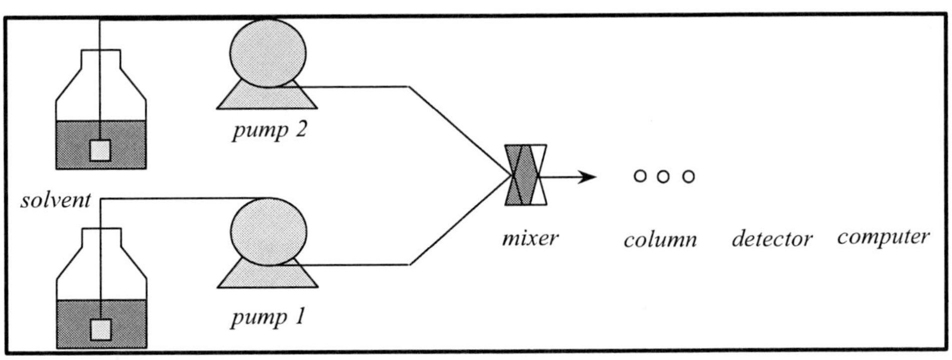

그림 E-8. High pressure gradient system

(3) 시료주입장치(Injector)

고압의 용매가 계속 흐르고 있는 HPLC에 용매의 흐름을 방해하지 않고 시료를 칼럼에 주입하는 장치가 시료주입장치이다. 실제 HPLC에서는 그림 E-9와 같은 Rheodyne injector가 주로 사용된다. 이 주입기의 원리는 6-way valve 와 유사하다. Rheodyne injector에 시료를 주입하기 위해서는 바늘 끝이 뾰족하지 않고 편편한 마이크로 시린지를 이용해야 한다.

Rheodyne injector를 사용하는 방법은 다음과 같다.

(ㄱ) 주입기를 'inject' 위치에 놓고 약 1mL 정도의 이동상을 이용하여 주입부를 세척한다.
(ㄴ) 주입기를 'load' 위치에 놓고 마이크로 시린지를 이용하여 원하는 만큼 시료를 주입한다.
(ㄷ) 마이크로 시린지를 꽂은 채로 주입기를 'inject'위치로 돌린다.

그림 E-9. Rheodyne Injector

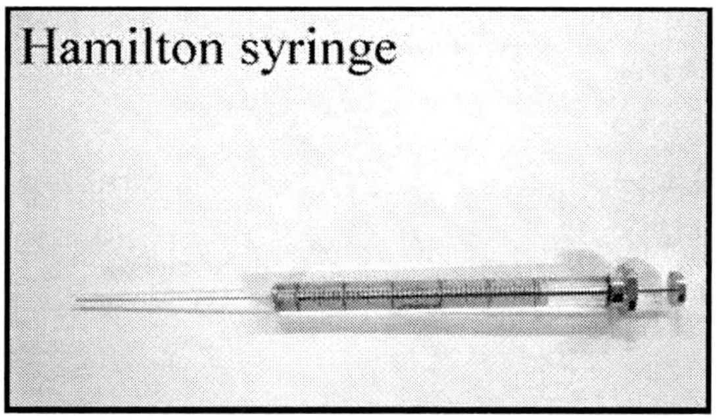

그림 E-10. Micro Cylinge

한편, 시료를 주입할 때 시료를 충분히 주입하여 시료 루프를 완전히 채우는 방법과 마이크로 시린지를 이용하여 루프의 일부만 채우는 방법이 있다. 시료 루프를 완전히 채우는 방법은 시료 주입부피와 루프의 부피가 같게 되는데, 주입 부피를 마음대로 조절하기가 어렵다는 단점이 있지만 일부만 채우는 방법보다 더 정밀하고 재현성이 좋은 결과를 얻을 수 있다. 다만 루프를 완전히 채우기 위해서는 실제 루프의 부피보다 최소 2~5배 이상의 시료를 주입시켜야 한다. 루프를 일부만 채우는 방법은 마이크로 시린지를 이용하여 주입부피를 조절한다. 이 방법은 부피를 마음대로 조절하기 쉽다는 장점이 있는 반면 재현성이 떨어진다. 주의할 점은 실제 루프 부피의 50% 이하의 시료를 주입해야 한다는 점이다.

시료주입기의 기본적인 원리는 다음 그림 E-11에 나타난 6-way valve이다.

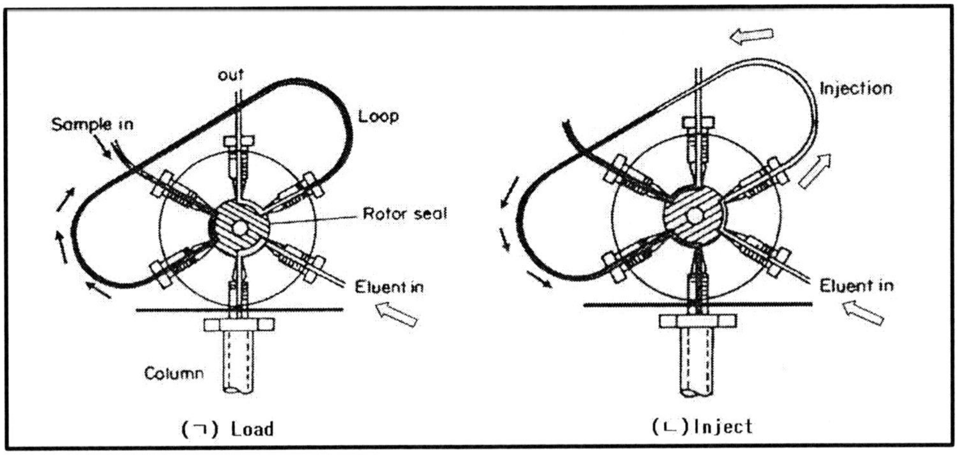

그림 E-11. Six-way Valve 모식도

그림에서 (r)은 시료 루프(모세관)에 시료를 채우는 과정인데 이 때 펌프는 시료 루프를 통화하지 않고 바로 칼럼으로 연결되어 있다. 주사기를 이용하여 시료를 루프에 채워 넣은 다음 이를 칼럼에 주입하기 위해서는 가운데 있는 rotor를 60도 회전시키면 된다. 이 때 그림 (ㄴ)에서와 같이 펌프에서 나온 이동상은 시료루프를 통과하여 칼럼으로 연결된다. 이 때 이동상이 루프를 통과하는 방향은 시료를 루프에 채워 넣는 방향과는 반대이다.

(4) 분리칼럼(Column)

분리 칼럼은 다양한 재질의 관(tube)에 충전제(stationary phase)를 채워 시료 성분을 각각의 단일 성분으로 분리시켜주는 장치로 이미 GC에서 설명한 바와 같이 충전물 및 분석용 칼럼의 재질, 내경, 길이는 분석목적과 충전물의 종류 및 사용하는 압력에 따라 여러 종류가 있다.

칼럼은 시료가 분리되는 가장 중요한 부분이다. 분석용 칼럼은 내경이 2~5mm 정도이고 길이가 5~30cm인 스테인리스스틸 관에 입자크기가 3~10μm 정도 되는 충진물을 충진한 관을 사용한다. 이 때 충진물이 밖으로 빠져나오는 것을 막기 위하여 관의 양끝은 다공성의 금속 frit를 끼워둔다. 한편 분취용으로는 내경이 10mm 이상인 칼럼이 사용되며, 내경이 매우 작은 모세관을 칼럼으로 사용하기도 한다. 스테인리스스틸 외에 유리나 PEEK로 된 칼럼도 있으나 널리 사용되진 않는다.

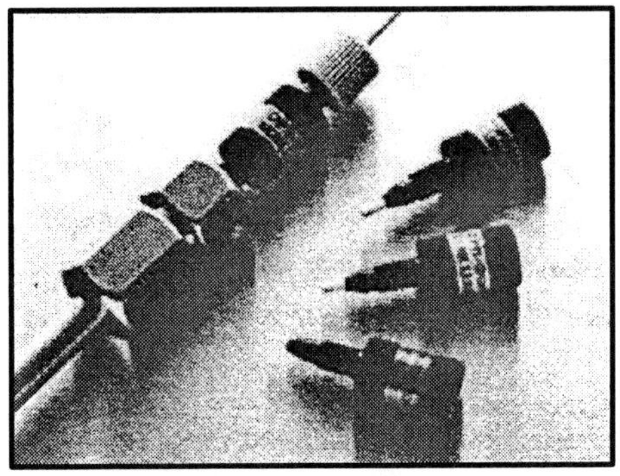

그림 E-12. 각종 교체형 보호칼럼

칼럼을 보호하기 위한 목적으로 작은 보호칼럼

(guard column)을 시료주입기와 칼럼사이에 끼워 넣기도 한다. 보호칼럼은 본 칼럼과 동일한 충진제가 충진되어 있는 작은 칼럼으로 시료 중에 칼럼과 상호작용할 수 있는 물질들과 미리 작용하여 본 칼럼을 보호하는 역할을 한다. 보호칼럼은 수시로 교체하여 주어야 한다. 한편, 실리카는 물과 같이 극성이 큰 용매를 사용하면 약간씩 녹아나온다. 이를 방지하기 위하여 시료주입기 전에 실리카를 충진한 칼럼을 끼워 넣으면 용매가 미리 실리카로 포화되어 칼럼 중의 실리카가 녹아나오는 현상을 줄일 수 있다. 이러한 목적으로 사용하는 칼럼을 전칼럼(pre-column)이라고 한다. 전칼럼은 주입기 앞에 있으므로 밴드 폭에 영향을 주지 않으나 보호칼럼은 주입기 다음에 있으므로 밴드 폭을 넓히는 효과가 있다.

1) 칼럼의 목적에 따른 분류

① Pre (filter) column

1㎛정도 구경의 filter로서 pump와 injector 사이에 위치한다. 물과 같이 극성이 큰 용매를 이동상으로 사용하는 경우 칼럼 중의 실리카가 녹아나오는 현상을 줄이기 위하여 설치하거나 이동상 중 불용성 또는 불순물을 제거하여 main column을 보호하는 것을 목적으로 하는데 Pump내 line filter와 대체가 가능하다.

② Guard column

Main column과 동일한 충진제를 사용하며, 충진제의 크기는 main column보다 크고, 분석 압력에 영향을 미치지 않아야 한다. 칼럼 내경은 main column과 동일하거나 혹은 작으며 column 길이는 1~2cm 정도이다.

③ Analysis column

분석용도 및 충진제의 종류에 따라 다양하게 존재한다.

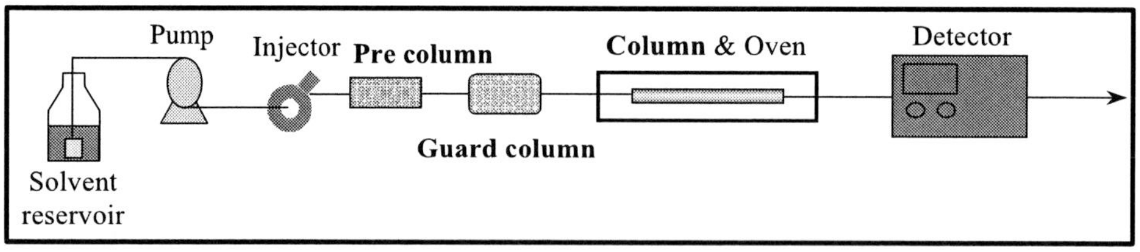

그림 E-13. 분리칼럼의 설치 예

2) 칼럼의 재질에 따른 분류

① Steel cartridge column - End fitting 장치

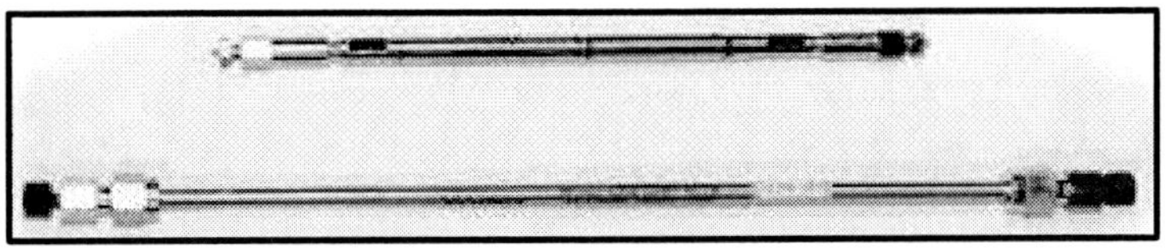

그림 E-14. Steel cartridge column

② PEEK cartridge column – PEEK(Polyether Ether Ketone) 재질

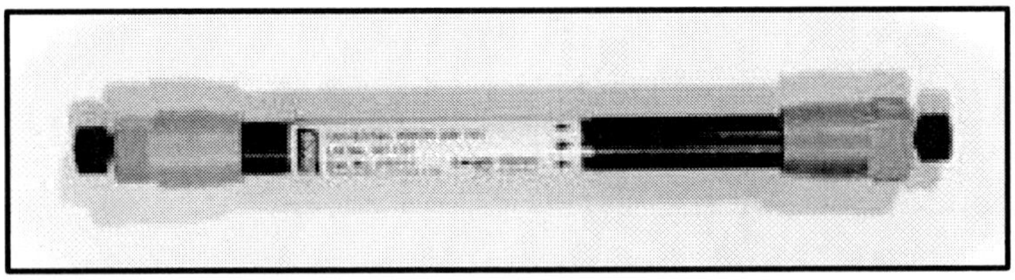

그림 E-15. PEEK cartridge column

③ Plastic radial-pak cartridge column

방사압축기술을 이용하여 rigid column의 벽면효과(wall effect)를 제거해 칼럼 효율을 향상시킨 column이다. 방사압축기술이란 Column 축에 대해 방사선 방향으로 압력을 가하면 칼럼 벽면이 충전제 벽면을 따라 압축되어 빈 공간이 줄고 충전이 균일하게 되어 칼럼 효율이 증대되는 기술을 말한다.

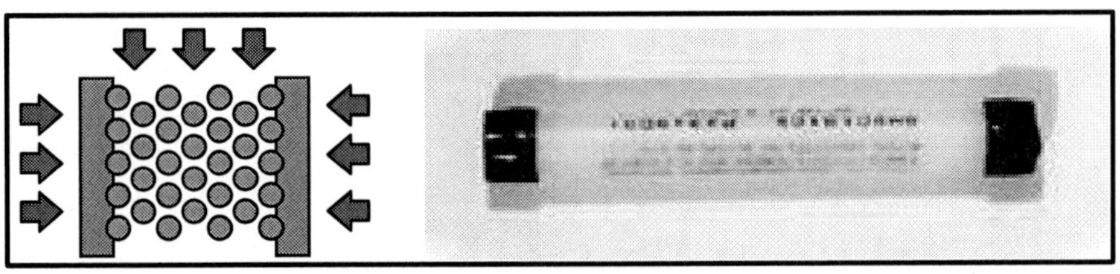

그림 E-16. Plastic radial-pak cartridge column

3) 칼럼의 분리메카니즘에 따른 분류

① Normal phase column (순상칼럼: 흡착작용)

순상칼럼은 (가) Functional group의 polarity에 의한 분리이며 (나) 일반적으로 non-aqueous, non-polar solvent를 사용한다. (다) 비극성이 큰 물질이 가장 먼저 용출된다. 순상칼럼의 종류는 (a) Silica phase- Resolve silica, μ-Porasil, Nova-pak silica, (b) Bonded phase- Nova-pak CN, NH_2- μ-Bondapak CN, NH_2- Resolve CN, NH_2 이다.

② Reverse phase column (역상칼럼: 분배작용)

역상칼럼은 ㈎ Bonded compound(C18, C8, CN Phenyl)와 분석 물질간의 상호작용에 의한 분리가 일어나며 ㈏ 극성이 큰 물질이 가장 먼저 용출된다. 역상 충진 칼럼의 종류는 (a) μ-Bondapak C18, CN, Phenyl, (b) Resolve C8, C18, CN, Phenyl, (c) Lichrosorb Rp-18, Rp-8, (d) Deltapak C18, C8, (e) Symmetry C18, C8, (f) Symmetry shield C18 등이 있다.

③ Ion exchange column (이온교환칼럼: 이온교환 작용)

이온교환칼럼은 이온화도 차이에 의해 분리되는데 그 종류는 (a) IC-pak Anion/Cation, (b) SAX(Strong Anion Exchanger)/SCX, (c) Protein-pak DEAE/SP HR 등이 있다.

④ Size exclusion column (크기배제칼럼: 분자체 작용)

크기배제칼럼은 이온화도 차이에 의해 분리되는데 그 종류는 (a) GPC : Styragel HR, HT, HMW series, (b) Aqueous GPC : Ultrahydrogel series, (c) Ahueous GPC : Protein-pak series 등이 있다.

표 E-1. 칼럼 메커니즘에 따른 분류

	Normal phase column	Reverse phase column	Cation column	Anion column	Size exclusion column
고정상	Silica -OH, -NH2 극성	Silica -C18, -C8, -CN 비극성	Silica-SO_3, -COOH 음이온	Silica-NR3, -NH_2 양이온	Silica-cross liked 다공성 pore
이동상	비극성 용매 (Hexane, Benzene, $CHCl_3$)	극성용매 (H_2O, MeOH, CH_3CN)	Buffer 용매	Buffer 용매	비극성 용매 Buffer 용매
용리순서	비극성 → 극성	극성 → 비극성	양이온 분석	음이온 분석	큰 분자량 → 작은 분자량
이동상의 극성을 증가시킬 때의 효과	용리시간 감소	용리시간 증가	용리시간 감소	용리시간 감소	용매의 극성에 무관

4) 칼럼 충진물

칼럼 충진제로 가장 많이 사용되는 것은 실리카 입자, 또는 실리카 입자의 표면을 화학적으로 변화시킨 입자이다. 실리카는 그림 E-17 에서 보는 바와 같이 불규칙한 모양을 하고 있는 것과 구형의 규칙적인 모양을 하고 있는 것이 있는데 분석용 HPLC에는 구형의 실리카가 더 유리하다.

실리카는 다공성의 물질로 표면적이 매우 넓다. 입자의 내부까지 pore가 분포하고 있는 완전다공성 실리카(porous particle)의 경우 그 표면적이 300~600 m^2/g에 이른다. 완전다공성 실리카는 표면적이 넓기 때문에 시료를 분석할 수 있는 용량이 크다. 대부분의 HPLC 칼럼에는 완전다공성 실리카를 이용하고 있다. 한편 입자의 내부는 단단한 구조를 하고 있고 표면만 얇은 다공성 물질로 덮여있는(pellicular) 실리카의 경우 시료가 고정상과 이동상 사이에서 평형에 이르는 시간이 짧아 분해능이 좋으나 표면적이 좁기 때문에 분석할 수 있는 시료용량이 작다. 충진물 입자의 크기는 HPLC에서 매우 중요하다. HPLC 칼럼에는 3~10μm 정도의 입자를 충진하는데 다공성의 작은 입자는 (예를 들면 입자경 3μm) 빠른 분석에 유리하고, 더 작은 입자의 pellicular 입자는 훨씬 빠른 분석에 유리하다. 같은 조건의 경우 입자경이 작을수록 칼럼의 이론단수(N)는 커지지만 압력도 증가한다는 단점이 있다. 보통 3~5μm의 다공성입자가 충진된 칼럼이 가장 많이 사용된다. 충진 입자의 입자경의 분포도 분해능과 압력에 영향을 미친다. 가능하면 입자경의 분포가 좁은 것이 좋다. 실제 HPLC에서는 다공성 입자에 있는 pore 안에서 크로마토그래피 과정이 일어나기 때문에 pore의 크기도 매우 중요하다.

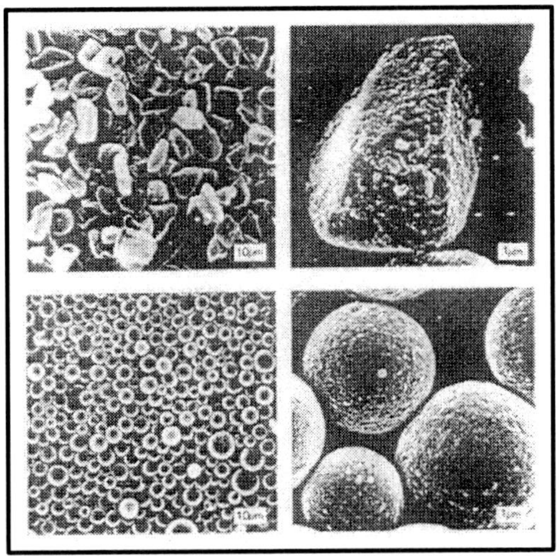

그림 E-17. 충진제(실리카)

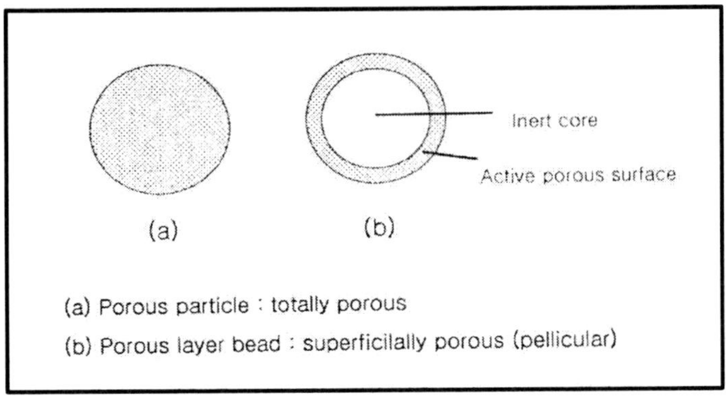

그림 E-18. porous particle & pellicular particle

일반적으로 저분자물질을 분석하고자 할 때는 5~12 nm 정도의 pore를 갖는 입자를 사용한다. 시료의 분자량이 10,000 이상이 되어 분자크기가 커지면 pore의 크기도 15nm 이상으로 큰 것을 사용해야 한다. 실제 pore의 크기는 분자 크기의 4배 이상 되어야 분자가 pore 안쪽에서 고정상과 상호작용하면서 분리가 일어난다.

① 실리카

실리카는 기계적 강도가 강하고 완전다공성으로 여러 가지 pore 크기와 여러 가지 입자경을 갖는 재료를 구하기 쉬우며, 고압에 잘 견디고, 압력이 적게 걸리며, 팽윤되지 않고, 수명도 길므로 HPLC 충전물의 원료로 가장 많이 사용된다. 실리카는 Si가 4개의 산소 원자와 결합하면서 폴리머를 이루고 있고 그 끝에는 silanol(Si-OH)기가 노출되어 있다. 이 silanol기는 대개 세 가지 형태로 존재하는데 ㈎ free silanol, ㈏ geminal silanol, ㈐ associated silanol 이다. 이 중에서 특히 free silanol이 산성이 강하여 염기성물질을 강하게 흡착하는 성질이 있다.

실리카는 약한 산성 물질로 높은 pH에서는 물에 조금씩 녹으므로 실리카를 이용한 충진제는 pH8 이하에서 사용하여야 한다.

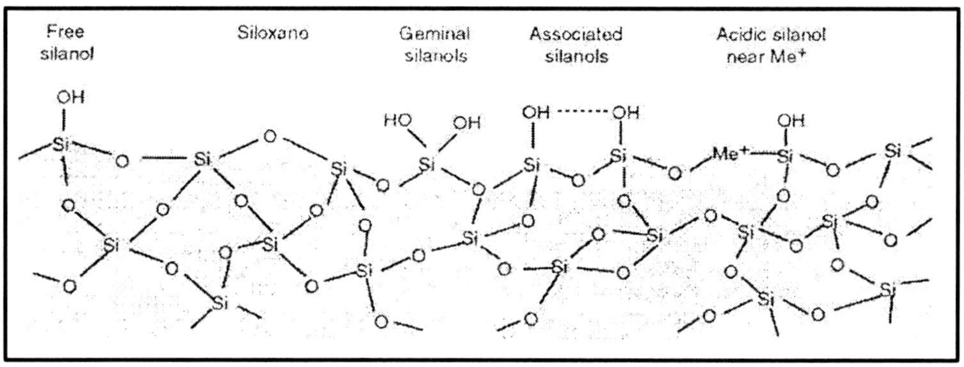

그림 E-19. 3 종류의 실리카 표면의 silanol 기

실리카는 다시 A형과 B형으로 나누기도 하는데 B형은 A형보다 더 순수한 실리카로 A형보다 산성에 약하다. A형은 염기성물질이나 극성이 큰 물질을 강하게 흡착하여 피크의 모양을 좋지 않게 하는 경향이 있으나 B형은 그 경향이 작다.

② 화학결합형 실리카

실리카 표면의 실라놀 그룹에 화학적 방법을 이용하여 단분자 상태의 유기화합물층(monomolecular organic layer)을 만든 것으로 bonded stationary phase 라고 한다. 실라놀기와 반응을 시키기 위한 목적으로 주로 dimethylalkyl-chlorosilane을 이용한다. 이 때 알킬기의 종류에 따라 고정상의 특성이 달라진다. 이 충진물은 분해능, 안정성, 응용성이 매우 좋으므로 실제 HPLC에서 가장 널리 사용된다. 특히 탄소 18개인 octadecylsilyl 기를 치환시킨 충진물은 가장 많이 사용되는 충진물이다. 이 충진물로 충진된 칼럼은 대개 ODS, C18, RP-18 등의 기호가 붙어있다. Octyl 기를 치환시킨 충진물도 많이 사용되는데 이들은 대개 C8, RP-8 등의 기호가 붙어있다.

실리카를 화학적으로 반응시킨다 하여 실리카에 있는 모든 silanol 기가 반응하는 것은 아니다. 실제로 반응 시킬 수 있는 silanol 기는 전체의 50%에도 미치지 못한다. 따라서 화학결합된 실리카의 표면에는 항상 silanol 기가 남아있기 마련이다. 같은 종류의 관능기를 결합시킨 충진물이라 해도 제조회사마다 또는 제조 방법에 따라 치환되는 정도가 달라진다. 충진제에 치환되어 있는 탄소의 함량을 알면 치환된 관능기의 양을 알 수 있다. 탄소의 함량이 높을수록 치환된 충진물에 있는 고정상의 함량이 높아지며 시료는 칼럼에 더 강하게 머무르게 되어 머무름 시간이 길어진다.

C8이나 C18 칼럼의 경우 남아있는 silanol 기를 trimethylsilylation 시켜 silanol 기로 인한 피크의 확산(silanol effect)을 막기도 한다. 이를 endcapping 이라고 하는데 여기에는 trimethylchlorosilane (TMCS)과 같은 짧은 실릴화 시약이 사용된다. 그러나 불행하게도 이러한 관능기는 특히 산성용액에서 잘 분해되는 단점이 있다. 보통 화학결합형 실리카를 만드는데는 dimethylalkylsilyl 유도체를 만들어 준다. 그런데 dimethyl 유도체 대신 diisopropyl, 또는 diisobutyl 기를 사용하면 steric effect 때문에 silanol effect가 감소하며, 치환기도 안정해져서 내구성이 강해진다. 이러한 고정상을 sterically protected bonded phase 라고 한다.

③ Styrene-divinyl benzene

스티렌과 디비닐벤젠을 중합시키면 cross-linking이 되어 있는 폴리스티렌이 얻어진다. 이 때 디비닐벤젠의 양에 따라 cross-linking 되는 정도가 달라지므로 pore의 구조가 달라진다. 이 때 반응에 사용되는 스티렌 대신 관능기가 붙어 있는 스티렌을 사용하면 특정한 이온교환수지를 얻을 수 있다. 스티렌 중합체는 pH에 안정하여 pH 1~13까지 넓은 범위에서 사용이 가능하다는 장점이 있다. 그러나 분해능은 실리카보다 좋지 않다.

④ 기타 칼럼충진제

㈎ 알루미나(Alumina): polyaromatic hydrocarbon (PAH)의 분리에 유리하나 비가역적인 흡착이 강하고 실리카보다 분해능이 떨어지므로 HPLC에서는 별로 사용되지 않는다.

㈏ 아가로스(Agarose): cross-linking 된 polysaccharide로 주로 affinity chromatography를 위한 담체로 사용되며 HPLC에서는 거의 사용되지 않는다.

㈐ 다공성 흑연(porous graphite): 화학적으로 안정하면서 고압에서도 사용할 수 있다는 장점이 있다. 역상크로마토그래피가 일어난다.

5) 칼럼 관리 및 보관

칼럼을 오래 사용하다 보면 칼럼 내부에 여러 불질이 오염이 되고 칼럼 입구의 filter에 입자가 끼어 압력이 높아질 수 있다. 일반적으로 ㈎ 칼럼을 오래 사용한 경우, ㈏ 사용시료가 불순물을 많이 포함한 경우, ㈐ 용매의 탈기 상태가 좋지 않은 경우, ㈑ 유로상의 막힘이 있는 경우, ㈒ 칼럼의 효율이 떨어지는 경우 등은 칼럼을 세척하여야 한다.

칼럼을 세척하기 위해서는 만약 필터 부분에 입자가 끼었다면 필터를 분해하여 초음파세척기에서 세척을 하여준다. 칼럼 내부를 세척하기 위해서는 칼럼 충진물에 따라 아음 표에서와 같은 용매로 세척하여 준다. 칼럼을 세척하기 전에 반드시 보호칼럼은 떼어내고 칼럼의 안쪽과 뒤쪽을 바꾸어 세척용매를 흘려보내는 것이 좋다. 주로 사용하는 RP-18 Column의 경우, Washing용매로 MeOH를 사용하며, MeOH를 채워서 보관한다. 이 때, Washing양은 25mL이상이며, Buffer를 사용했을 때에는 물로 30mL이상 Washing 하고, MeOH로 25mL 이상 Washing한다. 새로운 역상 칼럼을 사용하는 경우(메탄올로 채워져 있음)는 20분 정도 충분한 양의 물로 흘려준 다음 사용하고자 하는 용매로 변환하여 사용한다.

Column 보관은 충전제와 물리적/화학적 반응이 일어나지 않는 용매로 채워서 보관해야 한다. 다음에 칼럼별 보관방법을 기술하였다.

① **Normal phase column** - **Hexane으로 채워 보관.**

② **Reverse phase column**

- 세척 후 60%~70% 유기 용매(MeOH)로 채워 보관.
- 장기간 보관 시 100% 유기 용매(MeOH, CH_3CN)로 채워 보관.

③ **Ion exchange column**

㈎ 무기 양/음이온
- 장기간 보관 시 : 10% CH_3CN
- 단기간 보관 시 : 이동상 또는 5% CH_3CN

㈏ IC-pak cation column - 2mM HNO_3

㈐ 유기 양이온
- 장기간 보관 시 : 10% EtOH
- 단기간 보관 시 : H_2O(4℃)

㈑ 유기 음이온 - H_2O(4℃)

④ **Size exclution column**

㈎ 지용성 GPC column

- Shipping 용매로 보관

(나) 수용성 GPC column

- 0.05% NaN_2 또는 20% 이하의 유기용매(MeOH)로 보관

(다) 수용성 GFC column

- 0.05% NaN_2 또는 20% 이하의 유기용매(MeOH)로 보관

표 E-2. 칼럼별 저장용매

Column Type	Storage Solvent
Reversed Phase C18, C8, C4, C2, C1, Phenyl	Methanol (100%)
Normal Phase Silica, CN, NH_2, PAC, Diol Alumina	Isopropanol or Hexane
Ion-Exchange DEAE, CM, SAX, SCX	Methanol*
Size Exclusion Diol	0.05% NaN_3 in Water or 10% methanol

* Flush column with 50 mL water prior to storage solvent

6) 칼럼 세척 및 재생법

① Normal phase column

MeOH→ Methyl chloride→ Heptane(iso-octane)

② Reverse phase column

H_2O→ MeOH→ Chloroform→ MeOH→ H_2O

③ Ion exchange column

(가) 무기/유기 음이온 column:

H_2O→ 0.1M NaOH→ H_2O→ 30% 아세트산 or 0.1N HNO_3 → H_2O

(나) 무기/유기 양이온 column:

H_2O→ 0.1M NaOH(1~2 ㎖)→ H_2O→ 30% 아세트산(1~2 ㎖)

④ Size exclution column

이동상으로 흘려 세척함

7) 칼럼오븐

Column oven은 칼럼의 온도를 일정하게 유지하여 분석의 안전성 및 감도를 높이고자 할 때나 분석의 재현성을 양호하게 하기 위하여 설치하게 된다. 분석 시 분석 온도를 실온보다 높게 설정(setting)하는 이유는 목적 성분과 고정상의 평형상태를 빨리 이루어지게 하여 column의 효율을 증대시켜 분석 띠(peak)가 sharp하게 나올 수 있게 하기 위함이다. 또한 온도 상승으로 이동상의 점도를 낮게 유지하여 column의 손상 방지하며, column 내부의 압력을 낮추어 column 내 충진제의 손상을 방지할 수 있다. 칼럼오븐은 온도조절방식에 따라 Air circulation 형, Water jacket 형, Block heater 형으로 나눌 수 있다.

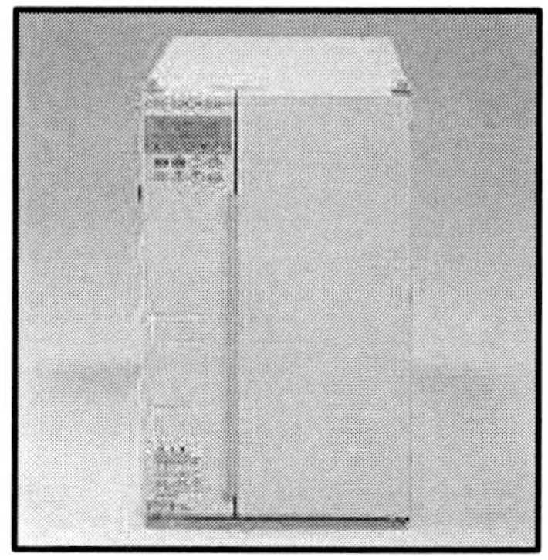

그림 E-20. 칼럼오븐

분석의 온도 의존성(안정성)을 고려하여 시차 굴절률 검출기(RID detector), 전기화학 검출기(ECD detector), 전기전도도 검출기(CDD detector)는 반드시 오븐이 필요하다.

(5) 검출기(Detector)

검출기는 Column에 의해 분리된 단일 성분들을 검출하는 장치로서, column에 의해 분리된 시료의 양에 비례한 전기적 신호를 date processing unit에 보내는 장치이다.

이상적인 HPLC의 검출기는 다음과 같은 조건을 갖추어야 한다.

(a) 모든 분석물질에 대한 감응도가 좋아야 한다.

(b) 감도가 높아야 한다.

(c) 이동상에 감응하지 않고 유속이나 온도의 변화에 무관하여야 한다.

(d) 좋은 직선성과 넓은 dynamic range를 가져야 한다.

(e) 비파괴성 및 용이한 시료의 회수가 가능해야 한다.

(f) 낮은 밴드 확장효과를 나타내야 한다.

(g) 분석물질에 대하여 신속한 감응을 해야 한다.

(h) 물질의 구조에 관한 정보를 제공해야 한다.

(i) 사용이 편리하고 경제적이어야 한다.

현재 이러한 조건을 모두 만족시키는 검출기는 없다고 할 수 있다. 특히 HPLC에서는 GC의 FID와 같이 감도가 좋으면서도 모든 시료를 검출할 수 있는 검출기가 개발되어 있지 않다. 일반적으로 HPLC에서 사용되는 검출기로는 크게 광학검출기와 전기화학적 검출기로 나눌 수 있다.(그림 E-21)

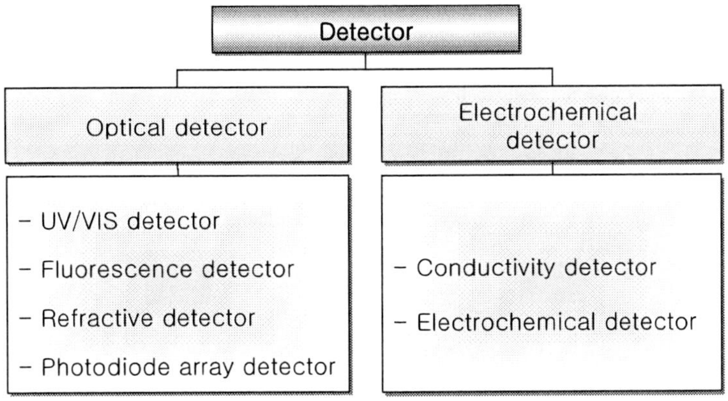

그림 E-21. 검출기의 종류

광학검출기의 종류는 ㈎ UV(UV/VIS)검출기, ㈏ 형광검출기(Fluorescence detector), ㈐ RI(Refractive index: 시차굴절률 검출기)검출기, ㈑ Photodiode array검출기가 있으며 전기화학적 검출기로는 ㈎ 전도도검출기(Conductivity detector), ㈏ 전기화학검출기 등이 있다. 이중 가장 흔히 쓰이는 검출기는 UV검출기와 RI검출기이다.

1) 자외선 검출기(UV/Vis Detector)

UV/VIS 검출기는 일반적인 HPLC에서 가장 널리 사용되는 검출기이다. 기본적인 구조는 UV/VIS 분광광도계와 비슷하지만 실제 분광광도계보다 많은 부분이 단순화 되어 있다. 가장 큰 차이점은 매우 작은 flow cell을 사용한다는 점이다. Flow cell은 그림 E-22에서와 같이 Z자 모양을 하고 있다. 이 검출기는 광원으로 중수소(D2)방전관을 사용하는 파장 가변형(190~900nm)과 광원으로 수은 방전관을 사용하여 검출하고자 하는 파장에 따라 램프를 교체하는 파장 고정형(ex: Hg 254nm, Zn 214nm)이 있으며, 190~800nm의 전 파장을 동시에 scanning하면서 1초에 10회 측정하여 평균값으로 산출하여 측정하는 Photodiode array detector도 있다.

E-23과 같은 photodiode array 검출기를 사용하면 한꺼번에 여러 개의 파장에서 검출이 가능하므로 실제 실시간으로 칼럼에서 나오는 시료의 UV/VIS 스펙트럼을 얻을 수 있다는 장점이 있다. Photodiode array 에는 수백~1000개 이상의 광다이오드가 일렬로 배치되어 있어 넓은 영역의 파장의 빛을 동시에 검출할 수 있다.

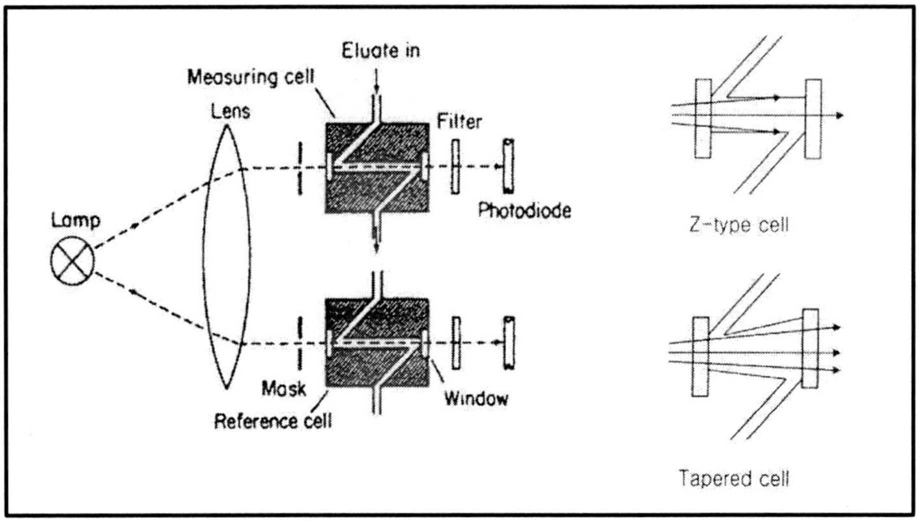

그림 E-22. UV/VIS 검출기의 구조

UV검출기는 감도가 크고, 시료에 대한 선택성이 있으며, 현재 가장 많이 쓰이고 있는 검출기로서 다음과 같은 특징을 가지고 있다.

(가) 감도가 좋다.(10^{-6}~10^{-10}g)

(나) 직선성이 우수해 정량성이 좋다.

(다) flow cell을 작게 만들 수 있으므로 band 확장효과가 작다.

(라) 이동상의 영향을 비교적 적게 받으므로 기울기용리를 적용하기 쉽다.

(마) 시료를 파괴하지 않는다.

(바) 검출파장을 바꿔줌에 따라 어느 정도 선택적인 시료의 검출이 가능하다.

(사) Photodiode array 검출기를 이용하여 흡광스펙트럼을 얻을 수 있으므로 물질의 구조에 관한 정보를 얻을 수 있다.

(아) 사용이 편리하다.

(자) pH gradient elution일 경우 용질(시료)에 따라 흡광도가 달라질 수 있으므로 주의해야 한다.

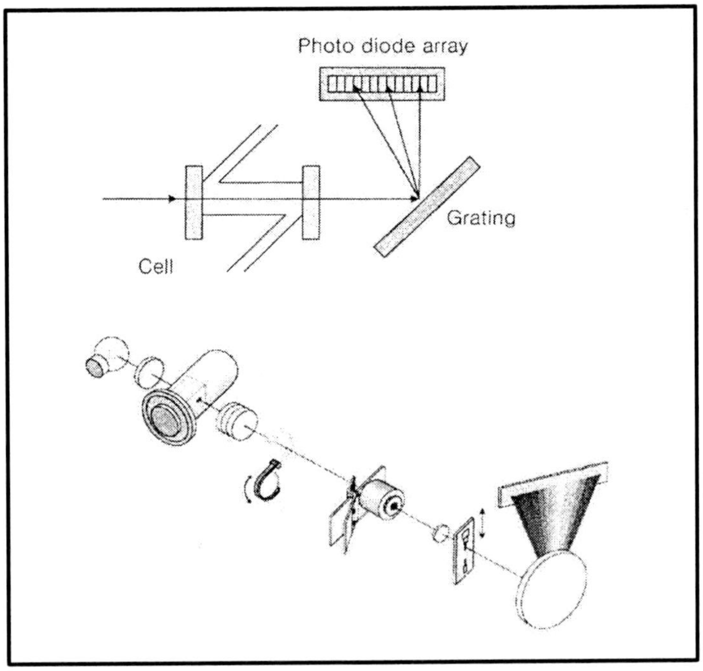

그림 E-23. Photodiode array 검출기

일반적으로 시료를 검출할 때는 해당시료의 최대흡수파장(λ_{max})에서 검출하는 것이 좋으나 λ_{max}에서 강력한 흡수가 있는 분석방해 성분이 공존하는 경우 λ_{max}에서 벗어나 검출하는 것이 유리할 수도 있다. λ_{max}에서 벗어나 검출하는 경우에 측정 파장이 조금만 바뀌어도 피크강도가 많이 변화할 수 있으므로 주의해야 한다.

2) 형광 검출기(Fluorescence Detector)

형광물질의 시료가 흡수파장의 에너지를 받아 들뜬 상태로 전이 된 후 다시 안정한 바닥상태로 이완될 때 에너지를 발산하는데 이를 형광 (fluorescence)이라 한다. 형광물질이 에너지를 받아 발산한 에너지양은 형광물질의 양에 비례하고 광증배관에 의해 검출된다. 형광세기는 최대 들뜸 파장(Ex)과 최대 형광파장(EM)을 고정하고 Xe을 광원으로 하여 90° 각도에서의 형광세기를 측정한다.

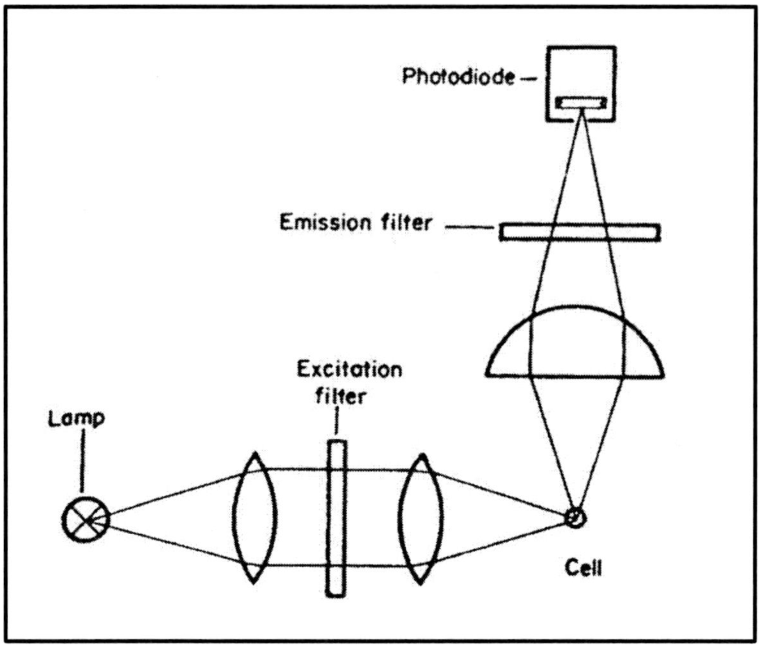

그림 E-24. 형광 검출기의 구조

형광 검출기는 특히 UV/VIS 검출기와 비슷한 장점을 가지고 있다. 그러나 자연계에 형광을 발하는 물질은 매우 제한되어 있기 때문에 분석 가능한 시료의 범위가 UV/VIS 검출기보다 제한되어 있는 대신, 형광이 있는 물질의 경우 훨씬 선택적으로 검출할 수 있다는 장점이 있다. 또한 형광검출기는 Excitation과 Emission 파장의 분리를 위해 filter나 monochrometer를 사용한다. UV/VIS 검출기에 비해 100~1000배 정도 감도가 좋기 때문에 미량분석에 많이 이용된다. 한편, 형광이 없는 물질의 경우 형광체화 반응을 통하여 형광이 있는 물질로 전환한 후 분석하는 방법도 폭넓게 연구되어 있다. 아미노산 분석법이 그러한 대표적인 예이다.

형광 검출기는 입사광과 직각인 방향에서 검출을 하므로 시료셀은 대개 원통형으로 되어 있다. 형광검출기로 검출이 가능한 시료가능물질(형광물질)은㈎ π 전자를 가지 방향족 화합물(Benzene 치환물 중 -OH, $-H_2$, $-N(CH_3)_3$,$-NHCH_3$, $-OCH_3$ 등), ㈏ 불포화 이중결합이 많은 분자 등이 있다.

적용분야는 무기 및 유기 화합물의 일부[생화학, 약리학(의약품)]와 환경오염물질, 석유화학 분야 등의 분석에 적용된다.

3) 굴절률 검출기(Refractive Detector)

굴절률 검출기는 어떤 물질이 HPLC 용리액에 녹아 있으면 용액의 굴절률이 달라진다는 점을 이용한 검출법이다. 다음 그림 E-25에서와 같이 굴절률 검출기에서 셀은 2 부분으로 나누어져 있다. 대조셀(reference cell)에는 이동상이 채워져 있고 시료셀(sample cell: measuring cell)은 이동상이 흐르도록 되어 있다. 만약 이동상에 어떤 물질이 녹아 있으면 빛의 굴절률이 달라져서 검출기에 도달하는 빛의 양이 달라지므로 굴절률 검출기는 이동상의 굴절률에 영향을 주는 거의 모든 물질을 검출할 수 있다.

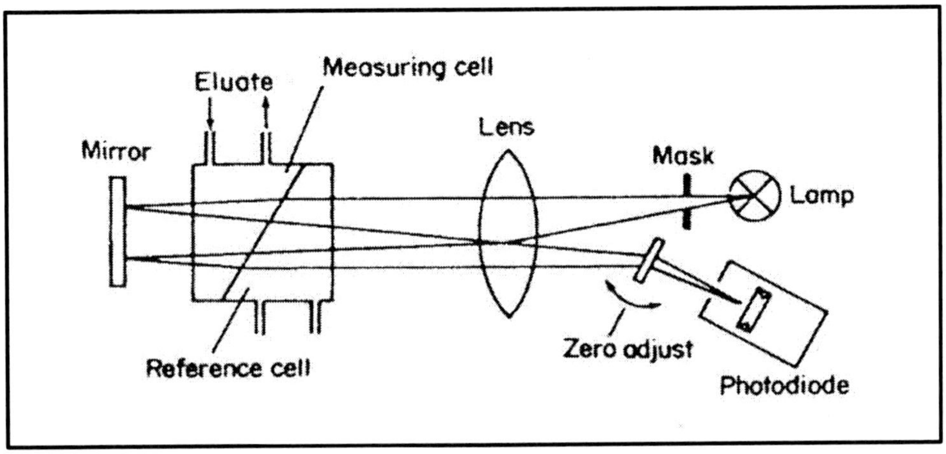

그림 E-25. 굴절률 검출기의 구조

용매의 굴절률과 용질의 굴절률의 차이는 용질의 농도의 비례한다. 그러나 굴절율의 차이에 의한 용질 농도의 비례의 직선성의 범위가 좁고, 감도가 낮다. 굴절률 검출기는 사용 전에 대조셀을 이동상으로 채워주어야 하고 온도에 민감하므로 사용 전에 충분한 안정화과정(24시간 정도) 이 필요하다. Cell 세척은 15% HNO_3 50㎖, 3차 증류수, 아세톤 50 ㎖ 순으로 한다.

굴절률 검출기는 다음과 같은 특징을 가지고 있다.

(가) 이동상의 굴절률에 영향을 주는 모든 물질을 검출할 수 있다.
거의 모든 물질이 이에 해당하므로 실질적으로 만능검출기이다.
(나) 감도가 좋지 않다.
(다) 용매의 조성에 따라 매우 민감하므로 기울기용리에 적용하기 어렵다.
(라) 용액의 온도와 유속에 매우 민감하다.
(마) 비파괴적이므로 시료의 회수가 용이하다.
(바) 시료에 따라 음의 피크가 나오기도 한다.

4) 전기화학 검출기(Electrochemical Detector)

전기화학 검출기는 산화 또는 환원되는 물질을 검출하는데 사용한다. 전기화학 검출기의 활동전극에 일정한 전압을 걸어주고 HPLC 용리액이 전극을 흐르도록 한다. 시료가 전극을 지나면서 활동전극에 의해서 산화 또는 환원되면 전극에 흐르는 전류의 양이 변화하게 되므로 시료를 검출할 수 있다. 전기화학검출은 산화방식과 환원방식의 두 가지 방식으로 검출할 수 있다. 일반적으로 산화방식이 사용하기 쉽고, 활동전극을 계속 사용할 수 있도록 유지해 주므로 널리 사용된다. 환원방식은 특히 용액이나 검액 중에 녹아있는 산소가 환원되면서 noise의 원인이 되므로 활용빈도가 떨어진다. 어떤 방식으로 검출할 것인가는 물질의 구조에 따라 결정해야 한다. 전기화학검출기에서 검출기의 신호는 시료 분자의 구조와 농도, 그리고 활동전극에 걸린 전압의 영향을 받는다. 특정물질을 분석하기에 적합한 전위는 시료를 주입하면서 단계적으로 전압을 변화시켜보면 된다. 전기화학검출기는 매우 감도가 좋고, 구조가 간단하다는 장점이 있어서 UV/VIS 검출기보다도 더 좋은 감도를 얻기 위한 목적으로 사용한다. 이러한 면에서 전기화학검출기는 형광검출기와 비슷한 특성을 지니는데 전기화학검출기가 더 좋은 감도를 갖으나 전기화학검출기에서 검출되는 화합물의 종류가 형광을 갖는 화합물보다 훨씬 많아 선택성에서는 떨어진다.

전기화학검출기는 그림 E-26와 같이 활동전극과 보조전극 그리고 대조전극으로 구성되어 있다. 활동전극으로는 glassy carbon이 가장 많이 사용되며 그 외에 Au, N, Ag, Pt 등도 사용된다. 보조전극은 스테인리스스틸, 대조전극은 Ag/AgCl 전극을 가장 많이 사용한다. 활동전극은 시료를 산화 또는 환원시키는데, 이 때 활동전극에 걸리는 전압은 일종의 산화제 또는 환원제와 같다. 양의 방향으로 전압이 높을수록 강력한 산화제가 되어 시료를 쉽게 산화시키며 전압이 낮을수록 환원력이 강해진다. 실제 전극에서 산화 또는 환원되는 시료는 전극을 통과하는 전체 시료 중 1~10%에 불과하다.

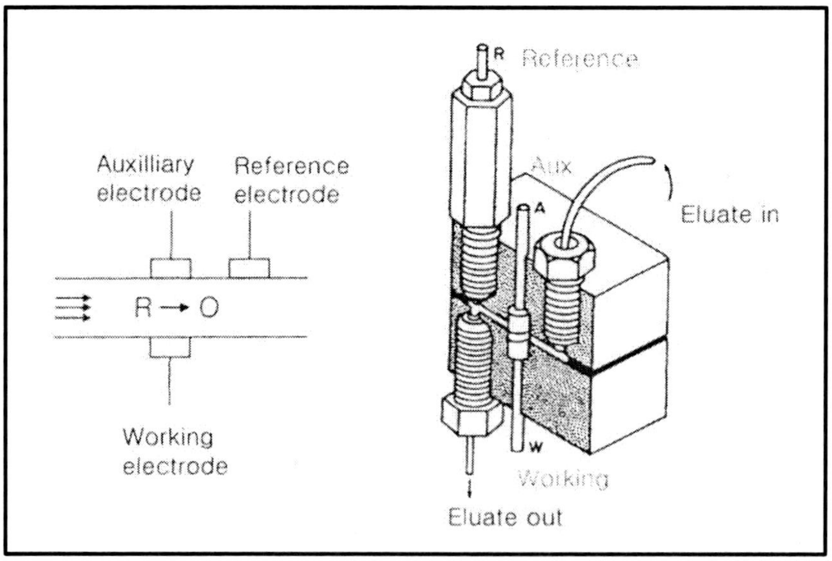

그림 E-26. 전기화학적 검출기의 구조 (셀 부분)

전기화학적 검출기는 많은 장법에도 불구하고 다음과 같은 단점이 있어 실제 응용성을 떨어뜨린다.

㈎ 활동전극은 쉽게 감도가 떨어지므로 수시로 세척해 주어야 한다.
㈏ 온도, 유속의 변화(pump pulsation)와 외적인 전기신호에 매우 민감하다.
㈐ 매우 순수한 용매를 사용해야 한다.
㈑ 이동상이 물을 함유하고 있어야 하므로 순상에는 사용이 어렵다.
㈒ 측정조건이 조금만 변화하여도 검출기의 신호가 많이 변하므로 재현성이 떨어진다.

5) 증기화광산란 검출기(Evaporative Light Scattering Detector: ELSD)

증기화광산란 검출기(ELSD)는 비교적 최근에 개발된 검출기로 칼럼에서 분리된 용리액을 분무시킨 다음 용매를 모두 휘발시키고 남은 시료입자에 빛을 쬐여주어 시료입자에 의하여 산란된 빛을 측정함으로써 시료를 검출하는 방법이다. 증기화광산란 검출기는 입자가 빛과 충돌할 때 발생되는 산란광을 검출하기 때문에 UV 검출기에서 요구되는 발색단 등과 같은 물질의 광학적 특성과 관계없이 이동상 보다 비휘발성인 어떠한 시료도 검출할 수 있는 새로운 차원의 HPLC, GPC, SFC용 검출기이다

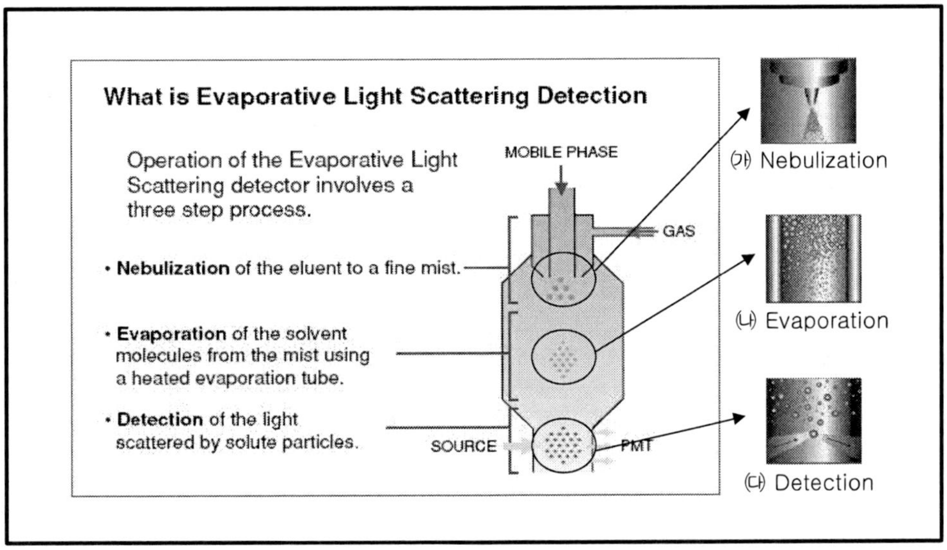

그림 E-27. 증기화광산란 검출기(ELSD)의 검출단계

따라서 물질 내 발색단이 없거나 미약하여 UV 검출기로는 응용이 까다롭거나, 굴절률 검출기(RI)의 낮은 검출능과 기울기 용리의 제한성으로 분리능과 분리도를 개선하기 어려운 시료의 응용 등, 검출을 위한 복잡하고 까다로운 시료 전처리 과정 없이 높은 재현성과 감도로 분석할 수 있다.

증기화광산란 검출기(ELSD)에 의한 검출은 그림 E-27와 같이 다음과 같은 3단계를 거친다.

(가) 분무(Nebulization): 칼럼에서 분리된 화합물과 이동상을 불활성 질소가스를 이용하여 Nebulizer를 통해 균일하게 미세한 입자로 분무한다.

(나) 용매휘발(Evaporation): 가열된 Drift-tube를 통과하는 동안 이동상은 기화되고 건조된 미세한 시료 입자만 통과한다.

(다) 산란광검출(Detection): 간섭성의 직선성을 가진 670nm Laser를 쪼여주면 시료입자와 충돌할 때 빛이 산란되는데 발생되는 산란광의 량을 PMT(광다이오드)에 의해 검출한다.

ELSD는 다음과 같은 장점을 갖고 있다.

(가) 만능검출기: 이론적으로 이동상보다 비휘발성인 모든 시료를 검출할 수 있다.

(나) 좋은 감도: ng 수준의 검출이 가능하다.

(다) 검출기의 감도가 물질의 질량과 비례한다. 즉, 피크강도가 물질의 양과 거의 비례한다.

(라) 용매는 미리 휘발시키므로 피크가 나타나지 않는다. 따라서 기울기 용리가 용이하고 UV 흡수가 강한 용매도 사용 가능하다.

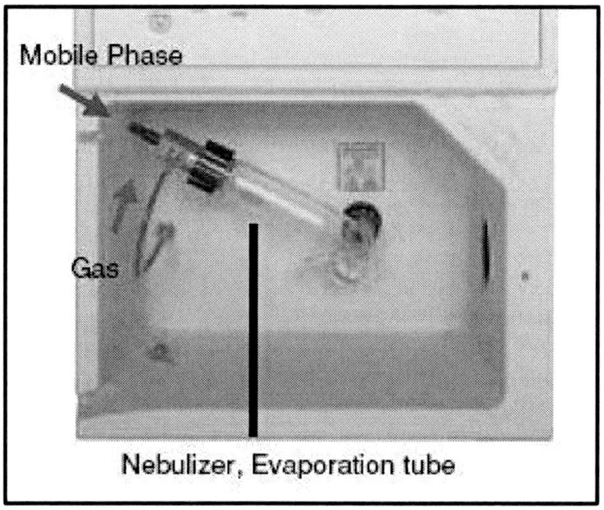

그림 E-28. ELSD 검출기

한편 ELSD는 피크 강도가 분무기(Nebulizer)의 모양이나 상태에 따라 달라지고, 비휘발성의 완충용액은 사용할 수 없으며 시료의 회수가 어렵다는 단점이 있다.

표 E-3. 각종 검출기 비교

Feature	Benefit	ELSD	UV/VIS	RI
이동상보다 비휘발성인 어떠한 시료도 검출가능	모든 시료에 대해 응용 가능 (Universal Detector)	Yes	No	Yes
모든 시료에 대하여 거의 동일한 Response factor 제공	시료농도에 대한 정확한 정량이 가능하다.	Yes	No	Yes
기울기 용리가능	빠른 분리도와 분리능 제공	Yes	Yes	No
용매 피크영향 제거	빠르게 용출되는 용매 피크에 의한 간섭효과를 제거할 수 있다.	Yes	No	No
LC/MS와 유사한 크로마토그래피 요구조건 제공	LC/MS 분석법 개발에 유용한 분석자료 제공	Yes	No	No
온도변화에 의한 영향 제거	짧은 평형시간과 안정된 바탕선 제공	Yes	Yes	No

3 시료의 분석 준비

HPLC로 분석하기 위해서는 검체를 HPLC에 주입시킬 수 있는 상태로 만들어 주어야 한다. 어떤 검체는 바로 HPLC에 주입할 수 있지만 다른 경우 시료의 전처리가 필요하다. HPLC 검체는 먼저 용액상태로 만들어야 하며 모든 검액은 0.2~0.45 μm 정도의 pore를 갖는 멤브레인 여과지를 이용하여 여과하여야 한다. 검체를 채집하는 과정에서 검체는 통계적으로 전체 시료를 대표할 수 있도록 하여야 한다. 필요한 경우 검체를 건조하거나, 분말화, 희석, 농축, 여과, 추출, 원심분리 등의 단계를 거쳐야 한다. 본 장에서는 특히 고체상추출법(solid phase extraction: SPE)과 칼럼전환(column switching) 방법에 대해서만 설명하기로 한다.

(1) 고체상추출법(SPE)

고체상추출법은 작은 칼럼을 이용하여 시료를 정제, 농축, 분리, 추출하는 방법으로 분해능이 낮은 크로마토그래피의 일종이다. 이 방법은 용매를 이용한 액-액 추출법(liquid-liquid extraction)에 비하여 다음과 같은 장점을 갖는다.

(가) 분석물질 추출효율이 좋다.

(나) 분석방해물질을 더 효율적으로 제거할 수 있다.

(다) 용매사용량을 줄일 수 있다.

(라) 분석물질을 쉽게 회수할 수 있다.
(마) 사용이 편리하며 자동화하기 쉽다.
(사) 입자도 같이 제거된다.
(아) 상분리를 할 필요가 없다.

한편 고체상추출법에서는 경우에 따라 분석물질이 고체상에 비가역적으로 흡착되어 회수율이 낮아질 수 있으며, 고체상추출키트가 제조회사마다 일정하지 않다는 단점도 있다. 고체상추출법은 특히 칼럼과 강하게 상호작용하는 물질이나 칼럼에 손상을 줄 수 있는 물질을 제거하는데 유리하다. 예를 들어 역상칼럼에는 지방, 유지, 그리스와 같은 비극성물질, 고분자물질 등은 칼럼에 강하게 머물러 칼럼을 손상시킬 수 있다. 고체상추출법은 이러한 물질을 제거하는데 매우 유리하다.

한편 고체상추출법은 분석물질의 농축에도 이용될 수 있다. 예를 들면 하천수나 상수도에 들어있는 극미량의 잔류농약이나 PAH, PCB 등의 환경유해물질을 분석할 때 대개의 경우 시료 그대로는 농도가 너무 낮아 분석이 어렵다. 이 때 역상의 고체상추출 카트리지에 시료를 통과시키면 비극성인 환경유해물질은 고체상에 머무르고 물은 빠져나간다. 나중에 소량의 유기용매로 고체상에 머무른 물질을 용출시키면 농축된 시료를 얻을 수 있다.

고체상추출용 카트리지에는 플라스틱 용기에 충진물이 소량 충진되어 있다. 충진물로는 액체크로마토그래피에 사용되는 여러 가지 고정상들이 사용되는데 일반적으로 역상, 즉 C8이나 C18이 가장 많이 사용된다. 한꺼번에 여러 개의 시료를 처리할 수 있는 기구도 시판되고 있다. 고체상추출법을 사용하기 위해서는 먼저 카트리지 안에 있는 고체상을 conditioning 시켜야 한다. 전형적인 사용 예를 설명하면 다음과 같다.

(가) 세척 : 카트리지 부피의 6~10배 정도의 강한 용매를 흘려보내어 충진물을 세척하고 solvation 시킨다. 이 때 용매는 역상의 경우에는 MeOH 또는 CH_3CN을 사용하고 실리카의 경우 CH_2Cl_2를 사용하면 된다.
(나) 준비 : 약한 용매를 흘려보내어 카트리지에 남아있는 강한 용매를 제거한다. 이 때 사용하는 용매는 시료의 용매보다 더 약한 용매를 사용하는 것이 좋다.(역상의 경우에는 물 또는 완충용액)
(다) 시료주입 : 시료를 주입한다. 시료를 주입하는 동안 분석대상물질은 고정상에 강하게 머물러야 하므로 시료를 녹인 용매는 약한 용매이어야 한다. 시료의 주입속도가 너무 빠르면 분석물질이 미처 고정상과 상호작용하기 전에 카트리지를 빠져나갈 수 있으므로 시료의 주입은 너무 빠르지 않게 해야 한다.
(라) 방해물질 제거 : 용매의 강도를 조금 높여 분석에 방해가 되는 성분을 최대한 카트리지로부터 용출시킨다. 분석대상물질의 k'가 3~10 정도되는 용매를 사용하면 좋다.

(마) 분석대상물질 용출 : 용매의 강도를 더 높여 분석대상물질을 용출시킨다. 이 때 용매의 강도는 분석대상물질에 대하여 k'가 0~2 정도의 것이 좋다.

물론 이러한 분석을 위하여 미리 분석대상물질을 HPLC로 분석하여 용매에 따른 k'을 측정하여 두는 것이 좋다. 분석대상물질이 비극성의 물질인 경우에는 역상의 고체상을 사용하고, 극성물질인 경우에는 순상을 사용한다. 또한 시료가 물에 녹아있는 경우에는 역사, 유기용매에 녹아있는 경우에는 순상을 사용하는 것이 추가적인 시료 전처리과정을 줄일 수 있다. 이온성 물질의 경우 이온교환수지를 사용할 수 있다.

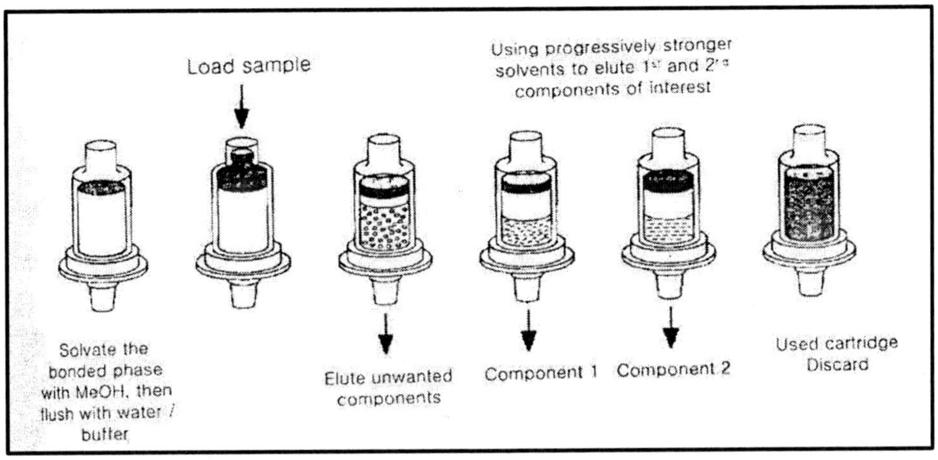

그림 E-29. 고체상추출방법 (역상인 경우)

일반적으로 분석대상물질을 강하게 머물게 하는 고체상을 사용하는데 반대로 분석대상물질은 고체상에서 쉽게 용리되고 방해성분이 강하게 머물러 제거되게 할 수도 있다. 그러나 이 방법은 시료농축의 효과가 없다는 단점이 있다.

(2) 칼럼스위치방법

칼럼스위치 방법은 2개의 칼럼을 스위치밸브를 통하여 연결하여 HPLC 분석 도중 칼럼을 교체하는 방법이다. 이 때 첫 번째 칼럼에서는 시료를 부분적으로 분리하고 분석방해 성분을 제거하여 두 번째 칼럼으로 보내는 역할을 하고 두 번째 칼럼에서 시료가 분리된다. 첫 번째 칼럼은 고체상추출과 비슷한 역할을 하므로 칼럼스위치 방법은 on-line 고체상추출법과 비슷하다. 다만 첫 번째 칼럼은 고체상추출법에서 사용되는 카트리지보다 분해능이 훨씬 좋고, 일회용이 아니고 계속 사용한다는 점이 다르다.

칼럼스위치 방법은 시료 전처리 과정을 매우 단순화시킬 수 있고 그 목적에 따라 여러 가지

변형이 가능하다. 예를 들면 혈장에 있는 약물을 분석할 경우, 혈장에는 단백질, 아미노산, 당, 무기이온 등 여러 가지 분석 방해성분이 존재한다. 이 경우 1번과 2번 칼럼을 모두 역상칼럼으로 하여 1번 칼럼에서 이러한 분석방해성분이 모두 빠져나간 다음 칼럼스위치 밸브를 돌리고 이동상의 용매강도를 높여 약물이 2번 칼럼으로 들어가 분석되도록 할 수 있다. 한편 분석대상물질이 이온성 물질인 경우 1번 칼럼으로 이온교환수지를 사용하고 2번 칼럼에 역상칼럼을 사용하면 on-column으로 시료를 농축시킬 수 있다. 즉, pH를 조절하여 분석대상물질이 이온화되도록 하여 1번 칼럼(이온교환수지)에 머물게 하면서 다른 중성의 분석방해성분을 모두 용리시켜 제거한 다음 칼럼스위치 밸브를 돌리고 분석대상물질이 전하를 띄지 않도록 용리액의 pH를 변화시켜 분석대상물질을 1번 칼럼으로부터 용리시켜 2번 칼럼으로 주입되도록 한다. 이 때 용리액은 완충용액으로 역상의 2번 칼럼에는 매우 약한 용매가 되므로 분석대상물질은 2번 칼럼의 입구에 강력하게 머무르기 때문에 시료가 농축되는 효과가 생긴다. 시료가 2번 칼럼에 모두 주입되면 용매강도를 증가시켜 시료를 분석한다. 이런 방법을 이용하면 낮은 농도의 시료를 다량 주입하여 시료를 농축시킬 수도 있다.

4 시료의 분석

실제 시료를 분석하기 위해서는 여러 가지 준비가 필요하다. 먼저 분석의 목적과 시료의 특성을 파악하고 목적에 적합한 이동상과 고정상을 선정하여야 한다. 필요한 경우 앞서 설명한 바와 같은 적절한 시료전처리를 해야 한다. 검액이 준비되고 초기에 시도해볼 이동상과 고정상이 결정되었으면 실제 이동상을 조제하여야 한다. 이동상은 HPLC용으로 최순도의 것을 사용하는 것이 좋으며 멤브레인 여과지를 통하여 여과하여야 하는데 보통 pore 크기가 0.45 μm의 여과지를 가장 많이 사용한다. 멤브레인 여과지는 물을 여과할 수 있는 수 용매용과 유기용매용으로 나뉘어져 있는데 특히 수 용매용은 유기용매에 녹고 유기용매용은 소수성으로 물은 여과가 되지 않는다. 이동상 제조 시 용매를 부피의 비로 계량하는 경우 따로 계량한 후에 혼합하여야 정확한 혼합비를 얻을 수 있다. 흡열, 발열 반응 등에 의해 부피비가 달라짐에 유의한다.

(1) 용매의 조건

HPLC 시스템에서 용매는 이동상으로서의 역할뿐 아니라 고정상과 시료와의 친화도에 영향을 미치는 중요한 인자로서 역할을 한다. 이동상 용매로서 사용되는 모든 용매는 HPLC용으로 만들어진 HPLC grade를 사용하는 것이 바람직하다. 또한 극성도를 조절하기 위해서 사용하는 물 또한 저항 값이 18.3 MΩ이상인 초순수를 사용하여야 한다. 그리고 이러한 용매의 조건은 Solvent viscosity가 낮아야 하며, 두 용매가 섞인 경우 혼합비가 낮아야 한다. 또한 Solvent에 의하여 칼럼 충진물이 녹아서는 안 된다. 분석 물질은 반드시 Solvent에 녹아야 하며 Solvent의 cut-off, RI, b.p. 가 낮아야 한다.

다음에 HPLC 이동상으로 사용되는 용매의 일반적인 조건을 기술하였다.

(가) HPLC에 사용하는 유기 용매는 반드시 HPLC용을 사용하며, 물의 경우에는 비저항 값이 18.3 MΩ 이상인 초순수를 사용한다.
(나) 용매의 점도는 (〈 0.5) 는 낮아야 한다.
(다) 두 가지 이상의 용매를 혼합해서 사용하는 경우, 두 용매는 반드시 섞이는 것이어야 하며, Miscibility Number가 1 미만이어야 한다.
(라) 분리를 위해서 선택된 용매는 칼럼 속의 충진물을 녹여서는 안 된다.
(마) 분석 대상 물질은 반드시 선정된 용매에 녹아야 한다.
(바) 용매는 분석 대상 물질에 따라 달리 선택한다. 용매의 조성 비율도 조절해서 사용해 보아야 한다.
(사) 선정된 용매의 UV cutoff, Reflective index값은 낮아야 한다.
(아) 사용하는 용매의 b.p가 너무 낮은 경우, 기포 발생의 소지가 있으며, 반대로 b.p가 너무 높은 경우 분리능이 나빠진다.
(자) 분석 대상 물질과 반응성이 있거나, 고정상과 반응성이 있는 용매의 사용은 피해야하며, aldehyde, olefin, sulfur 화합물, ketone 등의 용매의 사용은 피해야 한다.

표 E-4. HPLC 용매의 UV에서의 Cutoff 값

Solvent	UV Cutoff	Solvent	UV Cutoff
water	180	n-Heptane	197
Methanol	210	Cyclohexane	200
n-propanol	205	Carbon tetrachloride	265
Acetonitrile	190	Chloroform	245
THF	230	Benzene	280
Acetone	330	Toluene	285
Methyl Acetate	260	Methylene chloride	232
Ethyl Acetate	260	Tetrachloroethylene	280
Nitromethane	380	1,2-Dichloroethane	225

(2) 용매의 강도

일반적으로 HPLC 용매는 2 종류의 용매를 혼합하여 사용하는 경우가 많다. 이 때 용매강도가 약한 용매를 A라 하고 용매강도가 강한 용매를 B로 표시한다. 용매강도가 강하다는 것은 시료에 대한 친화력이 크다는 것을 뜻하며, 따라서 강한 용매에서 시료의 머무름 시간은 짧아진다. 반대로 약한 용매에서는 시료가 고정상에 머무는 시간이 길어지고 머무름 시간은 길어진다.

한편 고정상의 경우도 비슷한 경향을 띠는데 고정상이 강할수록 시료를 강하게 머무르게 하기 때문에 머무름 시간이 길어진다.

크로마토그래피의 분리 효율을 올리기 위해서는 적당한 용매의 조합에 의해서 혼합 용매를 사용하는 것이 좋은 경우가 있다.

두 가지 종류의 용매를 혼합 할 때에 얻어지는 극성 P' 값은 다음 식에서 얻어진다.

$$P' = \phi_1 P_1' + \phi_2 P_2'$$

위의 식 중 ϕ_1, ϕ_2는 혼합 용매 중 각 용매의 용적분률이고, 한편 P_1', P_2'는 각 용매의 극성 파라미터이다. 적당히 용매를 조합시키면 시료 중 각 성분의 분포비 k'을 2에서 5 사이에 맞출 수가 있다. (나아가서 분리를 향상시키기 위해서는 칼럼 효율을 올리는 것이 필요하다.) 만약 두 종류 내지 그 이상의 화합물이 같은 k' 값으로 용출되면, 이동상의 선택률을 바꾸어 보는 것이 필요하게 된다. 일반적으로 역상 LC에서는 세 종류의 극성이 높지 않은 용매(메탄올, 아세토니트릴, tetrahydrofurane)가 주로 사용되므로 선택률이라고 하는 면에서는 용매를 바꾼다고 하는 것은 비교적 한정된 효과 밖에 가지지 못한다. 그렇지만, 유기 용매를 바꾸면서 (예를 들면, 메탄올로부터 tetrahydrofurane으로) 그 사이 용매 강도를 변화시키는 것은 선택률에 유효한 변화를 가져오는 것이 가능하다. 제2의 유기 용매의 용적분율을 계산하는 것은 다음 식에서 이용되어진다.

$$\varphi_c = \frac{\varphi_b (P_w' - P_b')}{(P_w' - P_c')}$$

위의 식 중 P_w'은 물의 용매 강도, P_b'은 불충분한 선택률 밖에 줄 수 없는 유기 용매의 용매 강도, P_c'은 제2의 유기 용매의 강도이다. ϕ_b, ϕ_c는 이것 외에 두 종류의 유기 용매의 용적분률이다.

표 E-5. 용매 강도 (역상 LC)

물	(0.0)	dioxane	(3.5)
메탄올	(3.0)	에탄올	(3.6)
아세토니트릴	(3.1)	프로판올	(4.2)
아세톤	(3.4)	tetrahydrofurane	(4.4)

표 E-5에 나타난 역상(RP) 용매 강도 파라미터 S를 사용하면 위의 식은 다음과 같이 된다.

$$\Phi_c = \Phi_b \frac{S_b}{S_c}$$

위의 식을 이용하면 용매 c의 용적분율을 간단하게 구할 수가 있다. 이 계산은 용매 강도를 일정하게 머무르게 하면서 선택률을 바꾸도록 할 경우에 필요하다. 용매강도는 아래의 그림과 같이 역상(Reverse Phase), 그리고 순상(Normal Phase)에 따라 서로 반대의 강도를 가지게 되며, 유기 용매(Solvent)와 물의 혼합 시 물의 함량이 많으면 많을수록 성분의 머무름 시간(Retention Time)은 길어지게 된다.

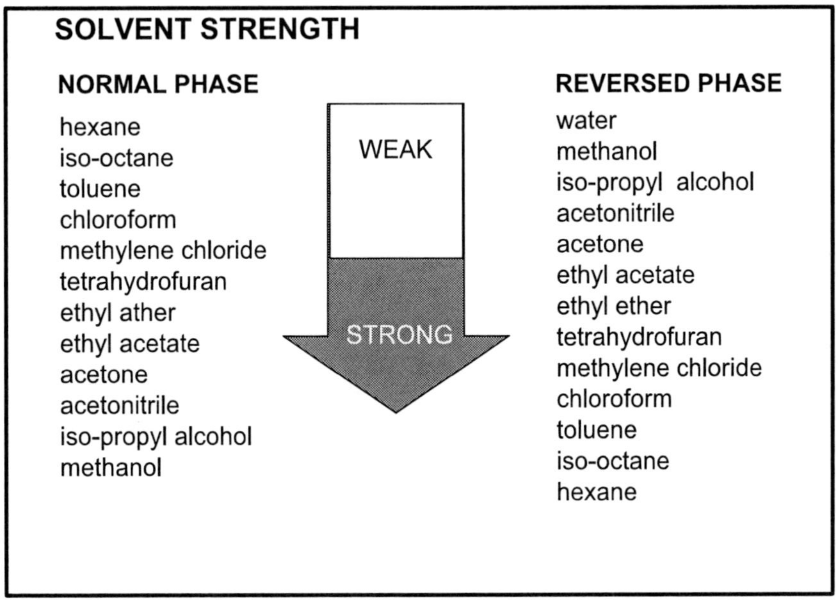

그림 E-30. 용매강도

(3) 용매의 섞임성

HPLC에서 단일 용매를 사용하는 경우는 거의 없고 대부분 혼합용매를 사용하기 때문에 용매는 섞임성이 있어야 한다. 또한 사용하는 칼럼의 종류에 따라서 이동상으로 사용하는 용매의 극성도와 이온화 정도 및 친유성, 친수성 등을 고려하여야 한다. 다음 그림 E-31은 HPLC에서 사용되는 용매의 섞임성을 나타낸 것이다.

서로 섞이지 않는 용매를 동일한 HPLC 시스템에 사용하게 되면 칼럼의 치명적인 손상을 초래하게 될 뿐만 아니라 전체 시스템에서 막힘 현상이나 염의 석출 등이 발생하게 되므로 각별히 주의하여야 한다. 따라서 섞임성이 없는 용매를 교환하고자 할 경우에는 칼럼을 제거한 후 isopropyl alcohol 이나 tetrahydrofurane 등의 양성 용매로 충분히 세척한 후에 용매를 흘려주어야 한다.

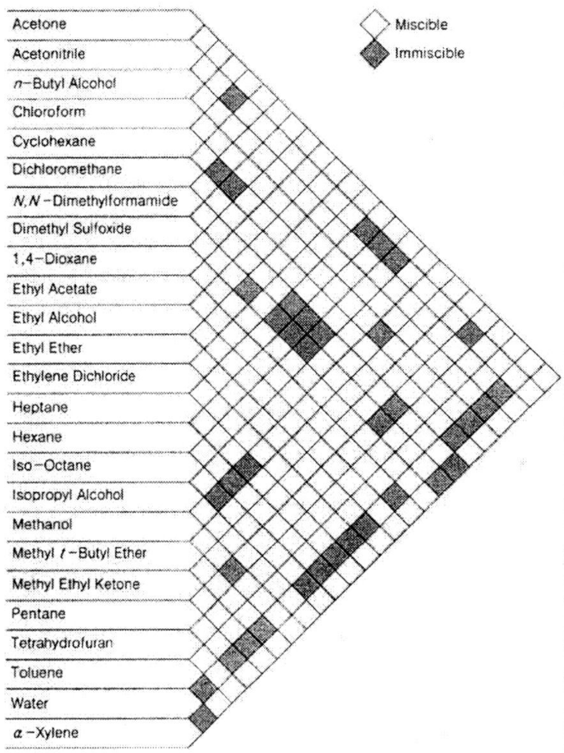

Missibility No.	
Acetone	15
Acetonitrile	11
n-Butyl acetate	22
N-Butyl alcohol	15
Chlorobenzene	21
Chloroform	19
Cyclohexane	28
Dichloromethane	20
N,N-Dimethylformaide	12
Dimethyl sulfoxide	9
1,4-Dioxane	17
Ethyl acetate	19
Ethyl ether	23
Heptane	29
Hexane	29
iso-Octane	29
Isobutyl alcohol	15
Isopropyl alcohol	15
Methanol	12
Methyl ethyl ketone	17
Pyridine	16
Tetrahydrofuran	17
Toluene	23

그림 E-31. HPLC 용매의 섞임성

(4) 탈기(Degassing)

한편 용매에는 어느 정도의 공기가 녹기 마련인데 HPLC 내부에서 공기 기포가 발생하지 않도록 미리 탈기하여야 한다. 탈기의 효과는 다음과 같다.

(가) 용기 및 용매 내에 녹아 있는 잔존 기체를 제거함으로써 펌프나 검출기로 유입되는 버블을 막는다. 가스의 제거로 pumping의 정밀성을 향상, 재현성 있는 결과를 얻을 수 있게 해준다.

(나) 용매중의 산소의 제거도 역시 중요한데, 산소는 칼럼 충진물이나 용매와 반응하거나, 시료들을 산화시키거나, 검출기의 바탕선 값을 (특히 형광 검출기의 경우) 크게 하기 때문이다.

(다) 용매의 탈기는 물과 다른 극성 용매를 함께 쓰는 시스템 (특히, 기울기 용리의 경우)에서 매우 중요하다.

용매 속에 잔존하는 기체를 제거하는 방법은 여러 가지가 있으며, 각각은 다음과 같다.

(가) 진공 여과 (Vacuum Filtration) : 진공 상태에서 여과시킴으로써 여과와 탈기를 동시에 행할 수 있는 방법으로 일반적으로 가장 많이 사용한다.

(나) 헬륨가스 주입 (Helium Sparging) : 불활성이며, 용매에 대한 용해도가 낮은 헬륨 기체를 용매에 계속적으로 주입함으로써 공기나 산소 등의 버블을 제거시킨다.

(다) 초음파 탈기 (Ultrasonication) : 용매에 용존된 산소, 공기 버블 등을 초음파를 가하여 제거시킨다.

(라) On-line degassing : 용매가 일정한 진공상태가 유지되는 챔버 속에 장착된 기체만 통과할 수 있는 재질로 된 멤브레인 튜브를 지나가면서 가스가 멤브레인 튜브 밖으로 배출되고, 용매만 통과하여 펌프로 공급되는 것이다.

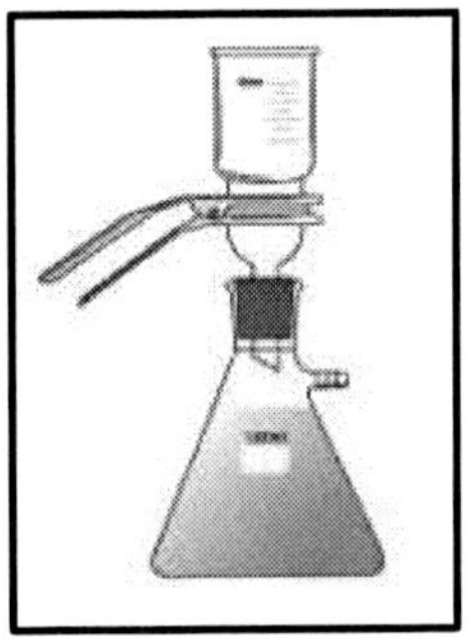

그림 E-32. 진공탈기장치

일반 실험실에서는 감압하면서 동시에 초음파를 쪼여주면 빠른 시간에 탈기가 가능하다. 탈기를 너무 오랫동안 하면 휘발성 용매가 휘발하여 조성이 달라질 수 있으므로 조심해야 한다. 어느 경우나 비록 탈기하였다 하더라도 공기 중에 노출되면 공기를 흡수하므로 탈기한 용매는 기밀하게 막아두어야 한다. 또한 완충용액의 경우 미생물이 번식할 수 있으므로 필요할 때 조제하여 바로 사용하도록 한다.

(5) 중성물질의 분석

1) 역상 HPLC - 중성물질의 분석

일반적으로 특성을 잘 모르는 시료를 분석하는데 첫 번째로 시도할 수 있는 HPLC는 역상 HPLC이다. 역상 칼럼은 분해능이 좋고, 안정하여 수명이 길고, 재현성이 좋으며, 사용하는 용매도 물과 메탄올이나 아세토니트릴을 사용하므로 더 경제적이다. 따라서 역상 HPLC가 성공 가능성이 높고 사용이 편리하다. 물론 역상 HPLC도 너무 극성이 크거나 너무 비극성인 물질은 분리가 어렵고 여러 가지 이성질체의 분리가 잘 되지 않고 고분자물질의 분석에는 어려움이 많다는 한계가 있다.

중성물질의 분석에도 첫 번째 시도는 역상 HPLC를 이용하는 것이 좋다.

역상 HPLC에서 머무름 특성은 다음과 같다.

(가) 역상 HPLC는 물과 유기용매 사이의 용매추출과 비슷하다.

(나) 이동상은 극성으로 물에 해당하고 고정상은 비극성으로 유기용매에 해당한다.

(다) 따라서 극성인 시료는 칼럼에서 빨리 용출되고 비극성인 시료는 늦게 용출된다.

(라) 고정상으로 가장 많이 사용되는 것은 C18 또는 C8이다.

(마) 이동상으로는 물-메탄올, 또는 물-아세토니트릴 혼합액을 가장 많이 사용한다. 여기에서 물은 약한 용매(A 용매), 메탄올이나 아세토니트릴은 강한 용매(B 용매)이다.

역상 HPLC에서는 실리카에 비극성의 관능기를 화학결합시킨 것을 많이 사용한다. 역상 HPLC에서 사용하는 고정상은 다음과 같은 특성을 지닌다.

(가) 화학결합 상에 따라 고정상의 강도는 다음과 같다. (강도가 강할수록 시료를 강하게 머무르게 한다.)

C18 $\simeq$ C8 $>$ Phenyl $>$ C4 $>$ CN $\gg$ (Si)

(나) 실리카에 결합된 화학결합상의 농도가 높을수록 강도가 강해져서 시료를 강하게 머무르게 한다.

(다) 충진물의 표면적이 넓을수록 강한 고정상이 된다. 대체적으로 고정상의 표면적과 k'는 비례관계에 있다. 표면적은 충진물의 pore 크기가 작을수록 커진다.

HPLC에서 피크의 용량인자(k')는 0.5~20 사이에 있도록 하는 것이 좋다. k'가 0.5 이하이면 너무 머무름이 짧아 다른 물질과 분리되지 않을 가능성이 높고 20 이상이면 분석 시간이 너무 길어진다는 문제점이 있다. 보다 바람직하게는 k'이 1~10 범위에 들도록 하면 좋다.

실제 HPLC를 이용하여 시료를 분석하기 위해서는 다음과 같은 2단계를 거친다. (isocratic

elution의 경우만 생각한다.)

① 용매강도(% B)를 조절하여 적절한 k'를 맞춘다. (0.5 〈k' 〈20)
② Column selectivity(α)를 변화시켜 피크가 잘 분리되도록 한다.

α를 변화시키기 위해서는 ㈎ 이동상의 조성을 바꾸거나, ㈏ 고정상을 바꾸거나, ㈐ 분석온도를 바꾸어 준다.

● 용매강도(B %)의 조절

시료에 대한 정확한 정보를 모르는 경우 강도가 높은 용매를 먼저 시도하고 단계적으로 용매강도를 감소시키면서 머무름 시간을 조절하는 것이 좋은 방법이다. 역상 HPLC에서 일반적으로 사용하는 B 용매는 MeOH, CH_3CN 인데 이중 CH_3CN이 MeOH 보다 점도가 낮고, 칼럼 압력이 적게 걸리며, 칼럼의 이론단수도 더 크다는 장점이 있으므로 초기 B 용매로 많이 선택된다. 그러나 CH_3CN은 MeOH 보다 더 유독하고 값도 비싸다는 단점이 있다.

다음 그림 E-33은 초기 100% 아세토니트릴로부터 시작하여 단계적으로 20%씩 아세토니트릴의 농도를 낮추어 주면서 적합한 % B(여기에서는 50%)를 찾아가는 과정을 보인 것이다.

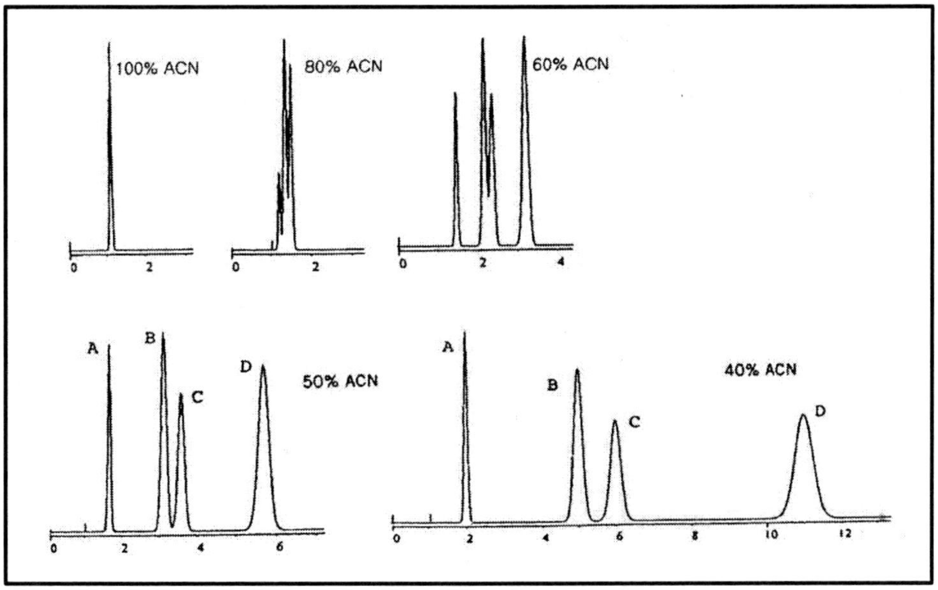

그림 E-33. 적절한 용매강도(% B)의 선택과정

그림 E-34는 일반적으로 역상 HPLC에서 % B와 log k'는 반비례의 관계에 있다는 것을 보인 것이다. 일반적으로 % B를 10% 감소시킬 때 마다 k'는 약 3배 정도 증가한다.

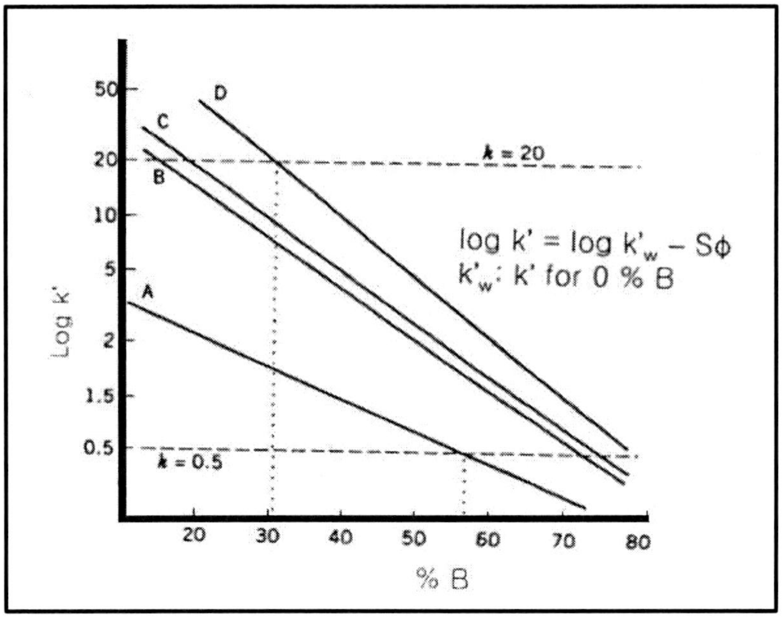

그림 E-34. 용매강도(% B)에 따른 log k' 의 변화

● Selectivity(α)의 조절

% B를 바꾸어 주는 것만으로도 어느 정도 피크의 분리를 조절할 수 있다. 그러나 % B 만으로 충분한 피크의 분리를 얻을 수 없을 경우에는 B용매를 바꾸어줄 필요가 있다. 그림은 역상 HPLC에서 흔히 사용되는 B용매의 용매강도를 선그래프로 표시한 것이다. 이 그래프를 보면 40% CH_3CN은 50% MeOH, 30% THF와 용매강도가 비슷하다는 것을 알 수 있다.

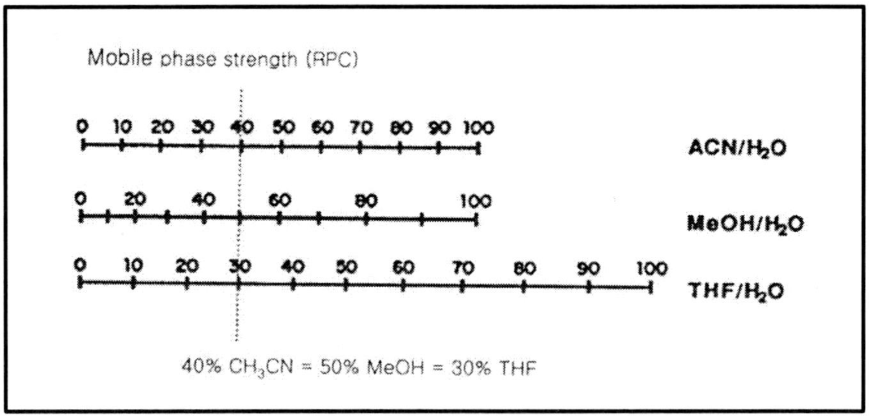

그림 E-35. 역상 HPLC에서 사용되는 용매의 용매강도

그림은 용매를 바꾸면서 적합한 분리를 얻는 과정을 보인 것이다. 이 실험과정을 설명하면 다음과 같다.

(가) 먼저 CH_3CN을 B 용매로 하여 (A 용매는 물) 100% B로부터 시작하여 단계적으로 %B를 감소시키면서 크로마토그램을 얻었다. (a)는 80% CH_3CN을 용매로 하여 얻은 크로마토그램으로 아직 대부분의 피크가 앞쪽에서 분리되지 않고 나타나고 있다.

(나) % B를 조절하여 (b)에서 보는 바와 같이 40% CH_3CN이면 k'이 적합한 범위에 들어오는 것을 확인하였다. 그러나 이 조건에서 2/3 피크와 6/7 피크는 충분히 분리되지 않았으므로 추가적인 selectivity의 변화가 필요함을 알 수 있다.

(다) Selectivity를 변화시키기 위하여 B 용매를 MeOH로 바꾸기로 하였다. 50% MeOH가 40% CH_3CN과 비슷한 용매강도를 가지므로 이동상을 50% MeOH로 바꾸었다. 그 결과 그림 (c)와 같은 크로마토그램을 얻었다. 예상했던 대로 전체 분석에 걸린 시간은 40% CH_3CN을 사용한 경우와 비슷하였고, (b)에서 불완전하게 분리되었던 2/3과 6/7이 완전히 분리되었다. 그러나 새로운 문제가 발생하였다. 즉, 이번에는 3/4, 5/6의 분리가 완전하지 않은 것이다.

(라) 이를 개선하기 위한 방법으로 40% CH_3CN과 50% MeOH를 1:1로 혼합한 용액을 이동상으로 사용하여 보았다. 그 결과 (d)와 같은 잘 분리된 크로마토그램을 얻었다.

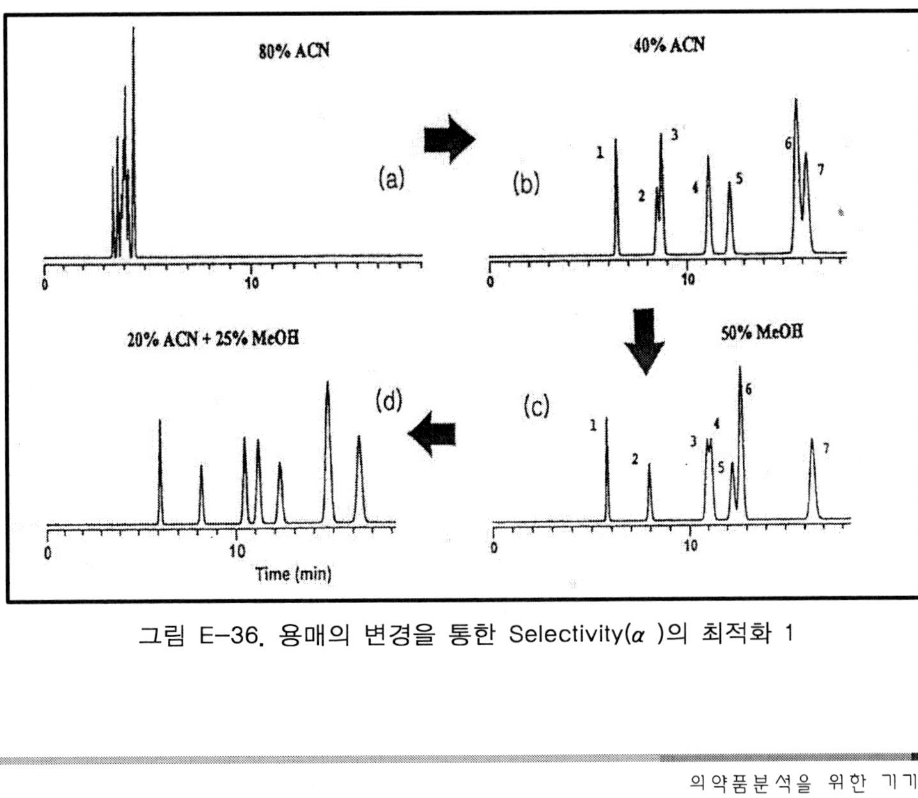

그림 E-36. 용매의 변경을 통한 Selectivity(α)의 최적화 1

다음 그림 E-37은 다른 예를 보인 것으로 (a), (b)에서와 같이 50% MeOH와 32% THF (두 용매의 강도가 비슷하다는 것은 그림 E-35에서 알 수 있다)용매에서는 k'는 적절하지만 피크분리가 완전하지 못하다. 이를 개선하기 위하여 두 용매를 1:4로 혼합한 결과 (c)와 같이 완전 분리된 크로마토그램을 얻을 수 있었다.

이러한 두 가지 예에서 MeOH, CH_3CN, THF는 selectivity에 상당한 차이가 있고 시료에 따라서는 용출 순서가 바뀌기도 한다는 것을 알 수 있다. 역상 HPLC에서 이러한 특성을 잘 활용하면 더 좋은 분리를 얻을 수 있다.

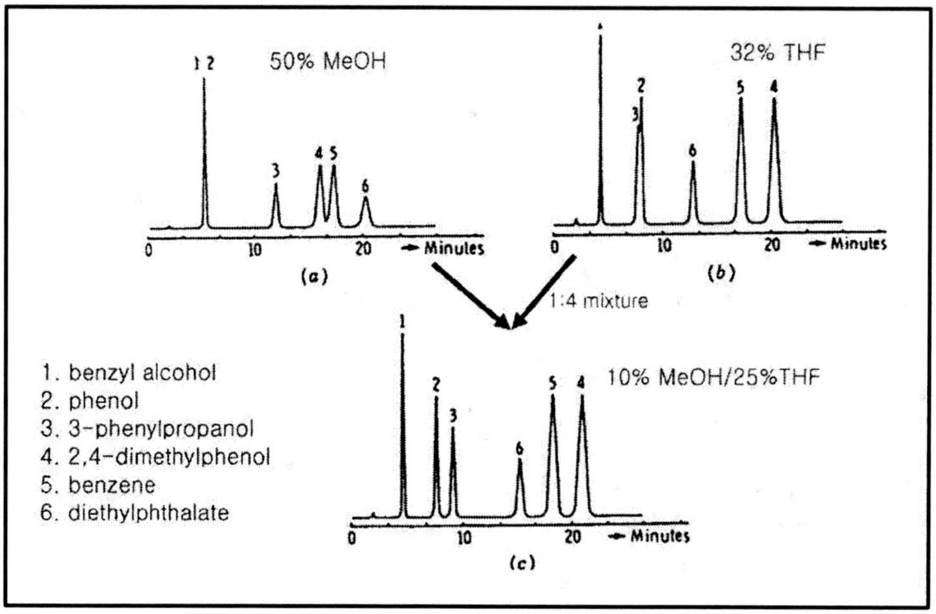

그림 E-37. 용매의 변경을 통한 Selectivity(α)의 최적화 2

다음 그림 E-38은 이러한 용매 선정과정을 보다 더 논리적으로 표시한 selectivity triangle이다.

먼저 용매를 각각 ① CH_3CN, ② MeOH, ③ THF로 하여 k'가 0.5～20 범위에 피크가 나오도록 % B를 조절한다. 역상이므로 A 용매는 당연히 물이다. 세 종류의 용매를 사용하여도 분리되지 않은 피크가 있어 selectivity를 조절할 필요가 있는 경우에는 ①/②, ②/③, ③/①를 1:1로 섞은 용매를 이동상으로 바꿔본다(각각 ④, ⑤, ⑥). 물론 필요에 따라 1:1이 아니라 1:2, 또는 1:3을 사용할 수도 있다. 한편, 필요한 경우 ①/②/③을 섞어 쓸 수도 있다(⑦). 이러한 논리적 용매 선정과정을 이용하여 자동으로 최적용매를 찾아주는 프로그램도 개발되어 있다.

중성물질의 경우 온도가 높아지면 머무름 시간이 단축된다. 온도가 1℃ 올라감에 k'이 약 1～2% 감소한다. 그러나 온도는 중성물질의 selectivity에는 그다지 큰 영향을 미치지 않으므로 겹쳐진 피크의 분리에는 크게 도움이 되지 않는다.(이온성물질의 경우는 온도가 많은 영향을 미친다.)

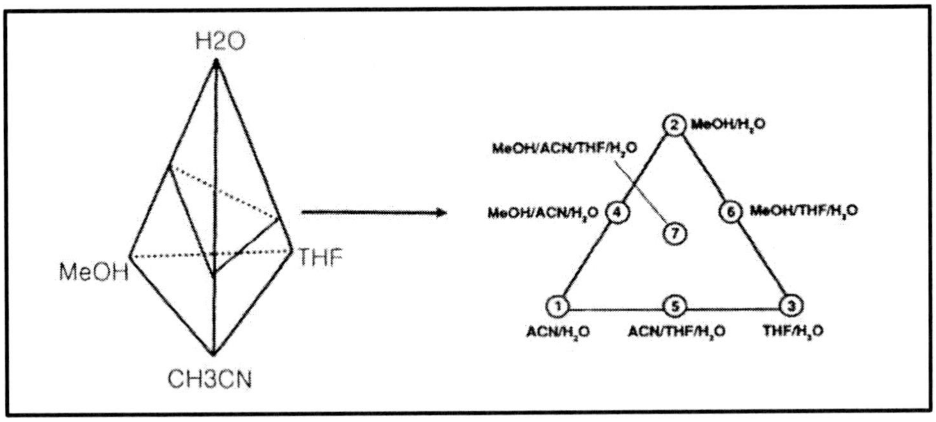

그림 E-38. Selectivity triangle

이러한 모든 시도가 실패로 판명되는 경우에는 고정상을 바꿔줄 수 있다. 고정상을 바꿀 경우 먼저 Cyano 칼럼으로 바꾸는 것이 성공할 가능성이 높으며, 그 다음이 Phenyl 칼럼이다. Phenyl 칼럼이나 Cyano 칼럼은 C18이나 C8보다 칼럼의 세기가 약하므로 같은 이동상을 사용하는 경우 시료의 머무름 시간은 C18 > C8 > Phenyl > CN의 순서가 된다.

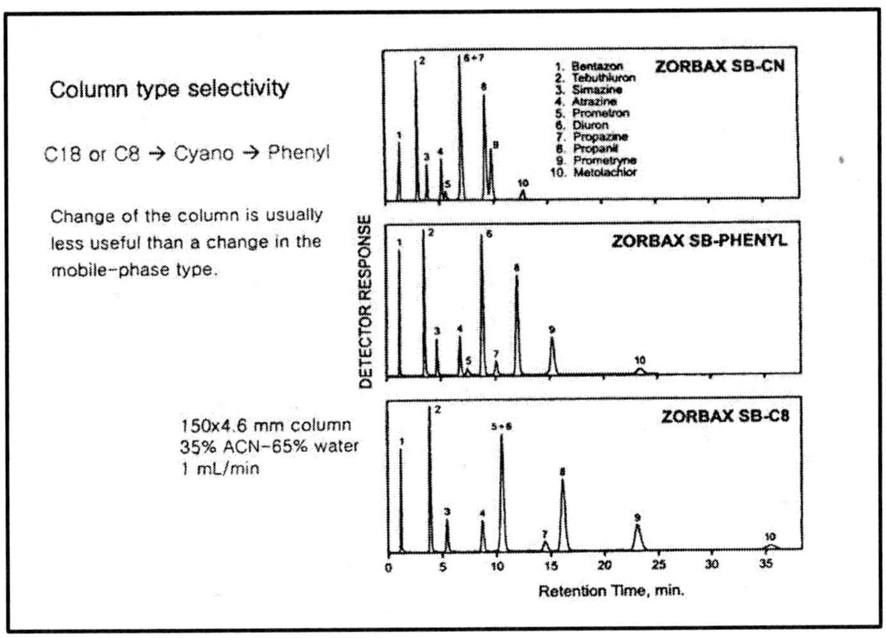

그림 E-39. Column type selectivity

아래 표 E-6은 중성의 비이온성물질을 역상 HPLC로 분석하고자 할 때 일반적인 접근 방법을 요약한 것이다.

표 E-6. 중성물질의 분석을 위한 역상 HPLC 시작

순 서	세부내용
1. Column 선정	◦ C8 혹은 C18 column으로 시작
	◦ 15 혹은 25 cm의 column 사용
2. % B를 조정 (0.5 <k'<20)	◦ CH_3CN/H_2O
3. Check for band tailing	
4. 필요한 경우 selectivity 조정	(a) % B를 미세하게 조정
	(b) 유기용매 변경
	(c) 유기용매 혼합
	(d) 칼럼 타입 변경
	(e) 온도 변경
5. Column 조건 최적화	◦ 길이, 입자크기, 유량

2) 순상 HPLC - 중성물질의 분석

순상크로마토그래피에서는 이동상으로 비극성의 유기용매를 사용하고 고정상으로는 극성의 충진물을 사용한다. 따라서 역상과는 반대로 비극성의 화합물이 먼저 용출되고 극성화합물은 칼럼에 오래 머물러 늦게 용출되게 한다. 일반적으로 역상크로마토그래피가 더 우리한 경우가 많으나 다음의 경우는 순상이 더 유리한 경우가 많다.

㈎ 시료가 너무 비극성이어서 역상에서는 너무 오래 머무르는 경우
㈏ 시료가 너무 극성이어서 역상에서는 아예 머무르지 않는 경우
㈐ 이성질체의 분리
㈑ 시료의 대량분리를 목적으로 하는 경우
㈒ 시료가 비극성용매에 녹아 있는 경우
㈓ 기타 역상크로마토그래피에서 실패한 경우

순상크로마토그래피는 ① 이동상이나 고정상을 바꿔줌에 따라 역상보다 selectivity가 더 크게 변화한다. ② 많은 유기화합물은 역상에서 사용되는 용매보다는 순상에서 사용되는 유기용매에 더 잘 녹는다. 이것은 특히 preparative용 크로마토그래피에서 유리하다. ③ 역상에 비하여 이동상의 점도가 낮으므로 압력이 적게 걸린다. ④ 일반적으로 물을 용매로 사용하지 않으므로 시료의 취급이 훨씬 편리하다. 는 등의 장점을 가지고 있다.

한편 단점으로는 ① 이온성 물질의 경우 역상이 더 적합하다. ② 용매강도 조절에 따른 피

크 용출 거동의 예측이 역상보다 더 어렵다. ③ 칼럼 효능이 역상보다 떨어진다. ④ 역상보다 휘발성용매를 사용하므로 사용 중 휘발하거나 또는 HPLC 기기에서 기포가 발생하기 쉽다. ⑤ 특히 실리카의 경우 수분의 흡수 정도에 따라 용출시간이 달라지고, 기울기 용리가 어렵다. ⑥ 유기용매를 사용하므로 역상보다 용매 가격이 비싸다.

순상크로마토그래피에서는 고정상이 극성이므로 극성인 시료나 용매는 고정상에 강하게 흡착하여 부분적으로 극성인 시료나 용매가 칼럼에 localize되는 경향이 있다. 이러한 특성은 칼럼이 이동상과 평형에 이르는 시간을 길게 하고 시료의 용출속도에도 많은 영향을 미친다. 다음 표 E-7은 순상크로마토그래피에서 주로 사용되는 용매의 특성을 정리한 것이다.

표 E-7. 실리카 칼럼에 대한 용매강도(ε o)와 selectivity

Solvent	ε °	Localize	Basic	UV cut-off
Hexane, Heptane, Octane	0.00	No	–	201
$CHCl_3$	0.26	No	–	247
Methyl chloride	0.30	No	–	234
Ethyl ether	0.38	Yes	Yes	219
Methyl-t-butyl ether (MTBE)	0.48	Yes	Yes	225
EtOAc	0.48	Yes	No	256
Dioxane	0.51	Yes	Yes	215
Acetonitrile	0.52	Yes	No	192
THF	0.53	Yes	Yes	230
Propanol	0.60	Yes	–	214
MeOH	0.70	Yes	–	210

● 고정상의 선정

순상에서 고정상의 강도는 다음과 같다.

Silica > Alumina ≫ Amino > Diol > Cyano 이며 실제 사용되는 빈도는 대략 Cyano > Silica > Diol > Amino의 순이다.

Cyano 칼럼은 안정하고 사용이 편리하므로 순상에서 맨 처음 시도하기 위한 칼럼으로 적합하다. 실리카는 분석적 목적으로는 그리 많이 사용되지 않지만 preparative 용으로는 많이 사용된다. 실리카에는 A형과 B형이 있는데 B형은 A형보다 산성에 약하므로 silanol 효과가 적게 나타나 염기성물질의 분석에 유리하다. 다음 그림에서 A형과 B형의 실리카를 이용한 크로마토그램을 비교한 것으로 특히 A형에서는 염기성의 benzanilide의 분리가 좋지 않은 반면 B형에서는 양호한 분리를 보이고 있다. 실리카는 칼럼의 수분함량에 따라 용출거동이 매우 달라지므로 주의해야한다. 또한 실리카 칼럼은 B용매를 강하게 흡착하는 성질이 강하여 일반적으로 기울기 용리에는 적합하지 않다.

Diol과 아미노 칼럼의 경우 안정성이 떨어진다는 단점이 있다. 특히 아미노 칼럼의 경우 고정상이 쉽게 분해되어 용출되므로 검출기 잡음의 원인이 되고 칼럼수명이 매우 짧아 특수한 목적 외에는 잘 사용하지 않는다.

● 이동상의 선정

순상크로마토그래피에서도 역상과 마찬가지로 약한용매(A)와 강한용매(B)를 섞어서 사용한다. 그러나 순상에서는 역상과 달리 A는 비극성 용매이고 B는 극성용매가 된다. 순상 HPLC에서 주로 사용되는 A 용매는 hexane과 methylene chloride이다. Hexane은 UV 측정범위가 200nm까지로 단파장에서도 사용이 가능하다는 장점이 있다. CH_2Cl_2는 조금 극성이 있는 화합물에 적합하되 단파자의 UV검출이 어렵다는 단점이 있다.

한편 B 용매로 주로 사용되는 것은 propanol, dichloromethane, methyl-t-butylether, ethylacetate, acetonitrile 등이다.

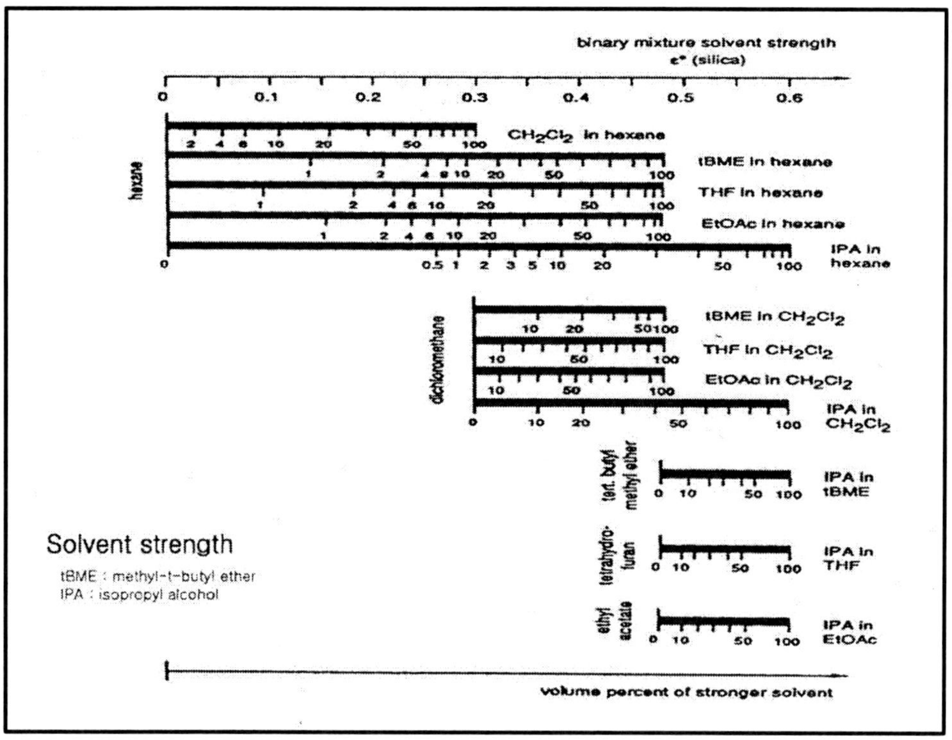

그림 E-40. Si 칼럼에 대한 용매의 강도

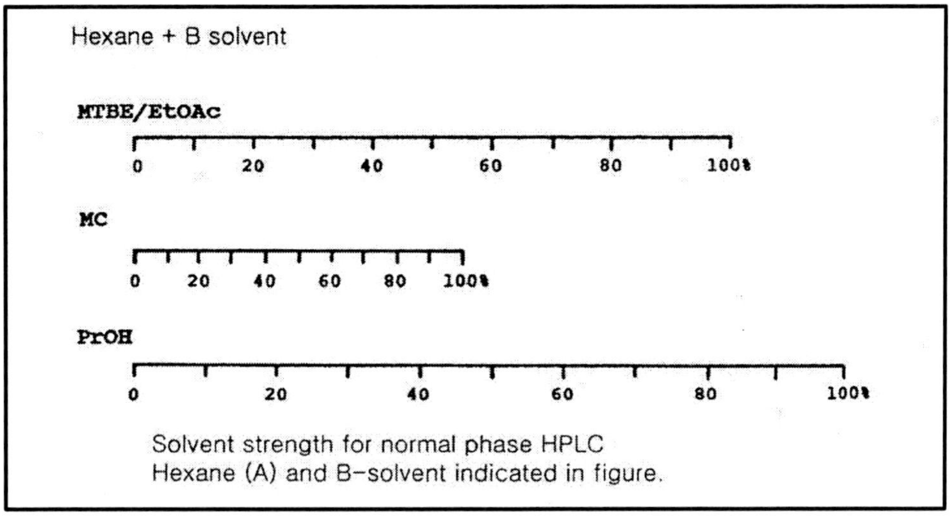

그림 E-41. Hexane을 A용매로 하는 경우 % B에 따른 용매강도의 비교

그림 E-40은 Si 칼럼에 대한 용매의 강도를 그래프로 표시한 것이고, 그림 E-41은 핵산을 A 용매로 하는 경우 B 용매의 함량에 대한 용매강도를 비교한 것이다. 한편 CH_3CN, MeOH를 hexane과 같이 사용하기 위해서는 상의 분리를 막기 위하여 CH_2Cl_2 같은 중간용매가 필요하다. 염기성물질이 끌리는 현상을 막기 위하여 triethylamine과 같은 염기성물질을 이동상에 첨가하기도 하며, 산성물질의 경우 acetic acid를 첨가하기도 한다.

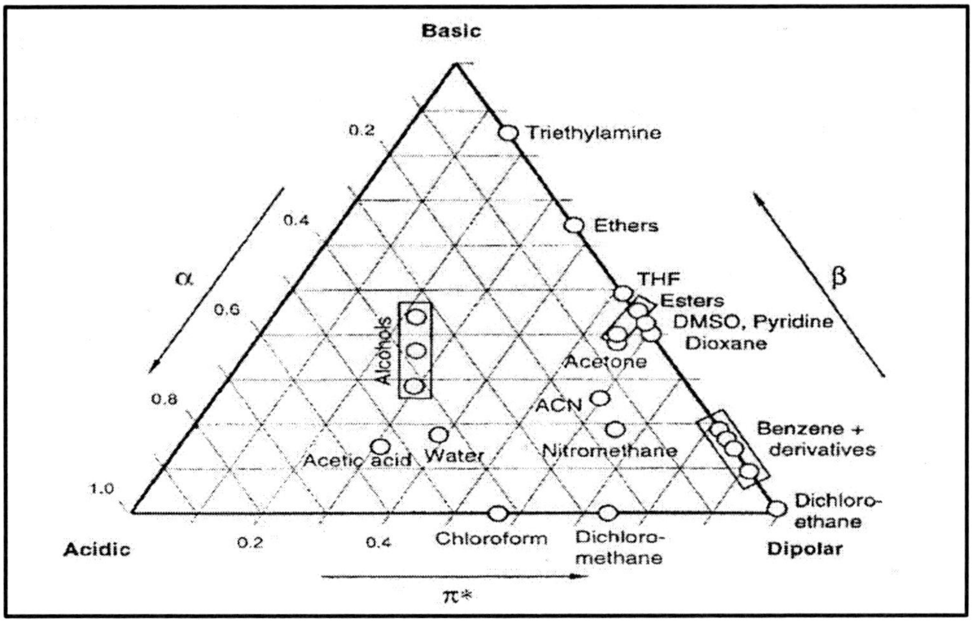

그림 E-42. Selectivity triangle

A와 B 용매를 선정하였으면 적절한 k' 값을 얻을 수 있도록 % B를 조절한다. 피크의 분리가 불충분하여 selectivity를 조절할 필요가 있는 경우 이동상의 조성을 바꾸어 준다. 이때 그림 E-42와 같은 selectivity triangle을 사용하면 편리하다. 즉, A 용매를 고정시키고 (예를 들면 hexane) B 용매로 3종류의 용매를 선정하되 각각 non-localizing (예를 들면 CH_2Cl_2), basic localizing (예를 들면 MTBE), nonbasic localizing (예를 들면 NeCN, EtOAc) 용매를 선정하여 k'를 조절하고(①, ②, ③) 필요한 경우 각각의 용매를 섞어서 selectivity를 바꾸어 준다(④, ⑤, ⑥, ⑦).

표 E-8은 비극성물질을 순상으로 분리하기 위한 일반적인 분석법 개발과정을 요약한 것이다.

순상 HPLC에서는 역상에 비하여 특히 주의해야할 점이 더 있는데, 일반적으로 순상칼럼은 역상에 비하여 평형에 이르는 시간이 길다. 특히 B 용매로 극성의 localizing 용매를 사용하는 경우 용매가 이동상에 강하게 결합하기 때문에 평형에 이르는 시간이 훨씬 길어진다. 이러한 이유 때문에 기울기 용리 시에는 칼럼의 평형에 주의해야 한다. 특히 0% B로부터 출발하는 기울기 용리는 피해야 한다. 0% B로부터 기울기 용리하는 경우 용리 초기에는 B용매를 고정상이 강하게 흡착하므로 칼럼이 B용매를 이동상으로부터 추출해 내므로 초기 이동상은 당초 의도와는 달리 100% A 용매가 된다. 기울기 용리가 어느 정도 진행되어 칼럼이 B용매로 포화된 후부터 B 용매가 칼럼에서 용출되는데 이때 % B가 갑자기 상승하게 되는 현상(solvent demixing)이 나타나게 된다.

표 E-8. 비극성물질 분석법 개발순서(순상크로마토그래피)

순 서	세부내용
1. Column 선정	◦ CN column으로 시작 ◦ Si : isomer separation, preparative separation ◦ Diol, Amino column : unstable (short life time)
2. % B를 조정 (0.5 < k' < 20)	◦ Hexane/i-PrOH for CN column
3. Check for band tailing	
4. 필요한 경우 selectivity 조정	(a) % B를 미세하게 조정 (b) 유기용매 변경: CH_2Cl_2, MTBE, CH_3CN (c) 유기용매 혼합 (d) 칼럼 타입 변경: Diol, Amino, Silica
5. Column 조건 최적화	◦ 길이, 입자크기, 유량

한편, 고정상의 수분함량도 순상 HPLC에서 시료의 용출 특성을 결정짓는 요소 중의 하나이다. 비수용성 용매라 하더라도 공기 중에서 수분을 흡수하여 어느 정도의 수분을 함유하게 되고 이 수 분은 고정상에 강하게 흡착되어 고정상의 특성을 변화시키기 때문에 오랫동안 분석

이 진행됨에 따라 시료의 머무름 시간이 달라진다. 일반적으로 칼럼의 수분함량이 증가하면 수분이 칼럼에서 강력한 흡착을 일으키는 활성부위를 차단하기 때문에 시료의 머무름 시간은 단축되고 칼럼효율은 더 좋아진다.

표 E-9. HPLC에 일반적으로 사용되는 용매의 물리적 성질

Solvent	Polarity, $\varepsilon^0(Al_2O_3)$	Viscocity (mPa s) (20℃)	Refractive index, n_D	UV cutoff (nm)	Boiling point(℃)
Fluoroalkane	-0.25		1.25	210	
n-Pentane	0.00	0.23	1.3575	195	36
n-Hexane	0.00	0.33	1.3749	190	69
Isooctane	0.01	0.50	1.3914	200	99
Light petroleum	0.01	0.3		210	
n-Decane	0.04	0.92	1.4119	200	174
Cyclohexane[6]	0.04	1.00	1.4262	200	81
Cyclopentane	0.05	0.47	1.4064	200	49
Diisobutylene	0.06		1.411	210	
Pent-1-ene	0.08	0.24 (0℃)	1.3715	210	30
Carbone disulphide	0.15	0.37	1.6280	380	46
Carbone tetrachloride	0.18	0.97	1.4652	265	77
Amyl chloride	0.26	0.43	1.4120	225	108
n-Butyl chloride	0.26	0.47	1.4012	220	78
Xylene	0.26	0.62-0.81 ≈	1.50	290	138-144
Diisopropyl ether	0.28	0.37	1.3681	220	68
2-Chloropropane	0.29	0.33	1.3777	255	36
Toluene	0.29	0.59	1.4969	285	111
n-Propyl chloride	0.30	0.35	1.3879	225	47
Chlorobenzene	0.30	0.80	1.5248	290	132
Benzene	0.32	0.65	1.5011	280	80
Ethyl bromide	0.37	0.39	1.4239		38
Diethyl ether	0.38	0.24	1.3524	205	34.5
Ethyl sulphide	0.38	0.45	1.4429	290	92
Dichloromethane	0.39	0.44	1.4242	230	40
Chloroform	0.40	0.57	1.4457	245	61
Isobutylmethyl ketone	0.43	0.54	1.3957	330	116.5
1,2-Dichloroethane	0.49	0.79	1.4448	230	83
Ethylmethyl ketone	0.51	0.4	1.3788	330	80
1-Nitropropane	0.53	0.77	1.4016	380	131
Acetone	0.56	0.32	1.3587	330	56
Dioxane	0.56	1.54	1.4224	220	101
Methyl acetate	0.60	0.37	1.3614	260	56
Amyl alcohol	0.61	4.1	1.4100	210	138
Tetrahydrofurane	0.62	0.46	1.4072	220	66
tert-Butylmethyl ether	0.62	0.35	1.3689	220	53
Ethyl acetate	0.62	0.45	1.3724	260	77
Dimethyl sulphoxide	0.62	2.24	1.4783	270	189
Aniline	0.62	4.4	1.5863		184
Diethylamine	0.63	0.38	1.3854	275	55
Nitromethane	0.64	0.67	1.3819	380	101
Acetonitrile	0.65	0.37	1.3441	190	82
Pyridine	0.71	0.94	1.5102	305	115
Butylcellosolve	0.74	3.1	1.4198	220	170
Iso-+n-propanol	0.78	2.3	1.3772, 1.3856	210	82, 97
Ethanol	0.88	1.20	1.3614	210	78
Methanol	0.95	0.60	1.3284	205	65
Ethylene glycol	1.11	19.9	1.4318	210	197
Acetic acid	High	1.26	1.3719		118
Water	Higher	1.00	1.330	<190	100
Salt solutions and buffers	Highest				

(6) 이온성물질의 분석

1) 산과 염기

산성 또는 염기성물질은 용액의 pH에 따라 전하를 띌 수도 있고 띄지 않을 수도 있다. 전하를 띈 시료와 띄지 않은 시료는 HPLC에서 그 용리 특성이 매우 다르므로 산이나 염기 화합물의 경우 용리액의 pH에 따라 머무름 시간이 매우 달라진다.

약산 HA의 경우 pH = pKa에서는 [HA] = [A^-]이고 pH가 1단위 달라짐에 따라 [HA]/[A^-]의 비율이 10배씩 달라진다. 그리하여 용매의 pH가 pKa ± 1.5 인 영역에서는 HA와 A^-가 상당량 혼재되어 있는 반면 이 범위를 벗어나면 거의 모든 산이 HA 또는 A^-로 존재하게 된다. HA는 A^-에 비하여 훨씬 비극성이므로 역상 HPLC에서 HA의 농도비가 클수록 머무름 시간이 증가한다. pH에 따른 HA의 머무름 시간은 3가지 영역으로 나뉜다. 즉, 강한 산성 용액에서는 거의 모든 분자가 HA로 존재하므로 pH에 의한 머무름시간의 변화는 거의 없다. 그러나 pH가 pKa ± 1.5인 영역에서는 pH의 변화에 따라 HA와 A^-의 양에 상당한 변화가 있으므로 머무름 시간의 변화가 커지는데 특히 pH = pKa 일 때 가장 그 변화가 크다. pH가 pKa ±1.5를 벗어나면 다시 대부분의 산이 A^- 로 되어 pH에 따른 머무름 시간의 변화가 적어진다. 염기의 경우도 거의 비슷한 현상이 나타난다.

● 완충용액의 선정

이처럼 산성 또는 염기성물질의 경우 이동상의 pH에 따라 머무름이 매우 큰 차이가 생기므로 이동상으로 완충용액을 사용하여 pH를 조절하여 주는 것이 유리하다. 완충용액을 선정하기 위해서는 여러 가지 점을 고려해야 한다.

완충용액은 사용되는 산의 pKa ± 1에서 사용해야 한다. 이 범위를 벗어나면 완충용량이 줄어들어 완충용액의 역할을 하기 어렵다. 완충용량만을 고려하는 경우 원하는 이동상의 pH와 가장 근사한 pKa 값을 갖는 산을 사용하는 것이 유리하다. 완충용액을 선정하기 위해서는 용해도, 안정성, 휘발성, 사용하는 검출기와의 친화성 등 여러 면을 고려해야 한다. 다음 표 E-10에 일반적으로 HPLC에서 사용하는 완충용액을 정리하였다. 완충용액의 농도는 어느 정도가 좋을까? 완충용액의 농도가 너무 낮으면 완충용량이 부족하여 충분히 pH를 조절하지 못하고, 농도가 너무 높으면 HPLC 시스템에 문제를 일으키기 쉽다. 일반적으로 완충용액의 농도는 완충작용을 할 수 있는 범위에서 낮을수록 좋다. 일반 HPLC에서 완충용액의 농도는 10~50mM 정도면 적합하며, 25mM 정도가 가장 적합한 경우가 많다. 완충용액을 유기용매와 섞는 경우 정확한 pH의 측정이나 조절이 어려워진다. 따라서 완충용액의 조제와 pH 조절은 유기용매를 섞기 전에 하는 것이 좋다. 이 경우 유기용매를 섞은 후에 염이 침전하지 않는지 검토해야 한다.

산성 또는 염기성유기화합물의 분석에 적합한 HPLC 방법은 무엇일까 일반적으로 역상크로마토그래피가 가장 적합하다. 단순한 역상크로마토그래피로 분리가 되지 않는 경우 이온쌍크로마토그래피를 시도하고 그것도 실패하는 경우 이온교환크로마토그래피를 시도해 보는 것이 순서이다.

표 E-10. HPLC에서 주로 사용하는 완충용액

Buffer	pKa	Buffer Range	UV Cut-off
•Trifluor acetic acid	≫2	1.5-2.5	210nm (0.1%)
•Phosphoric acid/mono- or di-K phosphate	2.1	<3.1	<200nm (0.1%)
	7.2	6.2-8.2	
	12.3	11.3-13.3	<200nm (10mM)
•Citric acid/tri-K citrate	3.1		
	4.7	2.1-6.4	230nm (10mM)
	5.4		
•Formic acid/K-formate	3.8	2.8-4.8	210nm (10mM)
•Acetic acid/K-acetate	4.8	3.8-5.8	210nm (10mM)
•Mono-/di-K carbonate	6.4	5.4-7.4	<200nm (10mM)
	10.3	9.3-11.3	<200nm (10mM)
•Bis-tris propane·HCl /Bis-trispropane	6.8	5.8-7.8	215nm (10mM)
	9.0	8.0-10.0	225nm (10mM)
•Tris·HCl/tris	8.3	7.3-9.3	205nm (10mM)
•Ammonium chloride/ammonia	9.2	8.2-10.2	200nm (10mM)
•1-Methylpiperidine·HCl /1-Methylpiperidine	10.1	9.1-11.1	215nm (10mM)
•Triethylamine·HCl /triethylamine	11.0	10.0-12.0	<200nm (10mM)

2) 역상 HPLC - 이온성물질의 분석

이온성 화합물을 역상 HPLC로 분석하기 위한 분석법 개발도 중성물질의 분석법개발과 거의 비슷한 단계를 이용하되 완충용액을 사용하여 pH를 조절하여 주는 것이 필요하다.

다음 표 E-11은 분석법 개발을 위한 초기분석 조건을 표시한 것이다.

표 E-11. 역상칼럼을 이용한 이온성물질 분석의 시도조건

Separation Variable	Preferred Initial Choice
•Column	
Dimensions (length, ID)	15 X 0.46 cm
Particle size	5μm
Stationary phase	C_8 or C_{18}
•Mobile phase	
Solvents A and B	Buffer–acetonitrile
% B	80–100%
Buffer(compound, pH, conc.)	25mM potassium phosphate, 2.0< pH <3.0
Additives(e.g., amine modifiers, ion pair reagents)	Do not use initially
•Flow rate	1.5–2.0 mL/min
•Temperature	35–45℃
•Sample Size	
Volume	< 25μ L
Weight	<100μ g

표 E-11에 나타난 바와 같이 초기시도에서 pH는 산성으로 하여 주는 것이 좋다. 이러한 산성 조건에서 염기성 물질은 전하를 띠게 되어 칼럼에 머무는 시간이 짧아 일찍 용리될 것이고 산성 물질은 전하를 띠지 않게 되어 각각의 특성에 따라 용리될 것이다. 이러한 조건은 특히 산성의 실라놀기의 해리를 억제하여 염기성물질이 고정상에 흡착되는 것을 억제하여 준다.

이온성 물질의 경우 이동상의 변화에 따라 k'의 변화가 매우 큰 경우가 많다. 따라서 이온성물질의 분석조건을 정하기 위하여 초기에 기울기 용리를 이용하면 훨씬 빨리 분석조건을 확립할 수 있다. 이 때 % B가 증가함에 따라 염이 침전하지 않도록 주의해야 한다. 만약 침전이 발생하는 경우 염의 농도를 낮춰주거나 보다 유기용매 용해성이 좋은 염을 사용한다.

이온성물질은 이동상의 pH에 따라 머무름 거동이 매우 변하므로 pH를 바꾸어 주는 것만으로도 k'와 selectivity가 많이 변한다. 따라서 pH 조절과 동시에 % B도 조절해 줘야할 필요가 있다.

중성의 물질과는 달리 이온성물질은 온도의 영향을 크게 받는다. 온도는 이온성물질의 HPLC에서 다음과 같은 인자에 영향을 준다.

(가) 분석물질의 이온화

(나) 시료와 고정상과의 hydrophobic interaction

(다) 이온화된 물질과 silanol기 와의 반응
(라) 이동상의 pH와 시료의 pKa

이러한 여러 복합적인 요인에 의하여 이온성물질의 k'는 온도의 영향을 많이 받는데 특히 이동상의 pH가 시료의 pKa와 동일할 때 가장 많은 변화를 받는다.

● 분석방법의 재현성

이온성물질을 역상 HPLC로 분석할 때 작은 pH의 변화에도 k'나 selectivity가 매우 크게 달라져 재현성이 떨어지는 경우가 있다. 특히 완충용액의 pH가 시료의 pKa 값과 동일할 때 이러한 문제점이 많이 발생한다. 문제점을 해결하기 위해서는 다음과 같은 조작을 수행한다.

(가) 정확하게 pH를 조절한다. 이 경우 pH meter를 사용하여 pH를 조절하는 것보다 완충용액 제조 시 정확한 산이나 염기의 양을 칭량하는 것이 더 정확하다.
(나) 분석 pH보다 약간 높거나 낮은 pH, 예를 들면 pH ± 0.2의 이동상을 이용하여 분석한 크로마토그램을 기록하여 두고 추후 실험에서 pH 조절을 위한 기준으로 삼는다.
(다) 분석조건을 변화시켜 pH의 변화에 따른 크로마토그램의 변화가 적도록 한다. 물론 이 때 분해능이 떨어질 수 있으나 약간의 분해능 감소를 감수하고 분석의 재현성을 확보하는 것도 좋은 전략 중의 하나이다.

● 실라놀 효과

실리카의 실라놀기는 특히 염기성물질을 강하게 머무르게 하기 때문에 k'을 증가시키고, tailing의 원인이 되며, 재현성을 떨어뜨리는 문제점이 있다. 실라놀 효과를 감소시키기 위하여 다음과 같은 방법을 쓸 수 있다.
(가) 이동상의 pH를 낮추어 (pH 1.0~3.5) 실라놀기의 이온화를 낮춰준다.
(나) 완충용액의 염 농도를 높여준다. 대개 25mM potassium phosphate면 충분하다.
(다) triethylamine이나 hexylamine과 같은 염기성첨가제를 이동상에 가해준다.
(라) 담체로 Si가 아니고 polymer를 사용한 역상칼럼을 사용한다. 이러한 칼럼은 pH에 대한 안정성이 매우 우수한 반면 분해능이 매우 떨어진다.
(마) End-capping 되어 있는 칼럼, 또는 dynamically modified 칼럼을 사용한다.
(바) 산성 물질이 tailing이 심한 경우 acetic acid와 같은 산성첨가제를 첨가해준다.

3) 이온쌍크로마토그래피 - 이온성물질의 분석

이온쌍크로마토그래피(ion pair chromatography)는 역상크로마토그래피의 연장으로 비극성 관능기와 이온성 관능기를 동시에 갖는 이온쌍시약을 이동상에 첨가하여 고정상의 성격을 변화시키는 방법이다. 즉 그림 E-43에서와 같이 역상크로마토그래피에서 이동상에 이온쌍시약(여기에서는 $C_6H_{13}SO_3Na$)을 가하면 이온쌍시약의 C_6 부분이 비극성인 고정상에 녹아 들어가게 되고 표면에 SO_3^-가 노출되게 된다. 이 부분에서는 이온교환수지와 같은 모양이 되어 이온교환크로마토그래피가 일어나게 된다.

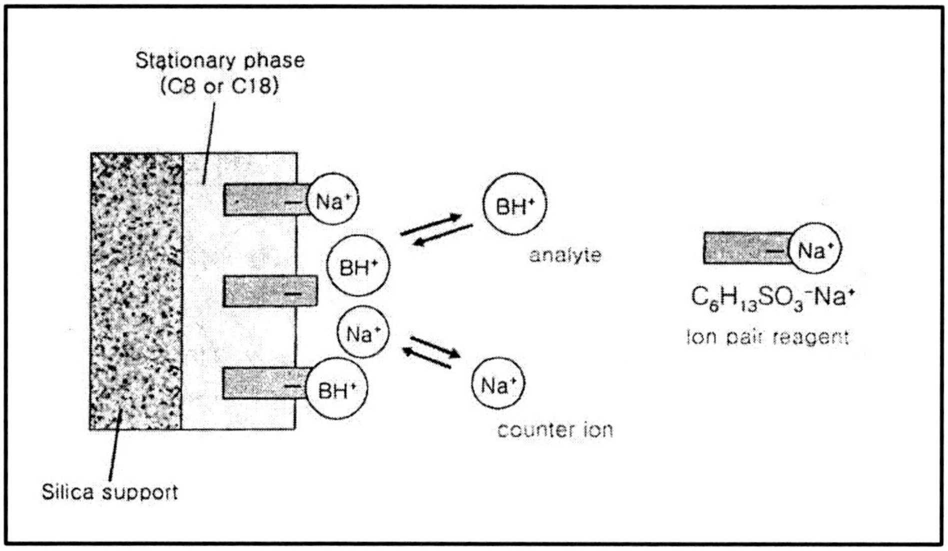

그림 E-43. 이온쌍 크로마토그래피의 개념도

역상과 이온쌍 크로마토그래피의 차이점은 그림 E-44에 도식화 하였다. 이 그림에 나타난 바와 같이 염기성물질의 경우 역상크로마토그래피에서는 pH가 높을수록 비극성의 [B]의 함량이 높아지고 B는 칼럼에 강하게 머무르게 되어 k'가 커진다. 그러나 이동상에 이온쌍시약을 가하면 고정상이 부분적으로 양이온교환수지의 역할을 하게 된다. 이 경우 낮은 pH에서는 염기가 BH+로 주로 존재하게 되고 따라서 양이온 교환수지 역할을 하는 고정상에 강하게 머무르게 된다. pH가 증가하면 염기는 주로 B의 형태로 존재하므로 이온교환수지에 친화력이 떨어져 k'이 감소하게 된다.

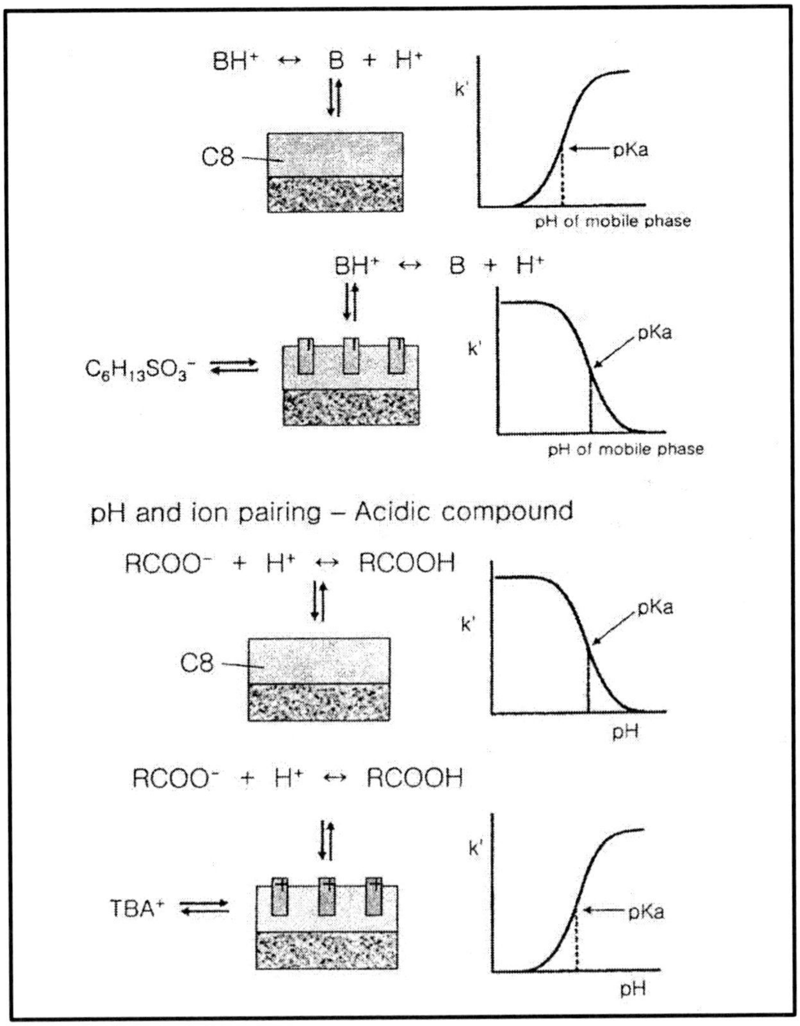

그림 E-44. 염기성물질의 역상크로마토그래피와 이온쌍크로마토그래피

그림 E-45는 양이온성, 음이온성, 중성물질의 혼합 시료에 대한 역상 HPLC와 이온쌍 HPLC 크로마토그램의 차이를 보여주고 있다. 그림에서 octane sulfonate를 이온쌍시약으로 첨가하면 고정상에서 일부 양이온교환 기전이 작용하여 양이온성 물질의 k'가 증가하고 반면 음이온성 물질의 k'는 매우 감소함을 알 수 있다.

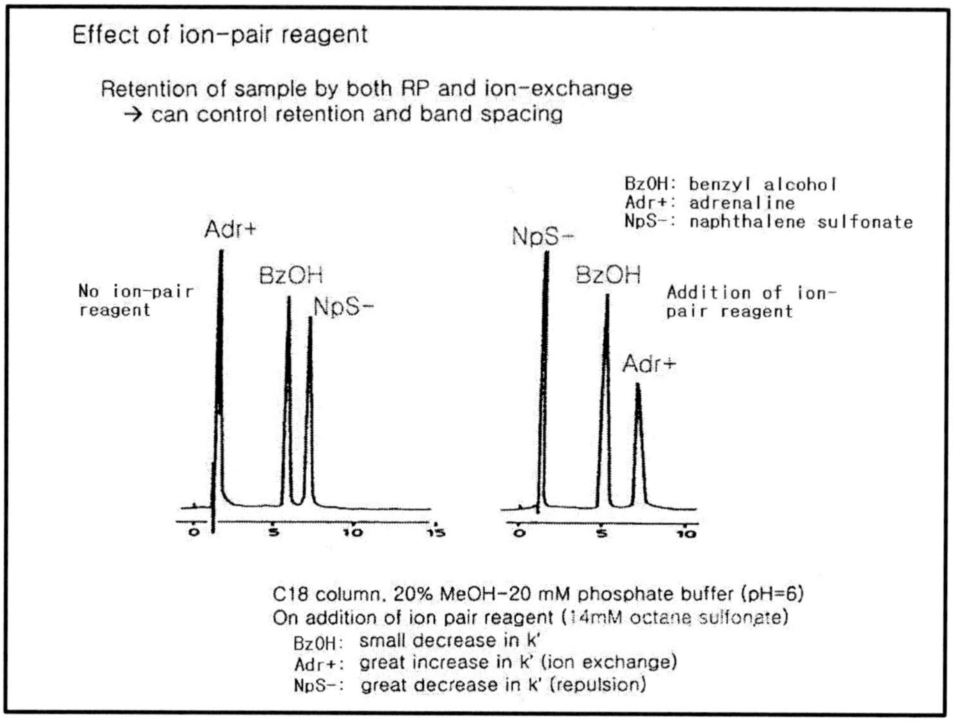

그림 E-45. 산, 염기, 중성물질의 혼합시료의 이온쌍크로마토그래피

이온쌍크로마토그래피에서는 시료가 띠고 있는 전하와 반대전하를 El'f수 있는 이온쌍시약을 사용하는데 염기성물질에는 alkyl sulfonate를 주로 사용하고 산성 물질에는 tetraalkyl ammonium 염을 사용한다. 이 때 alkyl 기의 길이는 이동상 중의 유기용매의 함량에 따라 결정하면 된다. 즉, 이동상 중 유기용매의 함량이 높을수록 alkyl기의 길이가 긴 시약을 사용하는 것이 유리하다.

이온쌍크로마토그래피는 역상크로마토그래피의 연장이기 때문에 이온쌍크로마토그래피를 하기 전에 먼저 역상 HPLC를 이용하여 분석조건 최적화를 시도하고 이것이 만족스럽지 못할 경우 이온쌍 시약을 첨가하여 이온쌍 크로마토그래피를 시도하는 것이 순서이다.

이온쌍 HPLC에서는 이동상의 pH, 이온쌍시약의 농도, 용매강도(% B), 온도 등을 바꾸어주면서 분석조건을 최적화한다. 이동상의 pH는 시료의 해리에 직접적인 영향을 주므로 시료의 머무름에 많은 영향을 준다.

이동상에 첨가하는 이온쌍 시약의 농도가 높아지면 고정상에 이온쌍 시약의 농도가 높아지며, 이온교환기전이 더 강하게 작용하여 고정상에서 이온성 물질의 머무름이 커진다. 그러나 이동상에 첨가하는 이온쌍 시약의 농도가 어떤 일정한 수준 이상이 되면 고정상이 이온쌍 시약으로 포화되어 더 이상 농도가 증가하지 않으므로 이온쌍시약의 농도는 이러한 농도를 넘어서지 않도록 하는 것이 좋다.

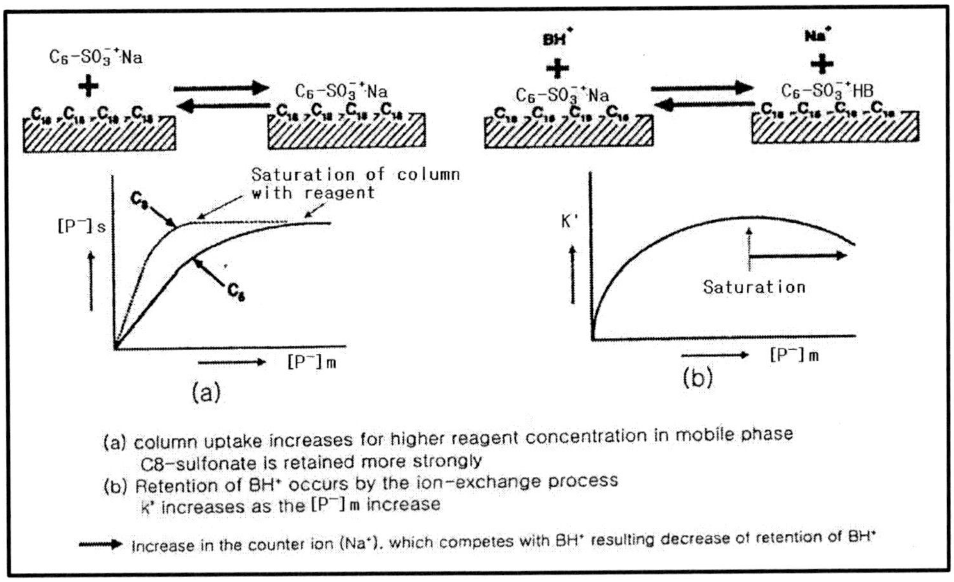

그림 E-46. 이동상과 고정상의 이온쌍 시약의 농도관계 그래프

% B를 높이면 고정상에 분포하는 이온쌍 시약의 농도가 감소하여 이온성 물질의 머무름 시간이 짧아진다.

이온쌍 크로마토그래피에서 온도의 변화는 다음과 같은 여러 요인에 영향을 미치므로 머무름 시간과 selectivity가 상당히 달라질 수 있다. 따라서 재현성 있는 결과를 얻기 위해서는 칼럼오븐을 사용하여 칼럼의 온도를 일정하게 조절하여줄 필요가 있다.

(가) 이온교환에 의한 시료의 머무름
(나) 역상크로마토그래피에 의한 시료의 머무름
(다) 완충용액의 이온화
(라) 시료의 이온화
(마) 고정상에 대한 이온쌍 시약의 분포

이온쌍 크로마토그래피에서는 특히 칼럼이 이온쌍 시약과 평형에 이르는데 시간이 오래 걸린다는 점을 고려해야 한다. 이러한 점 때문에 이온쌍 크로마토그래피에서는 가능하면 기울기 용리를 하지 않는 것이 좋다. 그러나 여기에 예외가 있다. TFA와 같이 분자의 크기가 작은 이온쌍 시약은 쉽게 평형에 이르기 때문에 기울기 용리가 용이하고, 실제 TFA는 peptide나 protein 분석에서 이온쌍 시약으로 널리 사용되며 이 경우 보통 기울기 용리가 사용된다.

4) 이온교환크로마토그래피 - 이온성물질의 분석

이온교환 크로마토그래피는 좀 더 강한 이온쌍 크로마토그래피로 간주할 수 있다. 실제 이온교환 HPLC는 몇몇 특수한 경우를 제외하고는 널리 이용되지 않고 있다. 특히 아미노산, oligonucleotide, peptide, protein, nucleic acid 등의 분석에는 이온교환 크로마토그래피가 사용된다. 이온교환 크로마토그래피에서 사용되는 고정상은 크게 양이온 교환수지와 음이온 교환수지로 나눌 수 있고 각각은 다시 강, 약으로 나누어진다.

이온교환 크로마토그래피에서 머무름에 영향을 미치는 인자는 다음과 같다.

㈎ 이동상의 pH : pH는 시료의 이온화에 영향을 미치며, 이온교환 크로마토그래피에서는 이온화된 시료만 고정상에 머문다. 따라서 시료가 이온화될 수 있도록 pH를 조절해 주어야 한다.

㈏ 완충용액 또는 염의 농도: 염이나 완충용액의 이온은 고정상의 결합부위에 대하여 시료와 경쟁적으로 상호작용한다. 따라서 염이나 완충용액의 농도가 높으면 시료가 상대적으로 고정상과 상호작용할 기회가 줄기 때문에 머무름 시간이 짧아진다. 고정상에 대한 머무름을 증가시키려면 완충용액은 시료가 이온화될 수 있는 pH를 유지하는 한도 내에서 그 농도를 최소화 시키는 것이 좋다.

㈐ 유기용매 (% B) : 유기용매는 시료의 머무름을 감소시킨다.

㈑ 칼럼-고정상의 종류: + 전하를 띠는 물질은 양이온 교환수지를, - 전하를 띠는 물질은 음이온 교환수지를 사용한다. 강한 이온교환수지는 약한 이온교환수지에 비하여 사용할 수 있는 pH의 범위가 넓어 응용의 폭이 넓기 때문에 널리 사용된다. 양이온의 분석은 고정상은 양이온 교환수지, 이동상은 산성용액을 사용하고, 음이온의 분석은 고정상으로 음이온 교환수지를 이동상으로, 염기성 용액을 사용한다.

(7) 기울기 용리

크로마토그래피에서 분리가 진행되는 동안 이동상의 조성을 바꿔주는 조작을 기울기 용리하고 한다. 실제 이동상은 약한 이동상으로부터 출발하여 시간에 따라 그 강도(% B)를 증가시켜 준다. 기울기 용리는 다음과 같은 경우에 사용한다.

㈎ 시료에 k'값의 차이가 매우 다른 물질이 섞여 있는 경우

㈏ 고분자 물질, 특히 생체에서 유리된 peptide, protein, 기타 폴리머 등, 이러한 물질은 이동상의 조성이 조금만 바뀌어도 머무름 시간이 매우 달라지는데 기울기 용리를 이용하면 이런 문제점이 어느 정도 해소된다.

㈐ 칼럼에서 늦게 용리되는 성분이 시료에 공존하는 경우

㈑ 약한용매에 녹아있는 매우 희박한 농도의 시료, 이 경우 on-column으로 농축이 가능하다.

㈒ 분석조건 확립을 위한 초기시다. 기울기 용리를 활용하며 대략의 분석조건에 대한 예측이 가능하다.

반면 기울기 용리는 복잡한 기계장치가 필요하며, RI 검출기와 같은 특정한 검출기에는 사용이 어렵고, 매번 분석이 끝나면 칼럼이 평형에 이르도록 해주어야 한다. 또한 상대적으로 isocratic elution에 비하여 재현성이 떨어지며, 바탕선이 drift하는 경우가 많다. 이온쌍 크로마토그래피나 Si 칼럼에서와 같이 어떤 분석조건에서는 기울기 용리가 어려운 경우가 있는 등 단점도 가지고 있다.

기울기 용리를 이용하면 그림 E-47에서 보는 바와 같이 k'이 매우 다른 물질들을 빠른 시간 안에 분석 할 수 있다.

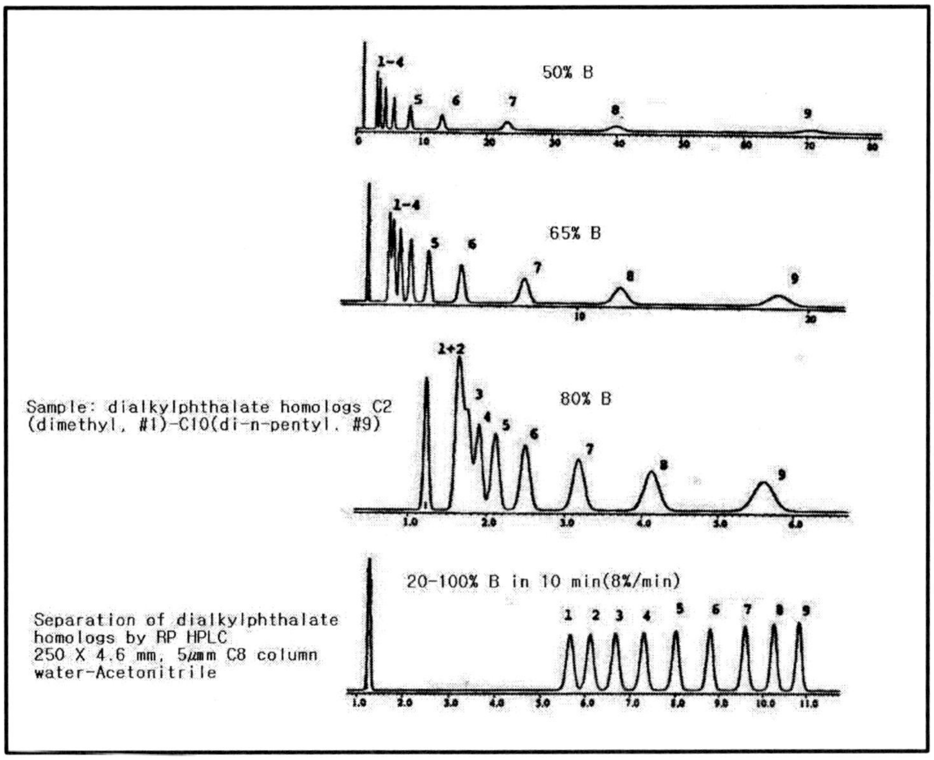

그림 E-47. 기울기 용리의 예

기울기 용리는 그림 E-48에서와 같이 직선적인 기울기 용리(a)와 곡선적인 기울기 용리(b), 또는 다단계 기울기 용리(c) 등이 있다.

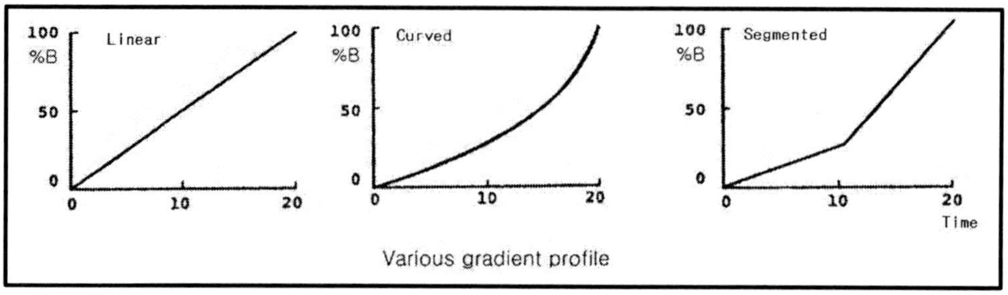

그림 E-48. 기울기용리의 모양

그림 E-49는 직선적인 기울기 용리에서 시료의 움직임을 모식적으로 그린 것이다. 기울기 용리는 약한용매에서부터 시작하기 때문에 A화합물은 처음 얼마동안은 칼럼에서 이동하지 않고 칼럼 입구에 머물다가 기울기 용리가 진행되어 용매세기가 어느 정도 이상 되면 그림의 (A)에서처럼 칼럼에서 움직이기 시작한다. 계속하여 용매강도가 증가하면 A의 이동속도가 빨라지고 이윽고 칼럼을 빠져나와 검출기에 도달하게 된다. B화합물은 고정상에 대한 친화력이 A보다 훨씬 커서 A 화합물이 칼럼을 빠져나간 후에도 칼럼 입구에 그대로 머물러 있다가 % B가 많이 증가한 후에야 움직이기 시작한다. 시간이 지남에 따라 이동상의 용매세기가 계속 증가하고 B의 이동속도도 점점 빨라져 이윽고 칼럼을 빠져나가게 된다.

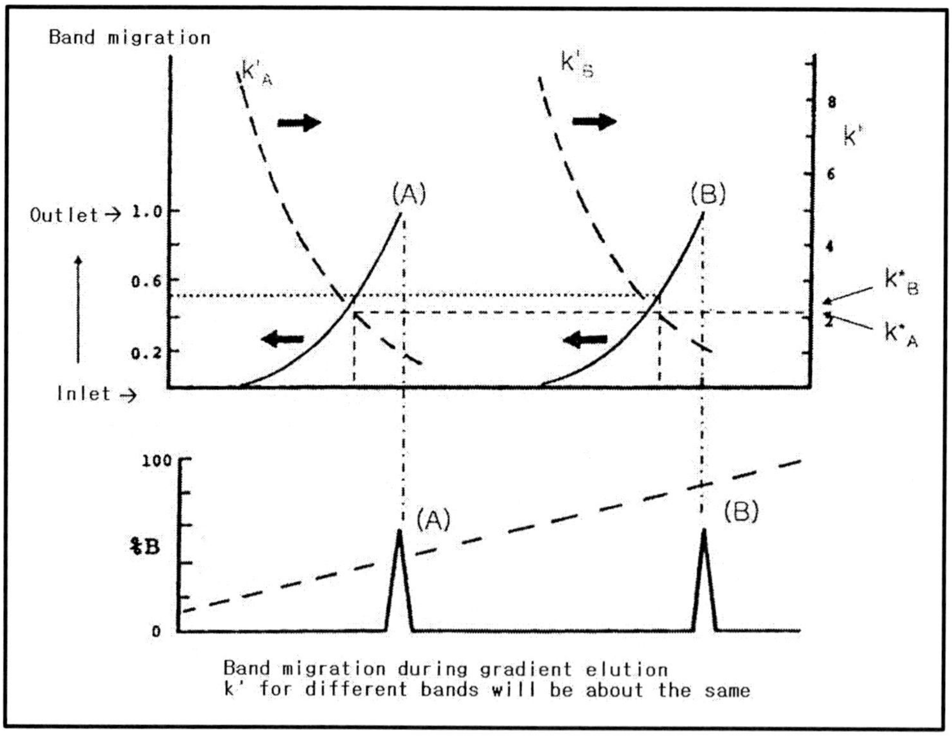

그림 E-49. 기울기 용리에서 시료의 움직임과 k'

이 때 A와 B의 k'는 각각 k'_A, k'_B처럼 시간이 지남에 따라 변화한다. 실제 effective k'(k*)은 시료가 칼럼의 1/2을 통과할 때의 k'로 정의된다. 그림에서 A가 칼럼의 1/2을 지날 때의 k', 즉 k*는 약 2정도 이다. 한편 B 화합물도 k*는 약 2 정도로 A와 거의 비슷하다. 이처럼 역상 HPLC에서 직선 기울기용리를 하면 크로마토그램에서 대부분의 피크가 거의 비슷한 k* 값을 나타내고 피크의 폭도 거의 비슷해진다.

- **System dwell volumn (V_D)**

기울기 용리에는 앞서 설명한 바와 같이 고압 기울기 용리와 저압기울기 용리가 있다. 기울기 용리 장치에서 mixer로부터 칼럼 입구까지 이르는 부피를 dwell volumn 또는 hold-up volumn이라고 하는데(그림E-50) 기기에 따라 1～10mL 까지 되기도 한다.

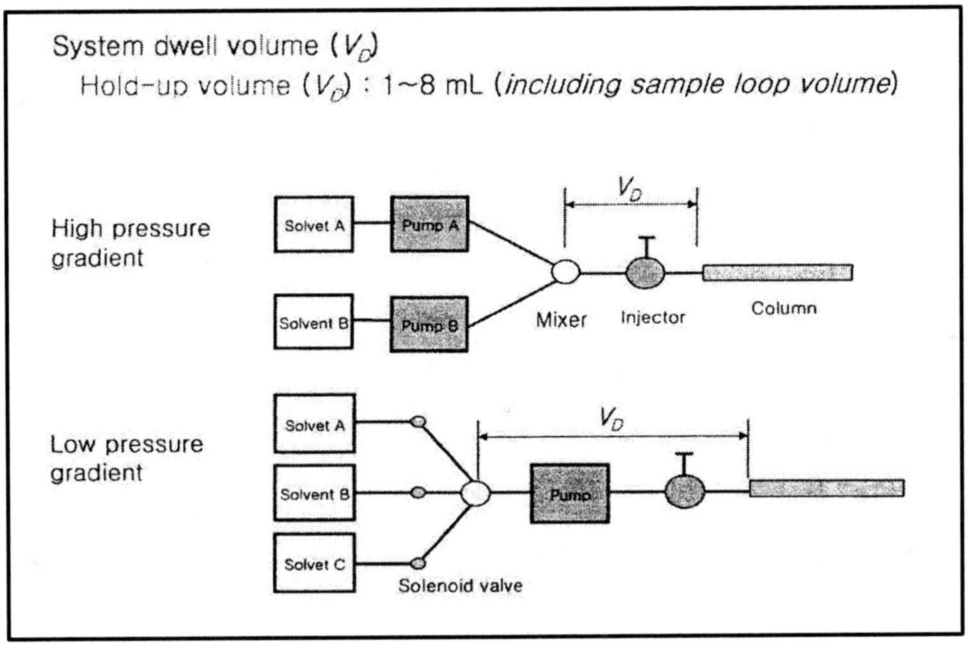

그림 E-50. 고압기울기용리와 저압기울기용리에서 VD

특히 저압기울기 용리 장치는 고압기울기 용리 장치에 비하여 V_D가 더 크다. 이 부피 때문에 HPLC에서 기울기 용리를 시작하여도 실제 칼럼에 이동상의 조성이 바뀌고 검출기에 도달하기 까지는 상당한 시간이 걸린다. 따라서 용매가 V_D를 통과하는데 걸리는 시간만큼 기울기 용리가 지연되는 결과가 나타나게 된다. 그림 E-51은 이러한 효과를 나타낸 것으로 V_D가 0.5mL인 기기와 10mL인 기기는 머무름 시간이 상당히 다르며, 특히 머무름 시간이 짧은 피크의 경우 분해능에도 상당한 영향을 받는다.

기울기 용리의 경우 매 시료의 분석이 끝난 후 다음 시료를 주입하기 전에 초기 용매로 칼럼을 평형에 이르기까지 흘려보내 주어야 하는데 이때 V_D를 고려하여 충분한 시간만큼 초기용매를 흘려보내주어야 한다.

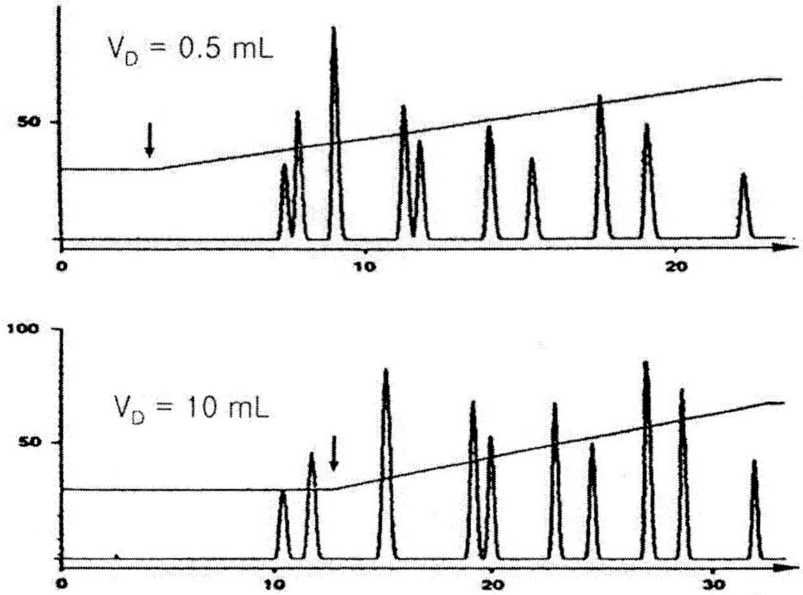

Increased dwell volume is equivalent to *adding an isocratic hold to the beginning of the gradient* (flow rate = 1 mL/min)

그림 E-51. VD가 기울기 용리에 미치는 효과

제3장 기기분석 실무

A. HPLC에 의한 분석
B. 적외부스펙트럼(IR)에 의한 분석
C. 자외가시부(UV/Vis)흡광도측정법
D. 선광도(Polarimeter)측정법
E. 수분측정법(Karl-Fischer법)

A1 HPLC에 의한 분석

(1) 목 적

HPLC (High Performance Liquid Chromatography)를 이용하여 adenine, caffeine의 구조와 elution time과의 관계를 알아보고, 각각의 흡수 스펙트럼을 얻는다.

(2) 관련 자료

표준일반화학실험 제6개정판 (대한화학회)실험 8 "크로마토그래피"

A Production of Amino Acids Under Possible Primitive Earth Conditions (S. L. Miller, Science May 15, 1953, pp. 528-529)

(3) 배 경

분리에 가장 광범위하게 사용되는 방법은 크로마토그래피이다. 대부분 크로마토그래피의 핵심 원리는 극성은 극성끼리, 비극성은 비극성끼리 잘 섞인다는 점이다. 따라서 고정상과 이동상의 극성이 크게 다를 때 분리하고자 하는 물질은 두 상에 다르게 분배된다. 이러한 분배의 평형이 연속적으로 일어나면서 극성이 다른 물질 사이의 분리가 이루어진다. 극성이 높은 silica gel, alumina, 종이 등을 고정상(stationary phase)으로, 극성이 낮은 유기용매를 이동상(mobile phase)으로 사용하는 순상 크로마토그래피(normal phase chromatography), 역사적으로 먼저 발전되었음)에서나, 고정상으로 극성이 낮은 탄화수소(C18 또는 C8)를, 이동상으로 극성이 높은 수용액을 사용하는 역상 크로마토그래피(reversed phase chromatography)에서나 결국 수소-탄소 화합물을 무극성 물질로 사용하고, 수소-산소 화합물(물), 수소-질소 화합물(염기), 수소-염소 화합물(산)을 극성 물질로 사용한다.

(4) 실험 기구 및 시약

Eluant (초순수와 methanol의 60:40 (v/v) 혼합용액), adenine 용액, Caffeine 용액, HPLC, Hamilton syringe, micro-pipet, C18 column

(5) HPLC 사용법

1) HPLC 기기의 분석조건

본 실험에 사용하는 HPLC는 Shimadzu제 Class-VP로서 다음과 같이 분석조건을 맞춘다.

① column: μ-Bondapak C18(3.9mm X 150mm)
② 이동상용액: Methanol : Water = 40 : 60 (v/v).
③ 유속: 1.0㎖/min (1500 psi).
④ 검출기: UV-검출기, 260nm.
⑤ 주입량: 25㎕(전량주입법).

2) HPLC의 기본 작동법

① HPLC 기기의 전원을 켜준 후 컴퓨터를 기동하여 프로그램을 작동시킨다.
② 각종 분석조건을 맞춰준다.(검출기 파장 260nm, 유속: 1.0 ㎖/min, …….등)
③ 프로그램 수집시간(running time)을 10~15분으로 맞춘다.(추후 변경한다.)
④ 먼저 blank(이동상용액)를 5~10분간 흘려서 elution하여 기기를 안정시킨다.
⑤ Injector knob를 왼쪽 load 방향으로 끝까지 돌리고, 표준액 25 ㎕를 Syringe에 채운다.
⑥ 기포가 생겼으면 손가락으로 가볍게 두들겨서 기포를 Syringe 위쪽으로 몰아 제거한다.
⑦ Syringe를 injector 구멍에 끼우고 피스톤을 서서히 밀어서 시료가 20 μL injection loop를 채운다.(전량주입법)
⑧ 표준액을 주입한 후 즉시 injector knob를 오른쪽 inject 방향으로 끝까지 돌린다.
⑨ 표준액의 크로마토그램을 얻는다.
⑩ 표준액을 주입하는 방법과 동일한 방법으로 시료를 주입하고 크로마토그램을 얻는다.
⑪ 얻어진 표준액과 시료의 크로마토그램을 이용하여 정성 및 정량 분석한다.

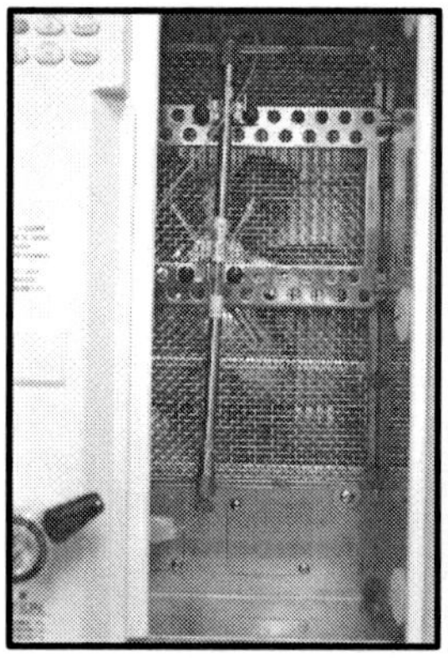
C18 칼럼(오븐 내)

C18 칼럼

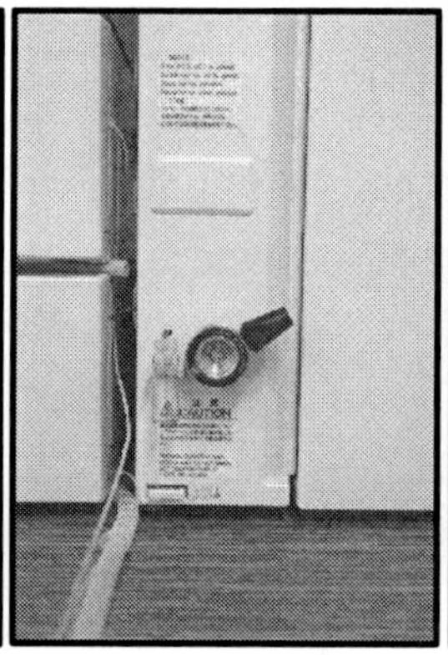
Injector

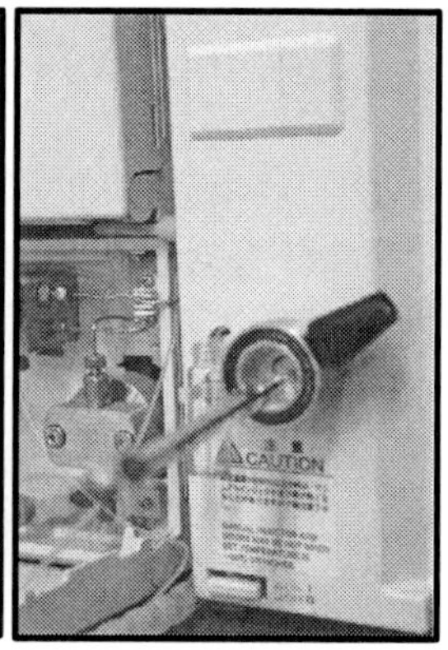
Injection

Column : 혼합 성분을 각각의 단일 성분으로 분리시키는 곳.
Injector : 이동상에 시료를 loading하여 column으로 보내는 역할을 하는 곳.
Injection : Injector의 핸들을 load방향으로 끝까지 돌린 상태에서 시료를 넣은 Hamilton syringe를 끝까지 꽂고 시료를 주입한 후 핸들을 inject방향으로 끝까지 돌려 준다.

(6) 실 험

1) Adenine과 caffeine의 분리

① 15 ㎖ 시험관에 미리 준비된 300 μM adenine과 500 μM caffeine을 10 ㎖씩 담아 온다.
② 프로그램의 수집시간을 10분으로 설정한다.
③ Detector의 파장을 260 nm로 설정한다.
④ 시험관에 초순수를 담아 Micro syringe를 헹군다. (up and down)
⑤ 시험관에 덜어 온 adenine으로 Micro syringe를 헹군다.
⑥ Injector 핸들을 왼쪽 load 방향으로 끝까지 돌리고, 시험관에 덜어 온 adenine 용액 중 25 μL를 서서히 Micro syringe에 채운다. 공기가 들어가지 않도록 하고, 공기가 들어가면 가볍게 두드려서(두드릴 때 깨지지 않도록 살짝 하고) 공기를 위쪽으로 몰면 된다. Syringe의 needle 을 injector 구멍에 끝까지 끼우고(끝부분에서 살짝 걸리는 느낌이 드는데 완전히 들어갔을 때는 needle 이 보이지 않는다) 공기가 주입되지 않게 주의하면서 피스톤을 서서히 밀어서 시료가 20 μL injection loop를 채우도록 한다.(시료 loop내 에 시료를 전량 주입하는 방법) 핸들을 오른쪽 inject 방향으로 재빨리 끝까지 돌린다.
⑦ 시료 이름을 adenine(260 nm)으로 바꾸고, 10분 동안 adenine 용액의 크로마토그램을 얻는다.

⑧ 같은 방법으로 4)~ 6)을 조작한 후 시료 이름을 caffeine으로 바꾸고 10분 동안 caffeine의 크로마토그램을 얻는다.

2) Adenine과 caffeine의 흡수 스펙트럼

HPLC로 어떤 미량의 화합물을 검출하고 정량적으로 분석하려면 빛을 최대로 흡수하는 파장을 선택하여 감도(sensitivity)를 최대화 하는 것이 바람직하다. Adenine과 caffeine의 흡수 스펙트럼을 얻어 보자.

① adenine과 caffeine 용액을 10㎖씩 취해서 mix sample을 만든다.
② 프로그램의 수집시간을 10분으로 설정한다.
③ Detector의 파장을 250 nm로 맞추고 최대 흡광도를 측정한다.
④ Adenine과 caffeine 피크가 모두 나오면(5분 이내에 모두 elution된다.) 파장을 바꾸고 (250->260->270->280) 이동상용액을 10~15분간 흘려 기기를 안정화 한 후에 injection을 하면 baseline이 안정화 되어 좋은 크로마토그램을 얻을 수 있다. 이렇게 하여 adenine과 caffeine의 혼합용액으로 250, 260, 270, 280 nm에서 차례로 크로마토그램을 얻는다.

(7) 결과 처리

실험1. Adenine과 caffeine의 분리

Adenine, caffeine 용액의 피크 꼭대기에서의 흡광도(absorbance, A)를 읽어 크로마토그램을 얻는다. Adenine, caffeine의 구조와 elution되는 시간과의 관계를 생각해 본다.

실험2. Adenine과 caffeine의 흡수 스펙트럼

파장을 X-축으로, 흡광도를 Y-축으로 하여 데이터를 plot 하고 점들을 연결하는 커브를 그려 스펙트럼을 얻는다. Adenine과 caffeine에 대해 Y-축 스케일을 다르게 하는 것이 좋을 수도 있다.

A2 HPLC에 의한 분석(음료 중 카페인분석)

(1) 목 적

몇 개의 표준액(카페인 표준액)을 만들어 HPLC에 주입하고 크로마토그램에서 머무른 시간 T_R과 피크 면적을 구한다. 실험 전반에 걸쳐 펌프의 압력과 유속이 일정하게 유지되었다면 T_R은 정성분석에 피크의 면적은 정량분석에 사용될 수 있다. 실험을 통해 얻은 피크의 면적과 농도의 관계로부터 음료 중의 caffeine 농도를 정량한다.

(2) 관련 자료

권익부 외, "고속액체 크로마토그래피에 의한 커피, 홍차, 녹차중의 카페인 정량에 관한 연구", *Kor. J. Food Hygiene* 5 (4), 213-218 (1990).

(3) 배 경

역상 HPLC (High Performance Liquid Chromatography)는 녹차, 커피, 홍차, 콜라 속에 들어있는 caffeine의 농도를 정량하는데 이용 할 수 있다. 전통적인 caffeine 분석법은 추출을 통하여 분광광도법으로 정량하는 것이지만 역상 HPLC를 이용하면 이러한 음료수 중의 tannic acid, caffeic acid 및 sucrose 등과 같은 물질들로부터 caffeine을 신속하고 쉽게 분리할 수 있다.

(4) 실험 기구 및 시약

Eluent (methanol : Acetic Acid : H_2O 의 20 : 1 : 79 (v/v) 혼합용액),
Methanol(HPLC grade), Acetic Acid(Sigma Aldrich제 특급시약),
H_2O(초순수, 18.3MΩ 이상), 카페인 표준품, Micro-syringe, C18 column,
Sep-pak cartridge(waters), membrane filter(pore size:0.45㎛)

(5) 이동상 및 표준액 제조

1) 이동상용액의 조제

① 각 용액을 Volume 비로 따로 계량하여 혼합한다. (1L 제조)
  몇 개의 이동상 용액을 섞을 때는 서로간의 섞임성(Miscibility)을 확인한다.
② 혼합된 이동상 용액을 0.45㎛ 멤브레인필터로 진공흡인 여과한다.
③ 여과한 이동상 액체를 30분간 Ultrasonication 한다. (Degassing)

2) 표준액의 준비

① 카페인 표준품 10mg을 정확하게 칭량한다.
② 깨끗하고 잘 건조된 100㎖ Vol.—flask에 투입한다.
③ 이동상용액을 표선까지 채운 후 잘 혼합하여 카페인 표준원액을 제조한다.(100 ppm)
④ 표준원액 10㎖, 20㎖, 30㎖를 정확하게 취하여 각각 3개의 깨끗하고 잘 건조된 100㎖ Vol.-flask에 투입하고 이동상용액을 표선까지 채운다. (10ppm, 20ppm, 30ppm)
⑤ 제조된 카페인 표준액을 0.45㎛ 멤브레인필터로 진공흡인 여과한다.
⑥ Degassing을 수행한다.(여과한 표준액을 30분간 Ultrasonication 한다.)

3) 시료용액의 준비

<u>녹차시료</u>

① 시판되는 녹차 잎 6g 을 정확히 칭량하여 80℃의 물 170㎖에 2분간 침출시킨다.
② 추출된 시료용액을 300 rpm으로 10분간 원심분리한다.
③ 이와 같이 추출된 시료용액을 sep-pak cartridge에 5㎖를 천천히 통과시킨다.
④ Sep-pak cartridge에 이동상용액 15㎖를 천천히 통과시켜 카페인을 용출시킨다.
⑤ 용출된 용액을 0.45㎛ 멤브레인필터로 여과하여 시험액으로 한다.

<u>원두커피</u>

① 원두커피를 잘 분쇄하여 10g 을 정확히 칭량하여 100℃의 물 120㎖에 침출시킨다.
② 추출된 시료용액을 300 rpm으로 10분간 원심분리한다.
③ 원심분리된 시료용액을 sep-pak cartridge에 5㎖를 천천히 통과시킨다.
④ Sep-pak cartridge에 이동상용액 15㎖를 천천히 통과시켜 카페인을 용출시킨다.
⑤ 용출된 용액을 0.45㎛ 멤브레인필터로 여과하여 시험액으로 한다.

인스턴트커피

① 시판되는 인스턴트커피를 준비한다.
② 커피 가루 8g을 정확히 칭량하여 100℃의 물 100㎖에 용해시킨다.
③ 용해된 인스턴트커피 10㎖를 취하여 이동상용액으로 10배 희석한다.
④ 희석된 커피시료를 sep-pak cartridge에 5㎖를 천천히 통과시킨다.
⑤ Sep-pak cartridge에 이동상용액 15㎖를 천천히 통과시켜 카페인을 용출시킨다.
⑥ 용출된 용액을 0.45㎛ 멤브레인필터로 여과하여 시험액으로 한다.

홍차

① 시판되는 홍차 티백을 준비한다.
② 티백을 풀어서 홍차 가루 2g을 정확히 칭량하여 100℃의 물 120㎖에 2분간 침출시킨다.
③ 추출된 시료용액을 3000 rpm으로 10분간 원심분리한다.
④ 원심분리된 시료용액을 sep-pak cartridge에 5㎖를 천천히 통과시킨다.
⑤ Sep-pak cartridge에 이동상용액 15㎖를 천천히 통과시켜 카페인을 용출시킨다.
⑥ 용출된 용액을 0.45㎛ 멤브레인필터로 여과하여 시험액으로 한다.

콜라

① 시판되는 콜라를 준비한다.
② 500㎖ 비커에 콜라를 따르고 초음파를 이용하여 30분간 탄산가스를 배출시킨다.
③ 탄산가스가 완전히 배출된 콜라를 Syringe에 10㎖ 취한다.
④ Syringe에 취한 콜라를 sep-pak cartridge에 5㎖를 천천히 통과시킨다.
⑤ Sep-pak cartridge에 이동상용액 15㎖를 천천히 통과시켜 카페인을 용출시킨다.
⑥ 용출된 용액을 0.45㎛ 멤브레인필터로 여과하여 시험액으로 한다.

커피음료

① 시판되는 커피음료를 10㎖를 정확히 취하고 이동상용액으로 10배 희석한다.
② 희석된 커피음료를 0.45㎛ 멤브레인필터로 여과한다.
③ 여과된 커피음료를 sep-pak cartridge에 5㎖를 천천히 통과시킨다.
④ Sep-pak cartridge에 이동상용액 15㎖를 천천히 통과시켜 카페인을 용출시킨다.
⑤ 용출된 용액을 0.45㎛ 멤브레인필터로 여과하여 시험액으로 한다.

(6) 실 험

1) HPLC 기기의 분석조건

본 실험에 사용하는 HPLC는 Shimadzu제 Class-VP로서 다음과 같이 분석조건을 맞춘다.

① column : μ-Bondapak C18(3.9mm X 150mm)

② 이동상용액 : Methanol : Acetic Acid : Water (20 : 1 : 79).

③ 유속 : 1.2㎖/min (1500 psi).

④ 칼럼온도 : 30℃.

⑤ 검출기 : UV-검출기, 280nm.

⑥ 주입량 : 25㎕(전량주입법).

2) 분석

① HPLC 기기의 전원을 켜준 후 컴퓨터를 기동하여 프로그램을 작동시킨다.

② 각종 분석조건을 맞춰준다. (검출기 파장: 280nm, 유속: 1.2㎖/min, ……. 등)

③ 프로그램 수집시간(running time)을 10~15분으로 맞춘다.

④ 이동상용액을 5~10분간 흘려주어 기기를 안정시킨다.

⑤ Blank(이동상용액)를 마이크로시린지로 25㎕를 취한 후 주입한다. (T_0 check)

⑥ 가장 묽은 농도의 표준액 25㎕를 취하여 주입하고 크로마토그램을 얻는다.

⑦ 점차 진한 농도의 표준액 25㎕를 취하여 주입하고 나머지 크로마토그램을 얻는다.

⑧ 얻어진 각각의 피크면적(Y)과 카페인농도(X)를 이용하여 회귀직선을 구한다.

⑨ 전처리된 각각의 시료 25㎕를 취하여 주입하고 크로마토그램을 얻는다.

⑩ 시료의 크로마토그램에서 구한 피크면적(Y)을 회귀직선에 대입하여 음료(녹차, 원두커피, 인스턴트커피, 홍차, 콜라, 커피음료)중의 카페인의 농도를 계산한다.

(7) 결과 처리

카페인 표준품을 이용하여 표준용액을 단계적으로 제조하고 회귀직선을 작성한 후 전처리된 시료를 HPLC에 주입하여 시료의 크로마토그램을 얻은 후 피크의 면적을 회귀직선의 Y값(피크면적)에 대입하여 음료 중 카페인의 량(X값)을 구한다.

A3 HPLC에 의한 분석(의약품 중 카페인분석)

(1) 목 적

카페인 분석법으로는 spectrophotometer, HPLC, TLC 및 적정법 등의 시험방법이 이용되고 있으며 대한약전에는 적정법을 채택하고 있다. 그러나 적정법으로는 저 농도의 여러 성분이 혼합된 복합제제 의약품중 카페인 정량분석이 곤란하므로 HPLC를 이용하여 시중에서 유통되고 있는 카페인 함유 의약품중 정제, 캅셀제, 액제, 생약제제를 대상으로 저 농도에서도 신속하게 카페인을 분석한다.

(2) 관련 자료

조경주, "크로마토그라피에 의한 카페인 정량에 관한 연구" 충청북도보건환경연구원.
보건복지부, 2002, 대한약전 제 8개정, 한국약학대학협의회 약전분과회

(3) 배 경

카페인은 식품 및 의약품 제제 등에 광범위하게 함유되어 있는 1,3,7-Trimethine 계 화합물로서 냄새가 없고 맛이 쓴 백색분말이며, 클로르포름에 잘 녹고 물, 빙초산, 무수초산에 조금 녹으며 에탄올 또는 에텔 에는 녹기 어려운 물질이다. 카페인은 coffee arabica의 종자, thea sisensis의 잎, theobroma cacao의 종자, cola acumirata의 열매 등의 천연물에서 얻어지며 약리작용은 중추신경흥분제, 심장수축력 증가, 위액분비 촉진, 이뇨효과 등을 가지고 있어 여러 가지 의약품에 널리 사용되고 있으나 과량 섭취 시 불안감, 불면 등의 부작용을 일으키기도 한다.

(4) 실험 기구 및 시약

Eluent (100% methanol: HPLC grade),
$CHCl_3$, CH_3COCH_3, C_2H_2O, CH_3OH (HPLC Grade), Caffeine 표준품
H_2O- Purified Water (초순수, 18.3 MΩ 이상), Na_2SO_4, micro-pipette,
HPLC, micro syringe, membrane filter, sep-pak cartridge, C18 column

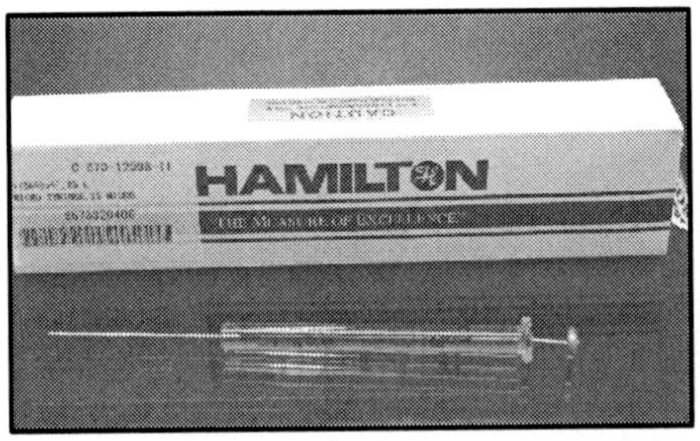

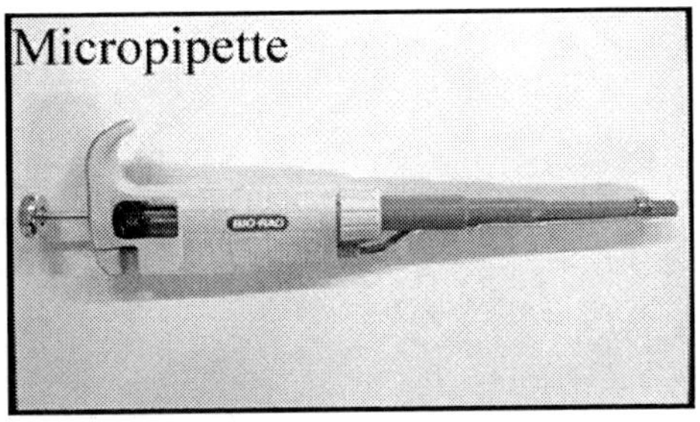

Hamilton syringe는 시료를 injection할 때 사용한다.
Micro-pipet은 소량의 시료를 덜고, dilution할 때 사용한다.

(5) 표준액 및 시료의 제조

1) 표준액의 제조

① 카페인 표준품 1.0mg, 3.0mg, 5.0mg을 정확하게 칭량한다.
② 3개의 깨끗하고 잘 건조된 100㎖ Vol.—flask에 투입한다.
③ 이동상용액을 표선까지 채운 후 잘 혼합하여 카페인 표준액을 제조한다.
④ 제조된 표준액을 0.45 ㎛ 멤브레인필터로 진공 흡인 여과한다.
⑤ Degassing을 수행한다.(진공 흡인 여과한 표준액을 30분간 Ultrasonication 한다.)

2) 시료의 제조

① 대상시료 의약품을 카페인 약 3mg에 해당하는 량을 정확히 취한다.
필요하면 막자사발 등으로 분쇄한다.
② 100 ㎖ Vol.—flask에 넣고 이동상으로 표선을 채운다.
③ Ultrasonicator에서 60℃에서 30분간 진탕 추출한다.
④ Degassing 한다.(Vacuum filtration, Helium sparging, Ultrasonication)

⑤ 0.45 ㎛ 멤브레인필터로 여과한다.

⑥ 필요하면 Sep-pak cartridge를 통과시켜 카페인을 흡착시킨다. (불순물 제거)

⑦ Sep-pak cartridge에 흡착된 카페인을 이동상액체를 15㎖ 를 통과시켜 여액을 검액으로 한다.

3) HPLC 기기의 분석조건

본 실험에 사용하는 HPLC는 Shimadzu제 Class-VP로서 다음과 같이 분석조건을 맞춘다.

① 칼럼 : μ-Bondapak C18

② 검출기 : UV- 254nm

③ 이동상 : 100% MeOH

④ 유속 : 1.0㎖/min

⑤ 주입량 : 25㎕

(6) 실 험

시료와 표준액을 상기한 방법에 의하여 제조한 후 시판되는 4종의 의약품 중에 들어있는 카페인의 양을 정량해 본다.

① HPLC 기기의 전원을 켜준 후 컴퓨터를 기동하여 프로그램을 작동시킨다.

② 각종 분석조건을 맞춰준다. (검출기 파장: 254nm, 유속: 1.0㎖/min, ……. 등)

③ 프로그램 수집시간(running time)을 10분으로 맞춘다.

④ 이동상용액을 5~10분간 흘려주어 기기를 안정시킨다.

⑤ Blank(이동상용액)를 마이크로시린지로 25㎕를 취한 후 주입한다. (T_0 check)

⑥ 가장 묽은 농도의 표준액 25㎕를 취하여 주입하고 크로마토그램을 얻는다.

⑦ 점차 진한 농도의 표준액 25㎕를 취하여 주입하고 나머지 크로마토그램을 얻는다.

⑧ 얻어진 각각의 피크면적(Y)과 카페인농도(X)를 이용하여 회귀직선을 구고 검량선을 작성한다.

⑨ 전처리된 각각의 시료 25㎕를 취하여 주입하고 크로마토그램을 얻는다.

⑩ 시료의 크로마토그램에서 구한 피크면적(Y)을 회귀직선에 대입하여 의약품중의 카페인의 농도를 계산한다.

(7) 결과 처리

카페인 표준액(st1, st2, st3)을 이용하여 3개의 크로마토그램을 얻는다. 얻어진 크로마토그램으로부터 각각의 피크의 면적을 구한다음 X축은 카페인의 농도, Y축은 피크의 면적을 대입하여 회귀직선을 구한다. 4종의 검액에 대한 크로마토그램을 구하고 각각의 피크면적을 구해진 회귀직선의 Y값에 대입하여 카페인의 량(농도)을 구한다.

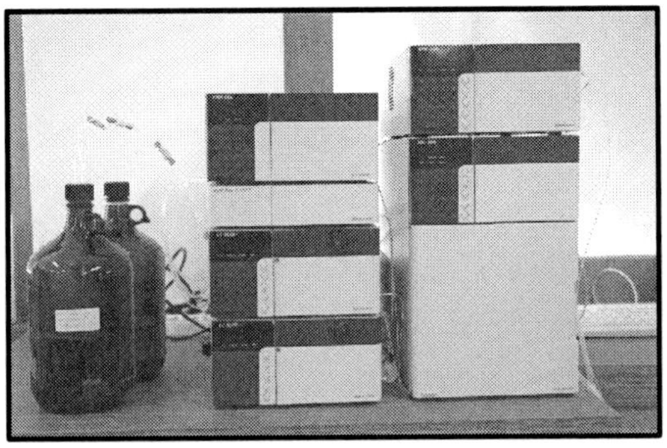

Shimadzu HPLC

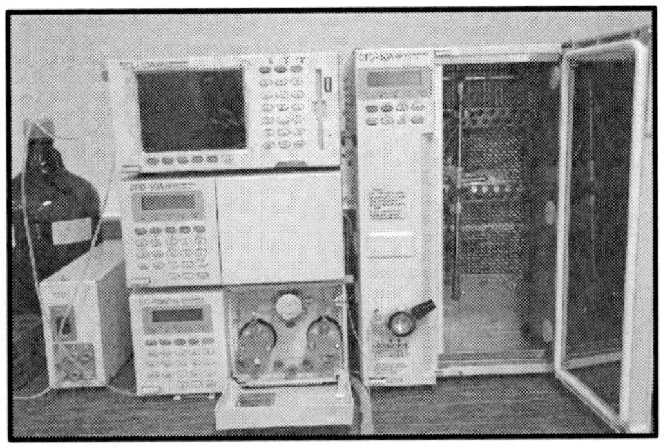

Shimadzu HPLC Class-VP

A4 HPLC에 의한 분석(Vitamin-C 분석)

(1) 목 적

내부표준물질로서 카페인을 첨가하여 쥬스 및 레모네이드 중의 비타민 C를 정량한다.
(내부표준법에 의한 비타민 C의 정량법을 연습한다.)

(2) 관련 자료

김학주, 배준현, 이선하 공역, "기기분석" 동화기술, pp 78~80, 2000.

(3) 실험 기구 및 시약

Eluent (methanol : Acetic Acid : H_2O 의 20 : 1 : 79 (v/v) 혼합용액),
Methanol(HPLC grade), Acetic Acid(Sigma Aldrich제 특급시약), 비타민C 표준품,
H_2O(초순수, 18.3MΩ 이상), 내부표준액(무수카페인), Micro-syringe, C18 column,
Sep-pak cartridge(waters), membrane filter(pore size:0.45μm)

(4) 표준액 및 시료의 제조

1) 표준액의 제조

① 비타민C 표준품 20mg을 정확하게 칭량하여 깨끗하고 잘 건조된 1000㎖ Vol.—flask에 투입한다. (표준원액 : 20ppm = 20mg/L = 2 mg/100㎖ = 0.2mg/10㎖ = 0.02mg/㎖)
② 이동상용액을 표선까지 채워서 비타민C 표준원액을 제조한다.
③ 깨끗하고 잘 건조된 3개의 100㎖ Vol.—flask를 준비한다.
④ 준비된 Vol.—flask에 각각 표준원액 30㎖, 60㎖, 90㎖를 정확하게 투입한다.
⑤ 각각의 Vol.—flask에 내부표준액을 정확하게 10㎖씩 투입한다.
(내부표준액: 카페인 10mg을 정확히 취하고 1L-Vol.—flask에 넣은 후 이동상으로 표선을 채운다. 10ppm = 10mg/L = 1mg/100㎖ = 0.1mg/10㎖)
⑥ 이동상용액을 표선까지 채운 후 잘 혼합한다. (비타민C 표준액)

⑦ 제조된 비타민C 표준액을 0.45㎛ 멤브레인필터로 진공흡인 여과한다.
⑧ Degassing을 수행한다.(여과한 표준액을 30분간 Ultrasonication 한다.)

2) 시료의 제조

오렌지쥬스

① 시판되는 오렌지쥬스를 준비한다.
② 오렌지쥬스 100㎖를 취하여 3000rpm으로 10분간 원심분리한다.
③ 원심분리된 상징액을 취하여 0.45㎛ 멤브레인필터로 진공흡인여과 한다.
④ 여과된 시료를 Syringe에 10㎖ 취한 후 sep-pak cartridge를 천천히 통과시킨다.
⑤ Sep-pak cartridge에 이동상용액 10㎖를 천천히 통과시켜 비타민C를 용출시킨다.
⑥ 용출된 용액 10㎖를 취하여 100㎖ Vol.—flask에 투입한다.
⑦ 내부표준액 10㎖를 정확히 취하여 투입한 후 이동상용액으로 표선을 맞춘다.
⑧ 제조된 시료용액을 초음파를 이용하여 30분간 탈기시킨다.(Ultrasonication)

레모네이드

① 시판되는 레모네이드를 준비한다.
② 레모네이드를 0.45㎛ 멤브레인필터로 진공흡인여과 한다.
③ 여과된 레모네이드용액 10㎖를 취하여 100㎖ Vol.-flask에 투입한다.
④ 내부표준액 10㎖를 정확히 취하여 투입한 후 이동상용액으로 표선을 맞춘다.
⑤ 제조된 시료용액을 초음파를 이용하여 30분간 탈기시킨다. (Ultrasonication)

3) HPLC 기기의 분석조건

본 실험에 사용하는 HPLC는 Shimadzu제 Class-VP로서 다음과 같이 분석조건을 맞춘다.

① 칼럼 : μ-Bondapak C18
② 검출기 : UV- 280nm
③ 이동상 : methanol : Acetic Acid : H_2O = 20 : 1 : 79 (v/v)
④ 유속 : 1.5㎖/min
⑤ 주입량 : 25㎕

(5) 실 험

시료와 표준액을 상기한 방법에 의하여 제조한 후 시판되는 오렌지쥬스 및 레모네이드 중에 들어있는 비타민C의 양을 내부표준법으로 정량한다.

① HPLC 기기의 전원을 켜준 후 컴퓨터를 기동하여 프로그램을 작동시킨다.
② 각종 분석조건을 맞춰준다. (검출기 파장: 280nm, 유속: 1.5㎖/min, ……. 등)
③ 프로그램 수집시간(running time)을 10분으로 맞춘다.
④ 이동상용액을 5~10분간 흘려주어 기기를 안정시킨다.
⑤ Blank(이동상용액)를 마이크로시린지로 25㎕를 취한 후 주입한다. (T_0 check)
⑥ 가장 묽은 농도의 표준액 25㎕를 취하여 주입하고 크로마토그램을 얻는다. (M_x /M_s 및 A_x /A_s 를 구한다.)
⑦ 점차 진한 농도의 표준액 25㎕를 취하여 주입하고 나머지 크로마토그램을 얻는다. (M_x /M_s 및 A_x /A_s 를 구한다.)
⑧ 얻어진 각각의 피크면적비(A_x /A_s)과 비타민C 질량비(M_x /M_s)를 이용하여 회귀직선을 구하고 검량선을 작성한다.
⑨ 각각의 시료 25㎕를 취하여 주입하고 크로마토그램을 얻는다.(시료의 A_x /A_s를 구한다.)
⑩ 시료의 크로마토그램에서 구한 피크면적비(A_x /A_s)를 회귀직선의 Y값에 대입하여 오렌지쥬스 및 레모네이드중의 비타민C 질량비(M_x /M_s)를 계산한다.
⑪ 구해진 질량비(M_x /M_s)로부터 오렌지쥬스 및 레모네이드 중의 M_x 를 구한다. (M_s 는 기지량이므로 구할 수 있다.)

(6) 결과 처리

비타민C 표준액(st1, st2, st3)을 이용하여 3개의 크로마토그램을 얻는다. 얻어진 크로마토그램으로부터 각각의 피크면적비(A_x /A_s)와 비타민C 질량비(M_x /M_s)를 구한다음 X축은 비타민C 질량비(M_x /M_s), Y축은 피크면적비(A_x /A_s)를 대입하여 회귀직선을 구한다. 2종의 검액에 대한 크로마토그램을 구하고 각각의 피크면적비(A_x /A_s)를 구한다음 회귀직선의 Y값에 대입하여 검액의 질량비(M_x /M_s)를 구하고 검액중의 비타민C의 량(농도)을 구한다.

B1 적외선스펙트럼(IR)에 의한 분석

(1) 목 적

IR의 원리와 사용 방법 등을 알아보고 IR을 이용한 생산원료 또는 제품의 정량.

(2) 이 론

유기물이거나 무기물이거나 공유결합을 갖는 거의 모든 화합물은 전자 spectrum의 적외선 영역에서 다양한 진동수의 광을 흡수한다.

결합에 따라 모든 물질들은 고유의 진동수를 가지며, 같은 형의 결합도 주위의 치환기에 의해 다르게 나타난다. 또한 구조가 다른 물질은 동일한 IR spectrum을 가질 수 없다. 적외선의 선택된 진동수만이 분자에 의해 흡수된다. 공유결합의 stretching과 bending 진동수에 의한 흡수과정에서 정상적인 분자의 진동수와 일치하는 적외선의 진동수는 흡수되고, 그 흡수된 에너지는 분자 내 결합의 진동운동을 증가시키는데 이용된다. 그러나 진동수가 bond운동의 진동수와 정확히 일치한다 하더라도 분자 내 모든 결합이 적외선 에너지를 흡수할 수 있는 것은 아니다. 단지 dipole moment를 가진 결합만이 적외선을 흡수할 수 있다. 그러므로 대칭으로 치환된 대칭 결합은 적외선을 흡수하지 않는다.

* 여러 가지 vibration과 bending의 형태

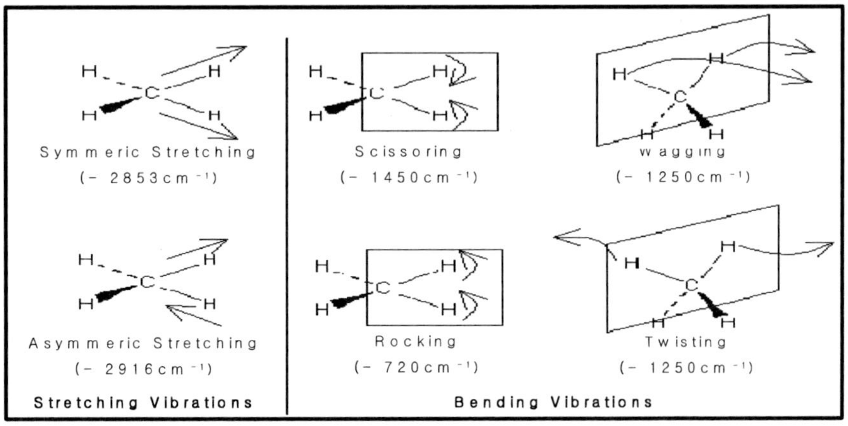

A Simplified Correlation Chart

	Type of Vibration	Frequency(cm^{-1})	Wavelength(u)
C–H	Alkanes(stretch)	3000–2850	3.33–3.51
	$-CH_3$(band)	1450 and 1375	6.90 and 7.27
	$-CH_2-$(band)	1465	6.83
	Alkenes(stretch)	3100–3000	3.23–3.33
	(out-of-plane bend)	1000–650	10.0–15.3
	Aromatics(stretch)	3150–3050	3.17–3.28
	(out-of-plane bend)	900–690	11.1–14.5
	Alkyne(stretch)	ca. 3300	ca. 3.03
	Aldehyde	2900–2800	3.45–3.57
		2800–2700	3.57–3.70
C–C	Alkane	not interpretatively useful	
C=C	Alkene	1680–1600	5.95–6.25
	Aromatic	1600 and 1475	6.25 and 6.78
C≡C	Alkyne	2250–2100	4.44–4.76
C=O	Aldehyde	1740–1720	5.75–5.81
	Ketone	1725–1705	5.80–5.87
	Carboxylic Acid	1725–1700	5.80–5.88
	Ester	1750–1730	5.71–5.78
	Amide	1670–1640	6.00–6.10
	Anhydride	1810 and 1760	5.52 and 5.68
	Acid Chloride	1800	5.56
C–O	Alcohols, Ethers, Esters, Carboxylic Acids, Anhydrides	1300–1000	7.69–10.0
	Alcohols, Phenols		
	Free	3650–3600	2.74–2.78
	H–Bonded	3500–3200	2.86–3.13
	Carboxylic Acides	3400–2400	2.94–4.17
N–H	Primary and Secondary Amines and Amides (stretch)	3500–3100	2.86–3.23
	(bend)	1640–1550	6.10–6.45
C–N	Amines	1350–1000	7.4–10.0
C=N	Imines and Oximes	1690–1640	5.92–6.10
C≡N	Nitriles	2260–2240	4.42–4.46
X=c=y	Allenes, Ketenes, Isocyanates, Isothio cyanates	2270–1950	4.40–5.13
N=O	Nitro($R-NO_2$)	1550 and 1350	6.45 and 7.40
S–H	Mercaptans	2550	3.92
S=O	Sulfoxides	1050	9.52
	Sulfones, Sulfonyl Chlorides Sulfates, Sulfonamides	1375–1300 and 1200–1140	7.27–7.69 and 8.33–8.77
C–X	Fluoride	1400–1000	7.14–10.0
	Chloride	800–600	12.5–16.7
	Bromide, Iodide	〈667	〉15.0

(3) 원료실험

1) 이부프로펜(Ibuprofen) IR 시험법

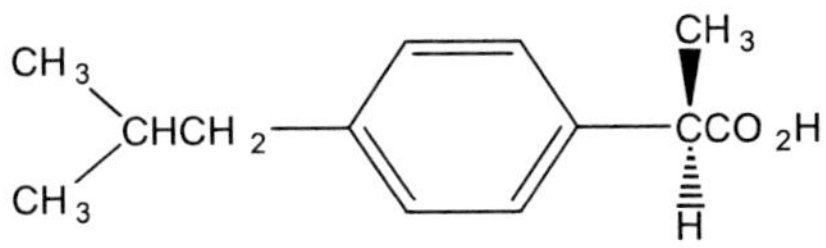

및 거울상이성질체 $C_{13}H_{18}O_2$: 206.28

① 기 준

IR 측정법에 따라 측정할 때 같은 파수에서 같은 강도의 흡수를 나타낸다.

② 성 상

흰색의 결정성 가루, 에탄올, 무수에탄올 또는 아세톤에 잘 녹으며 물에는 거의 녹지 않는다. 묽은 수산화나트륨시액에 녹는다.

③ 실험방법

㉠ Polystyrene막의 흡수 spectrum을 측정하여 얻어진 흡수 spectrum을 가지고 일반시험법 IR spectrum 측정법에 따라 조정한다.
㉡ 검체는 파수 4000~400 cm^{-1}에서 측정한다.
㉢ Ibuprofen 1~2mg과 KBr 0.1~0.2g을 마노 약절구에 취한다.
㉣ 습기를 흡수하지 않도록 조심하면서 빨리 잘 갈아 섞어 가루로 한다.
㉤ 정제성형기로 압축하여 정제로 만든다.
☞ 투명한 정제를 만들 때는 0.67 kPa 이하로 감압하고 정제의 단위면적 (cm^2)당 50~100kN (5000~10000kg)의 압력을 5 ~ 8 분간 가하여 정제로 만든다.
㉥ Blank를 측정한 후 위에서 만든 KBr pellet을 이용하여 흡수 spectrum을 측정한다.
㉦ 얻어진 W/S와 Ibuprofen의 흡수 spectrum을 비교할 때 동일한 파수에서 같은 강도의 흡수를 나타낸다.

2) 염산트라마돌(Tramadol Hydrochloride) IR 시험법

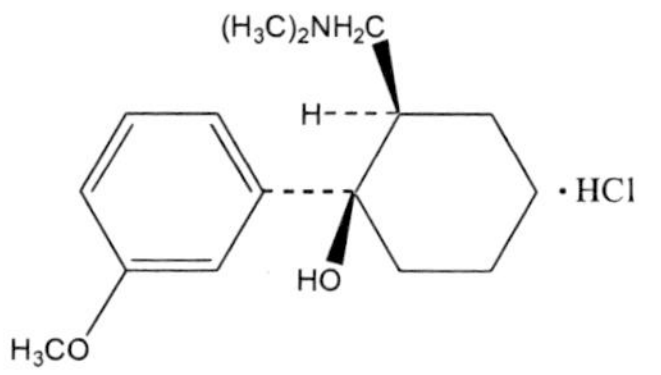

$C_{16}H_{25}NO_2 \cdot HCl$: 299.84

① 기 준

IR 측정법에 따라 측정할 때 같은 파수에서 같은 강도의 흡수를 나타낸다.

② 성 상

백색 결정 또는 결정성 가루, 냄새는 없다.

물, 메탄올, 빙초산 또는 에탄올에 잘 녹고 무수초산에 녹기 어려우며 에텔에는 거의 녹지 않는다.

③ 실험방법

Ibuprofen 실험방법 ㉠~㉦을 Tramadol·HCl을 취하여 동일하게 반복한다.

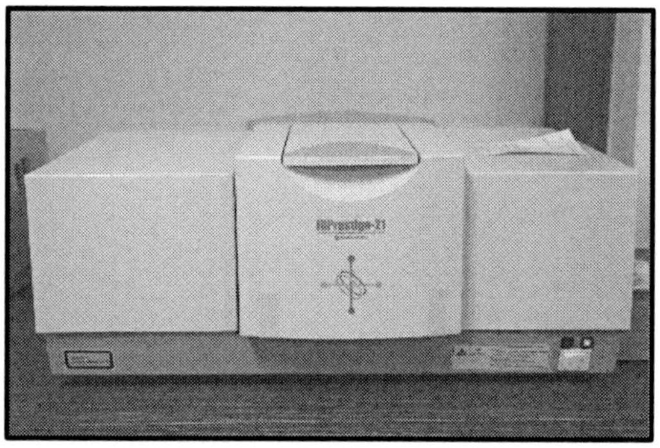

Shimadzu FTIR Prestige 21

Shimadzu FTIR 압착기

B2 적외선스펙트럼(IR)에 의한 분석

(1) 목 적

이 실험에서는 적외선 영역에서 분석시의 여러 가지의 시료 준비법을 알아본다. 또한 적외선 스펙트럼에서 작용기를 확인하는 법과 이들 작용기로부터 미지성분의 기본구조를 결정하는 법을 알아본다.

(2) 관련자료

L. Bellamy. "The Infrared Spectra of Complex Molecules", 3rd ed., Wiley, New York, 1975.

M. G. Mellon (ed.), "Analytical Absorption Spectroscopy", Wiley, New York, 1950.

H. M. Randall, R. G. Fowler, N. Fuson, and J. R. Dangl, " Infrared Deyermination of Organic Structures", Van Nostrand, Princeton, N. J., 1949.

R. M. Silverstein, G. C. Bassler, and T. C. Morril, "Spectrometric Identification of Organic Compounds", 4th ed., Wiley, New York, 1981, chap. 3.

(3) 실험기구 및 시약

FTIR, KBr 펠렛 제조장치(압착기 포함), 찍어내는 형(disk), 분말장치(grinder),
흡수용기 충전장치(주사기, 건조 질소, Scott wiper 등)
벤조산, 폴리스티렌 필름(0.0015 " 두께), 클로로포름, 사염화탄소, 광물유; Nujol,
KBr(200mesh), 미지시료

(4) 실험과정

1) 고체 시료의 준비법

고체 물질의 적외선 스펙트럼은 여러 가지 방법으로 얻는데 그 중 4가지 방법을 알아본다.

집단	시료명
1	benzophenone, acetone, methyl ethyl ketone, cyclohexanone. benzaldehyde, acetaldehyde, isobutylaldehyde, acetophenone
2	n-butyl alcohol, benzyl alcohol, sec-butyl alcohol, tert-butyl alcohol
3	benzonitrile, p-nitrotoluene, nitrobenzene, o-nitrotoluene 2,4,6-trinitrotoluene, benzene
4	ethyl benzoate, ethyl acetate, ethyl malonate, acetic anhydride, propionic anhydride, phthalic anhydride
5	acetamide, dimethylformamide, acetanilide

① Mull 방법

고체시료 준비의 가장 일반적인 방법으로서 Nujol과 같은 광물유에 시료의 미세분말을 분산시키는 방법이다. 모든 고체법에서 생기는 주요 문제는 빛의 산란이 일어난다는 것이지만 시료를 미세분말로 분쇄하여 굴절률이 같은 액체에 분산시키면 산란되는 양을 줄일 수 있다.

일반적으로 시료는 막자사발에서 mull 시약과 혼합한다. 약 10:1(mull 시약:시료)의 혼합물이 사용된다. 혼합물은 고운 반죽상태가 될 때까지 빻는다. 소용돌이 믹서는 좋은 mull을 신속히 만드는 장치이다. 반죽상태의 시료 몇 방울을 조립식 흡수판의 중앙 위에 놓고 다른 판으로 덮는다. 시료의 두께는 판을 돌리거나 압착하는 정도에 따라 다르다. 고체의 적당한 농도와 흡수시료의 두께는 시료의 투명도에 의해 결정된다. 시료필름이 가시광선에서 갈색으로 나타나면 이때는 시료가 산란과 창의 상처를 내지 않는데 필요한 미세 크기가 된 것을 말해 주는 것이다. mull을 제거하려면 창을 잡아떼지 말고 살짝 옆으로 문질러 밀어서 떼어야 한다. 산란이 적고 적당한 세기의 예리한 흡수띠를 얻기 위해 mull을 만들 때는 세심한 주의가 요구된다.

이 방법의 단점은 흡수 시료 두께의 조절이 잘 안되므로 정량분석할 때 내부표준이 필요하다. 가장 일반적인 mull 시약은 Nujol이다 이들 물질은 2,900, 1,450 과 1,375cm^{-1}(C-H 결합)에서 흡수 진동수를 갖는 단점이 있다. 이런 단점을 피할 수 있는 다른 mull 시약은 hexachlorobutadiene 과 perflurocarbon유이다.

② Pellet 법

Mull법 대신 KBr 속에 고체시료를 분산시킨 다음 높은 압력으로 압축하여 pellet을 만드는 방법으로서 이 방법에서는 몇 mg의 유기 시료를 약 0.5~1.0g의 적외선 실험용 KBr에 섞는다. 이 혼합물을 압착기에 넣고 수 톤의 압력(약 10 ton/cm^2)을 가한다. 만든 원판은 투명하여야 하며 적외선으로 정성 및 정량분석할 때 사용된다.

이 방법의 단점은 원판을 만드는 과정에서 야기되는 스펙트럼의 불확실성과 수분이 들어가는 것을 피하기 어려운 점이다. 수분에 의해 O-H 결합 진동수가 생기는데, 이것은 mull 과정에서 생기는 C-H 결합 흡수의 방해보다 더 나쁜 결과를 초래한다.

③ 필름법

여러 가지 방법으로 얻어진 고체 박막을 직접 사용할 수 있다. 어떤 방법은 시료를 적당한 두께의 판으로 자르기도 하고 시료를 녹인 다음 용액 피막을 증발 건조하여 시료 피막을 만든다. 이런 방법은 대개 어렵고 흡수띠를 기록할 때 간섭무늬가 나타날 가능성이 있다.

④ 용액법

고체는 적당한 용매로 약 5% 용액으로 만들어 실험한다. 이 방법은 액체에서 사용하는 방법과 동일하다.

2) 액체 시료의 준비법

액체 시료는 순수한 액체로 사용할 수 있고 또 만약 적당한 두께의 흡수용기(약 0.02 mm)를 이용할 수 있거나, 또 적당한 용매가 있을 때는 용액을 만들어 긴 흡수용기(약 0.5mm)에 채워 실험할 수 있다. 그러나 불행하게도 적외선에서 흡수하지 않는 용매는 없다. 적외선에서 사용하는 용매는 CS_2나 CCl_4와 같은 비극성이고 수소원자가 없는 액체이다. $CHCl_3$와 같은 극성용매는 C-H 신축 영역이 방해되지 않는 경우에 사용된다. 액체 시료에 이용되는 흡수용기는 잘 부서지므로 채우고 비울 때 특히 주의해야 한다. 용기에 시료가 채워지는 부분은 간격이 매우 좁기 때문에 주사기를 사용하여 시료를 채워야 한다. 깨끗이 건조된 주사기로 용기를 비우고 용매로 용기를 닦는다. 닦은 후에 용매가 다 증발할 때까지 질소를 통하여 말린다.

(5) 실 험

적외선에서 사용되는 광학 부분 장치나 흡수용기는 NaCl이나 KBr로 만들어졌고 습기에 약하다. 다음의 몇 가지 간단한 규칙은 이를 보호하는 데 도움이 된다.

① 흡수용기 창면에 손을 대지 말아야 한다. mull 준비에서와 같이 창을 사용할 때는 끝만 만지거나 장갑을 끼고 취급한다.
② 흡수용기 창에 대고 숨을 내뿜지 않는다.
③ 항온실에서 용기를 꺼내 놓지 말 것.
④ 흡습성 액체와 용매를 피할 것.
⑤ 흡습성 물질을 사용할 필요가 있는 경우에는 특별히 고안된 용기를 사용한다.
⑥ 수분이 있는 물질은 사용하지 않는다.

1) 다음의 적외선 스펙트럼을 기록한다.

	시 료	기준물
스펙트럼 1	사염화탄소(CCl_4) 1집단 화합물	NaCl NaCl 또는 용매
스펙트럼 2	KBr 속에 있는 벤조산 (1000mg KBr 당 2mg의 벤조산) CCl_4에 녹인 0.10 M 벤조산 (50mℓ CCl_4에 6.11g)	KBr 또는 공기
스펙트럼 3	2와 3집단 화합물	NaCl 또는 용매
스펙트럼 4	4와 5집단 화합물	NaCl 또는 용매

위 시료의 적외선 스펙트럼을 그린 후 정확하게 파장을 검정할 데이터를 얻기 위하여 (a) 0.0015" 두께의 폴리스티렌의 적외선 스펙트럼을 공기를 기준으로 얻는다. 그리고 NaCl 염의 창이나 용매의 바탕용액을 기준으로 미지용액의 스펙트럼을 그린다. 미지시료는 수수 액체로, 용액으로, KBr 고체로 또는 Nujol mull 상태로 그린다.

2) 미지시료 스펙트럼은 흡광도가 너무 큰가(0% T 근처의 흡수), 너무 작은가(100% T 영역의 스펙트럼)를 판단해야 한다. 스펙트럼이 만족하지 못하면 흡광도를 크게 하는 조치가 취해지거나(통과거리를 증가), 흡광도를 감소시키는 (빛의 통과거리를 감소하거나 적당한 용매로 시료를 묽힘)조치를 취한다.

3) 흡수용기는 클로로포름으로 닦고 질소를 천천히 통해 건조시킨다. 건조한 후 용기는 데시케이터에 넣어 보관한다.

4) 문헌 또는 기기와 함께 제공되는 프로그램의 라이브러리에서 찾은 표준물의 스펙트럼으로부터 작용기의 진동수와 기지시료의 스펙트럼을 비교한다. 기지시료, 특히 스펙트럼 2에서 얻은 두 스펙트럼의 차이점에 관하여 기록한다.

5) 미지 화합물에서 비교적 센 흡수가 일어나는 파장에 대한 표를 만든다. 2~7μm 영역에서 극대 흡수파장을 선택하라, 문헌에 있는 적외선 스펙트럼을 참고하여 주요구조와 작용기를 추리하라. 그 다음 Randall 등의 분류법을 이용하여 가능한 화합물의 범위를 좁혀 가서 완전히 알려진 몇 개의 스펙트럼을 지적하고 끝으로 미지 화합물의 극대흡수점을 하나하나씩 미지화합물과 동일하다고 믿는 화합물의 해당하는 데이터와 비교하여 표로 만든다. 이 비교가 충분하다면 그 화합물은 같다.

6) 유기 화합물의 정상적인 확인법에서 적외선 스펙트럼은 다른 정보, 즉 녹는점, 끓는 점 및 굴절률 같은 물리적 측정과 C, H, N 등의 원소분석과 같은 화학적 정보 등을 보조수단으로 사용할 수 있다.

B3 적외선스펙트럼(IR)에 의한 분석

(1) 목 적

치환과 컨주게이션의 효과를 보여주기 위해 선택된 알데히드와 케톤의 카르보닐기의 흡수 진동수를 비교한다. 각종 알데히드와 케톤의 중요 띠의 진동수도 알아본다.

(2) 관련자료

최재성. "기기분석화학실험", 동화기술, 267p, 1999.

(3) 배 경

알데히드와 케톤은 1,870~1,540 cm^{-1}(5.35~6.5㎛)영역에서 강한 C=O 신축띠를 나타낸다. 그 위치는 상당히 안정하고 띠는 대단히 강하기 때문에 적외선 스펙트럼에서 쉽게 알 수 있다. 카르보닐기 띠의 실제 위치는 몇 개의 인자, 즉 물리적 상태, 이웃 치환기, 컨주게이션, 수소결합과 고리의 변형 등에 의해 영향을 받는다.

지방족 알데히드는 1,740~1,720 cm^{-1}(5.75~5.82㎛)영역에서 흡수된다. □-탄소에 전기음성도가 큰 치환기가 오면 C=O 띠의 흡수 진동수가 증가한다. 예를 들면 아세트알데히드는 1,730cm^{-1}에서 흡수하며 트리클로로아세트알데히드는 1,786 cm^{-1}에서 흡수한다. 이중결합과 카르보닐기 간의 컨주게이션은 카르보닐 흡수의 진동수를 감소시킨다. 방향족 알데히드는 낮은 진동수에서 흡수한다. 내부 수소결합은 흡수를 낮은 진동수로 이동시킨다.

케톤의 카르보닐기는 상응하는 알데히드의 진동수보다 약간 낮은 진동수에서 흡수한다. 포화 지방족 케톤은 약 1,715cm^{-1}(5.83㎛)의 진동수에서 카르보닐기가 흡수한다. 이중결합과 컨주게이션을 하면 낮은 진동수로 흡수띠를 이동시킨다. 케톤과 메틸알콜 같은 용매간의 분자간 수소결합은 카르보닐 진동수를 감소시킨다.

(4) 실험기구 및 시약

FTIR, KBr 펠렛 제조장치(압착기 포함), 찍어내는 형(disk), 분말장치(grinder), IR용 순수 KBr, benzaaldehyde, cinnamaldehyde, n-butylaldehyde, benzophenone, cyclohexanone, acetophenone

(5) 실 험

1) benzaaldehyde, cinnamaldehyde, n-butylaldehyde, benzophenone, cyclohexanone, acetophenone 시료에 대한 적외선 스펙트럼을 얻는다. 액체시료의 경우에는 순수한 액체 시료를 0.015~0.025 mm 두께의 얇은 막을 만들어 사용하고, 고체시료의 경우에는 KBr pellet을 준비한다.
2) 각 화합물의 카르보닐 흡수 진동수를 측정하고 각 스펙트럼의 화합물 구조를 써라.
3) Benzaaldehyde 스펙트럼 위에 3,000 cm^{-1} 주위 영역과 675와 750 cm^{-1} 사이에서 생긴 주요 띠에 대한 주파수를 지적하라. 이들 띠에 해당하는 분자내의 원자단과 결합을 지적하라.
4) Cyclohexanone 의 스펙트럼에서 2,900 cm^{-1}와 1,460 cm^{-1} 영역에서도 같은 지적을 하라.
5) 알데히드의 카르보닐 진동수와 비교하라. n-butylaldehyde와 비교해서 benzaaldehyde와 cinnamaldehyde의 카르보닐기에서 흡수 진동수의 컨주게이션과 방향족성의 효과를 설명하라.
6) 컨주게이션과 방향족성에 대한 카르보닐 진동수의 관계를 비슷한 방법으로 비교하라.

C 자외가시부(UV-Vis) 흡광도 측정법

(1) 목 적

UV의 원리와 사용 방법 등을 알아보고 UV를 이용한 생산원료 또는 제품의 정량.

(2) 이 론

* *Beer–Lambert 법칙*

$A=\log(I_0/I_t) = \varepsilon cl = \log T, \quad T=I_t/I_0$

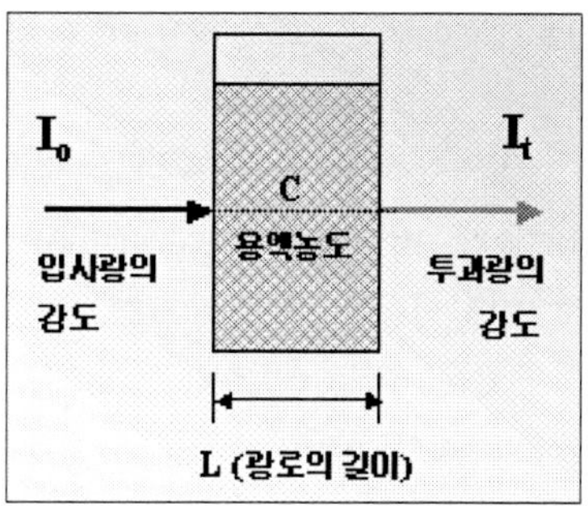

A : 흡광도
T : 투광도
c : 용질의 몰농도
l : 시료 cell의 길이(cm)
ε : 몰 흡광계수

I : 시료 cell로부터 방출되는 빛의 강도
I_0 : 시료 cell에 대한 입사광의 강도

$\log(I_0/I_t)$는 optical density 또는 absorbance이며, OD 또는 A로 표시한다.

(3) 적 용

1) 확인시험(정성분석)

① 표준품에 의한 확인

시료의 흡수스펙트럼과 표준품의 흡수스펙트럼을 비교하여 확인

② 흡수파장에 의한 확인

시료의 흡수스펙트럼의 흡수극대파장이 각조에서 규정하는 흡수극대파장의 범위인가 확인

③ 흡광도비에 의한 확인

시료의 흡수스펙트럼의 2개 이상의 파장에서 흡광도비를 구하고 각조에서 규정하는 흡광도비와 비교

2) 정량분석

① 표준물질을 사용하는 방법

St1., St2., St3. 을 농도 단계별로 제조한다.

⇩

흡광도를 측정한다.

⇩

가로축에 농도, 세로축에 흡광도를 기록하고 plot.

⇩

검량선을 작성한다.

⇩

시료를 표준액제조법과 동일하게 제조하여 흡광도를 측정한다.

⇩

시료의 흡광도 값을 검량선에 대응하여 농도를 측정한다.

⇩

Least Square Method.

② 절대흡수법

미리 순품에 대한 $E_{1cm}^{1\%}$ 가 판명되어 있는 경우 그 $E_{1cm}^{1\%}$ 값을 이용하여 정량하는 방법이다.

[필수조건] $E_{1cm}^{1\%}$ 값이 정확할 것, 셀의 길이가 정확히 1cm 일 것, 측정파장이 정확할 것, 분광광도계의 정밀도가 양호할 것.
보통 "흡수극대파장에서 흡광도를 측정한다" 로 규정

예) 토코페롤 Tocopherol (비타민 E)

흡광도 $E^{1\%}_{1cm}$ (292nm) : 71.0 ~ 76.0 (10mg, 무수에탄올, 200㎖)

토코페롤 10mg을 정확하게 취하여 무수에탄올에 녹여 200㎖로 하여 극대파장 292nm에서 흡광도를 측정하여 $E^{1\%}_{1cm}$ 를 계산할 때 그 값은 71.0~76.0이어야 함을 의미한다.

(4) 원료실험

1) 0.1% 시아노코발라민(Cyanocobalamin)

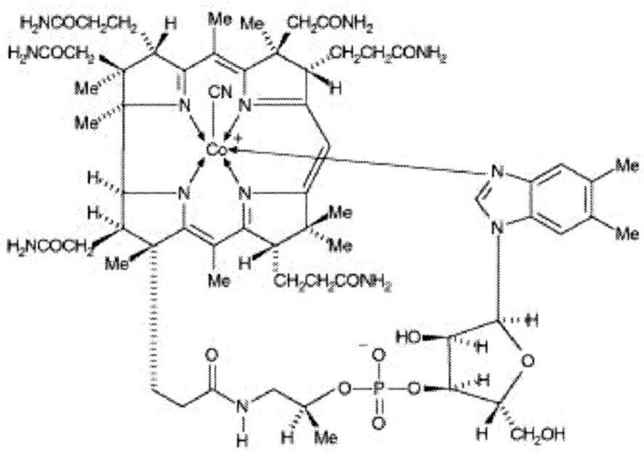

$C_{63}H_{8}CoN_{14}O_{14}P$

① 함량기준

이 약은 Cyanocobalamin과 Mannitol의 혼합물로서 1g당 Cyanocobalamin($C_{63}H_{8}CoN_{14}O_{14}P$) 1mg이상함유.

② 성 상

냄새가 없는 분홍색 가루

③ 정 량 법

㉠ 이 약을 Cyanocobalamin으로서 약 25mg 해당량을 정밀하게 단다.
㉡ 50㎖ v-flask에 취하여 물로 표선을 맞춘다.
㉢ 위액 2㎖를 50㎖ v-flask에 넣어 물로 희석하여 검액으로 한다.

㉣ Cyanocobalamin W/S 약 25 해당량을 정밀하게 단다.
㉤ 위의 ㉡,㉢번의 과정을 거쳐 표준액으로 한다.
㉥ 파장 361nm에서 물을 대조로하여 검액 및 표준액의 흡광도 A_T 및 A_S 를 측정한다.

Cyanocobalamin($C_{63}H_8CoN_{14}O_{14}P$)의 양(mg)

= Cyanocobalamin W/S의 양(mg) × A_T/A_S

① 실험결과

측정 횟수	A_S	A_T	Cyanocobalamin의 양(mg)	Assay(%)	Average
1					
2					
3					

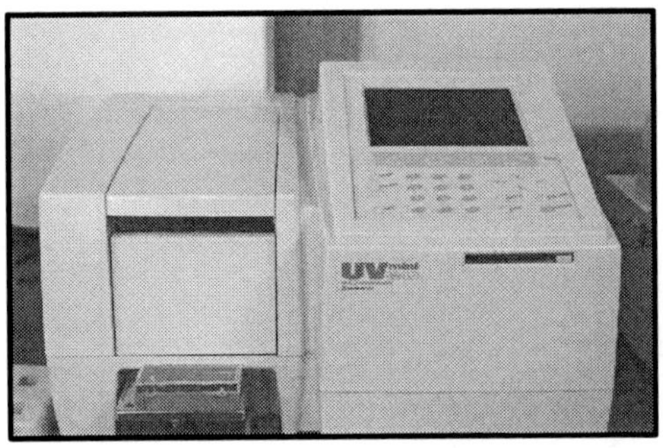

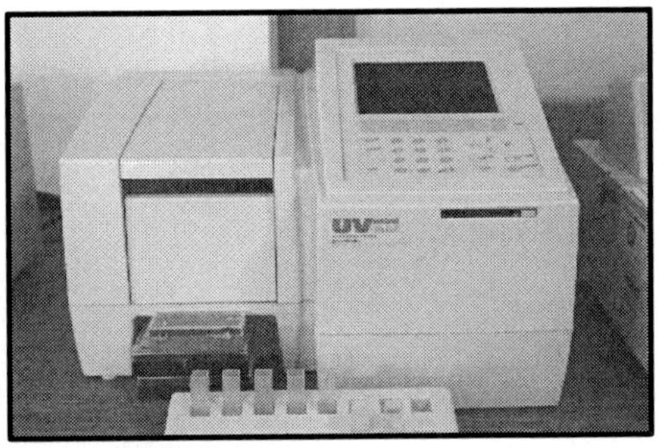

Shimadzu UV-Vis. Spectrophotometer

D 선광도 측정법(Polarimeter)

(1) 목 적

Polarimeter법의 원리와 사용방법 등을 알아보고 이를 이용한 생산원료 또는 제품의 선광도 측정.

(2) 이 론

빛은 전자기파의 연속된 파동의 현상으로 볼 수 있으며 아래의 그림과 같이 서로 직교하는 전기장과 자기장의 파동으로 이루어져 있다.

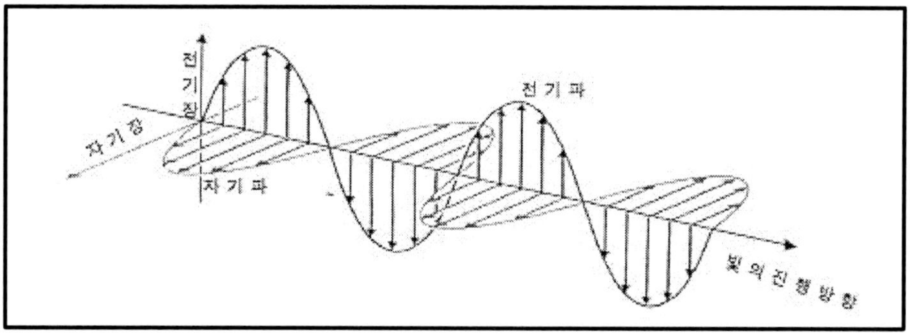

만약 빛의 진행방향과 수직이 되는 위치에서 전기장을 관찰한다면, 전기장은 아래의 그림(a)와 같이 진행방향과 수직인 모든 평면에 대해서 진동한다는 것을 알 수 있다.

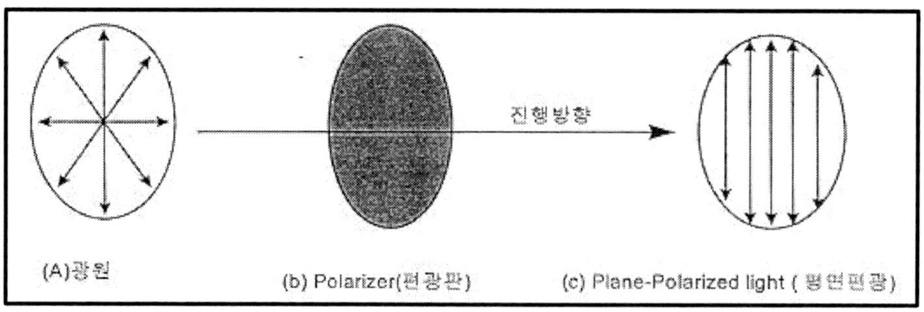

이렇게 모든 방향에 대해서 진동을 가지는 빛은 위의 그림(b)에 있는 Polarizer(편광판)를 지나면서 그림(c)의 Plane Polarized light (평면편광)로 바뀐다.

이렇게 Polarizer를 지난 평면편광은 앞의 그림에서 보는 것과 같이 cell 안에 들어있는 Opticalactivity(광학활성)를 가지는 시료를 지나면서 회전을 한다. Sample을 통과하여 나온 빛은 polarizer에 의해서 평면편광으로 바뀐 빛이기 때문에 analyzer에 설치된 편광판의 편광면과 일치하지 않는 각도에서는 analyzer를 투과하지 못한다. 이때 analyzer에 있는 편광판은 계속해서 회전을 하면서 detector인 P.M.T(광전증배관)에 빛이 감지되는 각도를 찾는다.

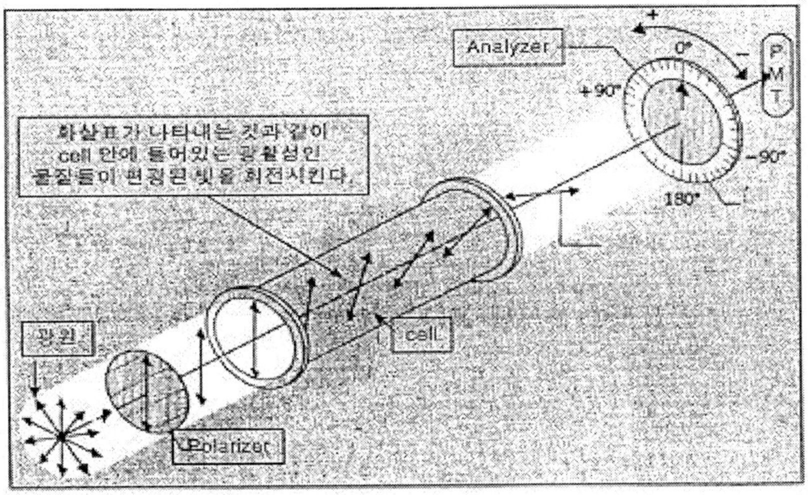

<Polarimeter의 구조도>

이렇게 detector에 빛이 감지되면 analyzer는 회전을 멈추고 회전된 각도를 읽게 된다. 이때 읽은 값이 선광도(Optical rotation)가 되는 것이다.

(3) 원료실험

1) Lysine Hydrochloride

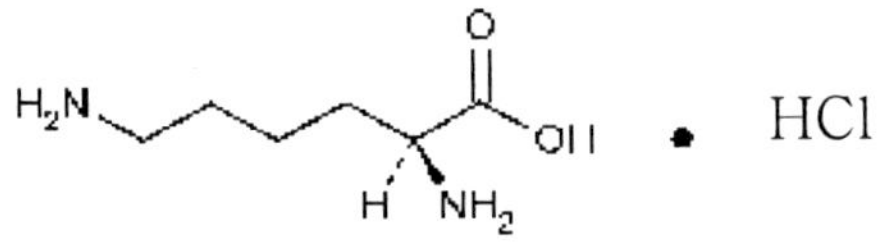

$C_6H_{14}N_2O_2 \cdot HCl$ 182.65

① 기 준 [α]20D +19.0 ~ 21.5%

② 성 상

흰색의 가루, 냄새는 없고 약간 특이한 맛이 있다.
물 또는 개미산에 잘 녹으며 에탄올에 매우 녹기 어렵고, 에텔에는 거의 녹지 않는다.

③ 시험방법

㉠ 이 약을 건조하여 2g을 25㎖ v-flask에 취한다.
㉡ 6 mol/l 염산시액을 가하여 표선을 맞춘다.
㉢ 6 mol/l 염산시액을 100mm cell에 넣어 Blank를 잡는다.
㉣ cell을 깨끗이 씻은 후 ㉡번 액을 기포가 생기지 않도록 조심스럽게 가한다.
㉤ 기기에 % 농도를 넣어준 후 측정하여 data를 얻는다.

2) L-Methionine

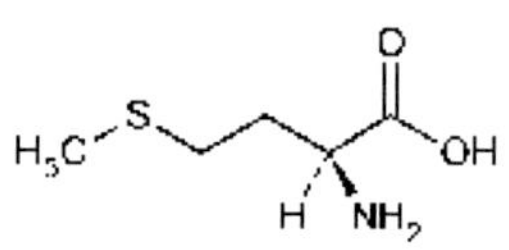

$C_5H_{11}NO_2S$: 149.21

① 기 준 [α]20D : +21.0 ~ +25.0

② 성 상

백색의 결정 또는 결정성 가루로 특이한 냄새가 있다.
이 약은 개미산에 잘 녹으며 물에 녹고 에탄올에는 녹기 어려우며 에텔에는 거의 녹지 않는다. 이 약은 묽은염산에 녹는다.

③ 시험방법

㉠ 이 약을 건조하여 0.5g을 25㎖ v-flask에 취한다.
㉡ 6 mol/l 염산시액을 가하여 표선을 맞춘다.
㉢ 6 mol/l 염산시액을 100mm cell에 넣어 Blank를 잡는다.
㉣ cell을 깨끗이 씻은후 ㉡번 액을 기포가 생기지 않도록 조심스럽게 가한다.
㉤ 기기에 % 농도를 넣어준 후 측정하여 data를 얻는다.

3) L-leucine

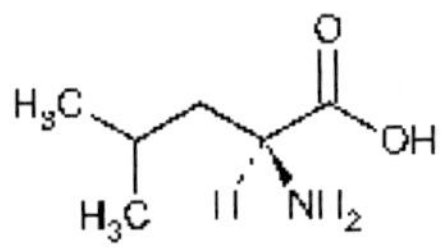

$C_6H_{13}NO_2$: 131.17

① 기 준 [α]20D : +14.5 ~ +16.0

② 성 상

백색의 결정 또는 결정성 가루로 냄새는 없고 맛은 약간 쓰다.
개미산에 잘 녹으며 물에 조금 녹고 에탄올 또는 에텔에는 거의 녹지 않는다.
이 약은 묽은 염산에 녹는다.

③ 시험방법

㉠ 이 약을 건조하여 1.0g을 25㎖ v-flask에 취한다.
㉡ 6 mol/l 염산시액을 가하여 표선을 맞춘다.
㉢ 6 mol/l 염산시액을 100mm cell에 넣어 Blank를 잡는다.
㉣ cell을 깨끗이 씻은후 ㉡번 액을 기포가 생기지 않도록 조심스럽게 가한다.
㉤ 기기에 % 농도를 넣어준 후 측정하여 data를 얻는다.

4) L-Isoleucin

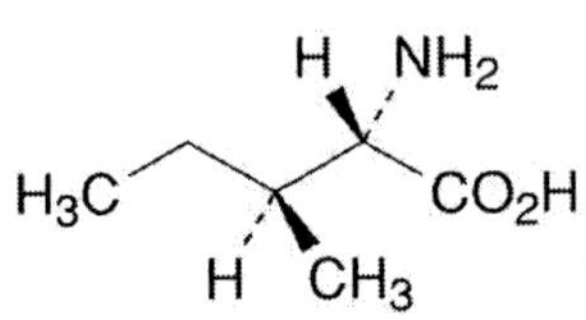

$C_6H_{13}NO_2$: 131.17

① 기 준 [α]20D : +39.5 ~ +41.5

② 성 상

백색의 결정 또는 결정성 가루로 냄새는 없고 맛은 약간 쓰다.
이 약은 개미산에 잘 녹으며 물에 조금 녹고, 에탄올 또는 에텔에는 거의 녹지 않는다.
이 약은 묽은 염산에 녹는다.

③ **시험방법**

㉠ 이 약을 건조하여 1.0g을 25㎖ v-flask에 취한다.
㉡ 6 mol/l 염산시액을 가하여 표선을 맞춘다.
㉢ 6 mol/l 염산시액을 100mm cell에 넣어 Blank를 잡는다.
㉣ cell을 깨끗이 씻은 후 ㉡번 액을 기포가 생기지 않도록 조심스럽게 가한다.
㉤ 기기에 % 농도를 넣어준 후 측정하여 data를 얻는다.

5) L-Phenylalanin

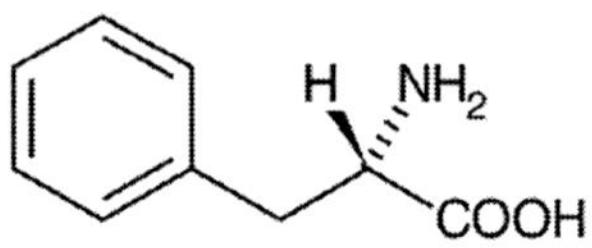

$C_9H_{11}NO_2$: 165.19

① **기 준 [α]20D : -33.0 ~ -35.5**

② **성 상**

백색의 결정 또는 결정성 가루로 냄새는 없고 맛은 약간 쓰다.
이 약은 개미산에 잘 녹으며 물에 조금 녹고, 에탄올 또는 에텔에는 거의 녹지 않는다.
이 약은 묽은염산에 녹는다.

③ **시험방법**

㉠ 이 약을 건조하여 0.5g을 25㎖ v-flask에 취한다.
㉡ 6 mol/l 염산시액을 가하여 표선을 맞춘다.
㉢ 6 mol/l 염산시액을 100mm cell에 넣어 Blank를 잡는다.
㉣ cell을 깨끗이 씻은후 ㉡번 액을 기포가 생기지 않도록 조심스럽게 가한다.
㉤ 기기에 % 농도를 넣어준 후 측정하여 data를 얻는다.

① 실험결과

측정횟수	Lysine HCl	Methionine	Leusine	Isoleusine	Phenylalanine
1					
2					
3					
Average					

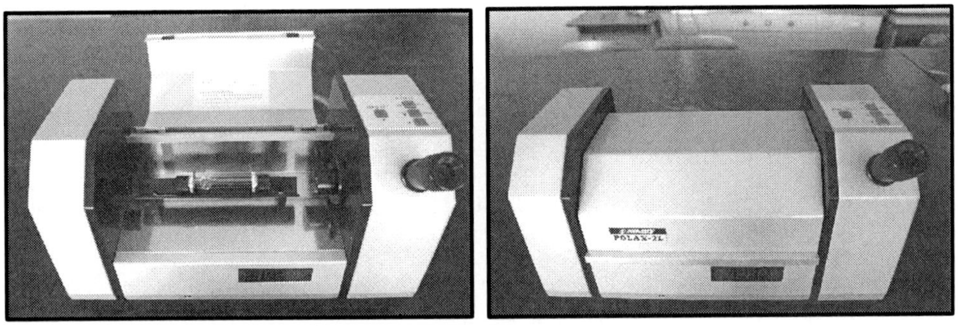

Atago Polarimeter POLAX-2L

E 수분측정법(karl-Fischer 법)

(1) 목 적

Karl Fischer법의 원리와 사용방법 등을 알아보고 이를 이용한 생산원료 또는 제품의 수분 측정.

(2) 이 론

수분측정법은 메탄올 등의 저급 알코올 및 피리딘 등 유기염기의 존재 하에서 물이 요오드 및 이산화황과 다음 반응식과 같이 정량적으로 반응하는 것을 이용하여 수분을 측정하는 방법이다.

$$I_2 + SO_2 + 3C_5H_5N + CH_3OH + H_2O \rightarrow 2(C_5H_5N{+}H)I^- + (C_5H_5N{+}H)^-OSO_2OCH_3$$

측정법에는 용량적정법과 전량 (電量)적정법이 있다. 용량적정법은 반응에 필요한 요오드를 수분측정용시액 중에 녹이고 검체 중의 물과 반응하여 소비된 요오드의 적정량으로부터 수분을 측정하는 방법이다. 전량적정법은 요오드화물 이온을 함유한 수분측정용시액을 전해하여 요오드를 발생시킨 다음 요오드가 정량적으로 물과 반응하는 것을 이용하여 전해에 필요한 전기량으로부터 수분을 측정하는 방법이다.

$$2\,I^- \rightarrow I_2 + 2\,e^-$$

(3) 원료실험

1) 세프메타졸 나트륨(Cefmatazole Na)

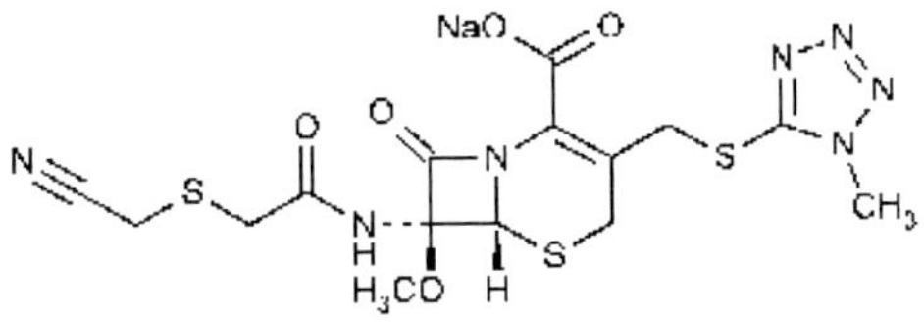

$C_{15}H_{16}N_7NaO_5S_3$ 493.53

① 기 준 1.0% 이하.

② 성 상

백색 ~ 엷은 황백색 가루 또는 덩어리로 냄새는 없든가 또는 약간 특이한 냄새가 있다.
물에 썩 잘 녹고 메탄올에 잘 녹으며, 에탄올에는 녹기 어렵고 에텔에는 거의 녹지 않는다.

③ 시 험 법

㉠ 반응조(비이커)의 내용물을 깨끗이 닦아내고, 새로운 MeOH로 채운다.
㉡ 마이크로시린지를 이용하여 Karl-Fischer액의 농도를 구한다.
㉢ 농도가 구해지면 입력하고, drift 값이 안정화 될 때까지 반복하여 drift값을 구한다.
㉣ Drift값이 구해지면, 시료의 수분을 잴수 있게 seting한다.
㉤ Cefmatazole Na 약 0.2g을 취하여 반응조에 넣는다
☞ 반응조의 기벽이나 전극의 표면에 묻지 않게 하여 가한다. 오차의 원인이 된다.
㉥ 결과가 나오면 이를 2회 더 실시하여 평균값을 구한다.

2) 세폭시틴 나트륨(Cefoxitine Na)

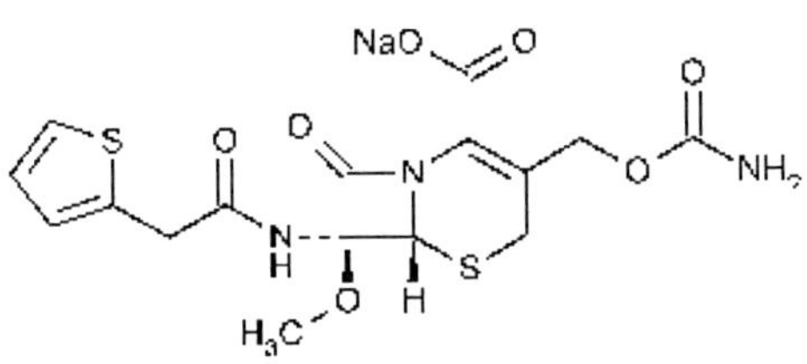

$C_{16}H_{16}N_3NaO_7S_2$ 449.44

① 기 준 2.0% 이하.

② 성 상

백색 ~ 엷은 황백색 입자 또는 가루이며 약간 특이한 냄새가 있다.
물에 썩 잘 녹고 메탄올에 녹으며, 에탄올에는 녹기 어렵고 에텔에는 거의 녹지 않는다.

③ 시 험 법

㉠ 반응조(비이커)의 내용물을 깨끗이 닦아내고, 새로운 MeOH로 채운다.
㉡ 마이크로시린지를 이용하여 Karl-Fischer액의 농도를 구한다.
㉢ 농도가 구해지면 입력하고, drift 값이 안정화 될 때까지 반복하여 drift값을 구한다.
㉣ Drift값이 구해지면, 시료의 수분을 잴 수 있게 seting한다.
㉤ Cefoxitine Na 약 0.2g을 취하여 반응조에 넣는다
☞ 반응조의 기벽이나 전극의 표면에 묻지 않게 하여 가한다. 오차의 원인이 된다.
㉥ 결과가 나오면 이를 2회 더 실시하여 평균값을 구한다.

① 실험결과

측정횟수	1	2	3	Average
Cefmatazole Na				
Cefoxitine Na				

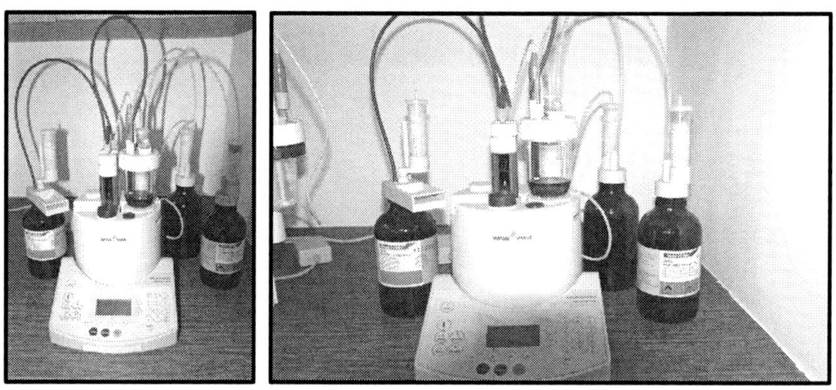

Mettler Karl Fischer 장치

제4장

연습문제 풀이

1. 화학분석기초개념
2. 흡광광도법
3. 크로마토그래피
4. 대한약전 통칙

4 연습문제 풀이

1 화학분석기초개념

1. 다음은 실험오차에 관한 설명이다. 틀린 설명을 고르시오.
   ① 실험오차는 계통오차와 우연오차로 분류할 수 있다.
   ② 계통오차는 determinate error라고도 부르며, 이는 오차가 일어나는 원인을 추궁할 수 있는 오차이다.
   ③ 우연오차는 indeterminate error 라고도 부르며, 오차가 일어나는 원인을 추궁할 수 없는 오차이다.
   ④ 공시험은 우연오차를 제거하는 방법 중의 하나이다.

2. 다음은 실험오차에 관한 설명이다. 틀린 것을 골라라.
   ① 절대오차가 작을수록 정확도가 큰 실험치라고 한다.
   ② 상대오차는 이론치에 대한 절대오차의 비 또는 그 백분율로 표시한다.
   ③ 동일조건하에서 여러 번 실험을 하였을 때 각 실험치 상호간의 차가 적을수록 정밀도가 크다고 한다.
   ④ 정밀도란 실험치가 얼마만큼 "참값(truth value)"에 가까운가를 나타낸다.

3. 다음은 ⓐ 1.9030, ⓑ 0.03910, ⓒ 1.40×10^4 의 유효숫자에 관한 설명이다. 옳은 것을 모두 골라라.
   ① ⓑ에는 6개의 유효숫자가 있다.
   ② ⓑ에는 5개의 유효숫자가 있다.
   ③ ⓒ에는 2개의 유효숫자가 있다.
   ④ ⓐ에는 5개의 유효숫자가 있다.

4. 다음은 유효숫자의 계산이다. 옳은 것을 골라라.
   ① $1.023 + 3.71 = 4.733$이다.
   ② $13.1 - 2.78 = 10.32$ 이다.
   ③ $5.74 \div 3.2 = 1.79$ 이다.
   ④ $3.72 \times 2.3 = 8.5$ 이다.

5. 다음은 유효숫자의 계산이다. 옳은 것을 모두 골라라
   ① 1.0 + 2.2 + 3.7 + 6.1 = 12.20
   ② 107.3 − 23.7 = 83.6
   ③ (26.31 ÷ 2.71) + 3.1 = 12.77
   ④ (27.13 ÷ 13.60) × 3.21 = 6.40

6. 다음 값들의 유효숫자는 몇 개인가?
   ① 37.59cm
   ② 27,000km
   ③ 0.0000057g
   ④ 24.07cm^3
   ⑤ 3.57 × 10^{-7} cm/s

7. 다음과 같은 측정 단위들 사이의 환산과정에서 나타나는 적당한 수치를 괄호 속에 넣어라. (필요하다면 과학적 표기법으로 나타내어라)
   ① 365 nm = ( ) mm = ( ) km = ( ) Å
   ② 39.2 mg = ( ) μg = ( ) pg
   ③ 5600 ns = ( ) s = ( ) min
   ④ 1 atm = ( ) mmHg = ( ) bar

8. 다음에 주어진 수치를 과학적 표기법으로 나타내어라.
   ① 326
   ② 276.0
   ③ 0.00000000060
   ④ 0.7

9. 일련의 측정값 95.44, 95.00, 95.34, 95.22, 95.10에 대한 평균값, 평균편차, 상대평균편차, 표준편차 및 상대표준편차를 구하라.

10. 다음 측정값에서 버릴 수 있는 값을 지적하고, 그 결과의 표준편차를 구하라.
   ① 11.11, 11.15, 11.00, 12.09
   ② 5.71, 4.00, 5.23, 5.20, 5.17

11. 리보플라빈은 5% 아세트산에서 그 형광세기를 측정하여 정량할 수 있다. 일련의 표준시료에 대한 형광세기를 측정하여 다음과 같은 데이터를 얻었다. 검량선을 직관법으로 그리고 최소제곱법에 의해 직선식을 구하라. 어떤 시료의 형광세기가 15.4일 때, 시료 중의 리보플라빈의 농도를 구하라.

리보플라빈(μg/mℓ)	형광세기(yi)	xi^2	x · y
0.000	0.0	0.0000	0.00
0.100	5.8	0.0100	0.58
0.200	12.2	0.0400	2.44
0.400	22.3	0.160	8.92
0.800	43.3	0.640	34.64

12. 다음은 표준편차에 관한 설명이다. 틀린 것을 골라라.
   ① 표준편차가 작을수록 정밀도가 높다.
   ② 측정치들이 가우스 분포로 종 모양 분포를 나타낼 때 평균값이란 분포곡선의 중간 값을 나타내는 것이고 표준편차란 측정치들의 분포의 폭의 크기를 나타낸다.
   ③ 표준편차와 정확도는 상관이 없다.
   ④ 표준편차가 클수록 정확도가 낮다.

13. 다음은 오차에 관한 설명이다. 옳은 것을 골라라
   ① 절대오차가 적을수록 그 측정치의 정밀도가 크다
   ② 같은 조건에서 얻은 같은 시료에 대한 측정치 상호간의 차가 작을수록, 즉 측정치가 서로 밀집되어 있을수록 정확도가 크다.
   ③ 계기의 정밀성이나 관측자의 능력의 한계성 등에 의하여 생기는 오차를 우연오차라 한다.
   ④ 오차의 발생 원인을 규명할 수 있고, 참값을 기준으로 하여 일정한 방향(+ 또는 −)과 크기를 가지고 있는 오차를 계통오차라 한다.

14. 다음은 SI 기본단위로만 표시되어 있는 것의 조합이다. 옳은 것이 모두 조합된 것은?
   ① m, kg, N
   ② s, K, cd
   ③ mol, feet, m
   ④ kg, A, K

15. 다음 유효숫자의 유효자리수가 4인 것은?
   ① 16,000 ② 1.6 × 10^4 ③ 1.001 × 10^3 ④ 5 × 10^{-2} ⑤ 160,000

16. 1.23 × 10^{-4} 의 유효자리 수는?
   ① 2자리 ② 3자리 ③ 4자리 ④ 5자리 ⑤ 6자리

17. 시차(視差)는 다음 중 어느 오차인가?
   ① 절대오차 ② 개인오차 ③ 방법오차 ④ 상대오차 ⑤ 우연오차

18. 정량분석을 할 때 공기 중 CO_2에 의한 오차는 어느 오차인가?
① 환경오차 ② 방법오차 ③ 상대오차 ④ 절대오차 ⑤ 우연오차

19. 갑은 이론치가 50.00인 표준시료를 분석한 결과 50.05라는 실험치를 얻었다. 을은 이론치가 0.5000인 표준시료를 분석한 결과 0.5050라는 실험치를 얻었다. 각자의 실험치에 따르는 절대오차와 상대오차를 구하라.

2 분광광도법

20. 다음 전자기 복사선중 에너지가 가장 큰 것은?
① X-선 ② 자외선 ③ 가시광선 ④ 적외선 ⑤ 라디오파

21. 다음은 빛의 에너지에 관한 설명이다. 옳은 것을 모두 골라라.
① 빛 에너지는 파장에 정비례한다.
② 빛 에너지는 진동수에 정비례한다.
③ 빛 에너지는 주기에 정비례한다.
④ 빛 에너지는 파수에 정비례한다.

22. 다음은 lambert-beer의 흡수법칙이 벗어나는 경우의 설명이다. 옳은 것을 모두 골라라.
① 입사광의 단색성이 떨어지는 경우에 흡수법칙에서 벗어나게 된다.
② 산란광이 있는 경우에 흡수법칙에서 벗어나게 된다.
③ 콜로이드 용액의 경우 산란에 의해 흡수법칙에서 벗어나게 된다.
④ 형광이 있는 물질의 경우 발생한 형광은 검출기에 전달되어 투과광의 강도가 증가하는 효과가 있다.

23. 일반적인 광학분광기의 공통부분장치로서 맞지 않는 것은?
① 검출기 ② 광원 ③ 파장선택기 ④ 마그네틱

24. 다음 중에서 자외선 영역과 가시광선 영역에 모두 사용할 수 있는 광원은?
① 아르곤등 ② 크세논(Xe)등 ③ 중수소등 ④ 텅스텐등 ⑤ Nernst 백열등

25. 600nm의 가시광선보다 3배 큰 에너지를 갖는 전자기 복사선의 파장을 구하시오.
$E=hv = h \cdot c/\lambda \quad 3h\lambda\ c/\lambda\ 1 = h \cdot c/\lambda\ 2$
① 200nm ② 300nm ③ 346nm ④ 1039 nm ⑤ 1800nm

26. 다음 중 초점면에 고정된 출구슬릿을 갖는 단색화장치를 갖춘 광학기기의 이름은?
   ① 비색계(colorimeter) ② 광도계(photometer) ③ 분광사진기(spectrograph)
   ④ 분광계(spectrometer) ⑤ 형광계(fluorometer)

27. 다음 중 광원, 필터, 광전검출기, 신호처리 및 판독장치로 구성된 광학기기의 이름은?
   ① 비색계(colorimeter) ② 광도계(photometer) ③ 분광사진기spectrograph)
   ④ 분광계(spectrometer) ⑤ 형광계(fluorometer)

28. 단색화장치(monochrometer)에 대한 설명으로 옳은 것이 모두 조합된 것은?
   ① 분광기는 다색광에서 단색광을 선택하는 장치이다.
   ② 거울의 반사각도를 조절하여 파장을 선택할 수 있다.
   ③ 회절격자나 프리즘을 이용하여 단색화장치의 기능을 할 수 있다.
   ④ 중수소등은 자외선에만 쓰이는 단색화장치이다.

29. 자외선(UV)과 적외선에 대한 설명 중 옳은 것을 모두 골라라.
   ① 자외선과 적외선은 눈으로는 확인하기 어렵다
   ② 자외선은 적외선보다 에너지가 크다.
   ③ 자외선은 물질의 결합전자의 에너지 준위와 관련이 잇다.
   ④ 적외선은 분자의 이온화 에너지를 공급할 수 있다.

30. 가시광선(Visible)에 대한 설명 중 옳은 것을 모두 골라라.
   ① 파장이 적외선(IR)보다는 짧고 자외선(UV)보다는 긴 빛이다.
   ② 자외선 영역과 아울러 물질의 전자에너지 준위와 밀접한 관계가 있다.
   ③ 물질의 색깔을 이해하는 데에 중요한 역할을 한다.
   ④ 텅스텐 등은 가시광을 만드는 중요한 도구중 하나이다.

31. 자외선(UV)과 적외선(IR)분광학의 응용에 대한 설명 중 옳은 것을 모두 골라라.
   ① 자외선은 신호의 선폭이 비교적 크기 때문에 정량분석에 많이 이용된다.
   ② 분자 내 이중결합(double bond)을 갖지 않는 화합물은 자외선 분광학으로 분석하기 어렵다.
   ③ 적외선분광학은 신호의 다양성 때문에 유기물의 정성적 구조해석에 주로 이용된다.
   ④ 적외선분광학으로는 정량분석을 할 수 없다.

32. 다음 중 분자의 외각전자를 바닥상태에서 들뜬상태로 올릴 수 있는 전자기파는?
   ① X-ray ② 적외선, ③ 자외선 ④ Microwave ⑤ Radiowave

33. lambert-beer의 법칙에 대한 설명 중 옳은 것을 모두 골라라.
   ① 이 법칙은 빛의 흡수량과 물질의 농도와의 정량적 관계를 명시한다.
   ② 자외선(UV) 분광학에서만 적용된다.

③ 아주 진한 용액이나 고체상에는 적용할 수 없다
④ 용매에는 적용되지 않는다.

34. lambert-beer의 법칙에 대한 설명 중 옳은 것을 모두 골라라.
① 흡광도(A)는 시료의 농도(C)에 비례한다.
② 몰흡광계수(ε)는 흡광도의 농도에 대한 비례상수이다.
③ 빛이 통과하는 거리(L)가 길면 흡광도가 증가한다.
④ 투광도(T)가 커지면 흡광도(A)가 증가한다.

35. 농도가 1mg/100mL인 $Fe(SCN)^{2+}$ 용액의 투과%는 파장 480nm에서 70.5%이었다. 같은 파장에서 이보다 4배 진한 용액의 흡광도를 계산하라.

36. 분자량 140인 어떤 화합물의 2.0ppm 용액을 1.00cm 셀로 560nm에서 측정한 투과 %는 65.4% 이었다. 이 파장에서 화학종의 몰흡광계수를 구하라.

37. 에탄올 용액 중의 아세톤을 366nm에서 측정할 때 몰흡광계수가 2.87 X 103 ℓ /cm·mol이고 그 용액의 투과 %가 10~90% 범위이고, 1.00cm 셀을 사용한다면 정량할 수 있는 용액의 농도범위는 얼마나 되는가?

38. 농도가 8.50×10^{-5} M 인 A 물질의 용액을 1.00cm 셀에 넣어 475nm와 700nm에서 흡광도를 측정한 값과 같은 조건에서 농도가 4.66×10^{-5}M 인 B 물질의 용액의 흡광도를 측정한 값은 다음 표와 같다. 1.25cm의 셀을 사용하여 두 파장에서 흡광도를 측정한 결과 또한 다음 표와 같다고 할 때 용액 중에서 두 화학종의 농도를 계산하라.

용액		475nm	700nm
A	1cm 셀	0.128	0.756
	1.25cm 셀	0.453	0.892
B	1cm 셀	0.568	0.082
	1.25cm 셀	0.864	0.449

39. 7.50×10^{-5} M의 KMnO4 용액을 1.5cm 셀에 넣어 525nm에서 측정한 흡광도는 0.668이었다.
① $KMnO_4$ 용액의 농도를 ppm으로 나타낼 때의 흡광계수를 계산하라.
② 1.00cm 셀을 사용하였을 때 이 용액의 % 투광도를 계산하라.

40. 빛의 흡광도를 측정하기 위하여 사용되는 spectrophotometer 기기의 구성요소가 아닌 것은?
① tungsten lamp ② cuvette ③ monochromator
④ photomultiplier tube ⑤ cylindrical pump

41. 다음 중 beer-lambert 법칙이 적용되기 매우 어려운 경우는?
   ① 시료의 농도가 너무 높을 때
   ② 시료의 농도가 낮을 때
   ③ pH가 염기성인 경우
   ④ pH가 산성인 경우
   ⑤ 방해물질이 있는 경우

42. 분광광도계의 눈금은 투광도(%)가 0에서부터 100%까지 되어있다. 투광도(%T)가 0이라면 그때의 흡광도 값은 얼마인가?
   ① 0　　② 100　　③ 1.0　　④ 2.0　　⑤ 무한대

43. 분광광도계에서 시료를 측정한 결과, 투광도(%T)가 10이었다. 이 시료의 흡광도는 얼마인가?
   ① 0　　② 100　　③ 1.0　　④ 2.0　　⑤ 무한대

44. 빛의 통과길이가 2.0cm인 측정용기(cell)을 사용하여 어느 용액의 투광도 (%T)를 측정한 결과 50이었다. 1.0cm 측정용기(cell)을 사용하면 용액의 투광도(%T)는 얼마가 되겠는가?
   ① 25　　② 71　　③ 93　　④ 50　　⑤ 100

45. 분자량이 100인 화합물의 원액을 200배로 희석하여 1.0cm 측정용기 (cell)에서 흡광도를 측정한 결과 0.5 이었다. 원래의 용액 1L에는 이 화합물이 1g 녹아있었다. 이 화합물의 몰흡광계수(ε)는 얼마인가?
   ① 100　　② 1,000　　③ 10,000　　④ 100,000　　⑤ 1,000,000

46. 다음은 흡광도를 설명한 것이다. 옳은 것을 모두 골라라.
   ① 흡광도는 빛의 통과길이가 길수록 커진다.
   ② 흡광도는 몰흡광계수가 작으면 작아진다.
   ③ 흡광도는 입사광의 세기에 대한 투과광의 세기의 비를 log로 취한 값으로 표시한다.
   ④ 흡광도는 투광도를 log로 취한 값으로 표시한다.

47. 분자가 자외 및 가시영역의 빛을 흡수하면 분자내부에 어떤 변화가 있는가?
   ① 내부의 진동상태가 변화한다.
   ② 전자의 스핀상태가 변한다.
   ③ 전자의 에너지 상태가 변한다.
   ④ 원자핵스핀상태가 변한다.
   ⑤ 전자의 개수가 증가한다.

48. 다음 중 자외선분광광도계의 주요 구성요소에 해당하지 않는 것은?
① 시료실 ② 검출기 ③ 단색화장치 ④ 광원 ⑤ 이온화실

49. 겹빛살형 UV/VIS 분광광도계의 설명으로 옳은 것이 모두 조합된 것은?
① 검출기는 입사광의 90°각도의 위치에 존재한다.
② 검출기에 닿은 신호는 증폭되어 기록계로 보내진다.
③ 자외선의 광원은 텅스텐 등을 사용한다.
④ 광원에서 나온 빛은 회전 빛살 토막틀에 의하여 시료 및 대조셀을 교대로 지나간다.

50. 다음 중 일반적인 자외가시부 분광광도계에서 측정이 가능한 영역은?
① 150~200nm ② 200~800nm ③ 1,000~2,000nm
④ 4,000~10,000nm ⑤ 10,000~50,000nm

51. 다음 중 자외선 흡수스펙트럼의 측정용기의 재질로서 가장 적합한 것은?
① 유리 ② 석영 ③ polypropylene ④ NaCl ⑤ teflon

52. 아스피린을 자외가시부 분광기로 정량하고자 한다. 이에 적합한 용매는?
① benzene ② Acetylacetone ③ Toluene ④ Ethanol

53. 다음 중 발색단(chromophore) 이 아닌 것은? (가)
① CH_3^- ② double bond ③ carbonyl기(C=O) ④ benzene ring ⑤ Carboxyl기(COOH)

54. 다음은 UV spectrum에서 발색단이 장파장 색이동(red shift)을 나타내는 경우를 설명한 것이다. 옳은 것을 모두 골라라.
① 조색단(auxochrome)을 부가할 경우
② 시료농도를 증가할 경우
③ 공액(conjugation)이중결합이 증가할 경우
④ 측정온도를 저온으로 할 경우

55. 다음 중 UV 스펙트럼의 최대흡수파장(λ max)에 영향을 주는 인자가 아닌 것은? (다)
① 용액의 pH, ② 용매의 종류 ③ 용질의 농도 ④ 착화합물형성 ⑤ 조색단의 첨가

56. 초산 히드로코르티손 함유제제를 메탄올에 녹여 정확히 100mL로 하였다. 다시 이 액 5mL를 정확히 취하여 다른 용기로 옮긴 후 메탄올을 가하여 정확히 50mL로 하였다. 이 액을 242nm에서의 흡광도를 측정한 결과. 0.395를 얻었다. 제제 중의 초산 히드로코르티손의 양(mg)은 얼마인가? (단, 순수한 초산 히드로코르티손의 242nm 에서의 비흡광도($E^{1\%}_{1cm}$)는 395이다.)
① 1.0 mg ② 5 mg ③ 10mg ④ 50mg ⑤ 100mg

57. 다음 설명이 정의하는 용어는 무엇인가?
'어떤 종류의 물질 또는 용액이 편광면을 좌, 우로 회전시키는 성질이다.'
① 산란성 ② 분해성 ③ 선광성 ④ 분광성 ⑤ 회절성

58. 다음 중 비선광도 (specific rotation) 측정 시 고려하지 않아도 될 사항은?
① 측정온도 ② 측정파장 ③ 측정시간 ④ 측정관의 길이 ⑤ 시료용액의 농도

59. 자외선스펙트럼의 특성을 설명한 것으로 옳은 것을 모두 골라라.
① $\sigma \rightarrow \sigma^*$ 전이보다 $\pi \rightarrow \pi^*$ 전이가 최대몰흡광계수(ε_{max})가 크다.
② $n \rightarrow \pi^*$ 전이는 용매의 극성에 따라 최대몰흡광계수(ε_{max})가 달라진다.
③ 최대흡수파장(λ_{max})은 분자궤도함수(MO)간의 에너지 차이에 대한 정보를 준다.
④ 최대몰흡광계수(ε_{max})는 분자의 농도(C)에 정비례한다.

60. Benzene 용액을 1.000 cm 셀을 사용하여 흡광도를 256 nm에서 측정하였더니 0.200이었다. Benzene의 몰흡광계수가 200$M^{-1}cm^{-1}$ 이다. 이 Benzene 용액의 농도는?
① 1.00×10^{-3} % ② 1.4×10^{-3} % ③ 1.00×10^{-3} M ④ 0.40×10^{-3} M
⑤ 40mM

61. 어떤 진한 용액의 흡광도가 532 nm에서 2.00이었다면 이용액의 투광도는?
① 100% ② 10% ③ 1.0% ④ 0.1% ⑤ 0.01%

62. 용액중의 암모니아 농도를 측정하기 위해서는 색이 없는 2분자의 phenol을 넣어 1분자의 암모니아와 반응하여 1분자의 푸른색을 내는 물질을 만드는 반응을 사용한다. 이 푸른색의 정도는 625nm에서 흡광도를 측정한다. 이 푸른 물질의 몰 흡광계수가 5×10^{-3} $M^{-1}cm^{-1}$이다. 이 반응세서 1.000cm cuvet을 사용하여 625nm에서 흡광도를 측정하였더니 blank의 흡광도는 0.100이고 용액의 흡광도는 0.300이었다. 시료의 암모니아의 농도는?
① 4×10^{-5} M ② 6×10^{-5} M ③ 8×10^{-5} M ④ 2×10^{-5} M
⑤ 5×10^{-5} M

63. 다음 중 가장 정확하게 흡광도를 측정할 수 있는 범위는?
① 0.01~0.05 ② 0.05~0.2 ③ 0.3~0.8 ④ 1.0~1.5 ⑤ 1.5~2.0

3 크로마토그래피

64. 다음 중 혼합물에서 필요한 물질을 분리할 수 있는 방법을 모두 골라라.
① 증류 ② 재결정 ③ 용매추출 ④ 크로마토그래피

65. 다음 중 크로마토그래피를 사용할 수 있는 분야를 모두 조합하라.
① 정량분석 ② 정성분석 ③ 혼합물분리 ④ 불순물제거

66. 크로마토그램의 피크의 특징과 그로부터 얻을 수 있는 정보가 잘못 짝지어진 것은?
① 피크의 위치- 성분확인
② 피크의 면적- 성분의 농도계산
③ 피크의 높이- 성분의 농도계산
④ 피크의 위치 및 피크 폭- 칼럼의 성능 검사
⑤ 피크의 대칭성- 시료 중 성분 갯수

67. 액체크로마토그래피로 분리하려는 시료가 반드시 갖추어야 할 특성이 모두 조합된 것은?
① 성분의 분자량이 서로 달라야 한다.
② 이동상에 녹지 않아야 한다.
③ 각 성분의 이동상에 대한 작용의 크기가 동일하여야 한다.
④ 고정상과 상호 작용을 가져야 한다.

68. 다음 중 크로마토그래피의 이동상-고정상의 짝으로 적합하지 않은 것은?
① 액체-액체 ② 기체-액체 ③ 액체-고체 ④ 기체-고체 ⑤ 기체-기체

69. 다음 중 크로마토그래피의 종류-이동상-고정상 짝의 조합이 가장 불합리한 것은?
① 기체크로마토그래피-기체-액체
② 분배크로마토그래피-액체-액체
③ 흡착크로마토그래피-액체-액체
④ 박층크로마토그래피-액체-고체
⑤ 이온교환크로마토그래피-액체-고체

70. 크로마토그래피에서 분리능을 결정짓는 인자로 옳은 것을 모두 골라라.
① 이동상의 유속 ② 충전제 입자 크기 ③ 시료 주입량 ④ 칼럼의 길이

71. 크로마토그램 상에서 분리된 두 피크의 분리능에 대한 설명 중 옳은 것을 모두 골라라.
① 칼럼의 효율을 증가시키면 분리능은 증가한다.
② 유속은 분리능에 영향을 미치지 않는다.
③ 동일한 칼럼이라도 용매의 조성이 바뀌면 분리능이 변화한다.
④ 분리능이 최소 5 이상이어야 정량분석이 가능하다.

72. 이론단의 높이(HETP)와 유속(μ)간에는 다음 식이 성립한다.
$HETP = A + B/\mu + C\mu$ 이의 설명으로 옳은 것이 모두 조합된 것은?

① A는 충전제의 균일도, 충전기술 등과 관련이 있다.
② B는 칼럼 내에서 물질의 확산과 관련이 있다.
③ C는 이동상과 고정상 사이의 물질분배평형과 관련된다.
④ 보통 HETP가 최소가 되는 유속보다 낮은 유속으로 실험한다.

73. 용량인자(capacity factor)를 변화시킬 수 있는 인자로 옳은 것이 모두 조합된 것은?
① 충전제의 종류　② 칼럼의 온도　③ 이동상의 조성　④ 검출기의 종류

74. 칼럼의 용량인자(k')를 설명한 것 중 옳은 것이 모두 조합된 것은?
① 물질의 보정된 머무름 시간을 고정상과 작용이 없는 물질의 머무름 시간으로 나눈 값
② 일상분석에서 k' 은 10 이상이어야 한다.
③ k'이 작은 물질은 고정상에 머무르는 시간이 짧다.
④ 용매의 조성이 바뀌어도 동일한 칼럼이면 k'이 변하지 않는다.

75. 길이 20cm인 5개의 칼럼으로 어떤 성분을 분리하였더니 머무름 시간이 모두 20분이었고 피크의 폭이 다음과 같았다. 효율이 가장 좋은 칼럼은 어느 것인가?
① 0.2분　② 0.5분　③ 1분　④ 2분　⑤ 5분

76. 길이 20cm인 5개의 칼럼으로 어떤 성분을 분리하였더니 피크의 폭이 모두 1분이었고 머무름 시간이 다음과 같았다. 효율이 가장 좋은 칼럼은 어느 것인가?
① 5분　② 10분　③ 15분　④ 20분　⑤ 25분

77. 길이가 동일한 5개의 칼럼에 대한 이론단수는 다음과 같다. 효율이 가장 좋은 칼럼은 어느 것인가?
① 1000　② 2000　③ 5000　④ 10000　⑤ 50000

78. 크로마토그래피에서 칼럼의 분리효율을 나타내는 것으로 동일한 물질을 분액깔대기로 분리할 때 필요한 분액깔때기의 수를 나타내는 의미로 사용되는 용어는?
① 이론단수　② 용량인자　③ 분리인자　④ 선택성　⑤ 분배계수

79. 크로마토그래피를 이용하여 물질을 분리할 때 이용될 수 있는 물질의 특성이 모두 조합된 것은?
① 극성　② 분배계수　③ 비점　④ 분자의 크기

80. 크로마토그래피를 기체크로마토그래피와 액체크로마토그래피로 구분하는 요소는?
① 이동상　② 고정상　③ 칼럼의 내경　④ 검출기　⑤ 주입기

81. 목적성분의 추출효율이 좋지 않은 시료나 주입량의 변화하는 경우에 사용되는 정량법은 어느 것인가?

① 내부표준법 ② 절대검량선법 ③ 면적백분율법 ④ 표준물첨가법 ⑤ 외부표준법
해설: 표준물첨가법은 시료중 방해물질의 효과(matrix effect)를 줄이는데 유효하다.

82. 내부표준물질이 갖추어야 할 조건 중 옳은 것을 모두 골라라.
① 목적성분과 정량적으로 반응할 것
② 목적성분과 머무른 시간이 일치할 것
③ 이동상에서 분자확산이 될 수 있는 대로 빠를 것
④ 목적성분과 물리화학적 성질이 비슷할 것

83. 분자 크기의 차이를 이용하여 물질을 분리하는 크로마토그래피의 기법은?
① 흡착크로마토그래피 ② 분배크로마토그래피 ③ 크기배제크로마토그래피
④ 이온교환크로마토그래피 ⑤ 친화크로마토그래피

84. 크로마토그램의 분리도에 영향을 미치는 것이 아닌 것은?
① 분리인자 ② 이동상의 유속 ③ 검출기의 감도 ④ 용량인자 ⑤ 이론단수

85. 크로마토그램 상에서 물질의 확인에 가장 유용하게 이용되는 자료는?
① 흡광계수 ② 흡수파장 ③ 화학적 이동값 ④ 머무름시간 ⑤ 투광도

86. 20개 필수 아미노산을 동시에 확인, 정량할 수 있는 가장 적절한 분석기기는?
① 자외선 분광기 ② 핵자기공명 분광기 ③ 고속액체크로마토그래프
④ 형광분석기 ⑤ 질량분석기

87. 이론단의 높이를 결정하는 van Deemter 식과 관계가 없는 것은?
① 세로확산 (longitudinal diffusion) ② 물질이동 (mass transfer)
③ 다경로확산(multi-path effect) ④ 이동상의 유속 ⑤검출기 감도

88. 단백질의 분자량을 확인하는데 이용될 수 있는 가장 유용한 크로마토그래피의 종류는?
① 흡착크로마토그래피 ② 분배크로마토그래피 ③ 크기배제크로마토그래피
④ 이온교환크로마토그래피 ⑤ 친화크로마토그래피
해설: 고분자 이므로 분자크기 또는 모양의 차이로 분리

89. 역상 크로마토그래피(Reverse chromatography)에 대한 설명 중 맞는 것은?
① 극성물질은 비극성용매에 잘 녹는다.
② 분석시료가 무극성일수록 체류시간이 길다.
③ 극성물질을 고정상으로 비극성을 이동상으로 한다.
④ 이동상의 속도를 느리게 할수록 peak는 좁고 높게 나타난다.

90. 분자 크기의 차이를 이용하여 분리하는 것으로 Gel permission chromatography라 칭하는 것은?
① 흡착크로마토그래피 ② 분배크로마토그래피 ③ 크기배제크로마토그래피
④ 이온교환크로마토그래피 ⑤ 친화크로마토그래피

91. 다음은 고속액체크로마토그래피(HPLC)의 특징을 설명한 것이다. 틀린 것은?
① 분자량이 500이하인 물질이 분석에 적합하다.
② 시료를 비교적 손쉽게 회수할 수 있다.
③ 시료의 용해성이 중요한 factor이다.
④ 고압펌프의 개발이 HPLC의 발전의 원동력이었다.

92. 용매이송시스템 중 Gradient Pump에 대한 설명 이다. 설명 중 틀린 것은 ?
① 다양한 용매에 대한 내구성이 뛰어나야 한다.
② 이동상의 조성을 시간에 따라 조절가능하다.
③ Binary pump와 Quaternary pump로 구분된다.
④ pump가동 시 펄스가 지속적으로 발생돼야 한다.

93. 시료가 가지는 농도의 변화에 따른 빛의 굴절율의 차이를 측정하는 검출기로 대부분의 화합물에 대하여 감도를 가지나 고분자화합물이나 당 등의 분석에 주로 이용되는 것은?
① UV/VIS Detector(UV검출기) ② Fluorescence Detector(형광검출기)
③ Refractive Detector(굴절률검출기) ④ Conductivity Detector(전도도검출기)

94. 다음은 이동상 용매에 대한 내용이다. 틀린 것은?
① 모든 용매는 HPLC grade를 사용해야 한다.
② 물은 저항 값이 18MΩ이상인 초순수를 쓴다.
③ 측정파장보다 높은 UV cutoff 값을 가져야 한다.
④ 용매는 서로 섞임성이 있어야 한다.

95. HPLC에서 혼합용매로 사용할 수 없는 조합은?
① Water–Isopropyl Alcohol ② Water–Ethyl Acetate
③ Methanol–Acetonitrile ④ Methanol–Toluene

96. Main Column과 동일한 충진제를 사용하며 메인칼럼을 보호하는 역할로서 길이가 1~2cm 정도 되는 칼럼은?
① Pre(filter) column ② Guard Column
③ Analysis Column ④ Normal Phase Column

97. 다음 중 역상칼럼(Reverse Phase Column)에 충진될 수 있는 물질이 아닌 것은 ?
① μ –Bondapak C18 ② Resolve C8 ③ μ –Porasil ④ Deltapak C18, C8

98. Low pressure gradient의 특징이 아닌 것은?
   ① 단일펌프사용으로 기울기 용리가 가능하다.
   ② 용매이송 시 반드시 On-Line Degasser가 필요하다.
   ③ 값이 저렴하고 설치 및 조작이 용이하다.
   ④ 2개 이상의 펌프사용으로 값이 비싸다.

99. 피크의 폭이 1분인 두 물질의 머무름 시간은 각각 20분과 22분이다. 두 물질의 분리능은 얼마인가?
   ① 0.5 ② 1 ③ 2 ④ 3 ⑤ 4

100. 길이 20cm인 칼럼으로 어떤 성분을 분리하였더니 머무름 시간이 20분이었고 피크의 폭은 1분이었다. 이 칼럼의 이론단수는?
   ① 80 ② 400 ③ 1600 ④ 6400 ⑤ 16000

101. 길이 20cm인 칼럼으로 어떤 성분을 분리하였더니 머무름 시간이 10분이었고 피크의 폭은 0.4분이었다. 이 칼럼의 이론단의 높이(HETP)는 몇 mm 인가?
   ① 0.01 ② 0.02 ③ 0.2 ④ 1 ⑤ 2

102. 칼럼 A와 길이가 이것의 두 배인 칼럼 B로 동일한 크로마토그램을 얻었다. 칼럼 A의 단위길이 당 해당높이(HETP)는 칼럼 B의 몇 배인가?
   ① 0.25 ② 0.5 ③ 1 ④ 2 ⑤ 4

103. 칼럼 A와 B에 있어 동일 성분의 머무름 시간은 칼럼 A에서 칼럼 B의 두 배였으나 피크의 폭은 동일 하였다. 칼럼 A의 이론단수는 칼럼 B의 몇 배인가?
   ① 0.25 ② 0.5 ③ 1 ④ 2 ⑤ 4

104. 길이가 20cm인 칼럼의 이론단수는 10,000이다. 이 칼럼의 이론단수의 높이는 얼마인가?
   ① 20cm ② 10mm ③ 5cm ④ 0.01mm ⑤ 0.02mm

105. 30cm 칼럼을 사용하여 물질 A와 B를 분리할 때 머무른 시간은 각각 16.40과 17.63분이었다. 머물지 않는 화학종들은 관을 1.30분 안에 칼럼을 통과하였다. A와 B에 대한 피크의 폭은 1.11과 1.21분 이었다.
   ① 칼럼의 분리능
   ② 칼럼의 이론단수
   ③ 칼럼의 한단의 해당높이(HETP)
   ④ 분리능이 1.5 정도 되는데 필요한 칼럼의 길이
   ⑤ 더 긴 칼럼으로 물질 B를 용리하는데 걸리는 시간을 계산하라.

106. 물질 A는 톨루엔과 물에 대한 분배계수가 3이다.(물에 비해 톨루엔에 3배 분배됨.) 10 mL 수용액에 들어 있는 물질 A를 10mL 톨루엔으로 2번 추출하였다면 수용액에 남아있는 물질의 %는?

① 25% ② 6.2% ③ 2.5% ④ 11.1% ⑤ 3.3%

해설: W_2/W = (v/(Ds+v))2 = (10/(30+10))2 = 1/16

107. 물질 A는 톨루엔과 물에 대한 분배계수가 2이다. (물에 비해 톨루엔에 2배 분배됨) 10mL 수용액에 들어 있는 물질 A를 20mL 의 톨루엔으로 1번 추출하였다면 수용액에 남아 있는 물질의 %는?

① 12.5% ② 10% ③ 25% ④ 5% ⑤ 20%

4 대한약전 통칙

108. 다음 의약품명중 약전 규격품표시로 알맞은 것은?

① 「아스피린」 ② 아스피린 ③ 아스피린($C_9H_8O_9$) ④ $C_9H_8O_9$

109. 다음 중 화학적 순수물질표시로 알맞은 것은?

① 「아스피린」 ② 아스피린 ③ 아스피린($C_9H_8O_9$) ④ $C_9H_8O_9$

110. 다음 용액 중 농도가 가장 진한 것은?

① HCl (1 + 3) ② HCl (1 → 3) ③ HCl (1 : 3) ④ HCl (1 → 4)

111. 용질1g 또는 1mL를 녹이는데 용매의 량이 30~100 mL가 소요될 경우에 해당되는 것은?

① Very Soluble ② Freely Soluble ③ Sparingly Soluble ④ Slightly Soluble

112. 다음 설명 중 틀린 것은?

① 온탕은 60~70℃, 열탕은 약 100℃의 물이다.
② 냉소는 따로 규정이 없는 한 15℃ 이하의 곳이다.
③ 냉수는 10℃ 이하로 한다.
④ 표준온도는 0℃ 상온은 15~25℃ 이다.

113. 의약품의 조성, 성분의 함량, 함유단위 등을 물리, 화학, 생물학적 방법으로 측정하는 시험법은?

① 확인시험(identification) ② 순도시험(Purity) ③ 정량시험(Assay) ④ 약전시험(KP)

114. 주사제를 담은 앰플, 바이알 등에 해당되는 것으로 용기 중 가장 엄밀한 용기는?

① well-closed container ② tight container
③ hermetic container ④ light resistant container

115. 보편적으로 가장 널리 쓰이는 용기로 생약을 보존하는 데 일반적으로 사용되는 용기는?

① well-closed container ② tight container
③ hermetic container ④ light resistant container

116. 다음 중 의약품의 적부판정 기준에 해당되는 것은?

① 성상항의 결정형 ② 성상항의 비선광도
③ 의약품각조의 보존조건 ④ 성상항의 색, 형상

117. 질량이 0.4g인 물질을 「항량」으로 건조하려면 전후의 칭량차가 얼마인 경우인가?

① 0.05mg ② 0.5mg ③ 5mg ④ 50mg

118. 일반적으로 의약품의 광분해에 가장 심하게 미치는 것은 근자외부의 파장 290~450nm의 빛이다. 의약품의 광분해를 막기 위해 사용하여야 할 용기는?

① well-closed container ② tight container
③ hermetic container ④ light resistant container

해 답

1. ④
2. ④
3. ④
4. ④
5. ②, ④
6. ①: 4개, ②: 2, 3, 4, 혹은 5개, ③: 2개, ④: 4개, ⑤: 3개
7. ①: 0.000365, 3.65×10^{-10}, 36.5
   ②: 39,200, 3.92×10^{10}
   ③: 5.6×10^{-6},
   ④: 760, 1.013×10^{-2}
8. ①: 3.26×10^{2}
   ②: 2.760×10^{2}
   ③: 6.0×10^{-10},
   ④: 7.0×10^{-1}
9. 평균: 95.22, 평균편차: 0.136, 상대평균편차: 0.14%,
   표준편차: ±0.18, 상대표준편차: ±1.0ppt
10. ①: 12.09는 버린다. s=±0.078 ②: 4.00은 버린다. s= ±0.26

(해설) **Q 테스트**

의심스러운 측정값을 버릴 수 있는가를 판단하는 통계적 방법이다. 이것은 통계학적으로 근거가 있고, 취급하기 쉽고, 이 방법의 신뢰도는 90% 이상이다. 그러나 측정횟수가 너무 작으면 역시 신뢰도는 낮다. 이 방법은 다음과 같다.

① 측정값의 범위(가장 큰 값에서 가장 작은 값을 뺀 것)를 계산한다.
② 의심스러운 값과 이것과 가장 가까운 값의 차를 구한다.
③ ②의 차를 ①의 범위로 나눈 비율 Q 를 얻는다.
④ 계산된 Q 값이 표 의 Q0.90 보다 크면 90%의 자신을 갖고 이 측정값은 버려도 좋다. 그러나 그렇지 않을 경우에는 버려서는 안 된다.
즉 버리면 안 되는 값은 측정값의 평균값, 표준편차 등의 계산에 반드시 포함시켜야 한다.

측정회수	3	4	5	6	7	8	9	10
$Q_{0.90}$	0.94	0.76	0.64	0.56	0.51	0.47	0.44	0.41

11. $Y=53.75x + 0.595$, c= 0.275㎍/㎖
12. ④
13. ④
14. ②, ④
15. ③
16. ②
17. ②
18. ①
19. (갑): 절대오차 0.05, 상대오차 0.1%, (을): 절대오차 0.005, 상대오차 1.0%
20. ①
21. ②, ④
22. ①, ②, ③, ④
23. ④
24. ②
25. ①
26. ④
27. ②
28. ①, ③
29. ①, ②, ③
30. ①, ②, ③, ④
31. ①, ②, ③
32. ③
33. ①, ③
34. ①, ②, ③

35. 0.607

(해설) : $A = \varepsilon C\ell$ (ℓ 은 1cm로 일정하고 ε 는 동일한 용액이므로 같다.) 따라서 A는 용액의 농도에 비례하므로 4배 진한 용액의 흡광도는 1mg/100mL $Fe(SCN)^{2+}$ 용액보다 4배가 더 크다. $A=-\log T$에서 $A= -\log 0.705$ $A= 0.1518$

따라서 4배 진한 용액의 흡광도 $A= 0.7518 \times 4 = 0.6072$

36. $\varepsilon = 1.29 \times 10^4$ ℓ /cm·mol
37. $1.59 \times 10^{-5} \sim 3.48 \times 10^{-4}$ M
38. ① A: 9.44 × 10−5 M B: 2.55 × 10−5 M
    ② A: 3.71 × 10−5 M B: 6.63 × 10−5 M
39. ① $\varepsilon = 0.0846$ ℓ /cm·mol, ② 9.9%
40. ⑤
41. ①

42. ⑤
43. ③
44. ②
45. ③
46. ①, ②, ③
47. ③
48. ⑤
49. ②, ④
50. ②
51. ②
52. ④
53. ①
54. ①, ③
55. ③

56. ③
(해설) : 초산 히드로코르티손의 양을 x라 하면 희석하여 얻은 시료용액중의 농도 C(%)는 x × (1/1000) × (5/100) × (1/50) × 100 (W/V %)이므로
$E^{1\%}_{1cm}$ (395) = A / [c(%) × L] 에 대입하여 풀면
x = [A/395] × 10,000

57. ③
58. ③
59. ①, ②, ③
60. ③
61. ③
62. ①
63. ③
64. ①, ②, ③, ④
65. ①, ②, ③, ④
66. ⑤
67. ④
68. ⑤
69. ③
70. ①, ②, ③, ④
71. ①, ③
72. ①, ②, ③
73. ①, ②, ③
74. ①, ③

75. ①

(해설) : $N=(T/\sigma)^2$ 에서 머무름 시간이 동일할 경우 피크의 폭이 좁을수록 우수한 칼럼이다.

76. ⑤

(해설) : $N=(T/\sigma)^2$ 에서 피크의 폭이 동일할 경우 머무름 시간이 길수록 우수한 칼럼이다.

77. ⑤
78. ①
79. ①, ②, ③, ④
80. ①
81. ①
82. ④
83. ③
84. ③
85. ④
86. ③
87. ⑤
88. ③
89. ②
90. ③
91. ①
92. ④
93. ③
94. ③
95. ② 그림 E-31을 참조하여 용매의 섞임성을 확인한다.
96. ②
97. ③
98. ④
99. ②

(해설) : Rs = 2 d / (W1 + W2)

100. ④

(해설) : $N = (T/\sigma)^2 = (4T / W)^2 = (4 \times 20/1)^2 = 6400$

혹은, $N = 16 \times (Tr / W)^2 = 16 \times (20/1)^2 = 6400$

101. ②

(해설) : $N = (T/\sigma)^2 = (4T / W)^2 = (4 \times 10 / 4)^2 = 10000$

혹은, $N = 16 \times (Tr / W)^2 = 16 \times (10 / 0.4)^2 = 10000$

그러므로 HETP = L / N = 20 / 10000 = 0.02mm

102. ④

103. ⑤

(해설) : N = (T/σ)^2 에서 피크 폭이 동일하면 이론단수는 머무름 시간의 제곱에 비례한다.

104. ⑤

105. (해설)

① Rs = 2(17.63−16.40) / (1.11+1.21) = 1.06

② N = 16(16.40 / 1.11)2 = 3493

N = 16(17.63 / 1.21)2 = 3397

N_{av} = (3497 + 3397)/2 = 3445

③ H = L/N = 30.0 / 3445 = 8.71 × 10^{-3} cm

④ 분리능 Rs = 2(Tr[B] − Tr[A])/(WA + WB)

여기서 만약 W= WA ≅ WB 라고 한다면 Rs = (Tr[B] − Tr[A])/WB 로 된다. 여기에 H=(L·W$_2$)/(16 × Tr$_2$)을 대입하면

$$R_s = \frac{T_{r(B)} - T_{r(A)}}{W_B} \times \frac{\sqrt{n}}{4}$$ 를 얻는다.

이 식을 Rs를 A와 B에 대한 용량인자로 표시하면 다음과 같다.

$$R_s = \frac{k'_B - k'_A}{1 + k'_B} \times \frac{\sqrt{n}}{4}$$

선택인자 휜 = k'B / k'A 라고 하면,

$$R_s = \frac{\sqrt{n}}{4} \times \frac{\alpha - 1}{\alpha} \times \frac{k'_B}{1 + k'_B}$$

그러므로 $N = 16 \times R_s^2 \times (\frac{\alpha}{\alpha - 1})^2 \times (\frac{1 + k'_B}{k'_B})^2$ 이식을 이용하면 성분 A, B를 분리하는데 필요한 단수를 구할 수 있다.

k'와 휜는 N과 L의 증가에 따라 변하지 않는다. 따라서 N1과 N2를 다음 식 $N = 16 \times R_s^2 \times (\frac{\alpha}{\alpha - 1})^2 \times (\frac{1 + k'_B}{k'_B})^2$ 에 대입하고 얻은 식 중에서 하나를 다른 것으로 나누면 N1 / N2 = (Rs)12 / (Rs)22 여기서 (Rs)1 은 원래의 관 (Rs)2 는 긴관을 나타낸다.

그러므로 3445/N2 = (1.06)2/(1.5)2 이므로 N2 = 3445 × (2.25 / 1.124) = 6900

L = N / H = 6900 × 8.71 × 10^{-3} = 60.1 cm

⑤ $\frac{(T_r)_1}{(T_r)_2} = \frac{(R_s)_1^2}{(R_s)_2^2} = \frac{17.63}{(T_r)_2} = \frac{1.06^2}{1.5^2}$ 이므로 (Tr)2 = 35.5분

106. ②

107. ⑤

(해설) :

화합물이 두 상간에 분배하는 현상을 이용한 분리법으로 추출을 사용한다. 수용액과 섞이지 않는 유기용매를 접촉시켜 목적물질을 한쪽 상으로 이동시켜 분리하는데 다음과 같은 식이 성립된다.

2 상	추출 전	1회 추출 후	2회 추출 후	…….	n회 추출 후
수용액 (V mℓ)	목적물질량	목적물질량	목적물질량		목적물질량
	W g	W_1 g	W_2 g		W_N g
유기용매 (S mℓ)	목적물질량	목적물질량	목적물질량		목적물질량
	0 g	$(W - W_1)$ g	$(W_1 - W_2)$ g		$(W_{N-1} - W_N)$ g

$$1회추출시\ 분배계수:D=\frac{유기용매\ 중의\ 농도}{수용액\ 중의\ 농도}=\frac{\frac{(W-W_1)}{S}}{\frac{W_1}{V}}=\frac{(W-W_1)\times V}{S\times W_1}$$

$$2회추출시\ 분배계수:D=\frac{유기용매\ 중의\ 농도}{수용액\ 중의\ 농도}=\frac{\frac{(W_1-W_2)}{S}}{\frac{W_2}{V}}=\frac{(W_1-W_2)\times V}{S\times W_2}$$

W1/W = v/(Ds+v) = 10/(43+10) = 1/5

즉, 어떤 물질을 추출 제거하기 위해서는 20mL로 1회 추출하기보다는 10mL로 2회 추출하는 것이 좋다.

108. ① (이하 약전통칙부분 참고)
109. ③
110. ②
111. ③
112. ④
113. ③
114. ③
115. ①
116. ④
117. ①
118. ④

부 록

1 원소의 장주기형 주기율표

원소의 장주기형 주기율표

Key: 원자 번호 → 1 H ← 원소기호; 1.008 ← 원자량; 원소명 → 수 소

Legend: 금속원소 / 비금속원소 / 전이원소 / 준금속

주기	1A (1족)	2A (2족)	3B	4B	5B	6B	7B	8B	8B	8B	1B	2B	3A (3족)	4A (4족)	5A (5족)	6A (6족)	7A (7족)	8A (0족)
1	1.008 1 H 수소																	4.003 2 He 헬륨
2	6.941 3 Li 리튬	9.012 4 Be 베릴륨											10.81 5 B 붕소	12.01 6 C 탄소	14.01 7 N 질소	16.00 8 O 산소	19.00 9 F 불소	20.18 10 Ne 네온
3	23.00 11 Na 나트륨	24.31 12 Mg 마그네슘											26.98 13 Al 알루미늄	28.10 14 Si 규소	30.97 15 P 인	32.06 16 S 황	35.45 17 Cl 염소	39.95 18 Ar 아르곤
4	39.10 19 K 칼륨	40.08 20 Ca 칼슘	44.9559 21 Sc 스칸듐	47.88 22 Ti 티탄	50.94 23 V 바나듐	52.00 24 Cr 크롬	54.94 25 Mn 망간	55.85 26 Fe 철	58.93 27 Co 코발트	58.69 28 Ni 니켈	63.55 29 Cu 구리	65.39 30 Zn 아연	69.72 31 Ga 갈륨	72.59 32 Ge 게르마늄	74.92 33 As 비소	78.96 34 Se 셀레늄	79.90 35 Br 브롬	83.80 36 Kr 크립톤
5	85.4678 37 Rb 루비듐	87.62 38 Sr 스트론튬	88.9059 39 Y 이트륨	91.22 40 Zr 지르코늄	92.90 41 Nb 나오브	95.94 42 Mo 몰리브덴	(98) 43 Tc 테크네튬	101.07 44 Ru 루테늄	102.9055 45 Rh 로듐	106.42 46 Pd 팔라듐	107.87 47 Ag 은	112.41 48 Cd 카드뮴	114.82 49 In 인듐	118.71 50 Sn 주석	121.75 51 Sb 안티몬	127.60 52 Te 텔루륨	126.91 53 I 요오드	131.29 54 Xe 크세논
6	132.90 55 Cs 세슘	137.33 56 Ba 바륨	란탄족 원소 57–71	178.49 72 Hf 하프늄	180.9479 73 Ta 탄탈	183.85 74 W 텅스텐	186.207 75 Re 레늄	190.20 76 Os 오스뮴	192.22 77 Ir 이리듐	195.08 78 Pt 백금	196.97 79 Au 금	200.59 80 Hg 수은	204.38 81 Tl 탈륨	207.20 82 Pb 납	208.98 83 Bi 비스무스	(209) 84 Po 폴로늄	(210) 85 At 아스타틴	(222) 86 Rn 라돈
7	(223) 87 Fr 프랑슘	(226.025) 88 Ra 라듐	악티늄족 원소 89–103	(257) 104 Rf 러더포듐	(260) 105 Db 더브늄	(263) 106 Sg 시보귬	(262) 107 Bh 보륨	(265) 108 Hs 하슘	(266) 109 Mt 마이트너륨									

※( )속의 숫자는 동위 원소 중에서 반감기가 가장 긴 원소의 원자량을 나타낸다.

주기	계열															
6	란탄족 원소	138.91 57 La 란탄	140.12 58 Ce 세륨	140.908 59 Pr 프라세오디뮴	144.24 60 Nd 네오디뮴	(145) 61 Pm 프로메튬	150.36 62 Sm 사마륨	151.96 63 Eu 유로퓸	157.25 64 Gd 가돌리늄	158.925 65 Tb 테르븀	162.50 66 Dy 디스프로슘	164.93 67 Ho 홀뮴	167.26 68 Er 에르븀	168.934 69 Tm 툴륨	173.04 70 Yb 이테르븀	174.97 71 Lu 루테튬
7	악티늄족 원소	(227.028) 89 Ac 악티늄	(232.038) 90 Th 토륨	(231.0359) 91 Pa 프로트악티늄	238.03 92 U 우라늄	(237.048) 93 Np 넵투늄	(244) 94 Pu 플루토늄	(243) 95 Am 아메리슘	(247) 96 Cm 퀴륨	(247) 97 Bk 버클륨	(251) 98 Cf 칼리포르늄	(252) 99 Es 아인슈타이늄	(257) 100 Fm 페르뮴	(258) 101 Md 멘델레븀	(259) 102 No 노벨륨	(260) 103 Lr 로렌슘

2 농도의 계산

대한약전에 제시된 방법으로 정확한 농도의 표준물질을 제조하여 분석에 이용하고 분석결과의 산출에도 농도를 이용하여야 하므로 농도의 계산방법과 계산결과를 이용하여 표준용액을 정확하게 제조하고 결과의 산출에 이용하는 것이 약품분석의 기본적인 자질을 갖추는 지름길이라 할 수 있다. 여기서는 표준용액의 제조를 위하여 측정해야할 시약의 질량 계산법과 측정한 시약으로 농도를 계산하는 방법에 대하여 알아보기로 한다. 대한약전에서는 몰농도와 ppm 농도를 위주로 하므로 여기서도 몰농도와 ppm 농도의 계산 및 시약의 제조에 초점을 맞추기로 한다.

(1) 몰농도의 계산

1) 고체 시약 - 물질의 몰농도.

시약의 질량(g)	함량(%)	물질의 화학식량	용액의 부피(mL)	용액의 농도(mol/L)
a	*b*	*M*	*V*	*C*

시약 a g 중에 포함된 물질의 질량(g) $= a \times \dfrac{b}{100}$

물질의 몰 수(mol) $= \dfrac{a \times \dfrac{b}{100}}{M} = \dfrac{a \times b}{100 \times M}$

용액의 부피(L) $= \dfrac{V}{1000}$

용액의 몰 농도(mol/L): $C = \dfrac{\dfrac{a \times b}{100 \times M}}{\dfrac{V}{1000}} = \dfrac{10 \times a \times b}{V \times M}$

측정해야 할 시약의 질량(g): $a = \dfrac{V \times M \times C}{10 \times b}$

2) 고체시약 - 물질 중의 원자나 이온(대상물질)의 몰농도.

시약의 질량(g)	함량(%)	물질의 화학식량	화학식 속의 대상물질의 수	용액의 부피(mL)	용액의 농도(mol/L)
a	*b*	*M*	*n*	*V*	*C*

시약 a g 중에 포함된 물질의 질량(g) $= a \times \frac{b}{100}$

대상물질의 몰 수(mol) $= n \times \frac{a \times \frac{b}{100}}{M} = \frac{n \times a \times b}{100 \times M}$

용액의 부피(L) $= \frac{V}{1000}$

용액의 몰 농도(moL/L): $C = \frac{\frac{n \times a \times b}{100 \times M}}{\frac{V}{1000}} = \frac{10 \times n \times a \times b}{V \times M}$

측정해야 할 시약의 질량(g): $a = \frac{V \times M \times C}{10 \times n \times b}$

3) 액체 시약 - 물질의 몰농도

액체의 부피(mL)	함량(%)	시약의 밀도(g/mL)	물질의 화학식량	용액의 부피(mL)	용액의 농도(mol/L)
a	b	ρ	M	V	C

시약 a mL 속의 물질의 질량(g) $= \rho \times a \times \frac{b}{100}$

시약 a mL 속의 물질의 몰수(mol) $= \frac{\rho \times a \times \frac{b}{100}}{M} = \frac{\rho \times a \times b}{100 \times M}$

용액의 부피(L) $= \frac{V}{1000}$

용액의 몰농도(mol/L): $C = \frac{\frac{\rho \times a \times b}{100 \times M}}{\frac{V}{1000}} = \frac{1000 \times \rho \times a \times b}{100 \times V \times M} = \frac{10 \times \rho \times a \times b}{V \times M}$

측정해야 할 시약의 부피(mL): $a = \frac{V \times M \times C}{10 \times \rho \times b}$

4) 액체 시약 - 물질 중의 원자나 이온(대상물질)의 몰농도.

액체의 부피(mL)	함량 (%)	시약의 밀도(g/mL)	물질의 화학식량	화학식 속의 대상 물질의 수	용액의 부피(mL)	용액의 농도(mol/L)
a	*b*	*ρ*	*M*	*n*	*V*	*C*

시약 a mL 속의 물질의 질량(g) $= \rho \times a \times \frac{b}{100}$

시약 a mL 속의 물질의 몰수(mol) $= \frac{\rho \times a \times \frac{b}{100}}{M} = \frac{\rho \times a \times b}{100 \times M}$

시약 a mL 속의 대상물질의 몰수(mol) $= n \times \frac{\rho \times a \times b}{100 \times M}$

용액의 부피(L) $= \frac{V}{1000}$

용액의 몰농도(mol/L):

$$C = \frac{\frac{n \times \rho \times a \times b}{100 \times M}}{\frac{V}{1000}} = \frac{1000 \times n \times \rho \times a \times b}{100 \times V \times M} = \frac{10 \times n \times \rho \times a \times b}{V \times M}$$

측정해야 할 시약의 부피(mL): $a = \frac{V \times M \times C}{10 \times n \times \rho \times b}$

(2) ppm 농도의 계산

1) 고체 시약 - 물질의 ppm 농도(w/v).

시약의 질량(g)	함량(%)	물질의 화학식량	용액의 부피(mL)	용액의 ppm 농도(mg/L)
a	*b*	*M*	*V*	C_{ppm}

시약 a g 중에 포함된 물질의 질량(mg) = $a \times \frac{b}{100} \times 1000 = 10 \times a \times b$

용액의 부피(L) $= \frac{V}{1000}$

용액의 ppm 농도(mg/L): $C_{ppm} = \frac{10 \times a \times b}{\frac{V}{1000}} = \frac{10000 \times a \times b}{V}$

측정해야 할 시약의 질량(g): $a=\frac{V\times C_{ppm}}{10000\times b}$

2) 고체 시약 - 물질 중의 원자나 이온(대상물질)의 ppm 농도(w/v).

시약의 질량(g)	함량 (%)	물질의 화학식량	대상물질의 화학식량	화학식 속의 대상물질의 수	용액의 부피(mL)	용액의 농도(mol/L)
a	b	M	m	n	V	C_{ppm}

시약 a g 중에 포함된 물질의 질량(mg) $=a\times\frac{b}{100}\times 1000=10\times a\times b$

시약 a g 중에 포함된 대상 물질의 질량(mg) $=10\times a\times b\times\frac{n\times m}{M}$

용액의 부피(L) $=\frac{V}{1000}$

용액의 ppm 농도: $C_{ppm}=\frac{10\times a\times b\times\frac{n\times m}{M}}{\frac{V}{1000}}=\frac{10000\times a\times b\times n\times m}{V\times M}$

측정해야 할 시약의 질량: $a=\frac{V\times M\times C_{ppm}}{10000\times b\times n\times m}$

3) 액체 시약 - 물질의 ppm농도(w/v).

액체의 부피(mL)	함량(%)	시약의 밀도(g/mL)	용액의 부피(mL)	용액의 농도(mg/L)
a	b	ρ	V	C_{ppm}

시약 a mL 속의 물질의 질량(mg) $=\rho\times a\times\frac{b}{100}\times 1000=10\times\rho\times a\times b$

용액의 부피(L) $=\frac{V}{1000}$

용액의 ppm 농도: $C_{ppm}=\frac{10\times\rho\times a\times b}{\frac{V}{1000}}=\frac{10000\times\rho\times a\times b}{V}$

측정해야 할 시약의 부피: $a=\frac{V\times C_{ppm}}{10000\times\rho\times b}$

4) 액체 시약 - 물질 중의 원자나 이온(대상물질)의 ppm농도(w/v).

액체의 부피 (mL)	함량 (%)	시약의 밀도 (g/mL)	물질의 화학식량	화학식 속의 대상물질의 수	대상물질의 화학식량	용액의 부피(mL)	용액의 농도(mg/L)
a	b	ρ	M	n	m	V	C_{ppm}

시약 a mL 속의 물질의 질량(mg) $= \rho \times a \times \dfrac{b}{100} \times 1000 = 10 \times \rho \times a \times b$

시약 a mL 속의 대상물질의 질량(mg) $= 10 \times \rho \times a \times b \times \dfrac{n \times m}{M}$

용액의 부피(L) $= \dfrac{V}{1000}$

용액의 ppm 농도:

$$C_{ppm} = \frac{10 \times \rho \times a \times b \times \dfrac{n \times m}{M}}{\dfrac{V}{1000}} = \frac{10000 \times \rho \times a \times b \times n \times m}{V \times M}$$

측정해야 할 시약의 부피: $a = \dfrac{V \times M \times C_{ppm}}{10000 \times \rho \times b \times n \times m}$

3 적정 실험결과의 정리

농도를 정확하게 알고 있는 표준용액을 이용하여 물질의 양을 측정하는 방법을 부피 분석법라고 한다. 부피 분석법에서는 지시약을 넣어서 반응이 완결되는 지점을 찾는다. 반응하는 물질들의 몰수가 같으면 반응이 완결되는데 이를 이용하여 분석하려는 물질들의 농도를 계산할 수 있다.

(1) 2차 표준용액의 표정

1차 표준물질을 이용하여 농도를 정확하게 알 수 있는 1차 표준용액을 제조하여 2차 표준용액을 표정한다. 1차 표준물질은 화학적으로 안정하여 물질의 함량이나 성질의 거의 변화가 없고, 수용액으로 제조해도 농도의 변화가 거의 없다. 따라서 제조한 1차 표준용액의 계산한 농도가 정확한 농도라고 할 수 있다. 농도를 정확하게 알고 있는 1차 표준용액 일정부피를 취하여 2차 표준용액으로 적정하여 적정에 사용된 2차 표준용액의 부피를 측정한 다음 식에 따라서 2차 표준용액의 농도를 계산한다.

$$n \times 1\text{차 표준용액의 몰농도} \times \frac{1\text{차 표준용액의 부피}(mL)}{1000}$$

$$= n' \times 2\text{차 표준용액의 몰농도} \times \frac{\text{적정에 사용한 } 2\text{차 표준용액의 부피}(mL)}{1000}$$

$$2\text{차 표준용액의 몰농도} = \frac{n \times 1\text{차 표준용액의 농도} \times 1\text{차 표준용액의 부피}(mL)}{n' \times \text{적정에 사용한 } 2\text{차 표준용액의 부피}(mL)}$$

※ n은 1차 표준물질이 생성하는 반응물질의 수, n'는 2차 표준물질이 생성하는 반응물질의 수.

예) 중화적정에서 H_2SO_4로 NaOH를 적정하면 사용하면 H_2SO_4는 H^+가 2개 나오므로 n=2이고 NaOH는 OH^-가 1개 나오므로 n'=1이다.

여기서 계산한 2차 표준용액의 몰농도에서 규정도계수를 구한다.

$$f = \frac{\text{표준용액의 표정과정을 거쳐서 구한 표준용액의 농도}}{\text{대한약전의 실험과정에 있는 표준용액의 농도}}$$

(2) 시료용액의 농도계산

2차 표준용액의 표정과정을 통해서 규정도계수를 구하고 일정부피의 시료를 취하여 2차 표준용액으로 적정하여 시료의 적정에 사용한 2차 표준용액의 부피를 측정한 다음 아래의 식에 따라서 시료 속에 분석물질의 농도를 계산한다.

$$n \times f \times \text{표준용액의 몰농도} \times \frac{\text{적정에 사용한 표준용액의 부피}(mL)}{1000}$$

$$= n' \times \text{시료용액의 몰농도} \times \frac{\text{시료 용액의 부피}(mL)}{1000}$$

$$\text{시료 용액의 몰농도} = \frac{n \times f \times \text{표준용액의 농도} \times \text{적정에 사용한 표준용액의 부피}(mL)}{n' \times \text{시료용액의 부피}(mL)}$$

시료용액 중의 ppm 농도(mg/L)

$$= \frac{n \times f \times \text{표준용액의 농도} \times \text{표준용액의 부피}}{n' \times \text{시료용액의 부피}} \times \text{분석물질의 화학식량} \times 1000$$

※ n은 표준물질이 생성하는 반응물질의 수, n'는 분석물질이 생성하는 반응물질의 수.

예) 중화적정에서 H_2SO_4로 NaOH를 적정하면 사용하면 H_2SO_4는 H^+가 2개 나오므로 n=2이고 NaOH는 OH^-가 1개 나오므로 n'=1이다.

4 규정도계수(factor)의 계산과 활용

(1) 규정도계수의 계산

규정도계수(factor)는 대한약전의 실험과정에서 제시한 표준용액의 농도에 대하여 제조한 표준용액의 농도비를 나타낸 것이다. 따라서 규정도계수는 다음과 같이 계산할 수 있다.

규정도계수(factor):

$$f = \frac{\text{표준용액의 표정과정을 거쳐서 구한 표준용액의 농도}}{\text{대한약전의 실험과정에 있는 표준용액의 농도}}$$

대한약전에 나와 있는 식을 이용하여 규정도계수를 구하는 예를 들어보자. B물질(1차 표준물질)을 이용하여 C(mol/L) A용액을 표정하는 실험에서 대한약전에서 제시한 식은 A용액(2차 표준용액)의 농도가 C(mol/L)로 정확하고 탄산나트륨의 질량을 정확하게 m_B 측정했을 경우를 가정하고 B물질과 A용액과의 관계식을 다음과 같이 제시하고 있다.

$$C\,mol/L\text{의 } A\text{용액 } 1mL = m_b\ mg\text{의 } B\text{ 물질}$$

위의 식은 C mol/L의 A용액(2차 표준용액) 1mL와 대응되는 B물질(1차 표준물질)의 양이 m_b라는 것을 나타낸다. 하지만 C mol/L의 A용액을 정확하게 제조할 수 없고 B물질 m_B g을 정화하게 측정하기 힘들다. 따라서 이 식을 이용하여 농도보정계수와 B물질의 측정한 질량이 대한약전에 제시한 질량과 다를 경우를 가정하고 규정도 계수를 계산하는 방법을 찾아야한다.

측정한 B시약의 질량(mg)	시약 속의 B물질의 함량(%)	측정한 시약속의 B물질의 질량	A용액의 농도	적정에 사용한 A용액의 부피	규정도 계수
a	b	m_B	C	V_A	f

위의 식에서 규정도계수를 농도에 곱하면 A용액의 실제 농도가 된다. 여기에 적정에 사용된 A용액의 부피는 물질 B의 질량(m_B)에 해당한다. 따라서 대한 약전에 제시한 식을 다음과 같이 고칠 수 있다.

$C mol/L$의 A용액 $1mL = m_b$ mg의 B 물질

$f \times C mol/L$의 A 용액 $1mL = \dfrac{m_B}{V_a}$ mg의 B 물질

시약 a g 속에 있는 B물질의 질량: $m_B = a \times \dfrac{b}{100} \times 1000 = 10 \times a \times b$

$$f = \frac{m_B}{m_b \times V_A} = \frac{10 \times a \times b}{m_b \times V_A}$$

(2) 규정도계수의 활용

대한약전의 탄산수소나트륨의 함량시험법에서 제시된 0.5mol/L의 황산 1mL = 84.01mg $NaHCO_3$의 식이 있다면 이 식은 황산 표준용액이 정확하게 0.5mol/L일 때 사용할 수 있는 식이다. 실제로는 정확하게 0.5 mol/L의 황산 표준용액을 제조할 수 없기 때문에 위의 식 뒤 쪽에 농도보정계수(factor)를 곱해서 함량계산에 이용한다. 실제 함량 계산식은 0.5mol/L의 황산 1mL = f × 84.01mg $NaHCO_3$를 사용한다. 다른 물질에도 동일하게 적용 할 수 있다.

5 검정곡선의 작성법

농도를 정확하게 알고 있는 n개의 표준용액의 흡광도를 측정하였다고 가정해보자. 여러 가지 표준용액의 농도를 C(x_1, x_2, x_3 · · · · x_n)라고 하고 흡광도를 Y(y_1, y_2, y_3, · · · · y_n) 라고 하면 농도와 흡광도의 상관관계를 나타내는 방정식 Y = aX + b은 다음과 같이 구할 수 있다.

농도의 표준편차: $S_X = \sqrt{\dfrac{1}{n-1} \sum_{i=1}^{n} (x_i - \overline{X})^2}$

흡광도의 표준편차: $S_Y = \sqrt{\dfrac{1}{n-1} \sum_{i=1}^{n} (y_i - \overline{Y})^2}$

농도와 흡광도의 편차의 곱의 평균: $S_{XY} = \dfrac{1}{n-1} \sum_{i=1}^{n} (x_i - \overline{X})(y_1 - \overline{Y})$

기울기	절편	상관계수	시료의 농도 계산
$a=\frac{S_{XY}}{S_X}$	$b=\overline{Y}-a\overline{X}$	$r=\frac{S_{XY}}{S_X S_Y}$	$X=\frac{Y-b}{a}$

※ 상관계수는 -1~1사이 값으로 -1이나 1에 가까울수록 선형의 상관관계가 크다는 것을 나타낸다. 표준용액만으로 상관관계를 구 했을 때 보통 상관계수가 0.9이상 나온다. 시료의 농도 계산은 계산한 회귀방정식에 Y대신에 측정한 흡광도를 대입하여 다음과 같이 $X=\frac{Y-b}{a}$ 농도를 계산한다.

예제) 다음은 물질 A의 농도에 따른 흡광도를 측정한 자료이다. 엑셀을 이용하여 회귀분석을 하세요.

	농도(x)	흡광도(y)
1	0.00	0.01
2	1.00	0.07
3	2.00	0.16
4	3.00	0.23
5	4.00	0.37
6	5.00	0.47
7	6.00	0.58
8	7.00	0.67
9	8.00	0.87
10	9.00	0.98
11	10.0	1.10

엑셀을 이용한 회귀분석결과

회귀분석 통계량	
다중 상관계수	0.994139
결정계수	0.988313
조정된 결정계수	0.987015
표준 오차	0.042544
관측수	11

Y=−0.05864+0.111909×X

분산 분석

	자유도	제곱합	제곱 평균	F 비	유의한 F
회귀	1	1.377601	1.377601	761.1055	5.24E−10
잔차	9	0.01629	0.00181		
계	10	1.393891			

	계수	표준 오차	t 통계량	P−값	하위 95%	상위 95%	하위 95.0%	상위 95.0%
흡광도(Y)	−0.05864	0.023998	−2.44337	0.037158	−0.11292	−0.00435	−0.11292	−0.00435
농도(X)	0.111909	0.004056	27.58814	5.24E−10	0.102733	0.121085	0.102733	0.121085

찾아보기

(ㄱ)

(ㄴ)

(ㄷ)

(ㅁ)

(ㅂ)

(ㅅ)

(ㅇ)

(ㅈ)

(ㅌ)

(ㅍ)

(ㅎ)

(A)

(B)

(C)

(D)

(G)

(I)

(K)

(L)

(M)

(N)

(O)

(P)

(R)

(S)

(U)

(V)

참고문헌

김학주, 배준현, 이선하 공역: 기기분석, 동화기술(2000)

고명수 등 공저: 알기쉬운 기기분석, 유한문화사(2005)

약품분석학 분과회편: 약품기기분석, 신일북스(2007)

한국약학대학협의회, 약품정량분석분과회: 약품정량분석연습, 신일상사(2004)

정량분석화학분과회 편: 약품정량분석, 동명사(2004)

손무정 외 공저: 분석화학, 신광문화사(2004)

대한화학교재연구회: 기초일반화학, 신광문화사(2006)

김형국 편저: 약전해설서 제 3판, 파마코리아나(2004)

한국약학대학협의회 약전분과회 편: 대한약전 제8개정 해설서, 신일상사(2003)

편저자

이 준 걸 : 안동과학대학 의약품질분석과 교수

의약품분석을 위한 기기분석실무

2008년 2월 26일 인쇄
2008년 2월 29일 발행
저 자 : 이 준 걸 편저
펴낸이 : 오 성 걸
펴낸곳 : 오성미디어
주 소 : 132-916 서울시 도봉구 창 3동 491-1
전 화 : 02)997-0136
F A X : 02)997-0137
등 록 : 2000. 5. 12
ISBN 978-89-92583-15-2 값17,000원